有机高分子絮凝剂的制备及应用

刘明华　刘以凡　吕源财　等编著

第二版

YOUJI GAOFENZI
XUNINGJI DE
ZHIBEI JI YINGYONG

化学工业出版社
·北京·

内容简介

本书共10章，主要介绍了有机高分子絮凝剂的研究概况，以及非离子型合成有机高分子絮凝剂、阴离子型合成有机高分子絮凝剂、阳离子型合成有机高分子絮凝剂、两性型合成有机高分子絮凝剂、非离子型天然有机高分子改性絮凝剂、阴离子型天然有机高分子改性絮凝剂、阳离子型天然有机高分子改性絮凝剂、两性型天然有机高分子改性絮凝剂以及有机-无机复合絮凝剂等各种分类、性能、制备及其在水处理中的应用情况等；并在书后附有有机高分子絮凝剂产品的部分专业术语中英文对照。

本书侧重有机高分子絮凝剂的制备工艺及其在环境工程中的应用，具有较强的技术性和针对性，可供絮凝剂研究、污水处理等领域的工程技术人员、科研人员和管理人员阅读，也可供高等学校环境工程、资源循环科学与工程、市政工程、化学工程及相关专业的师生参考。

图书在版编目（CIP）数据

有机高分子絮凝剂的制备及应用/刘明华等编著. —2版. —北京：化学工业出版社，2020.9（2022.2重印）

ISBN 978-7-122-35569-0

Ⅰ.①有…　Ⅱ.①刘…　Ⅲ.①高分子材料-絮凝剂-制备②高分子材料-絮凝剂-应用-水处理　Ⅳ.①TQ047.1

中国版本图书馆CIP数据核字（2020）第027201号

责任编辑：刘兴春　卢萌萌　　　文字编辑：李　玥　张瑞霞
责任校对：张雨彤　　　装帧设计：王晓宇

出版发行：化学工业出版社（北京市东城区青年湖南街13号　邮政编码100011）
印　　装：天津盛通数码科技有限公司
787mm×1092mm　1/16　印张19　字数430千字　2022年2月北京第2版第2次印刷

购书咨询：010-64518888　　　售后服务：010-64518899
网　　址：http://www.cip.com.cn
凡购买本书，如有缺损质量问题，本社销售中心负责调换。

定　　价：98.00元

前言

本书第一版自2006年出版以来，受到环保、化工领域诸多从事絮凝剂研发和应用的科研人员和技术人员的好评，同时被不少高等学校环境工程、市政工程、化学工程及相关专业的师生选为教材或重要参考书。近十多年来，随着国家对水污染处理与控制愈发重视，水体环境质量有了一定程度的改善，但仍然远远跟不上国内对水污染控制的节节加紧的步伐。与之相应，人们在清除污染、提高水体环境质量方面加大了力度，因此作为水污染处理与控制中重要的一环，有机高分子絮凝剂无论在理论上还是在技术手段上的研究都有了新的进步和发展。

为了更好地反映这些新理论、新技术，也为了更好地适应社会实践应用发展的需要，本书在第一版的基础上进行了修订。这次修订，重点是修订了传统技术的新动向、补充了新技术进展，如第2章~第5章主要介绍合成有机高分子絮凝剂的制备及应用，增补了近十年来该领域新的研究进展，并根据絮凝剂的制备方法来分类，便于读者加深印象；第6章~第9章主要根据改性天然高分子原材料的不同来归纳和分类，详细介绍了改性淀粉类、改性羧甲基纤维素类、改性木质素类、改性壳聚糖类以及黄原胶、瓜尔胶和F691粉等天然有机高分子絮凝剂，并归类为非离子型、阴离子型、阳离子型和两性型等四大类。本书重点新增了第10章的内容，主要介绍有机-无机复合絮凝剂，根据有机絮凝剂和无机絮凝剂各自具有的特性进行复合改性，以得到性能更为优良的复合絮凝剂。其中，以铝系、铁系为主的复合絮凝剂成为近年来相关高分子絮凝剂领域研究的热门。

本书主要由刘明华、刘以凡、吕源财等编著，范静、黄思逸、刘凯阳、刘雨诗、林志澎、裴睿涵、邱越洺、童晟轩等参与了部分内容的编著。最后由刘明华统稿、定稿。本书在编著过程中参考了该领域部分专家学者的图书和论文中部分相关内容，在此向相关专家学者表示衷心感谢。

限于编著者水平及编著时间，书中不足及疏漏之处在所难免，敬请各位专家、学者及广大读者批评指正。

编著者

2020年3月

第一版前言

随着工业的发展以及人民生活水平的提高，对水的质量需求也越来越高，但是工业废水和城市污水的排放量也越来越多。由于水体受纳污水是有条件的，若污染物过多，超过了水体自净能力时，水体就不能保持原有的形态和功能，将会降低水体的水质等级和可用性，逐渐形成低劣的水环境，污染水源、土壤、作物和水生物，影响工业产品质量，危害生物、人体健康。因此，污水的治理势在必行。

在所有的水处理技术和方法中，絮凝沉降法是目前国内外普遍使用的一种既经济又简单的水处理方法，已被广泛用于上下水、循环用水和工业用水的处理过程，可以用来降低废水的浊度和色度，去除多种高分子有机物、一些重金属离子和放射性物质等。此外，絮凝沉降法还能改善污泥的脱水性能，而决定絮凝沉降效果的因素之一是投加高效能的絮凝剂。目前我国水处理化学品的用量呈逐年递增的趋势，但是我国当前的水处理剂生产，尤其是有机高分子絮凝剂的生产正面临着挑战，一是来自国外絮凝剂的竞争越来越激烈，二是人们对环境质量的客观要求越来越高，新型絮凝剂的开发已显得越来越重要。

本书主要根据国内外从事有机高分子絮凝剂专家、学者的研究成果以及编著者近年来的一些科研成果和经验汇集而成，书中的内容侧重制备和应用。全书共九章，第1章是绪论；第2章至第9章主要是有机合成高分子絮凝剂的制备和应用情况介绍；其中，第2章至第5章主要介绍有机合成高分子絮凝剂的制备及应用，并且根据絮凝剂的制备方法来分类（如聚合型、缩合型和高分子反应型等）；第6章至第9章主要介绍有机天然高分子絮凝剂的制备及应用，主要根据改性天然高分子的原材料不同来归纳和分类，有改性淀粉类、改性纤维素类、改性木质素类、改性壳聚糖类以及黄原胶、瓜尔胶和F691粉等。

本书所介绍的有机高分子絮凝剂不但用于净化水质，还可用作绝缘材料的阻燃剂、混凝土外加剂、耐火材料的黏结剂、纺织工业的媒染剂、脂肪油类的澄清剂、石油钻井助剂、催化剂以及用于制造香料、试剂、农药、医药、油漆、皮革、化妆品等许多方面，可供以上这些专业的科技人员和生产人员参考使用。

本书理论联系实际，并列举大量实例，既可作为科技人员的参考书，又可作为应用和开发新产品、新技术的工具书，大量的实例介绍了具体操作方法，具有较强的参考和借鉴价值。另外，在本书中，编著者的部分研究内容获得国家自然科学基金资助（50203003）。

限于编著者水平，不当之处在所难免，敬请各位专家、学者及广大读者提出批评和修改建议。

编著者

2006 年 1 月

目录

第1章 绪论

1.1 絮凝剂研究开发的背景和意义

1.1.1 水污染状况

随着工业的发展以及人民生活水平的提高，人们对水的质量需求也越来越高，但是工业废水和城市污水的排放量也越来越多。根据我国环境统计资料可得，2017 年，全国废水排放量 777.4 亿吨，比 2016 年增加 2.03%。其中工业废水排放量 182.9 亿吨，比 2016 年减少 4.26%，占废水排放总量的 23.52%；城镇生活污水排放量 588.1 亿吨，比 2016 年增加 5.07%，占废水排放总量的 75.65%。由于水体受纳污水是有条件的，若污染物过多，超过水体自净能力时，水体就不能保持原有的形态和功能，将会降低水体的水质等级和可用性，逐渐形成低劣的水环境，污染水源、土壤，影响作物和水生物生长，影响工业产品质量，危害人体健康。因此，人类当今面临的最严峻的挑战之一是保护和恢复已经严重退化而且还在日益退化的环境。环境退化的一个标志是普遍的空气污染、水污染和土壤污染[1,2]。人为造成的大规模灾害不断发生，有的已发展成危及人类生存与发展的全球性问题，例如臭氧层破坏和温室效应。本书着重阐述工业废水对生态环境的影响。

在高度集中的现代化工业情况下，工业生产排出的废水对周围环境的污染日益严重。根据废水对环境所造成危害的不同，可把污染物划分为固体污染物、有机污染物、油类污染物、有毒污染物、生物污染物、酸碱污染物、营养物质污染物及感官污染物等[1]。

水中固体污染物主要是指固体悬浮物。大量悬浮物排入水体，会造成外观恶化、浑浊度升高，并改变水的颜色。悬浮物沉积于河底淤积河道，危害水体底栖生物的繁殖，影响渔业生产；沉积于灌溉的农田，则阻塞土壤孔隙，影响通风，不利于作物生长[3]。有机污染物是指造成环境污染和对生态系统产生有害影响的有机化合物。可分为由生物体的代谢活动及其他生物化学过程产生的天然有机污染物和人工合成有机污染物两大类。若排入水体中的有机污染物过多，超过了水体的自净能力，水体将因缺氧而影响水中动植物的生存，严重时会导致水中动植物大量死亡。油类污染物主要来自含油废水。水体含油达 0.01mg/L 即可使鱼肉带有特殊气味而不能食用。含油稍多时，在水面上形成油膜，使大气与水面隔绝，破坏正常的充氧条件，导致水体缺氧；油膜还能附在鱼鳃上，使鱼类呼吸困难，甚至窒息死亡；在鱼类产卵期，在含油废水的水域中孵化的鱼苗多数畸形，生命力低弱，易于死亡。此外，含油污染物对植物也有影响，妨碍通气和光合作用，使水稻、蔬菜减产，甚至绝收。废水中的有毒污染物主要有无机化学毒物、有机化学毒物和放射性物质。无机化学毒物包括金属和非金属两类。金属毒物主要为汞、铬、镉、铅、锌、镍、铜、钴、锰、钛、钒、钼、铋和稀土元素等，特别是前几种危害更大。大多数金属离子及其化合物易于被水中悬浮颗粒所吸附而沉淀于水底的沉积层中，长期污染水体[4]。某些金属及其化合物能在鱼类及其他水生生物体内以及农作物组织内累积、富集而造成危害[5,6]。人通过饮水及食物链的作用，可使金属毒物在体内累积、富集而中毒，甚至导致死亡。重要的非金属毒物有砷、硒、氰、氟、硫、亚硝酸根等[5]。如亚硝酸盐在人体内能与仲胺生成亚硝胺，具有强烈的致癌作用。有机化学毒物，主要是指酚、苯、有机农药、多氯联苯、多环芳烃等。这些物质具有较强的毒性。如多氯联苯具有亲脂性，易溶于脂肪与油中，可能致癌，多环芳烃是致癌物质。放射性物质是指原子核衰变而释放射线的物质。这类物质通过自身的衰变可放射出α、β、γ等射线。放射性物质进入人体后会继续放出射线，危害机体，使人患贫血、恶性肿瘤等疾病。生物污染物是指废水中含有的致病性微生物。废水及生活污水中含有许多微生物，大部分是无害的，但其中也可能含有对人体与牲畜有害的病原菌，如制革厂废水中常含有的炭疽杆菌等。酸碱污染物是指废水中含有的酸性污染物和碱性污染物。酸碱物质具有较强的腐蚀性，可以腐蚀管道和构筑物。酸碱污染物排入水体会改变水体的pH值，破坏自然缓冲作用，抑制微生物生长，妨碍水体自净，使水质恶化、土壤酸化或盐碱化。废水中所含的N和P是植物和微生物的主要营养物质。当废水排入受纳水体，使水中N和P的浓度分别超过0.2mg/L和0.02mg/L时，就会引起受纳水体的富营养化，促进各种水生生物（主要是藻类）的活性，刺激它们的异常增殖，从而造成一系列的危害，如鱼类及其他生物因缺氧而大量死亡等。感官污染物是指废水中能引起人们感官上不愉快的污染物质，这类物质能使水质产生浑浊、恶臭、异味、颜色、泡沫等。废水温度过高而引起的危害，叫作热污染。有些废水温度较高，当排入水体后，会造成水体的热污染，使水中溶解氧降低，危害水生生物生长甚至导致其死亡。

由于工业废水污染不仅破坏了生态环境，甚至危害人体健康，而且水并非是取之不尽、用之不竭的天然资源，它是有限资源，对于缺水地区而言水就更加宝贵了。因此，防治工业废水污染，保护生态环境，已成为人们普遍关注的问题。

1.1.2 水处理方法简介

按处理原理不同，可将处理方法分为物理法、化学法、物理化学法和生物化学法四类[7-10]。其中物理法包括重力分离法、离心分离法和筛滤截留法等；化学法以投加药剂产生化学反应为基础，包括絮凝/混凝沉降法、中和法和氧化还原法等；物理化学法以传质作用为基础，包括吸附法、离子交换法、膜分离法、浮选法、萃取法、蒸发法、结晶法、吹脱法和汽提法等；生物化学法则包括活性污泥法、生物膜法、厌氧生物处理法和生物塘等。本书主要介绍物理化学法中三种常用的处理方法，即吸附法、离子交换法和膜分离法以及化学法中常用的絮凝沉降法。

(1) 离子交换法

离子交换法是利用离子交换剂上的交换基团和水中的离子进行交换反应而除去水中有害离子的方法。离子交换法的优点为：离子的去除率高，可浓缩回收有利物质，设备较简单，操作控制容易等。这种方法的缺点是：应用范围受离子交换剂品种、产量和成本的限制，对废水的预处理要求较高，而且离子交换剂的再生及再生液的处理有时也是一个难以解决的问题[1]。

（2）膜分离法

膜分离法是利用特殊的薄膜对液体中的某些成分进行选择性透过的一大类方法的统称。膜分离法包括反渗透法、电渗析法、扩散渗析法、液膜分离法和超滤法等。反渗透法是在反渗透装置中利用半渗透膜通过压力差将水和污染物分离，从而达到去除污染物的目的。该方法具有设备简单、操作方便、能同时脱除多种污染物、脱除效率高等优点。但目前采用的反渗透膜的强度和寿命有待提高，而且膜易被废水中的污染物质和有机质堵塞等问题也有待解决。电渗析法是在直流电场的作用下，利用阴、阳离子交换膜对溶液中阴、阳离子的选择透过性（即阳膜只允许阳离子通过，阴膜只允许阴离子通过），而使溶液中的溶质与水分离的一种物理化学过程。由于电渗析法运行费用较高，因此我国一般将这种方法用于处理水量较小、有回收利用价值的工业废水。超滤法与反渗透法一样也依靠压力推动力和半透膜实现分离。二者的区别在于超滤法受渗透压的影响较小，能在低压下操作（一般为 $1.0\times10^5\sim5.0\times10^5$ Pa），而反渗透法的操作压力为 $2.0\times10^6\sim1.0\times10^7$ Pa。扩散渗析法是依靠浓度差为推动力，通过溶质扩散的传递机理来分离分子量大于1000的大分子和胶体。液膜分离法是一种新型的、类似溶剂萃取的膜分离技术。这种方法具有分离效率高、速度快等优点，但由于药剂损耗量较大，对操作水平要求较高，处理的水量小，因此尚未能推广应用。

（3）吸附法

吸附法是利用吸附剂吸附废水中某种或几种污染物，以便回收或去除它们，从而使废水得到净化的方法。吸附剂与吸附质之间的作用力除了分子之间的引力（范德华力）以外还有化学键力和静电引力。根据固体表面吸附力的不同，吸附可分为物理吸附、化学吸附和离子交换吸附等三种类型。而且这三种吸附并不是孤立的，有时会同时存在，难以明确区分。在废水处理中，大部分的吸附是几种吸附综合作用的结果。但由于吸附质、吸附剂及其他因素的影响，可能以某种吸附为主。利用吸附法进行物质分离已有漫长的历史，国内外的科研工作者在这方面做了大量的研究工作，目前吸附法已广泛应用于化工、环境保护、医药卫生和生物工程等领域[11-13]。在化工和环境保护方面，吸附法主要用于净化废气、回收溶剂（特别适用于腐蚀性的氯化烃类化合物、反应性溶剂和低沸点溶剂）和脱除水中的微量污染物。后者的应用范围包括脱色、除臭味、脱除重金属、除去各种溶解性有机物和放射性元素等。在处理流程中，吸附法可作为离子交换、膜分离等方法的预处理，以去除有机物、胶体及余氯等，也可作为二级处理后的深度处理手段，以便保证回用水质量。利用吸附法进行水处理，具有适应范围广、处理效果好、可回收有用物料以及吸附剂可重复使用等优点。因此，随着现有吸附剂性能的不断完善以及新型吸附剂的研制成功，吸附法在水处理中的应用前景将更加广阔。

（4）絮凝沉降法

絮凝沉降法[14]，即混凝沉降法，是目前国内外普遍使用的一种既经济又简单的水处理方法之一，已被广泛用于上下水、循环用水和工业用水的处理过程，可以用来降低废水的浊度和色度，去除多种高分子有机物、一些重金属离子和放射性物质等。此外，絮凝沉降法还能改善污泥的脱水性能。与废水的其他处理法比较，絮凝沉降法的优点是设备简单，维护操作易于掌握、处理效果好、间歇或连续运行均可以。缺点是由于不断向废水中投药，经常性运行费用相对较高，沉渣量较大。

由于絮凝沉降的效果往往对后续流程的运行工况、处理费用及最终出水质量有较大的影响，因此在过去的几十年中，很多科研工作者对絮凝沉降工艺和机理进行了大量深入的研究和阐述，其工艺使用范围、出水水质及处理效能等方面得到了很大的扩展和提高；对絮凝沉降理论的研究已从定性阐述发展到半定量模型及模式，并建立了各种化学条件下颗粒的脱稳和传输模式的数学方程[15]。近年来，随着水中污染物成分越来越复杂，对絮凝沉降过程提出了更高的要求，因此如何进一步强化絮凝过程，达到扩展处理范围、提高效能、降低药耗、缩短反应时间、降低投资和运行成本的目的，一直是水处理领域中研究开发的热点问题。改进传统的絮凝沉降技术，需要从以下三方面着手：①研究开发新型高效的絮凝剂；②研究开发适合高效能絮凝剂反应特性的新型絮凝、过滤反应器；③研制开发在线自控技术系统。

1.1.3 絮凝剂研发的必要性

在水处理过程中，絮凝剂能有效去除水中 80%～90%的悬浮物和 65%～95%的胶体物质，并能有效降低水中的 COD_{Cr} 值；再者，通过絮凝净化能将水中 90%以上的微生物和病毒转入污泥中，使水的进一步消毒杀菌变得更为容易；此外，高分子絮凝剂因具有性能好、适应性强以及脱色效果好等优点，在制浆造纸、石化、食品、轻纺、印染等行业也得以广泛应用。目前，在上述行业的水处理中，絮凝剂的使用量约占 55%～75%；在自来水工业中几乎 100%使用絮凝剂来净化水质。近几年，我国高分子絮凝剂的生产与销售总体保持稳步增长，然而高分子絮凝剂尤其是有机高分子絮凝剂目前以进口为主，因此为了促进我国环保产业的发展，开发具有自主知识产权的高效高分子絮凝剂是大势所趋。

1.2 絮凝剂的分类

凡是用来将水溶液中的溶质、胶体或者悬浮物颗粒产生絮状物沉淀的物质都叫作絮凝剂[16]。根据絮凝剂的组成，可将其分为无机絮凝剂和有机絮凝剂；根据它们分子量的高低，可将其分为低分子和高分子两大类；若按其官能团离解后所带电荷的性质，还可将其分为非离子型、阴离子型、阳离子型和两性型等类型[1,16-18]。

1.2.1 无机絮凝剂

无机絮凝剂的应用历史非常悠久，早在公元前 16 世纪，埃及人、希腊人已知道明矾的絮凝性质。而在欧洲，明矾的使用历史始于 18 世纪中叶。我国使用明矾净水技术也有几千年历史了。早在我国春秋战国时期（公元前 770～公元前 221 年）成书的《山海经》和《计倪子》《吴氏本草》等古代著作中，就有了关于明矾的记载。公元 1637 年，在《天工开物》一书中已有了关于明矾制造和使用的详细记载。第一次利用硫酸铝的试验是在

1827年进行的，但是自从1884年美国人海亚特取得了滤池处理水以硫酸铝预处理的专利以来，铝盐在水处理工业中就占有重要地位。到20世纪60年代，聚合氯化铝（PAC）以其优越的净水性能被广泛应用。迄今为止，铝盐在饮用水处理中使用最广泛。我国自从20世纪60年代开始研制和生产聚合氯化铝（PAC）以来，结合自己的条件，也建立起独具特色的工艺路线和生产体系，满足了全国用水和废水处理的需要。目前，我国硫酸铝的年生产能力近110万吨，PAC生产厂家已超过3000个[19]。

无机絮凝剂根据分子量的高低，可分为无机低分子絮凝剂和无机高分子絮凝剂。无机低分子絮凝剂主要包括硫酸铝、氯化铝、硫酸铁、氯化铁等。和无机低分子絮凝剂相比，无机高分子絮凝剂（IPF）因具有沉降速度快、用量少、效果好、使用范围广等优点[20]，自20世纪60年代以来得到了迅速发展，而且研制和应用聚合铝、铁、硅及各种复合型絮凝剂也成为热点。目前我国对无机高分子絮凝剂的开发应用较好，除个别品牌的絮凝剂未开发外，絮凝剂的品种已逐步系列化。根据所带电荷的性质，无机高分子絮凝剂可分为阳离子型和阴离子型两大类，其中阳离子型主要包括聚合氯化铝（PAC）、聚合硫酸铁（PFS）、聚合氯化铝铁（PAFC）、聚合硅酸铝（PASiC）、聚合硅酸铁（PSiFC）、聚磷氯化铝（PPAC）以及聚磷硫酸铁（PPFS）等，阴离子型主要有聚合硅酸（PSi）等。此外，开发复合型的无机-有机高分子絮凝剂亦成为无机高分子絮凝剂发展的一个新亮点。

无机高分子絮凝剂原料易得、制备简便、价格便宜，对含各种复杂成分的水处理适应性强，可有效去除细微悬浮颗粒，但与有机高分子絮凝剂相比，生成的絮体不如有机高分子絮凝剂生成的絮体大且单独使用时药剂投药量大。因此，无机高分子絮凝剂常与有机高分子絮凝剂配合使用，并由过去的高速发展时期转向近年来的缓慢发展阶段。

1.2.2 有机絮凝剂

和无机高分子絮凝剂相比，有机高分子絮凝剂因具有用量小、絮凝能力强、絮凝速度快、效率高，受共存盐类、pH值及温度影响小，生成污泥量少且污泥易于处理等优点，对节约用水、强化废（污）水处理和回用有重要作用，尤其在提高絮凝体机械强度及其脱水效率，克服水处理“瓶颈效应”方面的作用更为突出。因此，自1954年美国首先开发出商品聚丙烯酰胺（PAM）絮凝剂以来，有机高分子絮凝剂的生产和应用一直发展较快，新产品不断问世，并正以单一和复配的方式形成类型、规格系列化的一个新兴的精细化工领域。根据其性质与来源的不同，可将有机高分子絮凝剂分为合成和天然两大类[1]。

1.2.2.1 合成有机高分子絮凝剂

合成有机高分子絮凝剂根据分子链上所带电荷的性质，可将其分为非离子型、阴离子型、阳离子型和两性型等类型。

(1) 非离子型

主要包括：聚丙烯酰胺、聚氧化乙烯、脲醛缩合物和酚醛缩合物等。

(2) 阴离子型

主要包括：聚丙烯酸（钠）、丙烯酸/马来酸酐共聚物、丙烯酸/丙烯酰氨基-2-甲基丙磺酸（钠）共聚物、丙烯酰胺/丙烯酸钠共聚物、丙烯酰胺/乙烯基磺酸钠共聚物、丙烯酰胺/丙烯酰氨基-2-甲基丙磺酸钠共聚物、磺化三聚氰胺/甲醛聚合物、水解聚丙烯酰胺、磺甲基化聚丙烯酰胺、聚苯乙烯磺酸钠和聚-N-二膦酰基甲基丙烯酰胺等。

(3) 阳离子型

主要包括：聚二甲基二烯丙基氯化铵、聚甲基丙烯酸二甲氨基乙酯、丙烯酰胺/二甲基二烯丙基氯化铵共聚物、丙烯酰胺/甲基丙烯酸二甲氨基乙酯共聚物、丙烯酰胺/丙烯酸乙酯基三甲基氯化铵共聚物、丙烯酰胺/丙烯酸乙酯基三甲基铵硫酸甲酯共聚物、丙烯酰胺/乙烯基吡咯烷酮共聚物、聚乙烯基吡啶盐、聚-N-二甲氨基甲基丙烯酰胺（微）乳液、聚-N-二甲氨基丙基甲基丙烯酰胺、聚乙烯胺、聚乙烯亚胺、聚-N-二甲氨基甲基丙烯酰胺溶液、聚苯乙烯基四甲基氯化铵、聚丙烯腈与双氰胺反应物、聚乙烯醇季铵化产物、有机胺/环氧氯丙烷聚合物、双氰胺/环氧氯丙烷聚合物、双氰胺/甲醛聚合物以及改性三聚氰胺/甲醛缩合物等。

(4) 两性型

主要包括：丙烯酰氨基丙烯酸（钠）/二甲基二烯丙基氯化铵共聚物、丙烯酰胺/丙烯酰氨基-2-甲基丙磺酸（钠）/二甲基二烯丙基氯化铵共聚物、丙烯酰胺/丙烯酸（钠）/甲基丙烯酸二甲氨基乙酯共聚物、丙烯酰氨基-2-甲基丙磺酸（钠）/丙烯酰氧乙基三甲基氯化铵共聚物、丙烯酰氨基-2-甲基丙磺酸（钠）/丙烯酸/丙烯酰氧乙基三甲基氯化铵共聚物、含膦酰基丙烯酰胺/二甲基二烯丙基氯化铵共聚物、含磺酸基丙烯酰胺/二甲基二烯丙基氯化铵共聚物、含膦酸基团的双氰胺/甲醛聚合物和含磺酸基团的双氰胺/甲醛聚合物等。

1.2.2.2 天然高分子改性絮凝剂

天然高分子改性絮凝剂根据原材料的不同，可分为改性淀粉类絮凝剂、改性瓜尔胶类絮凝剂、黄原胶及其改性产品、羧甲基纤维素（钠）及其改性产品、海藻酸钠、改性木质素类絮凝剂、植物单宁及其改性产品以及 F691 粉改性产品等。按其官能团离解后所带电荷的性质，还可将天然高分子絮凝剂及其改性产品分为非离子型、阴离子型、阳离子型和两性型。

1.3 有机高分子絮凝剂的研究概况

1.3.1 合成有机高分子絮凝剂

合成有机高分子絮凝剂在废（污）水处理中占有重要的位置，同无机高分子絮凝剂相比具有用量小，絮凝速度快，受共存盐类、pH 值及温度影响小，生产污泥量少，且污泥易处理等优点[19]，而且很多合成高分子絮凝剂的研制技术已较成熟，并已形成规模生产。在我国，聚丙烯酰胺及其衍生物占合成高分子絮凝剂总量的 80%以上，目前我国生产 PAM 的厂家有 80 多家，总生产能力约 10000t/a，但与发达国家相比，我国 PAM 及其衍生物在质量上还存在差距。

合成高分子絮凝剂尽管有很多优点，但仍存在着贮存期短、单体含量偏高或分子量不够理想等问题。因此，合成高分子絮凝剂的发展趋势如下[1,20]。

(1) 向超高分子量和低单体含量发展

由于药剂分子量大，对水中胶体、悬浮颗粒的吸附“架桥”能力强，故能达到用药量少而絮凝性能好的应用效果。目前我国优质聚丙烯酰胺（PAM）的分子量大于1000万，与国外同类产品（分子量大于1500万）比较，性能差距在缩小。为减少PAM应用过程对人体的毒性，我国对降低PAM单体含量已取得了很大进展，如长春应化所的研究，药剂分子量大于1200万，游离单体含量小于0.05%，产品溶解性能好。

(2) 加速发展龙头产品阳离子型高分子絮凝剂

目前我国生产的聚丙烯酰胺的阳离子衍生物取代度还不够高，制备过程药剂的分子量降低，与国外阳离子型聚丙烯酰胺分子量已达到1000万相比差距还很大。鉴于阳离子型聚丙烯酰胺在污泥脱水处理中是不可缺少的药剂，美、日等国阳离子型絮凝剂已占合成絮凝剂总量的近60%，而这几年仍然以10%以上的速度增长，但我国目前阳离子型絮凝剂只占合成絮凝剂总量的6%左右，且大多数是低档产品，已成为制约我国废（污）水处理特别是污泥脱水发展的“瓶颈”。我国已加强阳离子型聚丙烯酰胺的技术攻关，如浙江化工研究院等单位研制了甲基丙烯酸二甲氨基乙酯氯甲烷盐（DMC）类单体与丙烯酰胺的共聚物（DMC/AM）等产品，有良好的应用性能。

(3) 开发两性型/两亲型高分子絮凝剂

两性型高分子絮凝剂是指大分子链上同时含有阴、阳离子基团的聚合物，其中阴离子基团为羧酸、磺酸、硫酸，阳离子基团为叔胺、季铵盐。而两亲型高分子絮凝剂是指大分子链上同时含有亲水、亲油基团的聚合物。两性型高分子絮凝剂的合成一般是利用含有阴、阳离子基团的乙烯类单体通过自由基聚合反应来完成，也可以通过化学改性来达到目的。两亲型高分子絮凝剂的制备则比较复杂，一般采用共聚合法（包括非均相共聚、均相共聚、胶束共聚）和大分子反应法等。

目前，絮凝剂的研究正朝脱除水溶性污染物发展。以水溶性染料的脱除为例，染料一般含有苯环疏水基，在絮凝剂的合成中如引入疏水基团和带电离子基团，则通过螯合作用、静电相互作用、疏水缔合作用，破坏染料亲水基，增强疏水性质，能改变染料的水溶性环境。我国一些研究部门已开发这类水处理剂，并有较好的应用效果。而两性型高分子絮凝剂由于兼有阴、阳离子基团的特点，在不同介质条件下，其所带离子类型可能不同，适于处理带不同电荷的污染物，特别对污泥脱水，不仅有电性中和、吸附架桥作用，而且有分子间的“缠绕”包裹作用，使处理的污泥颗粒粗大、脱水性好。它的另一优点是适用范围广，在酸性介质、碱性介质中均可使用，对废水中由各种阴离子表面活性剂所稳定的悬浮液、乳浊液及各类污泥或由阴离子所稳定的各种胶态分散液，均有良好的絮凝及污泥脱水功效。此外，在絮凝剂中引入疏水基团，则可以加快絮体的沉降速度，改善絮团被搅拌时的机械强度。如果在两性型絮凝剂中引入不带电的侧基，不仅自身具有较强的吸附作用，还可以屏蔽分子链上正、负离子的静电吸引，抑制分子线团紧缩，使正、负离子充分发挥其功能。近几年，日本、德国、美国等国对两性型絮凝剂重新开展了实用性研究，相继发表了一些专利，但我国对这类絮凝剂的研究开发起步较晚。

(4) 开发多功能高分子絮凝剂

工业用水与废水处理过程不仅涉及水质净化，也有设备管道的保养问题，因此净化、缓蚀、阻垢、杀菌等问题都十分重要，传统做法是分别使用多种水处理剂。为了简化流程、减少设备、方便操作、提高功效，一些专家学者逐渐开展了多功能水处理剂的研究。

国外已有兼具絮凝、缓蚀、阻垢、杀菌等多种功能的水处理剂。国内对多功能水处理剂的研究始于20世纪80年代中期，主要以天然高分子为原料，通过醚化、接枝等化学改性，在大分子上引入$—COO^-$、$—SO_3^-$、$—PO_3^{2-}$等活性基团，制得兼具絮凝、缓蚀、阻垢等多功能的水处理剂，如华南理工大学开发的CG-A系列在油田污水处理中具有良好的絮凝-缓蚀双重功能。因此，开发多功能有机高分子絮凝剂，使研制出的絮凝剂兼具净化、缓蚀、阻垢、杀菌等多种功能，亦是合成有机高分子絮凝剂的一个主要发展趋势。

(5) 向有机-无机复合型絮凝剂方向发展

随着水质越来越复杂，单一絮凝剂已不能满足水处理要求了，复合型絮凝剂的研究应运而生，并且发展很快。复合型絮凝剂不仅兼具二者的优点，而且由于协同效应还增强了絮凝性能。复合型絮凝剂的制备方法有两种：物理混合和化学反应合成。近年来科研工作者在有机-无机复合型絮凝剂的研究、开发和应用方面取得了一些进展，这些复合型絮凝剂用于处理各种废水均取得了较满意的效果。

(6) 开发选择性絮凝剂

选择性絮凝剂是最新的研究课题。它们可用于复杂的胶体系统，使一部分微粒絮凝沉降，另一部分保持稳定分散。目前常用的产品有HPAM和醋酸乙烯酯/马来酸酐共聚物，主要应用在油田清水钻井和低固相不分散钻井液方面，同时也广泛应用于水法选矿领域，其技术难点在于絮凝剂选择性吸附的控制上，这也限制了选择性絮凝剂在工业中的推广应用。

1.3.2 天然高分子改性絮凝剂

天然高分子改性絮凝剂主要是利用农产品、农副产品、甲壳类动物的外骨骼等天然有机物进行化学改性而成的，其中包括淀粉、纤维素、半纤维素、木质素、植物单宁、甲壳素、瓜尔胶及其衍生物等。天然高分子改性絮凝剂因具有原料来源广泛、价格低廉、无毒、易于生物降解等特点而显示了良好的应用前景，并引起了广大科研工作者的兴趣。近年来，天然高分子改性絮凝剂的研究已取得很大的进展，有些天然高分子改性絮凝剂，如羧甲基淀粉钠、羧甲基纤维素钠、淀粉/丙烯酰胺接枝共聚物等的研制技术已较成熟，并已形成规模生产，目前产量约占高分子絮凝剂总量的20%[21]。由于天然高分子的分子链上活性基团多，结构多样化，因此经化学改性后，其性能优于一般的合成高分子絮凝剂。

从天然高分子改性絮凝剂的发展来看，国外在这方面研究较多，而且正朝着开拓它在水处理领域应用范围的方向发展。近十年来我国在这方面的研究虽然取得了一定的进展，但还不能满足实际需要。随着我国工业的发展，工业用水量将继续增大，废水处理量也相应增加，国家和有关厂矿企业对环保的更多投入使得絮凝剂市场具有很大潜力。根据我国国情，天然高分子改性絮凝剂的研究与开发可从以下几方面着手。

(1) 加速发展阳离子型/两性型天然高分子改性絮凝剂

阳离子型/两性型天然高分子改性絮凝剂在城市污水和工业废水的处理以及污泥脱水方面具有很重要的作用，可从絮凝剂的质量、品种和性能三方面着手，进一步拓宽阳离子型/两性型天然高分子改性絮凝剂的应用范围，以满足复杂水质情况下多种水质要求的需要。

(2) 两亲型天然高分子改性絮凝剂的研究与开发

两亲型天然高分子改性絮凝剂是指天然有机物分子链上同时含有亲水、亲油基团的絮凝剂。目前，絮凝剂的研究开发正朝着脱除水溶性污染物的方向发展。以水溶性染料的脱除为例，染料一般含有苯环疏水基，若在改性絮凝剂的研制过程中引入疏水基团和带电离子基团，则可通过螯合作用、静电吸引作用、疏水缔合作用，破坏染料分子的亲水基，增强疏水性质，改变染料分子的水溶性环境，从而达到脱除目的。此外，若在天然高分子改性絮凝剂中引入疏水基团，则可以加快絮体的沉降速度，改善机械强度。

(3) 新型高效多功能天然高分子改性絮凝剂的研究与开发

工业用水与废水处理过程不仅涉及水质净化，也有设备管道问题，因此净化、缓蚀、阻垢、杀菌等问题都十分重要，传统做法是分别使用多种水处理剂，因此为了简化流程、减少设备、方便操作、提高功效，开发新型高效多功能天然高分子改性絮凝剂成为国内外学者共同关心的课题。

(4) 复合絮凝剂的研制与开发

随着水质的复杂化，单一絮凝剂难以满足水处理的要求，因此复合絮凝剂应运而生。复合絮凝剂不仅保留了原有的优点，而且由于协同效应还增强了絮凝性能，因此开发新型复合型天然高分子改性絮凝剂是天然高分子改性絮凝剂的发展方向之一。新型复合型天然高分子改性絮凝剂的制备方法有物理混合和化学反应两种。

(5) 选择性絮凝剂的研究与开发

选择性絮凝剂是最新的研究课题。它们用于复杂的胶体系统，使一部分微粒絮凝沉降，另一部分保持稳定分散。选择性天然高分子改性絮凝剂的技术难点在于絮凝剂选择性吸附的控制上，因此为了促进选择性絮凝剂的发展，首先要解决这方面的问题。

参考文献

[1] 刘明华. 两亲型高效阳离子淀粉脱色絮凝剂 CSDF 的研制及其絮凝性能和应用研究 [D]. 广州：华南理工大学轻工技术与工程博士后流动站，2002.

[2] Hewitt C N，Sturges W T. Global Atmospheric Chemical Change. Elsevier Applide Science，1993.

[3] Dogdu M S，Bayari C S. Environmental impact of geothermal fluids on surface water，groundwater and streambed sediments in the Akarcay Basin，Turkey. Environmental Geology，2005，47 (03)：325-340.

[4] Campanella L. Problems of speciation of elements in natural water：the case of chromium and selenium. Chemical Analysis，1996 (135)：419-443.

[5] 林佩凤，陈日耀，郑曦，等. 改性羧甲基纤维素膜的制备及其在电镀废水处理中的应用. 全国电镀与精饰学术年会，2006.

[6] 闻洋. 有机污染物生物富集与鱼体内临界浓度关系的研究 [D]. 长春：东北师范大学，2015.

[7] 谢奕臻，吴锐坤. 污水处理技术方法分析探讨. 科技致富向导，2012 (03)：301.

[8] Dee L K W P，Yung-Tse Hung P D，Shammas N K. Physicochemical Treatment Processes. Humana Press，2005.

[9] Sincero A P. Physical-chemical Treatment of Water and Wastewater. CRC Press，2003.

[10] Thilagavathy P，Santhi T. Removal and recovery of chromium from aqueous solution by adsorption using low cost adsorbent of acacia nilotica. Journal of Applied Phytotechnology in Environmental Sanitation，2014.

[11] Hossain M A，Ngo H H，Guo W S，et al. Adsorption and desorption of copper (Ⅱ) ions onto garden grass. Bioresour Technol，2012，121 (7)：386-395.

[12] Minghua Liu，Xinshen Zhang. Automatic on-line determination of trace chromium (Ⅵ) ion in chromium (Ⅲ)-

bearing samples by reverse adsorption process. JSLTC，2002（01）：1-5.
[13] 唐勇．浅谈生物化工工程发展问题和建议．China’s Foreign Trade，2012（6）：261.
[14] 徐金玲．两性脱水剂PADA的调理对污泥絮体的影响研究．绿色科技，2017（14）：49-52.
[15] 马青山，贾瑟，孙丽珉．絮凝化学和絮凝剂．第1版．北京：中国环境科学出版社，1988.
[16] 仪晓玲，马自俊，张锁兵．无机硅类絮凝剂研究进展．精细与专用化学品，2009，17（10）：29-32.
[17] 靳侠侠，张伟才．絮凝剂的种类之浅谈．过滤与分离，2009，19（1）：44-48.
[18] 王金山．无机高分子絮凝剂：CN104761028A．2015.
[19] 孙迎春，杜维君，王晓靖．我国硫酸铝生产技术及发展趋势．中国化工贸易，2013（7）：406.
[20] 李挺．絮凝剂在污水处理中的应用．城市建设理论研究：电子版，2011（34）.
[21] 刘彬彬．适用于处理造纸中段废水的微生物絮凝剂的制备及应用研究［D］．镇江：江苏大学，2007.

第2章　非离子型合成有机高分子絮凝剂

2.1 概述

非离子型合成有机高分子絮凝剂主要有聚丙烯酰胺（PAM）、聚氧化乙烯（PEO）、聚乙烯醇（PVA）以及聚丙烯酰胺和聚氧化乙烯接枝共聚物等[1]。此外，还有脲醛缩合物、酚醛缩合物以及苯胺-甲醛缩合物等。非离子型合成有机高分子絮凝剂与离子型合成有机高分子絮凝剂相比，尤其是与阴离子型合成有机高分子絮凝剂相比，具有以下3个特点：

① 絮凝性能受废水pH值和共存盐类波动的影响较小；

② 废水在中性和碱性条件下的絮凝效果比阴离子型合成有机高分子絮凝剂差，但在酸性条件下却比阴离子型合成有机高分子絮凝剂好；

③ 絮体强度比阴离子型合成有机高分子絮凝剂高。

在非离子型合成有机高分子絮凝剂当中，聚丙烯酰胺最实用；而聚氧化乙烯具有水溶性好、毒性低、易加工成型等特点，其絮凝性能与分子量紧密相关，只有分子量较高的PEO才具备良好的絮凝性能，但是PEO价格太高，使得废水处理成本提高，进而无法在废水处理中推广应用；聚乙烯醇需要进一步的化学改性才能显示出更优良的絮凝性能；而脲醛缩合物、酚醛缩合物以及苯胺-甲醛缩合物等絮凝剂仅适用于特殊的场合。

2.2 分类

非离子型合成有机高分子絮凝剂从其自身的制备方法可分为聚合型和缩合型两大类：聚合型的有聚丙烯酰胺（PAM）、聚氧化乙烯（PEO）、聚乙烯醇（PVA）以及聚丙烯酰胺和聚氧化乙烯接枝共聚物等；缩合型的有脲醛缩合物、酚醛缩合物以及苯胺-甲醛缩合物等。

2.3 聚合型絮凝剂的制备

利用絮凝沉降法处理废水过程中，聚合型絮凝剂尤其是聚丙烯酰胺絮凝剂用量最大，可单独使用，也可以与其他无机絮凝剂复配使用。

2.3.1 聚丙烯酰胺

PAM 工业是 20 世纪 50 年代开始发展的，1952 年美国氰氨公司首先进行了 PAM 的工业生产的开发研究，两年后即正式投入大规模工业生产[2]。我国聚丙烯酰胺产品的开发始于 20 世纪 50 年代末期，1962 年上海天原化工厂建成我国第一套聚丙烯酰胺生产装置，生产水溶胶产品。随后，吉化公司研究院、中科院广州化学所也研制成功聚丙烯酰胺并投入生产。目前我国总生产能力约为 18×10^4 t/a，其消费结构主要为：油田开采占 81%，水处理占 9%，造纸占 5%，矿山占 2%，其他占 3%。PAM 的制备方法概括起来有 6 类：a. 水溶液聚合；b. 乳液聚合，其中包括反相乳液聚合和反相微乳液聚合；c. 悬浮聚合；d. 沉淀聚合；e. 固态聚合；f. 分散聚合。其中，水溶液聚合是 PAM 生产历史最久的方法，由于具有操作简单、容易，聚合物产率高以及对环境污染小等优点，在 PAM 制备中应用最多。反相乳液聚合是聚丙烯酰胺乳液合成的一种比较重要的方法，是将单体的水溶液借助油包水型（W/O）乳化剂分散在油的连续介质中的聚合反应。其常规操作是将丙烯酰胺水溶液分散在分散相中，剧烈搅拌，使溶液形成分散均匀的乳液体系，而后加入引发剂引发丙烯酰胺反应得到聚丙烯酰胺。这种方法的特点是在高聚合速率、高转化率条件下可得到分子量高的产品[2]。反相微乳液聚合是在反相乳液聚合法理论与技术的基础上发展起来的。所谓微乳液通常是指一种各向同性、清亮透明（或者半透明）、粒径在 8～80nm 的热力学稳定的胶体分散系。通过这种方法制造的水溶性 PAM 微乳，具有粒子均一、稳定好等特点。悬浮聚合是指 AM 水溶液在分散稳定剂存在的情况下，可分散在惰性有机介质中进行悬浮聚合，产品粒径一般在 1.0～500nm 范围内。而产品粒径在 0.1～1.0nm 时，则被称为珠状聚合。工业上可用悬浮聚合法生产粉状产品。沉淀聚合在有机溶剂或水和有机混合溶液中进行，这些介质对单体是溶剂，对聚合物 PAM 是非溶剂，因此聚合开始时反应混合物是均相的，而在聚合反应过程中 PAM 一旦生成就沉淀析出，使反应体系出现两相，使得聚合在非均相体系中进行。这种方法所得产物的分子量低于水溶液聚合，但分子量分布较窄，且聚合体系黏度小，聚合热易散发，聚合物分离和干燥都比较容易。固态聚合是指将 AM 用辐射法引发进行固态聚合反应的方法，但此法至今未工业化。分散聚合是通过提供一种含有水溶性或水可溶胀的聚合物 A 和聚合的、水溶性的分散剂 B 的水包水型聚合物分散体的制备方法来实现的。

总之，无论用上述哪种方法制备 PAM 絮凝剂，都是通过自由基聚合反应进行的，因此当今 PAM 絮凝剂的研发和生产发展方向是使研制或生产出的产品满足“三高”（即高分子量、高稳定性、高水溶性）和“一低”（即低单体含量）的要求，并尽可能降低生产成本。

2.3.1.1 水溶液聚合

水溶液聚合是制备聚丙烯酰胺的传统工艺，且水溶液聚合具有安全性高、工艺设备简单、成本较低等优点。丙烯酰胺的水溶液聚合方法是往单体丙烯酰胺水溶液中加入引发剂，在适宜的温度下进行自由基聚合反应。根据对产品性能和剂型的要求，可分为低浓度（单体在水中的含量为 8%～12%）、中浓度（20%～30%）和高浓度（>40%）聚合三种方法。低浓度聚合用于生产水溶液，而中浓度和高浓度聚合则用于生产粉状产品。在丙烯酰胺的水溶液聚合过程中，单体、引发剂、链转移剂和电解质的浓度以及温度等均是影响PAM的分子量的重要因素。另外，微量的金属离子如 Fe^{3+}、Mn^{7+} 等能促进聚合反应的进行，而 Cu^{2+} 则起阻聚作用，进而难以制备出高分子量的产品。为此，应注意聚合反应釜材质的选择，最好选用搪瓷、搪玻璃或不锈钢材质。

丙烯酰胺的水溶液聚合的制备工艺为：于聚合反应釜中加入规定量离子交换精制的丙烯酰胺单体水溶液以及计算量的螯合剂和链转移剂等，调节体系温度至20～50℃，通氮气20～30min以驱除反应体系中的氧气，然后加入引发剂溶液，引发聚合3.0～8.0h后，加入终止剂，即可得到PAM水溶液胶体产品。此外，为减少单体的残余量，通常加入少量的亚硫酸氢钠溶液，以使聚合反应完全。为制得干粉固体产品，加入甲醇或丙酮使聚合物沉淀析出。

在上述工艺中，要注意以下几个问题：

① 丙烯酰胺单体质量浓度。为了防止大量聚合热的产生，单体质量浓度不宜过大，以免产生交联，影响最终产品的水溶性，因此单体质量浓度以20%～50%为宜。

② 引发剂种类和用量，在PAM制备过程中，常用的化学引发剂有过氧化物、过硫酸盐、过硫酸盐/亚硫酸盐、过硫酸盐/脲、溴酸盐/亚硫酸盐和水溶性偶氮化合物等。此外，还可采用更为节能的物理引发体系，如等离子体引发、紫外线引发、辐射引发聚合等。引发剂的用量直接影响聚丙烯酰胺分子量的大小，引发剂用量过多，PAM分子量偏小；引发剂用量太少，则不利于聚合反应的进行。因此，以丙烯酰胺单体质量计算，引发剂用量宜控制在0.1%～1.0%以内[3]。

③ 螯合剂可对影响聚合反应的重金属离子如 Cu^{2+} 起到“屏蔽”作用，进而促进聚合反应的进行。常用的螯合剂有Versenex80、乙酰丙酮、乙二胺四乙酸二钠（即EDTA-2Na）、焦磷酸钠等。李沁等[4]研究利用螯合剂络合金属离子的方法，提高了聚丙烯酰胺类交联酸的破胶效果。

④ 链转移剂可以有效防止PAM聚合反应后期发生的交联现象，并通过调节链转移剂的用量来控制分子量，常用的链转移剂有异丙醇和甲酸钠等。

⑤ 终止剂的适时加入，可迅速终止聚合反应的进行，使得到的聚合物分子量均匀，分子结构稳定，成为高品质产品。常用的终止剂有二硫代氨基甲酸钠和对苯二酚等。

2.3.1.2 反相乳液聚合

由于丙烯酰胺的反相乳液聚合反应是在分散于油相中的丙烯酰胺微粒中进行的，因而在聚合过程中放出的热量散发均匀，反应体系平稳，易控制，适合于制备分子量高且分子量分布窄的聚丙烯酰胺产品。

反相乳液聚合的制备工艺为：在装有搅拌器、温度计、回流冷凝管的三口反应烧瓶中，按比例依次加入定量的油相分散介质、乳化剂、调节剂、螯合剂等；同时在一定质量浓度的离子交换精制的丙烯酰胺单体水溶液和分散相中通入氮气驱氧约30min后，在单体中加入引发剂，摇匀后，在快速搅拌下加入油相中进行聚合，待出现放热高峰后于30～60℃范围内保温3.0～6.0h后，冷却至室温，加入终止剂后出料。在聚合过程中，定期取样测定单体的转化率和PAM乳液的分子量。反相乳液聚合制备PAM乳液的工艺参数见表2-1。

表 2-1　反相乳液聚合制备 PAM 乳液的工艺参数[5-7]

引发剂种类	引发剂用量/%	AM 质量浓度/(g/L)	V(油)：V(水)	油相种类	乳化剂	PAM 乳液分子量	参考文献
$ROOH/Na_2S_2O_3$	0.4	330	0.8：1	液蜡	司盘 60	12.7×10^6	[5]
过硫酸铵/脲	0.3	—	1.2：1	煤油	司盘 60 和吐温 80	$>3.0\times10^6$	[6]
过硫酸钾/亚硫酸钠	0.7	240	—	煤油	司盘 80 和 OP-10	2.5×10^6	[7]

注：引发剂的用量应相对于单体质量而言。

笔者和课题组成员曾用反相乳液聚合法制备聚丙烯酰胺乳液，并对聚丙烯酰胺乳液的制备工艺进行优选试验。工艺为：在 1L 反应釜中，按比例加入定量的油相、乳化剂和调节剂等，室温下匀速搅拌。同时在一定质量浓度的离子交换精制的丙烯酰胺单体水溶液和分散相中通入氮气驱氧约 40min 后，在单体中加入螯合剂和引发剂，搅拌均匀后，加入油相中进行聚合，待出现放热高峰后于 45℃范围内保温约 5.5h 后，冷却至室温，加入终止剂后出料。

聚合物乳液承受外界因素对其破坏的能力称作聚合物乳液的稳定性。聚合物乳液的稳定性是乳胶涂料和乳液型胶黏剂等产品最重要的物理性质之一，是其制成品应用性能的基础。影响聚合物乳液稳定性的因素很多，主要有单体浓度、引发剂种类及用量、乳化剂种类及用量、反应时间、搅拌速率、油相种类以及油水体积比等。

(1) 油相种类

采用两种油相来制备 PAM 乳液，结果见表 2-2。从表 2-2 中可知，采用环己烷进行聚合反应制得的产品性能比用煤油制备的要好。在其他条件相同的情况下，用环己烷作油相制备出的聚丙烯酰胺乳液的分子量大于用煤油制备的产品，而且乳液的稳定性好，产品溶解所需的时间也要短得多。

表 2-2　油相种类的影响

分散相	乳液稳定性	溶解时间/s	分子量
环己烷	好	5	7.9×10^6
煤油	一般	1680	5.2×10^6

(2) 引发剂种类和用量

采用多元复合引发体系，即一种或几种氧化剂与几种不同还原剂复合，或是氧化-还原引发剂和偶氮类引发剂复合，可以获得分子量很高的产品。通过引发剂的合理搭配，可在不同温度下使聚合体系始终保持一定的自由基浓度，使反应缓慢、均匀地进行。氧化-还原引发剂反应活性较低，低于 18℃很难引发聚合。当温度升高时，虽能正常引发，但反应速率过快，自由基浓度迅速增加，使聚合反应速率不易控制。而该工艺使用的偶氮类引发剂在同类引发剂中分解温度最高（≥60℃），且分解速率较快，导致聚合速率过快。偶氮二异丁腈作引发剂有很多优点，它在 50～80℃范围内都能以适宜的速度较均匀地分解，分解速率受溶剂影响小，诱导分解可忽略，为一级反应，只形成一种自由基。但是，偶氮类引发剂一般易溶于有机溶剂，难溶于水，这使得其无法均匀分布在反应体系中，聚合反应过程中会出现局部引发剂浓度过高、反应过快的现象。为此，笔者和课题组成员采用不同的引发剂进行试验，结果见表 2-3。表中结果表明，采用过硫酸钾/脲作为引发体系，制备的产品的性能最好，单体转化率最高，为97.5%，产品的分子量为7.9×10^6。

表 2-3　引发剂种类的影响

引发剂	乳液稳定性	溶解时间/s	单体转化率/%
过硫酸钾	好	20	96.2
过硫酸钾/脲	好	5	97.5
过硫酸钾/亚硫酸钠	好	300	95.3
偶氮二异丁腈	一般	1800	91.8
过硫酸钾/硫代硫酸钠	好	420	96.7
Fe^{2+}/H_2O_2	一般	660	90.9

在乳液聚合中，引发剂用量虽少，但对聚合的起始、粒子的形成、聚合速率、分子量的大小和分布，乳胶粒子的大小、分布和形态及最终乳胶的性质有相当大的影响。表面活性引发剂的结构特征是分子中既含表面活性基团，又存在能产生自由基的结构单元。因此，这类物质兼乳化剂和引发剂性能于一体。用它代替一般乳化剂时，可以减少乳液聚合体系配方的组合。提高引发剂过硫酸钾/脲的用量有利于提高聚合物的分子量，但是引发剂用量增加到一定程度（0.30%）时，继续增加引发剂用量，聚合物的分子量反而略呈下降趋势，因此引发剂用量宜控制在0.30%左右（见表2-4）。

表 2-4　引发剂过硫酸钾/脲用量的影响

引发剂用量/%	0.17	0.20	0.30	0.33	0.40
单体转化率/%	87.1	94.3	99.6	99.7	99.1
分子量	5.6×10^6	7.0×10^6	7.9×10^6	7.9×10^6	7.8×10^6

(3) 乳化剂的种类和用量

乳化体系的选择直接影响反相乳液的稳定性，是成功进行聚合反应的必要条件。另外它也影响与乳液性质有关的乳胶粒浓度和尺寸。乳化剂参与反应时，由于油水界面需保持中性，而作为连续相的油相介电常数又较低，所以反相乳液中，非离子型的单一乳化体系就不能维持乳液的稳定性，需配合使用高HLB值和低HLB值的乳化剂，或者使用三元嵌段复合乳化体系。通常在乳液聚合中尚无普遍使用的理论来指导乳化剂体系的选择工作，以往多用HLB值为参考，通过实验进行筛选。采用司盘系列与吐温系列或OP系列复配，它们属于非离子型，与有机介质很匹配，特别是司盘系列还有利于制备超高分子量的聚合物。由表2-5可知，用司盘60作乳化剂制得的乳液稳定性和溶解性都比用司盘40和司盘80的好，而用吐温80和OP作乳化剂制得的乳液稳定性和溶解性都没有用司盘60的好。当两种表面活性剂混合使用的时候，单体转化率比使用单一乳化剂的要高，而且乳液稳定性和溶解性会也会好一些。

表 2-5　乳化剂种类

乳化剂	乳液稳定剂	溶解时间/s	单体转化率/%
司盘 40	较好	120	93.7
司盘 60	好	8	97.3
司盘 80	较好	300	95.1
吐温 80	差	2040	91.2

续表

乳化剂	乳液稳定剂	溶解时间/s	单体转化率/%
OP-10	差	1200	94.9
司盘 60 吐温 80(18∶1)	较好	720	95.2
司盘 60 和吐温 80(25∶1)	好	12	97.0
司盘 60 和吐温 80(30∶1)	好	36	96.8
司盘 60 和 OP-10(4∶1)	一般	600	90.0
司盘 60 和 OP-10(6∶1)	一般	480	93.8
司盘 60 和 OP-10(7∶1)	较好	660	92.5
司盘 60 和 OP-10(8∶1)	较好	630	90.8
司盘 60 和吐温 80(8∶1)	好	5	99.6
司盘 60 和吐温 80(9∶1)	好	12	99.1

注：上述乳化剂的配比为质量比。

乳化剂属于表面活性剂，是可以形成胶束的一类物质，在乳液聚合中起着重要作用，同时也广泛地应用于其他技术领域和人们的日常生活中。乳化剂在体系乳液聚合的特征方面起着决定性的作用。其主要作用是聚合前可分散增溶单体，形成较稳定的单体乳化液，还可以提供引发聚合的场所——单体溶胀胶束；聚合后吸附于乳胶粒子表面，稳定乳胶粒子，使之不发生凝聚；保证聚合物乳液体系具有适宜的固含量、适当的黏度和良好的稳定性。

在乳液聚合中，乳化剂不直接参加化学反应，但它可以使单体在水中的分散变得容易，并能降低单体相和水相之间的表面张力，影响聚合物分子量和分子量分布，影响乳胶的黏度和粒径，从而关联到乳液的稳定性，是乳液聚合的重要组分之一。乳液聚合过程中的乳化剂类型及用量、加入方式等都可能影响聚合物乳液的稳定性能。通过对乳化剂品种和浓度的选择，可调节聚合行为、粒子大小及乳胶的性质。另外，在乳胶产品的贮运、调配和应用中，乳化剂还起稳定、分散和润湿作用。

司盘（Span）和吐温（Tween）都是非离子表面活性剂，每一种表面活性剂都具有某一种特定的 HLB 值。对于大多数表面活性剂来说，HLB 值越低，表明其亲油性越大；HLB 值越高，表明其亲水性越大。随着乳化剂用量的增加，共聚物的特性黏数不断增大。这是由于乳化剂用量直接影响聚合过程及聚合度，随着乳化剂用量的增加，单体珠滴数目增加，引发点增多，而使每个珠滴中自由基终止机会减少。从表 2-6 中数据可知：司盘 60 和吐温 80 复合乳化剂用量控制在 6.94%左右，PAM 乳液的分子量最大（7.9×10^6），单体的转化率最高（99.6%）。

表 2-6　乳化剂用量的影响

乳化剂用量/%	5.30	6.00	6.30	6.94	7.50
单体转化率/%	99.0	99.5	99.3	99.6	98.9
分子量	7.3×10^6	7.5×10^6	7.8×10^6	7.9×10^6	7.6×10^6

(4) 单体浓度

单体浓度对聚合有至关重要的影响。共聚物的黏度随单体浓度的增大而增大，然而单体浓度增大到一定程度时（即4.92mol/L），继续增大单体浓度会引起聚合热增加，使聚合热不易分散和消失，进而引起聚合物胶化。实验结果见表2-7，从表中可知，PAM的黏度随着单体浓度的增大而增大，说明单体浓度的增大有利于促进聚合物的聚合，但是浓度的增大在一定程度上也增加了聚合热的产生，促进聚合物的胶凝，因此单体的适宜浓度为4.92mol/L。

表2-7 单体浓度的影响

单体浓度/(mol/L)	4.02	4.69	4.92	5.16	5.63	6.25
分子量	6.9×10^6	7.3×10^6	7.9×10^6	8.2×10^6	8.6×10^6	9.3×10^6
转化率/%	95.3	98.2	99.6	99.0	99.3	99.9
溶解时间/s	31	47	5	210	769	3210

(5) 油水体积比

增加水相体积分数，一方面溶解在油相中的乳化剂量减少，分布在水油界面的乳化剂增加；另一方面，体系中丙烯酰胺的量也随之增加，这导致乳化效率提高，乳化剂的最小用量并不随水相体积分数成比例增加。随着油水体积比的增加，共聚物的特性黏数先是不断增加，到一定程度后开始下降。这是因为油相作为连续相起着分散液滴的作用，同时也影响体系的散热情况、聚合过程、乳液粒子大小、形态和稳定性。当油水体积比较低时，体系中单体浓度较高，有利于聚合反应进行；当油水体积比较高时，油相对单体起稀释作用，体系的单体浓度下降，阻碍聚合反应进行，不利于生成高分子量聚合物。实验结果表明，油水体积比在2.5∶1时共聚物特性黏数最大，但其溶解速率不快，因此从PAM乳液的综合指标以及经济效益的角度分析，宜选择的油水体积比为1.3∶1。

(6) 反应温度

温度变化系通过下列物理量影响乳化体系的稳定性：a.界面张力；b.界面膜的弹性与黏性；c.乳化剂在油相和水相中的分配系数；d.液相间的相互溶解度；e.分散颗粒的热搅动等。引发剂分解为自由基需克服其活化能，一般经热分解生成具有活性的带电引发离子。聚合反应链引发、链增长均与体系温度密切相关。在较低温度下，引发剂分解及自由基活性均受影响，活性基与单体作用减弱，有碍聚合链增长；在较高温度下，链引发增长速率常数、链终止速率常数同时增大，特性黏数反而有下降趋势。反应温度高时，引发剂分解速率常数大，当引发剂浓度一定时，自由基生成速率大，致使在乳胶粒中链终止速率增大，故聚合物平均分子量降低；同时当温度高时，链增长速率常数也增大，因而聚合反应速率提高。

当温度升高时，乳胶粒布朗运动加剧，使乳胶粒之间进行撞合而发生聚结的速率增大，故导致乳液稳定性降低；同时，温度升高时，会使乳胶粒表面的水化层减薄，这也会导致乳液稳定性下降，尤其是当反应温度升高到等于或大于乳化剂的浊点时，乳化剂就失去了稳定作用，此时就会导致破乳。不同的反应温度、反应时间，产物黏度不同，即产物分子量不同。因此随着温度的升高，总的反应速率提高、粒径减小、分子量略有降低（见表2-8）。由实验发现，聚合反应温度宜控制在30～50℃。

表 2-8 反应温度的影响

温度/℃	20	30	45	50	60
单体转化率/%	99.6	99.5	99.6	99.7	99.8
分子量	7.8×10^6	8.0×10^6	7.9×10^6	7.9×10^6	7.6×10^6

(7) 搅拌速率

在乳液聚合过程中，搅拌的一个重要作用是把单体分散成单体珠滴，并有利于传质和传热。选择适宜的搅拌速率有利于形成和维持稳定的胶乳。加料时，为了使形成的粒子颗粒小，且均匀分散在油相中，需要加大搅拌速率。聚合出现放热高峰时，为使体系产生的热量及时散出，也应加大搅拌速率。但搅拌速率又不宜太大，搅拌速率太大时，会使乳胶粒数目减少、乳胶粒直径增大及聚合反应速率降低，同时会使乳液产生凝胶，甚至招致破乳。因此，对乳液聚合过程来说，应采用适度的搅拌速率。此外，搅拌速率增大时，一方面，$1cm^3$ 水中乳胶粒数目减少，反应中心减少，因而导致聚合反应速率降低；另一方面，混入溶液聚合体系中的空气增多，空气中的氧是自由基反应的阻聚剂，故会使聚合反应速率降低。为了避免空气对聚合反应的影响，在某些乳液聚合过程中需通氮气保护，或在液面上装设浮子，以隔绝空气。在保温过程中，为减少机械降解，应适当降低搅拌速率，搅拌速率一般为100～300r/min。

(8) 电解质

乳液聚合体系的稳定性与电解质的含量及其种类密切相关。不少人认为，聚合物乳液最怕电解质，只要体系中含有电解质，乳液的稳定性就会下降，甚至发生凝聚。这也不尽然。此处有个量的问题，当电解质含量少时，它不但不会降低聚合物乳液的稳定性，反而会使其稳定性有所提高。这是因为含有少量电解质时，由于盐析作用，乳化剂临界胶束黏度 CMC 值降低。这就使无效乳化剂减少，有效乳化剂增多，故使乳液稳定性提高；同时含有少量电解质时有效乳化剂增大的结果，使胶束数目增多，成核概率增大，故可使乳胶粒数目、聚合物分子量及聚合反应速率增大，而使乳胶粒直径减小。当然，加入电解质的量不宜过大，电解质会降低乳胶粒表面和水相主体间的 ε 电位，这样会使乳液稳定性下降。

添加电解质会影响聚合转换率。当电解质浓度较低时，由于盐效应的影响使更多单体溶解在水中，所以聚合转换率和共聚物特性黏数随浓度增加而增加。当电解质浓度继续增加，盐效应使单体更少地溶解在水中，因此聚合转换率和共聚物的特性黏数随电解质浓度增加而减小。

(9) 螯合剂

在乳液聚合反应体系中可能会含有微量的重金属离子，这些重金属离子即使含量极微也会对乳液聚合反应起阻聚作用，严重地影响聚合反应的正常进行，还会降低聚合物的质量和延长反应时间。为了减轻重金属离子的干扰，常常需要向反应体系中加入少量螯合剂。最常用的螯合剂为乙二胺四乙酸（EDTA）及其碱金属盐，它可以和重金属离子形成络合物。绝大部分重金属离子被屏蔽在络合物中而失去阻聚活性，这样就使具有阻聚活性的自由重金属离子的浓度大大降低，阻聚作用大为减小。

(10) 终止剂

终止剂有两个作用：大分子自由基可以向终止剂进行链转移，生成没有引发活性的小分子自由基，也可以和终止剂发生共聚合反应，生成带有终止剂末端的没有引发活性的大分子自由基，虽然不能进一步引发聚合，但是它们可以和其他的活性自由基链发生双基终止反应，而使链增长反应停止；终止剂可以和引发剂或者引发剂体系中的一个或多个组分发生化学反应，将引发剂破坏掉，这样既可以使聚合反应过程停止，也避免了在以后的处理和应用过程中聚合物性能发生变化。在以过硫酸盐为引发剂的高温乳液聚合反应中应用最多的终止剂为对苯二酚，它可被过硫酸盐氧化生成对苯醌而将引发剂破坏掉，它具有很高的终止效率。终止剂的效率在一定程度上与它的用量有关。即使是很好的终止剂，用量太小也不能使聚合反应完全停止。

2.3.1.3 反相微乳液聚合

反相微乳液聚合是在反相乳液聚合的基础上发展起来的。用表面活性剂稳定微乳液而使丙烯酰胺聚合，可以制得热力学稳定、光学上透明的水溶性 PAM 乳液，其粒径大小为 0.005～0.01μm，且分布均匀，分子量为 10^6～10^7，具有良好的流变学性质。

工艺过程如下：将丙烯酰胺单体与脱盐水加入配料釜内，配制成一定质量浓度的丙烯酰胺单体水溶液。将配制好的乳化剂、油相经计量罐计量后分别加入聚合反应釜，然后分步将配制好的丙烯酰胺单体水溶液加入聚合釜搅拌均匀，充高纯氮气驱氧后加入引发剂(如大分子水溶性有机偶氮盐等)。聚合温度控制在 40～60℃，聚合完毕后得到聚丙烯酰胺微乳液，将微乳液泵入后处理釜，将计量好的分散相（如煤油等）和转相剂加入后处理釜，蒸出有机溶剂即得到水溶性聚丙烯酰胺微胶乳产品。反相微乳液聚合制备 PAM 微乳液的工艺参数见表 2-9。

表 2-9 反相微乳液聚合制备 PAM 微乳液的工艺参数

引发剂种类	引发剂用量/%	AM 质量分数/%	V(油)：V(水)	油相种类	乳化剂	参考文献
过硫酸铵/亚硫酸氢钠	0.6	33.4	—	煤油	司盘 80 和吐温 60	[8]
过硫酸钾	0.4	32.0	0.6：1	煤油	司盘 20 和吐温 60	[9]
过氧化二碳酸二(2-乙基己)酯	0.3～0.5	25.0～45.0	1：1	白油	司盘 80 和 OP 10	[10]

注：引发剂的用量应相对于单体质量而言。

2.3.1.4 沉淀聚合

随着工业聚合物的生产技术不断发展，沉淀聚合法已经成为一种非常重要的聚合手段，被广泛用于造纸、涂料、采油、生物医学等各个领域。并且，沉淀聚合法也是生产化工产品中间体的重要方法，如合成聚丙烯酰胺等聚合产品[11]。丙烯酰胺的沉淀聚合通常使用丙酮或丙酮与乙醇的混合溶剂作为反应介质，反应介质中存在大量溶剂，反应浓度低，有利于反应热及时消除，并且选用的溶剂不同，获得的分子量范围不同[12]。

沉淀聚合的制备工艺为：在聚合反应釜内加入计算量的溶剂和丙烯酰胺单体，搅拌通氮气驱氧 30min 后，往反应体系中加入引发剂和分散剂，加热至 20～80℃，当产物出现白色浑浊后，继续反应一定时间。冷却、过滤后即得 PAM 产物，亦可经丙酮等溶剂脱水处理后得固体产品。

进行聚合时，溶剂与分散剂的选择对聚合机理与产物形态有比较大的影响[13]。溶剂主要包括非极性溶剂、极性-极性混合溶剂或极性-水混合溶剂（见表2-10）、无机盐水溶液以及无机盐水溶液中加入分散剂等。分散剂主要有聚乙烯基甲基醚、羟丙基纤维素、聚丙烯酸、聚乙烯吡咯烷酮（PVP）等。

表2-10　沉淀聚合的有效溶剂[11]

溶剂	引发剂	备注
丙酮	过氧化二苯甲酰/*N*,*N*-二甲基苯胺	①
乙醇、丙酮	偶氮二异丁腈(AIBN)	②
异丙醇、水	过硫酸钾($K_2S_2O_8$)	③
异丙醇、水	过硫酸钾/亚硫酸氢钠($K_2S_2O_8$/$NaHSO_3$)	④
极性溶剂、水	过硫酸钾/亚硫酸氢钠($K_2S_2O_8$/$NaHSO_3$)	⑤

①单体浓度为27%～32%时，产物分子量高达9×10^5；②调节混合溶剂的质量比和单体浓度，获得的PAM分子量为$(2.0\sim24)\times10^4$，AM转化率可达97%；③异丙醇含量低于36%时为正常的溶液调节聚合，36%～75%时为不完全沉淀聚合，高于75%时为沉淀聚合，所得PAM分子量为$10^4\sim10^6$；④AM为20%，$K_2S_2O_8$和$NaHSO_3$的用量各为0.2%，当异丙醇含量低于45%时，随温度的升高分子量降低；而异丙醇含量高于45%时，随温度的升高分子量有上升现象，此时沉淀聚合明显；⑤相同反应条件下，沉淀聚合产物的分子量高于溶液聚合产物的分子量。

2.3.1.5　分散聚合

分散聚合法最初是由英国ICI公司的学者Osmond等于20世纪70年代提出来的一种新的聚合方法，分散聚合法制备的“水包水”乳液的分子量高，可快速溶于水，使用方便，克服了其他产品存在的难溶、高能耗和污染环境等缺点。国内外对阳离子PAM分散乳液的研究已相对成熟，并已进行了生产应用[14-17]。水包水乳液的优点是显而易见的。它具有油包水乳液所具有的优点，生产过程没有干燥工序，可以减少设备投资，降低能耗和成本，避免聚合物在干燥过程中的降解。它的溶解速率很快，在10min左右即可完全溶解。使用时不需要庞大的溶解设备，可以在水管道中直接注入，便于自动化操作和准确计量，节省人力。杨博[18]以聚乙二醇20000（PEG20000）为分散稳定剂、过硫酸铵/亚硫酸氢钠（APS/SB）为引发体系，将丙烯酰胺（AM）和甲基丙烯酰氧乙基三甲基氯化铵（DMC）进行分散聚合得到了水包水型阳离子聚丙烯酰胺乳液。方申文等[19]以丙烯酰胺（AM）为单体、PDMC为分散剂、硫杂蒽酮封端聚乙烯亚胺为引发剂，在硫酸铵分散介质中通过光引发分散聚合，在无搅拌的条件下合成了以聚乙烯亚胺为核的星形聚丙烯酰胺。

水包水型PAM乳液的制备：将分散稳定剂和丙烯酰胺单体加入反应介质中常温搅拌，并往反应体系中通入氮气驱氧，待分散稳定剂和AM在分散介质中全部溶解并形成均相体系时，调节体系温度至20～80℃，加入引发剂，氮气气氛下搅拌4～10h。反应结束后，冷却至室温，即得水包水型PAM乳液产品。上述工艺中，AM单体的质量分数以20%～30%为宜；分散介质选用甲醇-水、乙醇-水等；分散稳定剂选择聚乙烯醇（PVA）或聚乙烯吡咯烷酮（PVP）；聚合反应温度控制在50～70℃范围内；引发剂选用过硫酸钾、过硫酸钾/亚硫酸钠、过硫酸钾/亚硫酸氢钠、偶氮二异丁腈（AIBN）、过氧化二苯甲酰/*N*,*N*-二甲基苯胺等，引发剂用量为单体质量分数的0.1%～0.8%。

2.3.2　聚氧化乙烯

聚氧化乙烯（polyethylene oxide，PEO）又称聚环氧乙烷，是环氧乙烷多相催化开环聚合而成的高分子量聚合物。由环氧乙烷聚合而成不同聚合度的高分子量物质，具有明显的晶型结构，其聚合物的性能主要取决于平均分子量的大小，当分子量在200～600时呈稠状液体；分子量在1000以上时呈蜡状固体；分子量在100万以上时呈疏质或硬质固体，色泽随分子量、催化剂和溶剂不同而变化。硬度和软化温度随分子量增大而减小，水溶液可盐析，溶于三氯甲烷、二氯甲烷等，不溶于乙醚、乙烷。PEO的使用性能视其分子结构、分子量和用量等条件而定。聚氧化乙烯的制备方法有氧烷基化和多相催化聚合两种[2]，其中氧烷基化法生成的聚合物是黏稠的液体或蜡状的固体，最大的分子量约为2×10^4；多相催化聚合法能生成分子量高于1×10^5的聚氧化乙烯。在多相催化聚合制备PEO的过程中，所使用的多相催化体系有烷氧基铝-乙酰基乙烯酮体系、烷基铝-水-乙酰丙酮体系、稀土化合物-三异丁基铝-水催化体系和氨钙体系等[20]。

2.3.2.1 烷氧基铝-乙酰基乙烯酮体系

此法所用的烷氧基铝可为含甲氧基、乙氧基、丙氧基等的烷氧基化合物，其不活性物为苯、甲苯、环烷烃等，使烷氧基铝与水在活性介质中反应生成部分水解物后，再与乙酰基乙烯酮在不活性介质中进行加热反应生成产物作为聚合反应的催化剂，其中烷氧基铝、水和乙酰基乙烯酮的摩尔比为1∶1∶1，聚合温度100℃，反应最好在减压下进行。

2.3.2.2 烷基铝-水-乙酰丙酮体系

使用的烷基铝催化剂可以是三乙基铝、三甲基铝、三异丁基铝等，催化剂中乙酰丙酮与三乙基铝的摩尔比为0.8∶1，水与三乙基铝的摩尔比为0.3∶1，催化剂在65℃下陈化2h，环氧乙烷的聚合温度为20℃，以三乙基铝计的催化剂浓度为2mol/L，稀释剂与环氧乙烷的摩尔比为3∶1，聚合20h左右的聚合转化率为96.0%。

2.3.2.3 稀土化合物-三异丁基铝-水催化体系[21]

稀土化合物可用于环氧乙烷的催化聚合，此催化剂的制备方法是由Ziegler型催化剂与稀土化合物混合，加入定量的甲苯，再注入烷基铝，于室温下陈化0.5h，经冷却后用水充分反应而成，催化剂浓度以稀土化合物计为0.28mol/L。水与烷基铝的摩尔比为0.6∶1，催化剂用量为3.1%～5%。烷基铝与稀土化合物的摩尔比为10∶1，单体质量浓度为150g/L。聚合温度90℃，聚合时间12h，产品收率大于96.0%。

2.3.2.4 氨钙体系

首先在干燥的不锈钢反应釜内加入定量的正己烷和氨钙体系催化剂，配比为n(乙腈)∶n(Ca) 为0.48，n(环氧丙烷)∶n(Ca)为0.85，无载体，然后用氮气吹扫反应釜，排出反应釜内的水、空气等杂质，再开启磁力搅拌器，加入定量的环氧乙烷，密封反应釜。反应结束后，先排出未反应的环氧乙烷，再将产品抽滤，将滤饼放入烘箱烘干，即得白色粉末状PEO[22]。

2.3.3 聚乙烯醇

聚乙烯醇（PVA）是白色、粉末状树脂，由醋酸乙烯水解而得。PVA具有强黏结性、好的力学性能和较高的化学稳定性，成膜容易，绝缘性较好且能阻隔气体与它接触，其结构式为[2]：

$$\mathrm{\left[CH_2-\underset{\displaystyle OH}{\underset{|}{C}H} \right]_n}$$

由于分子链上含有大量羟基，聚乙烯醇具有良好的水溶性。聚乙烯醇不能直接由乙烯醇聚合而成，因为乙烯醇极不稳定，不可能存在游离的乙烯醇单体。因此聚乙烯醇的制备分为3步[2]：a. 由乙酸乙烯聚合生成聚乙酸乙烯；b. 聚乙酸乙烯醇解生成聚乙烯醇；c. 回收乙酸和甲醇。

具体工艺：

① 乙酸乙烯的聚合通常采用溶液聚合法，乙酸乙烯经预热后，与溶剂（如甲醇等）和引发剂（如偶氮二异丁腈等）混合，送入两台串联聚合釜，于66～68℃及常压下进行反应，聚合反应4～6h后，有2/3的乙酸乙烯聚合成聚乙酸乙烯。

② 聚乙酸乙烯与氢氧化钠甲醇溶液以聚乙酸乙烯：甲醇：氢氧化钠：水为1：2：0.01：0.0002的质量比同时加入高速混合器，经充分混合后进入皮带醇解机，皮带以1.1～1.2m/min的带速移动，醇解结束后得到固化聚乙烯醇，经粉碎、压榨、干燥脱除溶剂后得到成品聚乙烯醇。

③ 通过萃取和水解的方式回收乙酸和溶剂（如甲醇等）。

上述工艺中，引发剂有过氧化苯甲酰、过氧化氢、偶氮二异丁腈等；溶剂有甲醇、甲苯、苯、氯苯、丙酮和乙酸乙酯等，工业上常用甲醇作溶剂，因为甲醇的链转移常数小，生产聚乙烯醇时不必分离甲醇，可直接进行醇解。聚乙酸乙烯的醇解方法有酸法醇解和碱法醇解两种，其中酸法醇解因生产出的产品不稳定、色深等缺点而很少被工业应用。

2.3.4 聚丙烯酰胺和聚氧化乙烯接枝共聚物

加拿大McMaster大学的邓玉林等[1]以聚丙烯酰胺和聚氧化乙烯为原料，通过伽马射线辐射引发制备出聚丙烯酰胺和聚氧化乙烯接枝共聚物。具体工艺：将质量分数为1.16%的聚丙烯酰胺（分子量为5×10^6）和质量分数为1.35%的聚氧化乙烯（分子量为3×10^5）溶于水中，并在室温下将上述水溶液用^{60}Co放射源进行辐射引发，辐射剂量为34krad/h，反应8.0h后，即得聚丙烯酰胺和聚氧化乙烯接枝共聚物，产物用丙酮沉淀以去除聚氧化乙烯均聚物。

2.4 缩合型絮凝剂的制备

缩合型絮凝剂的使用范围不大，仅适用于一些特殊领域的废水处理，缩合型絮凝剂主要包括脲醛缩合物、酚醛缩合物以及苯胺/甲醛缩合物等。

2.4.1 脲醛缩合物

脲醛缩合物主要用作胶黏剂和包埋剂等，因其存放时间较短（1～3月），因此限制其在絮凝剂方面的应用。在合成的过程中反应温度、反应时间及pH值等条件对其合成有着重要的影响[23]，一般脲醛缩合物的制备工艺分为一步法和二步法两种。

2.4.1.1 一步法制备工艺

将液体甲醛或多聚甲醛加入反应瓶，用氢氧化钠水溶液调节 pH 值至 9，升温到 60℃。待溶液透明后加入尿素，在 70～80℃下保温 30min。然后加入甲醇，用酸溶液调节 pH 值为 5～6，在 80℃保温 2～3h 后用氢氧化钠水溶液调节 pH 值至 7.5～8，继续反应 2.0～4.0h，待游离醛和黏度达到要求，降温、出料。其中尿素和甲醛的摩尔比为 (2.0～2.8)∶1。

2.4.1.2 二步法制备工艺

将一定量的甲醛水溶液置入带有回流冷凝器、温度计、搅拌器并置于恒温水浴的三口烧瓶中，升温，在搅拌下加入氢氧化钠溶液，使体系 pH＝8.0～8.5，当反应体系升温到 65～75℃时，投入第一批尿素，保持温升趋势，并在 80～85℃范围内保温 30～40min，使黏度达到一定值；当黏度达到要求时，调节温度并用甲酸溶液调 pH 值在 5～6，保持温度至浑浊点出现，调节 pH＝7，加入第二次尿素，保持温度测黏度，至聚合反应稳定，降温，出料。其中尿素和甲醛的摩尔比为 (1.8～2.6)∶1。

2.4.2 酚醛缩合物

与脲醛缩合物一样，酚醛缩合物主要用作胶黏剂，但是用酚醛缩合物处理含树脂和表面活性剂的废水，在废水 pH 为中性或酸性时具有较好的絮凝沉降效果[24]。酚醛缩合物制备的具体工艺：在装有搅拌器、温度计、冷凝器的四口烧瓶中分别加入 1mol 叔丁酚、辛基酚、壬基酚或十二烷基酚，加热到 85℃熔融后，开动搅拌，加入 150g 5%氢氧化钠水溶液，搅拌直至反应物变为澄清透明。然后将反应物温度降至 50℃，在持续搅拌下快速加入 170g 37%甲醛水溶液，升温至 70～85℃反应 4～5h，降温至 50℃，加入适量甲苯，用盐酸中和调节 pH 值为 5～6，静置分层分离，得到浅黄色的酚醛缩合物。

2.4.3 苯胺/甲醛缩合物

据研究，苯胺/甲醛缩合物对染料废水和制浆黑液有很好的脱色处理效果[24,25]。苯胺/甲醛缩合物的结构式为：

$$\left[\!\!-\!\bigcirc\!-\mathrm{NH}-\mathrm{CH_2}\right]_n$$

苯胺/甲醛缩合物的制备工艺为[25]：在含有 0.1mol 氯化氢的 50mL 盐酸中加入 9.3g 苯胺，使完全溶解，并加水稀释至 100mL，把含有 0.1mol 甲醛的甲醛水溶液 100mL 缓慢加入上述苯胺溶液中，搅拌均匀后，在 20～30℃下反应 2.5h，即得苯胺/甲醛缩合物絮凝剂。在上述工艺中，应注意苯胺和甲醛的摩尔比、反应时间和反应温度等条件对产品性能的影响，实验结果见表 2-11 和表 2-12。如果苯胺过量，则反应时间太长；甲醛过量，则产品发生交联，呈体型结构，苯胺/甲醛缩合物变成凝胶。因此，苯胺和甲醛的摩尔比以 (1.0∶1.0)～(1.0∶1.3) 范围内为宜。反应温度亦是一个重要的影响因素，反应温度过低 (≤10℃)，反应太慢；温度过高 (≥40℃)，则产品变成凝胶，因此反应温度以 20～30℃为宜。此外，苯胺溶液中的苯胺含量不宜过高，苯胺含量过高会导致体型缩合物的生成，进而影响产品质量。

表 2-11 苯胺、甲醛摩尔比对产品性能的影响[25]

n(苯胺)：n(甲醛)	1：0.25	1：0.75	1：1	1：1.2	1：1.3
反应时间/h	192	192	2.5	2.5	0.5
相对黏度(20℃)	1.17	1.25	1.36	1.43	凝胶

表 2-12 反应温度对产品性能的影响[25]

反应温度/℃	10	20	30	40
反应时间/h	24	2.5	2.5	瞬间完成
相对黏度(20℃)	0.60	1.34	1.36	凝胶

2.5 非离子型合成有机高分子絮凝剂的应用

非离子型合成有机高分子絮凝剂可有限降低废水中的污染物指标，如化学耗氧量（COD_{Cr}）、固体悬浮物（SS）以及浊度或色度等，可广泛用于处理城市污水和工业废水。此外，还可以应用于工业生产实践中。

2.5.1 城市污水处理中的应用

随着我国城市化程度的不断提高，污水排放量持续增长，2017年我国生活污水排放量达600亿吨，工业废水排放量达220亿吨[26]。目前全国城市生活污水处理率可达到91.9%，城市污水处理厂多数是生物二级处理，由于二级处理的基建投资大，一些中小城镇无法承受。因此开发一种基建投资省、处理效率高的污水处理新工艺，如强化一级处理，成为当前迫切需要解决的问题。强化一级处理技术因其整体使用成本相对较低，因此在城市生活污水处理中的应用相对较多。同时由于强化一级处理技术的操作较为简便，且稳定性较好，尤其适用于中小城市中的生活污水处理。强化一级处理技术主要由强化一级处理工艺和生物强化一级处理工艺共同构成。不过在实际的运用过程中，由于强化一级处理技术中的絮凝剂可能造成对环境的二次污染，这也限制了该技术的进一步发展[27]。与常规一级处理相比，强化一级处理不仅对水中微细悬浮颗粒（$<10\mu m$）的脱除率有显著提高，更重要的是对胶体状态的污染物有较好的去除效果。随着新型高效水处理剂的不断开发应用和絮凝反应及工艺条件的优化，近年来城市污水强化一级处理又得到新发展，其工艺已成为欧洲一些国家研究污水处理技术新的热点。

在强化一级处理城市污水中，常用的有机高分子絮凝剂主要是聚丙烯酰胺（PAM）。胡牧等[28]采用烧杯试验，以沸石、聚合氯化铝、硫酸亚铁为试验药剂，对城市污水进行强化一级处理，分析了三种药剂的处理效果。试验表明，沸石混凝剂的处理效果最好，聚合氯化铝次之，硫酸亚铁效果最差。

徐婷等[29]利用活性污泥具有的絮凝、吸附、过滤等特性对市政污水进行强化一级处理，主要结论是生物絮凝在微氧条件下［DO（溶解氧）为0.3～0.5mg/L］可获得较好的污水处理效果，在7～18℃时处理效果受温度影响较小。

2.5.2 工业废水处理中的应用

非离子型有机高分子絮凝剂可用于处理制革、制药、制浆造纸、化工、印染、选矿以及冶金等工业废水。

2.5.2.1 PAM

陈夫山等[30]研究了改性PAM聚合氯化铝体系在造纸废水处理中的应用，研究表明，改性PAM用量为0.75mg/kg，与之复配的聚合氯化铝用量为100mg/kg时，COD去除率高达85%以上。

万涛等[31]的研究表明，在pH=5的情况下，对于分散染料，当PAM用量为10mg/L时，其脱色率达31%；当投加量增加到100mg/L时，脱色效果达到最佳值92.2%。对于碱性品红和酸性红染料，当投加量为100mg/L时，对碱性品红和酸性红染料的脱色率分别为73.6%和84%。

乔洪棋等[32]在对四环素工业废水进行预处理时发现，3000mg/kg硫酸亚铁和15mg/kg聚丙烯酰胺混合使用，处理效果最好，COD的去除率最高，为75.0%（见表2-13）。

表2-13 不同絮凝剂的COD去除率[32]

絮凝剂	COD去除率/%
钼矿粉	33.8
硫酸铝	40.3
氯化铝	37.2
硫酸亚铁	42.9
明矾	34.3
聚丙烯酰胺	25.4
聚合硫酸铁	34.7
碱式氯化铝	38.2
三氯化铁	30.5
3000mg/kg硫酸亚铁+15mg/kg聚丙烯酰胺	75.0

笔者用不同分子量的非离子型聚丙烯酰胺和其他絮凝剂处理印染废水以及制药废水(废水的水质指标见表2-14)，发现当聚合氯化铝和聚丙烯酰胺的用量一定时，聚丙烯酰胺分子量的增大有助于提高处理效果，试验结果见图2-1和图2-2。

表2-14 废水水质指标

废水	pH值	COD_{Cr}/(mg/L)	SS/(mg/L)	色度/度
印染废水	10.5	1260	968	820
制药废水	2.6	7630	3120	370

聚丙烯酰胺处理其他工业废水的效果见表2-15。

表2-15 PAM处理工业废水的效果[33]

工业废水	PAM用量/(mg/L)	污染物含量/(mg/L)	
		处理前	处理后
玻璃厂废水	1(15%水解度)	SS:4000	SS:50
含Zn^{2+}电镀废水	10	Zn^{2+}:150	Zn^{2+}:5
氧化铅废水	2	Pb^{2+}:500	Pb^{2+}:0.1
含矿物油废水	2	油:2000	油:10

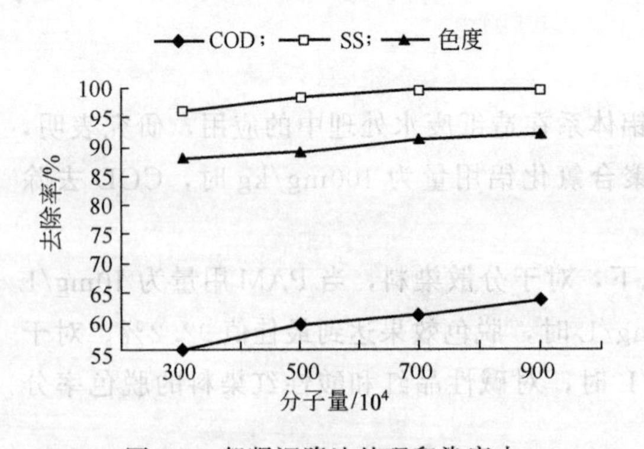

图 2-1　絮凝沉降法处理印染废水

聚合氯化铝的用量为 120mg/L；PAM 的用量为 20mg/L。

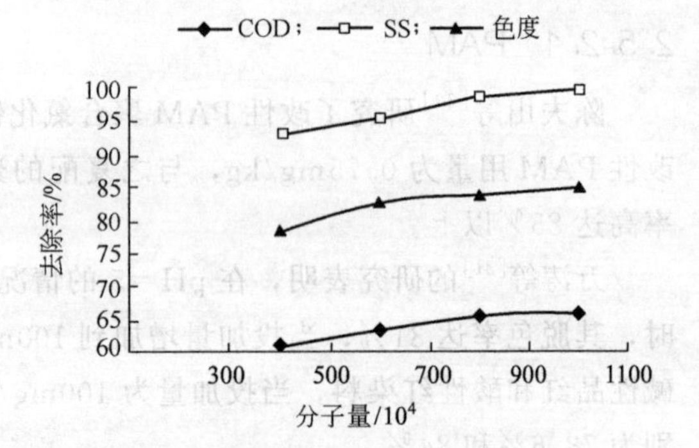

图 2-2　絮凝沉降法处理制药废水

聚合氯化铝的用量为 250mg/L；PAM 的用量为 35mg/L。

2.5.2.2　脲醛缩合物

笔者曾用脲醛缩合物、聚合氯化铝以及聚丙烯酰胺处理石材废水，结果发现：如果不加脲醛缩合物，直接用聚合氯化铝和聚丙烯酰胺处理的石材废水中，浊度的去除率仅 65.0%左右，这可能与石材废水中含有机冷却剂有关，如果加入 10.0mg/L 脲醛缩合物，再加入 50～120mg/L 聚合氯化铝和 10～30mg/L 聚丙烯酰胺，那么浊度的去除率高达 98.6%，固体悬浮物（SS）的去除率高达 99.7%，而且絮体的沉降速度明显加快。

2.5.2.3　酚醛缩合物

酚醛缩合物可用于处理含树脂和含表面活性剂废水，而且在 pH 为中性或酸性时也有很好的絮凝沉降效果。

2.5.2.4　苯胺/甲醛缩合物

杨菊萍等[25]利用苯胺/甲醛缩合物处理活性艳橙 K/G 和造纸黑液，发现处理活性艳橙 K/G 时苯胺/甲醛缩合物的最佳用量为 4g/L，脱色率和 COD 去除率可达 97%和 78%；处理造纸黑液的最佳用量为 6g/L，脱色率和 COD 去除率可达 96%和 76%。而且，苯胺/甲醛缩合物絮凝剂的用量不能超过上述用量，否则脱色率和 COD 去除率反而下降。

2.5.3　工业生产中的应用

2.5.3.1　聚丙烯酰胺在选矿中的作用

杨忠等[34]根据煤泥水难处理的特性，采用正交试验设计试验研究了水的硬度、非离子型 PAM 用量、煤泥粒度对煤泥水沉降的影响。结果发现，当加 Ca^{2+} 粒度为 0.125～0.074mm、非离子型 PAM（2%）用量为 10mL 时，煤泥水絮凝效果最好。

2.5.3.2　聚丙烯酰胺在造纸中的作用

PAM 在造纸工业中的作用主要表现在两个方面：一是提高填料、颜料等的存留率以降低原材料的流失和对环境的污染；二是提高纸张的强度（包括干强度和湿强度）。PAM

用作分散剂，可以改善纸页的均匀度，降低纸料的打浆度，促进长纤维在抄纸时的分散，增加纸浆液的稳定性及填料和颜料的黏结性；用作增强剂，能有效地提高纸张的强度，提高纸张的抗撕性和多孔性，以改进视觉和印刷性能；用作助留剂、滤水剂、沉降剂，能提高填料粒子和细小纤维的存留率，加速脱水速度，减少纤维在白水中的流失量，有利于提高过滤和沉淀等回收设备的效率，减少污染。PAM 的使用效果取决于平均分子量、离子性质、离子强度及其他共聚物的活性。研究证明，在纸浆中加入 0.25%～0.5% PAM，能使纸浆沉淀速度增加 60 倍，白水中固体含量下降 60%，白土等的存留率为 10%～15%，白水悬浮物降至 50mg/L 以下[35]。

2.5.3.3　聚氧化乙烯在造纸中的作用

聚氧化乙烯可作为长纤维的分散剂，抄造卫生纸、餐巾纸、手帕纸时常用聚氧化乙烯树脂作长纤维分散剂。我国有一些造纸厂发现使用聚氧化乙烯可以缩短打浆时间。可以使用叩解度较低的纸浆，抄造出均匀度良好的纸张，同时纸页柔软性和强度都较好。此外，聚氧化乙烯还可以用作新闻纸配料的助留剂。在高级纸厂使用的阳离子或阴离子助留助滤剂，对新闻纸厂不适合，因为在新闻纸配料中存在着大量的短磨木浆纤维和木质素衍生物之类的胶状物。

刘春亮等[36]利用聚氧化乙烯受水质和其他添加助剂的影响相对较小，抄造性能稳定，不易断纸和掉粉，并可以提高成纸的柔软性和均匀度的特点，研究一种聚氧化乙烯型分散剂在薄页纸产品中的应用，从助留助滤效果、成纸指标、纸面均匀度状态等方面分析，对聚氧化乙烯型分散剂在薄页纸中的使用效果及方法进行探讨。

2.5.3.4　聚氧化乙烯在选煤中的作用

Yevmenova 等[37]利用联合胶体公司生产的分子量为 5.6×10^6 的聚氧化乙烯、阴离子型聚丙烯酰胺（M525 和 M365）和阳离子型聚丙烯酰胺 M1440 作为絮凝剂清除煤泥。试验结果表明，若能有效溶解上述三种高分子絮凝剂，那么煤泥的过滤速度可以提高 30%～40%，煤泥的含水率可以降低 3%～4%。

2.5.4　其他方面的应用

2.5.4.1　废水检测样预处理

朱四琛等[38]采用磷酸铵镁（MAP）结晶法与絮凝剂联用预处理化工高含磷废水。以实际化工含磷废水为研究对象，考察了 pH 值、镁盐投加量、反应温度以及絮凝剂 PAFC、PAM 投加量对除磷效果的影响。研究结果表明，MAP 结晶法除磷的最佳工艺条件为：pH 值为 9.0，$n(Mg^{2+}):n(PO_4^{3-})$为 1.6∶1，反应温度为 30℃；絮凝剂强化除磷的最佳工艺条件为：PAFC 投加量为 30mg/L，PAM 投加量为 3mg/L。此时 TP（总磷）、TN（总氮）、NH_3-N、COD_{Cr} 的去除率分别为 98%、74%、64%、87%，满足后续处理要求。

2.5.4.2　污泥脱水

裘慧珺[39]以某市政污水处理厂浓缩池污泥为研究对象，以污泥沉降比、污泥比阻

(SRF) 为指标，研究了聚丙烯酰胺（PAM）对污泥脱水性能的影响，探讨了助凝剂生石灰对污泥脱水性能的影响。结果表明：PAM 作污泥调理剂的最佳投加量为 40mg/L，且生石灰联合 PAM 作为污泥的调理剂脱水效果更好。生石灰 10g/L、PAM 20mg/L 为最佳污泥调理药剂组合。

周世嘉[40]采用高分子絮凝剂聚合氯化铝、聚丙烯酰胺对污水处理厂污泥浓缩池剩余污泥进行絮凝实验，通过对污泥沉降性能的测定，利用污泥沉降比、污泥浓度、悬浮物、泥饼含水率及上清液 COD_{Cr} 和氨氮实验表征絮凝剂效果，最后得出 800 万分子量的阳离子型聚丙烯酰胺可达到经济实惠、效果可观的目标，其最佳用量为 0.06g/100mL。

笔者和课题组成员利用实验室制备的 PAM 乳液处理污水处理厂污泥，并进行不同聚丙烯酰胺产品的脱水性能比较，结果见表 2-16。由表中数据可知，经实验室制备的 PAM 乳液脱水后的污泥含水率为 95.1%，FC-2506 脱水后污泥含水率为 96.4%，FA-40H 脱水后的污泥含水率为 95.2%，FC-2509 脱水后的污泥含水率为 95.0%，FC-2508 和 FA-40 脱水后的污泥含水率为 94.7%。由此可见，实验室制备的 PAM 乳液脱水性能较 FC-2506 乳液、FA-40H 好，较 FC-2509、FC-2508、FA-40 差。

表 2-16　PAM 絮凝剂的脱水性能比较

絮凝剂	空白	自制 PAM 乳液	FC-2506	FC-2508	FC-2509	FA-40	FA-40H
污泥脱水后含水率/%	99.2	95.1	96.4	94.7	95.0	94.7	95.2

参考文献

[1] Deng Y，Pelton R，Xiao H，et al. Synthesis of nonionic flocculants by gamma irradiation of mixtures of polyacrylamide and poly (ethylene oxide). Journal of Applied Polymer Science，1994，54：805-813.

[2] 严瑞瑄. 水溶性高分子. 北京：化学工业出版社，2010.

[3] Lin H R. Solution polymerization of acrylamide using potassium persulfate as an initiator：kinetic studies，temperature and pH dependence. European Polymer Journal，2001，37 (7)：1507-1510.

[4] 李沁，李根生，伊向艺，等. 聚丙烯酰胺类交联酸破胶新方法. 石油钻探技术，2014，42 (05)：100-103.

[5] 李东，杨静秋. ROOH-$Na_2S_2O_3$ 体系反相乳液聚合法制备高分子量 PAM. 山东化工，1995 (1)：27-28.

[6] 郑雪琴，刘明华. 聚丙烯酰胺反相乳液聚合工艺的探讨. 莆田学院学报，2014 (5)：68-71.

[7] 刘莲英，孟晶，杨万泰. 丙烯酰胺/氧化还原引发体系的反相乳液聚合. 北京化工大学学报，2002，29：59-62.

[8] 张乾，范晓东. 丙烯酰胺反相微乳液体系的制备、聚合及表征. 化学工业与工程，2001，18：316-322.

[9] 张志成，徐相凌，张曼维. 过硫酸钾引发丙烯酰胺微乳液聚合. 高分子学报，1995 (2)：23-27.

[10] 哈润华，侯斯健，王德松，等. 高单体浓度下反相微乳液聚合. 高分子学报，1995 (6)：745-748.

[11] 杨超，黎钢，何彦刚. 沉淀聚合机理及反应条件因素影响的研究. 化工中间体，2005 (12)：22-25.

[12] 张彦昌，曹金丽，李天佺，等. 低分子量聚丙烯酰胺的研究进展. 化学研究，2013，24 (03)：322-325.

[13] 刘彭城. 聚丙烯酰胺生产技术现状及发展. 造纸化学品，2011，23 (02)：1-18.

[14] 戴尚志，许桂红. 水分散聚合法合成两性聚丙烯酰胺的研究. 造纸科学与技术，2017，36 (02)：46-50.

[15] 刘小培，王俊伟，李中贤，等. 分散聚合法制备非离子型聚丙烯酰胺“水包水”乳液. 化学研究，2013，24 (06)：619-621.

[16] 吉春艳，李宇，杨俊峰，等. 分散聚合法制备两性聚丙烯酰胺“水包水”乳液絮凝剂. 石油化工，2014，43 (01)：61-67.

[17] 潘娟芳. 分散聚合法制备聚丙烯酰胺研究进展. 广东化工，2015，42 (13)：153-154.

[18] 杨博．分散聚合法制备阳离子聚丙烯酰胺水包水乳液．化学工程师，2018，32（03）：8-11.
[19] 方申文，段明，张烈辉，等．光引发分散聚合制备聚乙烯亚胺为核的聚丙烯酰胺．石油化工，2012，41（01）：82-86.
[20] 汪多仁．聚氧化乙烯的合成与应用．上海造纸，2001，32：45-46.
[21] 沈之荃，张一烽．用稀土络合催化剂制备高分子量聚环氧烷烃的方法：CN85104956. B. 1987.
[22] 李菊梅．聚氧化乙烯合成工艺研究．石化技术与应用，2008，26（2）：34-35.
[23] 宋伟，徐雪丽．掺玉米秸秆脲醛缩合物的制备及缓释性能研究．中国土壤与肥料，2014（02）：93-96.
[24] 严瑞瑄．水处理剂应用手册．第2版．北京：化学工业出版社，2003.
[25] 杨菊萍，朱超英．新型废水絮凝剂的研究．浙江工程学院学报，2003，20：113-115.
[26] 张黎．大数据分析＋人工智能拥抱水处理行业．环境经济，2018（Z2）：76-77.
[27] 傅晓磊．城市生活污水处理技术相关探究．资源节约与环保，2016（03）：36-37.
[28] 胡牧，梁英．三种水处理剂用于强化一级处理工艺比较．资源节约与环保，2014（01）：119-120.
[29] 徐婷，王萍．生物絮凝一级强化处理市政污水的研究．轻工科技，2012，28（09）：92-93.
[30] 陈夫山，胡惠仁，张红杰，等．改性PAM/PAC在造纸脱墨废水处理中的应用．中国造纸，2003（10）：28-30.
[31] 万涛，冯玲，杜仕勇，等．两性聚丙烯酰胺对印染废水脱色的研究．水处理技术，2005（09）：39-41.
[32] 乔洪棋，毕东，揭成渝．四环素工业废水生化处理工艺的研究．重庆环境科学，1994，16（01）：5-8.
[33] 张魁禄．聚丙烯酰胺的合成和絮凝作用的应用．辽宁化工，1996（01）：10-11.
[34] 杨忠，谭绒，王维，等．非离子型聚丙烯酰胺对煤泥水沉降的研究．佳木斯职业学院学报，2016（04）：498-499.
[35] 张学佳，纪巍，康志军，等．聚丙烯酰胺应用进展．化工中间体，2008（05）：34-39.
[36] 刘春亮，王云丰．聚氧化乙烯分散剂在薄页纸中的应用．中华纸业，2018，39（16）：53-56.
[37] Yevmenova G L，Baichenko A A．Raising effectiveness of polymeric flocculants for coal slime aggregation．Journal of Mining Science，2000，36（5）：518-522.
[38] 朱四琛，周敬梧，景国勇，等．MAP结晶法与絮凝剂联用预处理化工含磷废水．工业用水与废水，2017，48（04）：11-15.
[39] 裘慧珺．絮凝剂对市政污泥脱水性能的影响．环境与发展，2018，30（05）：227-229.
[40] 周世嘉．常见絮凝剂在城市污泥脱水中的比较研究．广州化工，2018（17）：96-97.

第3章 阴离子型合成有机高分子絮凝剂

3.1 概述

阴离子型合成有机高分子絮凝剂在水中因分子内离子型基团间的相互排斥作用而使其分子伸展度比较大，从而表现出良好的絮凝性能。阴离子型合成有机高分子絮凝剂既可用作污泥脱水剂，也可用于处理炼铁高炉、铝加工、制浆造纸、食品、化工、制药等工业的废水，由于其絮凝性能不容易受 pH 值和共存盐类的影响，因此还可用于矿物悬浮液的沉降分离。

3.2 分类

阴离子型合成有机高分子根据其所带的基团的不同，可分为羧酸盐类的弱酸型和磺酸盐类的强酸型；根据其制备方法的不同，可分为聚合型和高分子反应型两大类。其中聚合型合成有机高分子絮凝剂有聚丙烯酸、聚丙烯酸钠、丙烯酸/马来酸酐共聚物、丙烯酸/丙烯酰氨基-2-甲基丙磺酸（钠）共聚物、丙烯酰胺/丙烯酸钠共聚物、丙烯酰胺/乙烯基磺酸钠共聚物、丙烯酰胺/丙烯酰氨基-2-甲基丙磺酸钠共聚物以及丙烯酰胺/甲基丙烯酸甲酯/丙烯酸钠三元共聚物等；高分子反应型合成有机高分子絮凝剂主要有水解聚丙烯酰胺、磺甲基化聚丙烯酰胺、聚苯乙烯磺酸钠和聚-*N*-二膦酰基甲基丙烯酰胺等。

3.3 聚合型絮凝剂的制备

聚合型絮凝剂的制备方法归纳起来主要有水溶液聚合、乳液聚合（其中包括反相乳液聚合）、反相悬浮聚合 3 种，不过对于不同的聚合型絮凝剂，其制备方法的侧重点也有所不同[1-4]。

3.3.1 聚丙烯酸钠

聚丙烯酸钠是一种重要的精细化工产品，由于其结构为聚阴离子电解质，而且无毒，在食品、医药、纺织、化工、冶金、水处理等工业部门有广泛的用途。聚丙烯酸钠的用途与其分子量有很大关系，一般认为，分子量小于 10000 的产品主要用作颜料分散剂、水处理阻垢分散剂、化纤上浆剂、金属材料淬火剂、洗涤剂助剂、粒状农药载体等，分子量处于10^4～10^6之间的产品主要用作增稠剂、黏度稳定剂、保水剂等，分子量大于10^6的产品主要用作絮凝剂、增稠剂、吸水剂。

目前国内生产和使用的聚丙烯酸钠主要有40%胶体和95%干粉两种。40%胶体的分子量约2000万，溶解时间5～8h；95%干粉的分子量约1000万，溶解时间0.5～8h。此外，国外已有分子量大于等于3600万的胶体产品和分子量大于等于2000万的固体产品。聚丙烯酸钠的制备方法主要有水溶液聚合和反相乳液聚合两种。

3.3.1.1 水溶液聚合

聚丙烯酸钠可以用相应的单体直接在水介质中聚合而得。一般在聚合配方中包括水、丙烯酸系单体、引发剂和活性剂等。引发剂可用过硫酸铵、过硫酸钾、过氧化氢等，聚合温度可以在50～100℃的范围内选择。为了控制聚合物的链长，常使用一些链转移剂，常用的链转移剂为巯基琥珀酸、次磷酸钠和乙酸铜的混合组分。制备高分子量的聚合物，最简便的配方是10份单体、90份水和0.2份过硫酸铵。制备聚丙烯酸，则反应体系一直保持均相。

由于丙烯酸被碱中和生成盐时会产生大量热，容易引起单体在中和时的聚合，而且中和程度的不同会影响聚合度。因此，用单体的盐类来制备聚合物是会产生单体酸所没有的弊病的。但仍有一些工艺利用单体盐类的聚合方法制备聚合物，如把pH值提高到13时，可以成功地制得聚合物。用γ射线照射也可使丙烯酸盐聚合。如果把丙烯酸盐、水和引发剂组成的混合物喷射到热至150～580℃的空气中，可以使聚合和干燥一步完成。用紫外线照射丙烯酸的溶液也可以引起聚合，获得分子量很高的聚合物。

具体制备工艺为[5]：在配备有搅拌桨、温度控制器和冷凝器的1.5L的树脂反应器中加入906.79g去离子水、200g丙烯酸单体和220.34g 50%的氢氧化钠溶液，将上述混合溶液的pH值调至7.0，并加入0.20g EDTA，往上述反应体系通入氮气，氮气量为$1000cm^3/min$，升温至45℃，加入5.00g 10% 2,2′-偶氮双（*N*,*N*-2-脒基丙烷）二氯化物溶液，聚合反应在5min内开始，反应20min后，体系溶液开始变黏稠，升温至80℃，并在78～82℃内持续反应16h，即得聚丙烯酸钠产品，所得产品在25℃下的Brookfield黏度为60000mPa·s。

水溶液聚合制备的聚丙烯酸钠溶液可以直接使用，也可以加以干燥，成为白色的、片状固体。经干燥的聚合物中，最好有5%的水分，这样在使用时就比较容易溶解。但水溶液法也存在许多不足，自由基聚合过程中反应释放的热量大，当水溶液黏度高时，热量更难均匀散去，经常出现局部过热、产物交联的现象，难以实现全自动化控制，且固含量较低，聚合物分子量分布较宽，当分子量较高时溶解性变差等[6]。

3.3.1.2 反相乳液聚合

反相乳液聚合[7,8]（inverse emulsion polymerization），简单来说是指单体或单体溶液在乳化剂和搅拌作用下分散在连续相中而进行的聚合反应。工业上聚丙烯酸钠通常用溶液法制得，这种方法的不足在于聚合单体浓度低。水溶液法制备聚丙烯酸钠，要想得到固体产品，需要经过长时间干燥、粉碎等过程，工艺复杂。此外，也有人采用反相悬浮法制得聚丙烯酸钠，此法存在受搅拌速率影响大、易聚结、共沸时体系不稳定、易产生凝胶、出水时间长等问题。反相乳液聚合法制备聚丙烯酸钠是国外20世纪80年代开发出的技术。利用反相乳液法制备的聚丙烯酸钠高分子絮凝剂产品不仅克服了上述方法的缺点，从聚合到共沸出水过程体系稳定，且得到的聚丙烯酸钠具有更高的分子量和更好的溶解性。

反相乳液聚合的制备工艺为[9]：取定量丙烯酸在低温下用一定浓度的氢氧化钠溶液中和，然后加入定量的交联剂 *N*,*N*-亚甲基双丙烯酰胺，搅拌溶解后得水相组分；称取定量油剂、乳化剂司盘80，搅拌溶解得油相组分；将水相与油相混合，用搅拌器在3000r/min速度下乳化，得到白色均匀乳液；向乳液中缓慢滴加引发剂（过硫酸铵与亚硫酸氢钠混合溶液），通氮排氧，升至设定的反应温度发生反应，反应结束后冷却，加入一定量的转相剂进行转相得到乳白色增稠剂乳液。

工艺的优选试验结果如下所述。

(1) 反应温度

制备聚丙烯酸钠的聚合过程是一个放热反应过程，放出的大量热量会使体系温度上升，反应的稳定性会受到影响。若反应的温度过高，制备的产物分子量分布不均，且易出现爆聚现象；温度过低则使反应引发不彻底，影响单体参与反应。所以在制备增稠剂的聚合反应过程中一定要控制合适的反应温度，保证反应的稳定性。分别在10℃、20℃、30℃、40℃和50℃的温度下进行反相乳液聚合反应，随着聚合温度上升，聚丙烯酸钠(PANa)的分子量先升高，在40℃出现最大值，而后随着聚合温度的进一步升高，分子量下降。研究表明，聚合反应温度控制在40℃较为合适。

(2) 引发剂

在制备聚丙烯酸钠的过程中，引发剂起引发聚合的作用，其用量的多少决定聚合的效率和产物的分子量。控制丙烯酸单体中和度为80%，引发剂比例过硫酸铵：亚硫酸氢钠=2：1（质量比）不变，其他条件按照基本工艺，通过改变引发剂的用量来合成聚丙烯酸钠。在聚合温度45℃，引发剂浓度为0.1%～0.3%范围内，当引发剂浓度为0.22%时，PANa的分子量最高；当引发剂浓度小于0.22%时，PANa的分子量随着氧化剂浓度的增大而增加；引发剂浓度大于0.22%时，PANa的分子量随着氧化剂浓度的增大而减小。所以，引发剂用量选取为占单体总质量的0.22%为宜。

(3) 乳化剂

在反相乳液聚合的过程中，加入的乳化剂是不会参与反应的，但其对聚合反应的效率和聚合产物的性能具有较大的影响。根据文献，司盘80一般的使用量占单体总量的5%～10%，考察了PANa的分子量随乳化剂用量的变化。当乳化剂质量分数为8%时所得PANa分子量最高；当乳化剂质量分数小于8%时，随着乳化剂在油中含量的增加，所得PANa的分子量增加；但当乳化剂质量分数大于8%时，随着乳化剂在油中含量的增加，PANa的分子量下降。同时研究发现，乳化剂质量分数为10%时，聚合过程出现凝胶现象，这是由于乳化剂用量较多，形成的胶束数目增多，表面能过大，反应变得不稳定，出现凝胶现象。因此，乳化剂司盘80用量选取8%为宜。

(4) 单体中和度

聚合过程中丙烯酸单体的中和度会影响其自身的反应性，且静电斥力的作用会影响单体的聚合和分配，因此丙烯酸的中和度会影响聚合产物的结构。单体丙烯酸在聚合前，加入氢氧化钠溶液中和，转变为丙烯酸钠之后聚合，形成PANa。当单体中和度为80%时，PANa的分子量最高；当单体中和度高于80%时；聚合物分子量较低且变化不大，单体之间的静电斥力影响聚合的发生和单体的分布，得到的聚合物的分子量较低，增稠性能降低。过高的中和度也会影响聚合物的交联程度，使呈现拉丝现象，因此单体中和度应选择80%左右。

3.3.2 聚-2-丙烯酰氨基-2-甲基丙磺酸

聚-2-丙烯酰氨基-2-甲基丙磺酸主要利用2-丙烯酰氨基-2-甲基丙磺酸单体通过自由基聚合制备而成，反应式为：

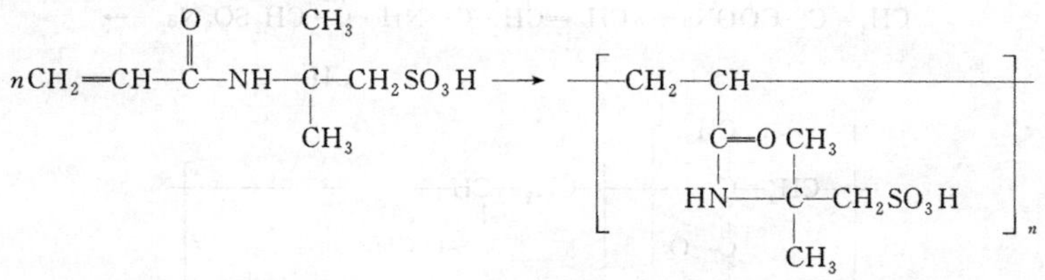

$$n\,CH_2{=}CH{-}C({=}O){-}NH{-}C(CH_3)_2{-}CH_2SO_3H \longrightarrow \left[\!{-}CH_2{-}CH(C({=}O){-}NH{-}C(CH_3)_2{-}CH_2SO_3H){-}\!\right]_n$$

聚-2-丙烯酰氨基-2-甲基丙磺酸（AMPS）是一类能显著提高聚电解质主链离子强度的单体。其制备一般采用水溶液聚合法，具体工艺为[9]：在配备有搅拌桨、温度控制器和冷凝器的2.0L的树脂反应器中加入657.4g去离子水、344.8g 2-丙烯酰氨基-2-甲基丙磺酸单体和2.0g EDTA，加入2.0g EDTA后，升温至45℃，然后加入0.1g 2,2′-偶氮双(氨基丙烷）二氯化物，往上述反应体系通入氮气，通氮气量为1000cm^3/min。15min后开始聚合反应，体系溶液开始变黏稠。反应14h后，混合物变成一种非常黏稠的透明溶液。随后将体系温度升至80℃，保温4h后加入666.6g去离子水，即可得到质量分数为12.0%的聚-2-丙烯酰氨基-2-甲基丙磺酸溶液。在1.0mol/L $NaNO_3$ 溶液中测得聚-2-丙烯酰氨基-2-甲基丙磺酸溶液的特性黏数为3.73dL/g。

3.3.3 丙烯酸钠/2-丙烯酰氨基-2-甲基丙磺酸钠共聚物

丙烯酸钠/2-丙烯酰氨基-2-甲基丙磺酸钠共聚物主要是丙烯酸钠和2-丙烯酰氨基-2-甲基丙磺酸钠两种单体通过水溶液共聚而成的，具体反应式为：

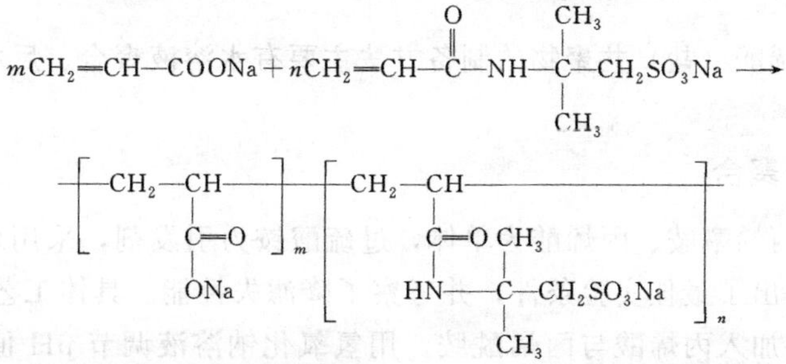

$$m\,CH_2{=}CH{-}COONa + n\,CH_2{=}CH{-}C({=}O){-}NH{-}C(CH_3)_2{-}CH_2SO_3Na \longrightarrow$$

$$\left[\!{-}CH_2{-}CH(C({=}O){-}ONa){-}\!\right]_m\left[\!{-}CH_2{-}CH(C({=}O){-}NH{-}C(CH_3)_2{-}CH_2SO_3Na){-}\!\right]_n$$

制备方法[10]：向装有减压蒸馏装置的500mL三口烧瓶中加入一定量的丙烯酸和少量阻聚剂，控制水浴温度80℃，收集经减压蒸馏后的丙烯酸，密闭冷藏。在冷水浴中，用一定浓度的NaOH溶液缓慢中和丙烯酸溶液至pH＝7，得丙烯酸钠（AANa）水溶液。

向装有搅拌装置的三口烧瓶中加入甲苯、乳化剂司盘 60、丙烯酸钠水溶液、2-丙烯酰氨基-2-甲基丙磺酸钠和乳化剂 TX-10，将密闭三口烧瓶置于恒温水浴中，控制水浴温度 60℃，高速乳化 1h，然后加入交联剂 MBA，同时向三口烧瓶中通入氮气，30min 后加入引发剂 BPO，并在 60℃下聚合 4.5h。将所得反相乳液经减压蒸馏装置脱水、离心分离，干燥后即得。

3.3.4 甲基丙烯酸钠/2-丙烯酰氨基-2-甲基丙磺酸钠共聚物

甲基丙烯酸钠/2-丙烯酰氨基-2-甲基丙磺酸钠共聚物的制备主要是利用甲基丙烯酸钠和 2-丙烯酰氨基-2-甲基丙磺酸钠两种单体在水溶液介质中共聚而成，反应式为：

$$mCH_2{=}C(CH_3){-}COONa + nCH_2{=}CH{-}C(=O){-}NH{-}C(CH_3)_2{-}CH_2SO_3Na \longrightarrow$$

$$\left[CH_2{-}C(CH_3)(C{=}O\,ONa)\right]_m\left[CH_2{-}CH(C{=}O\,HN{-}C(CH_3)_2{-}CH_2SO_3Na)\right]_n$$

具体工艺为[6]：在配备有搅拌桨、温度控制器和冷凝器的 1.5L 的树脂反应器中加入 945.59g 去离子水、141.96g 58% 2-丙烯酰氨基-2-甲基丙磺酸钠单体溶液、126.18g 99% 甲基丙烯酸单体和 114.9g 50%的氢氧化钠溶液，将上述混合溶液的 pH 值调至 7.0 后，加入 0.20g EDTA，往上述反应体系通入氮气，通氮量为 $1000cm^3/min$，升温至 45℃，加入 0.5g 2,2′-偶氮双(*N*,*N*-2-脒基丙烷)二氯化物（V-50），聚合反应在 5min 内开始，反应 60min 后，体系溶液开始变黏稠，升温至 50℃，并在 48～52℃内持续反应 72h，即得甲基丙烯酸钠/2-丙烯酰氨基-2-甲基丙磺酸钠共聚物，所得产品在 25℃下的 Brookfield 黏度为 61300mPa·s。在 1.0mol/L $NaNO_3$ 溶液中测得质量分数为 15%的甲基丙烯酸钠/2-丙烯酰氨基-2-甲基丙磺酸钠共聚物溶液的特性黏数为 4.26dL/g。（在聚合工艺中甲基丙烯酸钠和 2-丙烯酰氨基-2-甲基丙磺酸钠的质量比为 62.5∶37.5。）

3.3.5 丙烯酰胺/丙烯酸(盐)共聚物

丙烯酰胺/丙烯酸（盐）共聚物的制备方法主要有水溶液聚合、反相乳液聚合和反相悬浮聚合三种。

3.3.5.1 水溶液聚合

姬彩云[11]以丙烯酰胺、丙烯酸为单体，过硫酸铵为引发剂，采用水溶液聚合法，制备了降滤失剂，得出了最佳实验条件，并考察了降滤失性能。具体工艺为：在 300mL 烧瓶中按照试验条件加入丙烯酸与丙烯酰胺，用氢氧化钠溶液调节 pH 值至 7～8，以过硫酸铵为引发剂，在实验条件下进行反应，待反应完后即得丙烯酰胺/丙烯酸（盐）共聚物。他发现：用丙烯酰胺和丙烯酸合成的聚合物可以大大降低钻井液的滤失量。通过正交实验优化得到合成的最佳条件为：丙烯酰胺和丙烯酸的质量比为 3∶2，单体加量 10%，引发剂加量0.2mL，反应温度为75℃，反应时间为3h。实验结果表明，聚合物型降滤失剂可通过吸附架桥作用有效降低钻井液滤失量。

3.3.5.2 反相乳液聚合

反相乳液法制备的丙烯酰胺/丙烯酸（钠）共聚物的产品有两种：胶乳和粉状。

制备粉状丙烯酰胺/丙烯酸钠共聚物产品的具体工艺为[12]：首先用NaOH溶液中和丙烯酸，再加入丙烯酰胺制得单体溶液；然后在250mL四口反应瓶上装上搅拌器、控温探头、温度计、导气管。向瓶中依次加入单体溶液、十二烷基磺酸钠，搅拌使其混合均匀，同时通氮驱氧20min，之后加入亚硫酸氢钠、司盘80、石油醚和过氧化物。将体系升温至反应温度，使单体聚合4h，再升温，共沸脱水，最后将固体物质过滤烘干，得到粉末状产物。通过优化工艺参数（如引发剂量、乳化剂量、抗交联剂量、单体摩尔比、油水体积比以及反应温度等），发现在最佳条件下，即乳化剂用量为0.80g、引发剂用量为2.50mL、抗交联剂用量为0.05g、单体丙烯酸与丙烯酰胺摩尔比为3.5∶6.5、油水体积比为2.25∶1以及反应温度为45℃时，所制备的丙烯酰胺/丙烯酸钠共聚物的特性黏数为12.07dL/g。

丙烯酰胺/丙烯酸共聚物胶乳产品的制备工艺为[13]：在0.5L四口瓶上装设搅拌器、回流冷凝器、温度计、导气管和取样器，并置于超级恒温水浴槽中，将配制好的复合乳化剂和200#溶剂油依次加入四口瓶中，用氮气置换30min，在水浴上加热，搅拌使之完全溶解。然后将已除氧的单体水溶液逐渐滴加到油相中，同时高速搅拌（400r/min）令其乳化形成乳状液。乳化操作结束后，降低搅拌速率（200r/min），加入偶氮二异丁腈（AIBN）的甲苯溶液，于45℃下保持4h，然后加入$(NH_4)_2S_2O_8$-$Na_2S_2O_5$氧化还原引发剂，在相同的温度下继续反应2h。反应结束后降至室温并加入终止剂，停止搅拌，出料，即可得到均匀、稳定的W/O型丙烯酰胺/丙烯酸钠共聚物胶乳产品。为了优选丙烯酰胺/丙烯酸钠共聚物的制备工艺，王雨华等[13]综合研究了原料的纯度、乳化剂种类和用量、引发剂种类以及反应温度等因素对产品质量的影响。

（1）原料纯度的影响

原料的纯度，尤其是单体的质量，直接影响反相乳液聚合能否顺利进行以及产物分子量的大小。在本项研究中AM单体纯度对产品性能的影响比较明显，见表3-1。

表3-1 AM单体纯度对产品性能的影响[13]

AM单体水溶液			共聚物胶乳		
外观	存入时间/d	电导值/(μS/cm)	$\overline{M_w}\times10^{-4}$	溶解性	稳定性
浅黄色液体	28	85	140	差	很差
浅黄色液体	21	30	286	较差	差
浅黄色液体	7	16	332	较好	较差
无色透明液体	3	11	570	好	较好
浅黄色液体	0	8	658	好	好
浅黄色液体	0	5	760	很好	好
浅黄色液体	0	3	867	很好	很好
无色透明液体	0	1.5	915	很好	很好

注：AM 40%～60%，100mL；AA，8～10mL；溶剂油（200#），50～60mL；乳化剂（HLB值为8～9），3～4g；AIBN，0.05%～0.1%；$(NH_4)_2S_2O_8$，0.002%～0.008%；$Na_2S_2O_5$，0.001%～0.004%。均为纯单体质量的百分数。

(2) 乳化剂种类及用量的影响

乳化剂的种类决定乳液类型，使用亲油性乳化剂才能获得 W/O 型乳液。乳化剂用量在一定程度上影响胶乳粒子的大小和胶乳的稳定性以及产物分子量的大小。

三项研究是采用反相乳液聚合制备 W/O 型聚合物胶乳。因此，应选用亲油性的非离子型表面活性剂作为乳化剂。在这种乳液体系中，连续相为油相，分散相为水相，非离子型乳化剂一般只提供一合适的油水亲和力。分散的液滴不是靠它吸附乳化剂产生的离子电荷来稳定的，而是靠乳化剂存在所改变的内聚力作用及乳化剂分子的位障作用来达到分散稳定目的的。

过去曾有人提出 W/O 型乳液选用 HLB 值在 4～6 之间的乳化剂较为稳定。近年来又有人根据内聚能理论提出，选用乳化剂 HLB 值在 7～10 之间的胶乳更为稳定。本项研究的试验也证明，在较高的 HLB 值（8～9）下，按上述基本工艺配方和实验方法进行反相乳液聚合，可获得较好的结果。同时发现，采用复合型乳化剂比单一乳化剂效果好。本试验还研究了 HLB 值为 8～9 的复合乳化剂的加入量对乳液及产品性能的影响，见表 3-2。

表 3-2　乳化剂用量对乳液及产品性能的影响[13]

乳化剂用量/%	乳液稳定性	$\overline{M}_w\times10^{-4}$
10	很好	374
8	好	453
6	好	728
4	很好	915
2	差	
1	很差	—

注：AM 40%～60%，100mL；AA（新蒸的），8～10mL；溶剂油（200#），50～60mL；AIBN，0.05%～0.1%；$(NH_4)_2S_2O_8$，0.002%～0.008%；$Na_2S_2O_5$，0.001%～0.004%。均为纯单体质量的百分数。

从表 3-2 中可以看出，乳化剂用量小于 2%时，乳液稳定性差，难以正常地进行反相乳液聚合；同时还可以看出，乳化剂用量超过 8%时，虽然乳液的稳定性好，但产物分子量已下降到不属于高分子量范畴。因此，为了制备出高分子量的稳定的聚合物胶乳产品，在其他条件不变的情况下，乳化剂的加入量占单体加入量的 4%～6%较为适宜。

(3) 引发剂种类及添加工艺的影响

本项研究的突出特点就在于采用了油溶性和水溶性两种引发体系，进行分段引发制备出了高分子量、高含固量、高转化率、高稳定性的聚合物胶乳。即首先使用油溶性引发剂 AIBN 使 80%以上的单体聚合，然后再使用水溶性引发剂 $(NH_4)_2S_2O_8$-$Na_2S_2O_5$（氧化-还原引发体系）使剩余的单体聚合，最终可制得单体残存量小于 0.3%的聚合物胶乳。

若不添加水溶性引发剂，只用油溶性引发剂，要达到高转化率的目的，需要相当苛刻的条件，即需要高温或长时间熟化。此时，就会不可避免地造成聚合物降解或交联等副反应，严重影响产品性能。而若颠倒油溶性引发剂和水溶性引发剂的顺序，即改为先添加水溶性引发剂，后添加油溶性引发剂，则首先是水溶性引发剂造成乳液不稳定，其次是后加入的油溶性引发剂无法达到减少单体残存量的效果，所以也达不到预期的目的。

另外，若在聚合初期就紧接着加入水溶性引发剂，则乳液粒子就会迅速增大，在聚合体系中生成沉淀，形成块状物。即使不生成沉淀，数日后胶乳也会出现分层、水相部分固化等现象，使胶乳稳定性受到影响。而若同时加入油溶性引发剂和水溶性引发剂来引发反相乳液聚合，结果也会像上述在聚合初期加入水溶性引发剂一样，聚合体系出现沉淀、固化等现象。

(4) 聚合温度的影响

聚合反应起始温度的拟定，首先要考虑到所选用油溶性引发剂适宜的分解温度。由于选用了 AIBN 引发剂，所以反应的起始温度一般不应低于 40℃。其次应考虑到，虽然提高反应温度后能加快反应速率，缩短反应时间，或在相同反应时间内能适当提高转化率，但同时也会促使支化、交联现象发生，使得反应不易控制。试验证明，本工艺拟定反应温度为 45℃是合理的，而且此温度对后期的水溶性引发剂也比较适宜。

(5) 体系中氧的影响

氧对较低温度下的自由基聚合有明显的阻聚倾向，而且聚合温度越低，溶解氧含量越高，阻聚越强烈。这是因为在较低的温度下氧很容易与引发剂分解的自由基结合而导致阻聚。试验证明，体系中溶解氧含量大于 10μg/g 时，即会呈现阻聚（有明显的诱导期），因此反应前如不充分排氧，则会导致分子量下降，甚至造成不聚或低聚。氧对产物分子量的影响见表 3-3。通 N_2 时间一般大于 25min，即可使体系中的氧含量小于 10μg/g。

表 3-3　氧对聚合物分子量的影响[13]

通 N_2 时间/min	>25	20	15	10	5
$\overline{M_w}\times10^{-4}$	915	804	678	589	512

注：配方同表 3-1 下注。

王雨华等[13]还利用所研制的样品与国内外产品从溶解性、固含量及分子量等性能指标方面进行了对比。测定结果表明，所研制的样品性能指标优于国内对照样品，与国外对照样品相当，见表 3-4。

表 3-4　胶乳样品性能指标[13]

性能指标	No. 1	No. 2	No. 3	No. 4	对照 1	对照 2
产品形态	均为白色乳状液					
平均分子量	872×10⁻⁴	864×10⁻⁴	831×10⁻⁴	915×10⁻⁴	731×10⁻⁴	—
水解度/%	21.5	24.2	30.4	18.4	11.2	24.9
固含量(质量分数)/%	35.4	38.2	40.2	43.1	22.6	>30
溶解时间/min	<3	<3	<3	<3	<3	<3
pH 值	6.8	6.2	6.5	7.3	8.5	7.6

注：对照样品 1 为国内天津大学 1991 年研制的产品，对照样品 2 为欧 IFC IDBONE 产品。

3.3.5.3 反相悬浮聚合

采用水溶液聚合法、反相乳液聚合法和反相悬浮聚合法均可制备丙烯酰胺/丙烯酸钠共聚物，国内市场上的丙烯酰胺/丙烯酸钠共聚物主要是水溶液聚合产物，存在着溶解慢、溶解不完全等缺点。反相乳液聚合法有利于反应热的散发，可制备分子量高、溶解性好的产品，但工艺较复杂，生产成本较高，难制得稳定的乳液，而且乳状产品运输不方便[14]。

反相悬浮聚合法是近二十多年来发展起来的方法[15,16]，能克服上述两法的不足，且生产工艺简单、成本低，便于实现工业化，产品分子量可达千万以上，溶解性能比水溶液聚合产品好，可直接得到粉状或粒状产品，包装和运输方便。

张忠兴等[14]以丙烯酰胺和丙烯酸钠为单体，采用反相悬浮自由基共聚的方法进行了合成阴离子型聚丙烯酰胺的中试研究，并得到了分子量达 1.45×10^7 的超高分子量的丙烯酰胺/丙烯酸钠共聚物。具体工艺为：

① 配料与投料。将 130kg 环己烷通过高位槽送至反应釜，加入 1.7kg 乳化剂失水山梨糖单硬脂酸酯（S-60）后搅拌，将釜温升至 40℃，乳化剂溶解后将釜温降至 30℃；称 3.8kg NaOH 置于化碱槽中，用 6kg 水溶解并冷至室温；称 20kg 丙烯酰胺、1.2kg 醋酸钠置于配料槽中，加入 10kg 水搅拌使其溶解，再加入 10kg 丙烯酸和定量的脲、$K_2S_2O_8$、甲基丙烯酸和 *N*,*N*-二甲氨基乙酯（DM）等溶液搅拌均匀，送至高位槽。在搅拌情况下将配好的单体溶液加入反应釜中，搅拌 10min 使体系成为均匀稳定的悬浮液，然后依次滴入 $NaHSO_3$、NaOH 溶液，滴碱时速度要缓慢并维持釜温不超 30℃。

② 聚合与脱水。氢氧化钠溶液滴完后，将釜温升至 40℃并维持 1h，再在 1h 内将釜温升至 50℃，然后在 2h 内将釜温升至 71℃使体系共沸脱水，当出水量达加入水量的 75%时便可停止加热。

③ 出料。停止加热后继续搅拌，夹套通冷水，当釜温降至 40℃后将丙烯酰胺/丙烯酸钠共聚物产品放到容器中，待聚合物颗粒完全沉降后，将上层溶剂转移到回收罐，产品风干。

此外，他们还比较了中试与实验室小试两种情况下聚合条件的不同，确定了原料丙烯酰胺中金属杂质铜和铁的含量，研究了原料丙烯酰胺在有机络合物乙二胺四乙酸二钠（EDTA）存在下与丙烯酸钠的共聚，并研究了中试条件下一些因素如引发剂浓度、脱水时间对产品分子量和溶解性能的影响。结果发现：在聚合反应体系中加入占丙烯酰胺单体质量 0.025%的 EDTA 能显著提高聚丙烯酰胺的分子量；在反相悬浮法制备丙烯酰胺/丙烯酸钠共聚物的过程中，引发体系中 $K_2S_2O_8$-$NaHSO_3$ 引发剂的最佳用量是 $K_2S_2O_8$、$NaHSO_3$ 分别占单体质量的 0.05%；而且，随着脱水时间的延长，聚丙烯酰胺的分子量和溶解性能均呈下降趋势。

刘莲英等[17]采用反相悬浮聚合、加碱水解、共沸脱水的方法合成了分子量达 10^7 数量级的粉状、速溶阴离子型聚丙烯酰胺，即丙烯酰胺/丙烯酸钠共聚物。具体工艺为：将环己烷、乳化剂加入装有回流冷凝管的三口反应瓶中搅拌，水浴控温加热待其完全溶解。称计量的丙烯酰胺，用去离子水配成质量分数为 50%的水溶液，加入反应瓶中。待水相、油相分散均匀后滴入引发剂反应 1.5～2h。反应结束后，加碱控温在一定时间内水解。适当增加一定量有机溶剂，共沸脱水得粉状产品。他们在工艺的优选试验中确定了最佳引发体系为 $K_2S_2O_8$-甲基丙烯酸二甲氨基乙酯-$NaHSO_3$，适宜的反应温度为 35℃；研究了水解度与水解时间、水解温度、水解剂加量之间的关系，确定最佳水解时间为 40min，水解温度为 50℃，碱与丙烯酰胺的摩尔比为 0.2∶1。

樊世科等[18]采用反向悬浮聚合法制备了丙烯酸（钠）与丙烯酰胺共聚物，通过分散剂的选择，确定了以羧甲基纤维素、司盘 80、羊毛脂为分散剂的较稳定的聚合体系，其产物呈颗粒状；探讨了聚合反应条件的影响，并测试了共聚物的部分性能。具体工艺为：在装有搅拌器、回流冷凝器、氮气导入管的三口烧瓶中，加入环己烷、羧甲基纤维素(CMC)、司盘 80、羊毛脂等，充分搅拌，通氮气。将一定量的丙烯酸（用活性炭处理已除去阻聚剂）进行中和后，加入三口瓶中，然后再加入丙烯酰胺（重结晶）及 N,N'-亚甲基双丙烯酰胺。充分搅拌一定时间后，升温至 60℃，加入引发剂，在 60℃下恒温反应 4h 结束。待降至室温后过滤分离，用甲醇洗涤数次，干燥后得小颗粒状聚合物丙烯酸（钠）/丙烯酰胺共聚物。他们在工艺的优选试验中确定了最佳引发体系采用 CMC、司盘 80、羊毛脂为分散剂，且其质量比为 2∶1∶1，制得颗粒状的丙烯酸(钠)/丙烯酰胺共聚物，并具有一定的吸水性；通过对各反应条件的讨论，其丙烯酸的中和度为 75%，交联剂的用量为单体量的 0.25%，且在反应约 1h后加入交联剂，可制得性能良好的共聚物。

3.3.6 丙烯酰胺/甲基丙烯酸甲酯/丙烯酸三元共聚物

笔者和课题组成员以丙烯酰胺、甲基丙烯酸甲酯和丙烯酸为原料，采用反相乳液聚合法制备丙烯酰胺/甲基丙烯酸甲酯/丙烯酸共聚物乳液，所制备的产品的分子量达到 8.3×10^6。反应式为：

$$x\mathrm{CH_2{=}CH{-}CONH_2} + y\mathrm{CH_2{=}C(CH_3){-}COOCH_3} + z\mathrm{CH_2{=}CH{-}COOH} \longrightarrow \left[\mathrm{CH_2{-}CH(C{=}O)NH_2}\right]_x\left[\mathrm{CH_2{-}C(CH_3)(C{=}O)OCH_3}\right]_y\left[\mathrm{CH_2{-}CH(C{=}O)OH}\right]_z$$

制备工艺为：将配制好的复合乳化剂（HLB 值为 7.8）和环己烷依次加入 1L 的反应釜中，用氮气置换 40min，升温至 35℃，搅拌使之完全溶解。然后将已经除氧并含有乙二胺四乙酸二钠的单体水溶液逐渐滴加到环己烷中，同时快速搅拌（400～500r/min）令其乳化形成乳状液，乳化操作结束后，降低搅拌速率（150r/min），加入 $K_2S_2O_8$-脲氧化还原引发剂，于 50℃下保持 5h，然后再加入适量的 $K_2S_2O_8$-脲氧化还原引发剂，在相同的温度下继续反应 3h。反应结束后降至室温并加入终止剂，停止搅拌，出料，即可得到均匀、稳定的 W/O 型丙烯酰胺/甲基丙烯酸甲酯/丙烯酸三元共聚物乳液。

影响丙烯酰胺/甲基丙烯酸甲酯/丙烯酸三元共聚物乳液性能的因素很多，主要有单体摩尔比、引发剂种类及用量、乳化剂种类及用量、反应时间、搅拌速率以及油水体积比等。本书主要讨论单体摩尔比、引发剂种类和用量以及复合乳化剂用量对产品质量的影响。

(1) 单体摩尔比

丙烯酰胺（AM）、甲基丙烯酸甲酯（MMA）和丙烯酸（AA）单体摩尔比对三元共聚物的分子量影响很大，结果见表 3-5。在三种单体中，甲基丙烯酸甲酯（MMA）

的摩尔比越大，三元共聚物的分子量越小，因此三种单体的摩尔比宜控制在1∶0.02∶1左右。

表 3-5 单体摩尔比对共聚物分子量的影响

n(AM)∶n(MMA)∶n(AA)	1∶0.2∶1	1∶0.1∶1	1∶0.05∶1	1∶0.02∶1	1∶0.01∶1.2
分子量	6.1×10^6	7.9×10^6	8.6×10^6	9.0×10^6	8.7×10^6

(2) 引发剂种类和用量

在反相乳液聚合反应中，引发剂的种类是影响共聚乳液分子量大小的关键因素之一。不同引发剂对共聚物产品分子量的影响见表 3-6。从表中可以看出，过硫酸钾-脲引发体系的引发效果最好，所制备的丙烯酰胺/甲基丙烯酸甲酯/丙烯酸三元共聚物乳液性能稳定，分子量为 9.0×10^6，而且单体转化率可达 99.7%。

表 3-6 引发剂种类的影响

引发剂	乳液稳定性	单体转化率/%	分子量
过硫酸钾	好	98.6	8.1×10^6
过硫酸钾-脲	好	99.7	9.0×10^6
过硫酸钾-亚硫酸钠	一般	99.1	8.6×10^6
偶氮二异丁腈	较差	92.5	7.9×10^6
过硫酸钾-硫代硫酸钠	较差	95.1	8.3×10^6

增加引发剂的用量不仅可以提高单体的转化率，而且也使聚合反应以较快的速度进行。但这种用量的增加是有限度的。这是因为链自由基的生成及链增长反应是放热反应，引发剂的高用量必然导致反应体系高放热。如果体系蓄积的热量不能及时导出，体系的温度势必会进一步升高，聚合反应急剧进行而引起冲料和凝胶。当引发剂的用量大于 0.6% 时，所得的乳胶在两个月内会凝结成块，而且引发剂用量加大，引发剂自由基增多，不但未见成核粒子数增多以及乳胶粒子粒径减小，而且乳胶粒子粒径稍稍增大，体系的表观黏度降低。产生这一现象的原因是体系中的一部分引发剂实际起了电解质的作用，它使粒子易于凝聚，而使粒径增大。本实验中，氧化还原引发剂过硫酸钾-脲的最佳用量是过硫酸钾和脲分别为单体质量的 0.08% 和 0.6%。

(3) 乳化剂用量

复合乳化剂的 HLB 值控制在 7.8 左右，乳化剂用量对三元共聚物乳液性能的影响见表 3-7。由表 3-7 可以看出，随着乳化剂用量的增加，乳液的黏度、固含量、转化率均有提高。当乳化剂的用量低于 6% 时，乳液的稀释稳定性变差。由此可以看出，乳化剂在乳液聚合的过程中具有非常重要的作用。乳化剂浓度增大时，聚合反应速率增大。这是由于乳化剂用量直接影响聚合过程及聚合度，随着乳化剂用量的增加，单体珠滴数目和引发点增多，而使每个珠滴中自由基终止机会减少。当乳化剂浓度低时，仅部分乳胶粒表面被乳化剂分子覆盖。在这样的条件下乳胶粒容易聚结，由小乳胶粒生成大乳胶粒，严重时发生凝聚，造成挂胶和抱轴，轻则降低收率，降低产品质量，重则发生生产事故。所以乳化剂用量以 6%～9% 为宜。

表 3-7 乳化剂用量对乳液性能的影响

乳化剂用量/%	转化率/%	分子量	外观性质	稀释稳定性
2	99.2	11.3×10^6	颗粒均匀、细腻	差
6	99.6	9.6×10^6	颗粒均匀、细腻	稳定
7	99.5	9.2×10^6	颗粒均匀、细腻	稳定
9	99.6	8.7×10^6	颗粒均匀、细腻	稳定
12	98.7	8.0×10^6	颗粒均匀、细腻	稳定

3.4 高分子反应型絮凝剂的制备

高分子反应型絮凝剂的制备主要是利用相应聚合物基体自身官能团的活性，通过进一步的化学改性赋予这种聚合物新的特性。在高分子反应型絮凝剂的制备过程中，聚丙烯酰胺是最常见、最重要的基体之一。

3.4.1 水解聚丙烯酰胺

丙烯酰胺单体经聚合后加碱水解是生产水解聚丙烯酰胺的传统工艺，其反应式如下[19]。

聚合：$n\mathrm{CH_2{=}CH(CONH_2)} \longrightarrow \mathrm{\{CH_2{-}CH(CONH_2)\}_n}$

水解：$\mathrm{\{CH_2{-}CH(CONH_2)\}_n} + m\mathrm{NaOH} + m\mathrm{H_2O} \longrightarrow \mathrm{\{CH_2{-}CH(CONH_2)\}_{n-m}\{CH_2{-}CH(COONa)\}_m} + m\mathrm{NH_4OH}$

具体工艺为：在一定质量分数（8%～30%）的丙烯酰胺单体溶液中加入 0.1%～0.2%的乙二胺四乙酸二钠（EDTA-2Na）和 0.01%～0.5%的引发剂（如过硫酸钾-尿素氧化还原引发体系等），通氮驱氧 10～20min 后，在 5～30℃下反应 2～4h，将聚丙烯酰胺胶块造粒后加碱水解 1～2h，经干燥、粉碎得白色粒状水解聚丙烯酰胺絮凝剂。

在水解聚丙烯酰胺制备过程应注意以下几个问题。

(1) 引发剂

根据自由基反应规律，单体断键聚合放热使反应体系温度升高，从而加快了引发剂生成自由基的速度，聚合反应速率随之加快。在绝热聚合体系中，大量的聚合热使体系温度骤升，链终止速度加快，产物的分子量亦随之降低[20]。在这种情况下，可考虑使用复合引发剂，在低温下引发聚合。通过调整活化能较低的氧化还原剂和高温分解的偶氮引发剂的用量，可以控制聚合反应速率，提高丙烯酰胺单体转化率，也减少了丙烯酰胺分子间的交联，使反应平稳进行。

(2) 链转移剂

由于水解聚丙烯酰胺分子量的大小与溶解性能的好坏相互矛盾，为了防止聚合物分子间的相互交联，提高聚合物的溶解性能，通常会加入一些链转移剂（如异丙醇、甲酸钠等），但是链转移剂的加入在一定程度上会造成聚合物分子量的降低，因此有必要严格控制链转移剂的用量。

(3) 聚合反应温度

陈学刚[21] 研究在低温下的水解，由于25%的聚丙烯酰胺分子量大，宏观体现胶体弹性及硬度较大，不利于水解剂向其胶体内部扩散或扩散过程缓慢，得到的产物常常是表面水解、内部非水解的混合物，因此需提高水解温度促进水解反应的进行。聚丙烯酰胺在高于60℃时就易发生降解，这对于聚丙烯酰胺的稀溶液是符合的，为了尽量缩短水解时间和尽可能地减少水解过程中高分子的降解，水解温度定为90℃。

3.4.2 磺甲基化聚丙烯酰胺

磺甲基化聚丙烯酰胺的制备主要是通过聚丙烯酰胺的活性酰胺基与α-羟甲基磺酸钠反应而成，反应式如下：

聚合反应：$n\mathrm{CH_2{=}CH(CONH_2)} \longrightarrow \mathrm{{+}CH_2{-}CH(CONH_2){+}_n}$

磺甲基化反应：$\mathrm{{+}CH_2{-}CH(CONH_2){+}_n + H{-}C(OH)(H){-}SO_3Na \xrightarrow{催化} {+}CH_2{-}CH(CONHCH_2SO_3Na){+}_n}$

具体工艺为：在一定质量分数（6%～35%）的丙烯酰胺单体溶液中，加入0.1%～0.3%的乙二胺四乙酸二钠（EDTA-2Na）和0.01%～0.5%的引发剂（如过硫酸钾-尿素氧化还原引发体系等），通氮驱氧10～20min后，在5～30℃下反应1～2h，往上述黏稠体系中加入30% α-羟甲基磺酸钠溶液和适量的催化剂，在70～95℃下反应2～6h。胶块经造粒、干燥、粉碎得白色磺甲基化聚丙烯酰胺。

3.4.3 聚-*N*-二膦酰基甲基丙烯酰胺

聚-*N*-二膦酰基甲基丙烯酰胺的制备主要是利用Mannich反应原理[22]，反应式如下：

聚合：$n\mathrm{CH_2{=}CH(CONH_2)} \longrightarrow \mathrm{{+}CH_2{-}CH(CONH_2){+}_n}$

Mannich反应：$\mathrm{{+}CH_2{-}CH(CONH_2){+}_n + HCHO + H_3PO_3 \xrightarrow{催化} {+}CH_2{-}CH(CON[CH_2PO(OH)_2]_2){+}_n}$

具体工艺为：在一定质量分数（5%～25%）的丙烯酰胺单体溶液中，加入0.1%～0.3%的乙二胺四乙酸二钠（EDTA-2Na）和0.01%～0.5%的引发剂（如过硫酸钾-尿素、过硫酸铵-次磷酸钠氧化还原引发体系等），通氮驱氧10～20min后，在5～20℃下反应0.5～1.0h，往上述黏稠体系中加入37%～40%甲醛溶液和H_3PO_3，在25～65℃下酸催化反应4～6h。胶块经造粒、干燥、粉碎得聚-*N*-二膦酰基甲基丙烯酰胺产品。

3.4.4 聚苯乙烯磺酸钠

聚苯乙烯磺酸钠可由苯乙烯磺酸钠单体自由基溶液聚合、聚苯乙烯磺化以及聚（*n*-丙基-*p*-苯乙烯磺酸）水解三种方法制得[23,24]。在上述三种制备方法中，苯乙烯磺酸钠单体自由基溶液聚合法和聚（n-丙基-p-苯乙烯磺酸）水解法的制备过程复杂，成本较高；聚苯乙烯磺化法所用的磺化原料聚苯乙烯可以通过阴离子、阳离子或自由基聚合得到，也可以通过降解废旧聚苯乙烯塑料得到，整个制备工艺相对较简单[25]。而且若用废旧聚苯乙烯塑料为原料，通过磺化工艺制备聚苯乙烯磺酸钠絮凝剂还可以实现“变废为宝”的目的。因此，本书主要考虑聚苯乙烯磺化法来制备高分子反应型聚苯乙烯磺酸钠絮凝剂。

首先使聚苯乙烯磺化，制成聚苯乙烯磺酸，然后加碱中和，反应式如下：

磺化：$$\left[\mathrm{CH(C_6H_5)-CH_2}\right]_n + n\mathrm{H_2SO_4} \longrightarrow \left[\mathrm{CH(C_6H_4SO_3H)-CH_2}\right]_n + n\mathrm{H_2O}$$

中和：$$\left[\mathrm{CH(C_6H_4SO_3H)-CH_2}\right]_n + n\mathrm{NaOH} \longrightarrow \left[\mathrm{CH(C_6H_4SO_3Na)-CH_2}\right]_n + n\mathrm{H_2O}$$

具体工艺如下：将40mL含400mg Ag_2SO_4 的浓硫酸加入带盖和磁搅拌器的锥形烧瓶内，然后在强搅拌下迅速将聚苯乙烯（$\overline{M}_w=239000$）粉加入其中，反应15min，生成透明的淡稻草黄色黏性溶液。将反应混合物过滤、渗析处理，得到不含 Ag^+、SO_3^{2-} 的中性液体。为防止产生胶体银，磺化反应和渗析过程均须在避光下进行。将浓缩渗出液聚苯乙烯磺酸加碱中和，再经过滤和冷冻干燥，即可得到白色绒毛状粉末产品。

王村彦等[26]则先用苯乙烯单体聚合制备聚苯乙烯，然后将聚苯乙烯进行强酸磺化、中和、浓缩、干燥并研磨，得到聚苯乙烯磺酸钠固体产品。具体工艺如下。

(1) 中间产物聚苯乙烯（PS）的合成

在二氯乙烷溶剂中，加入路易斯（Lewis）酸为催化剂，水为助催化剂，边搅拌边升温并滴入苯乙烯单体，在50～150℃范围内恒温反应使其聚合，聚合时间应根据催化剂用量和反应温度的不同加以调节，以便得到平均分子量合乎要求而分布又窄的产品。

(2) PS磺化与PSS提纯

在上面制成的PS溶液中补充部分二氯乙烷，边搅拌边滴入发烟硫酸，在加热条件下使PS磺化，然后加入部分温水，共沸馏出全部溶剂。降温后加入 $Ca(OH)_2$ 中和 H_2SO_4，滤除 $CaSO_4$，再加入 Na_2CO_3，滤除 $CaCO_3$，滤液中只剩下聚苯乙烯磺酸钠(PSS)，浓缩后干燥并研磨，得到聚苯乙烯磺酸钠固体产品。

3.5 阴离子型合成有机高分子絮凝剂的应用

阴离子型合成有机高分子絮凝剂不仅可用于处理制浆造纸、石化、食品、制药、制革、冶金等工业废水，也可以用作污泥脱水剂，还可以用作矿物浮选剂。

3.5.1 工业废水处理中的应用

3.5.1.1 聚丙烯酸钠

(1) 味精废水预处理

由于味精废水中含有大量蛋白质、残糖等，黏性大，难以压缩沉降；同时其呈强酸性，悬浮颗粒带较强的正电荷。因此，味精废水是难处理工业废水之一。基于其上述特性，采用普通的低分子量中性电荷的无机絮凝剂与有机絮凝剂进行絮凝试验难以取得预期的效果。因而，必须选用强负电荷、高分子量的絮凝药剂。先在强负电荷絮凝剂的电性中和作用下使悬浮颗粒产生，然后在高分子絮凝剂的凝聚-架桥作用下使其高度絮凝。黄民生等[27]选用1%羧甲基纤维素钠、1%木质素、0.5%聚丙烯酸钠三种絮凝药剂以及以聚丙烯酸钠为主絮凝剂、羧甲基纤维素钠和木质素为助絮凝剂来预处理味精废水。试验选用味精废水水样150mL，废水含COD 43000mg/L、SS 9564mg/L和SO_4^{2-} 57870mg/L，废水的pH=1.3。对废水pH值（1.0～7.0之间）、搅拌时间（20～180s之间）和药剂投加量（3～15mL之间）对絮凝效果的影响进行了系统试验。试验过程发现：采用聚丙烯酸钠作为主要絮凝剂、木质素作为助凝剂、天然沸石作为吸附剂预处理味精浓废水，取得了十分好的效果。预处理过程对COD、SS和SO_4^{2-}的去除率分别达到69%、91%和43%，预处理药剂费用约为6.24元/吨废水，分离出的蛋白质经济获益约27元/吨废水。

(2) 炼钢厂转炉除尘废水处理

边立槐[28]分别采用聚合硫酸铁、碱式氯化铝和聚丙烯酸钠处理天钢集团有限公司第二炼钢厂转炉除尘废水。结果发现，絮凝剂选用聚丙烯酸钠具有用量少、沉降速度快等优点，而且絮凝性能优于聚合硫酸铁和碱式氯化铝，其合理投药量为0.5mg/L，能够解决沉淀池出水悬浮物含量高的问题。

(3) 重金属吸附

杨帆等[29] 用聚丙烯酸钠吸附含铜废水，考察了吸附剂用量、时间、温度、pH值对聚丙烯酸钠吸附铜性能的影响。结果表明，对含铜200mg/L的高铜废水，吸附条件为：温度50℃，聚丙烯酸钠用量30g/L，时间60min，pH值为6时，聚丙烯酸钠对其的吸附率为97.14%，最大吸附容量为8.35mg/g。张磊等[30] 用聚丙烯酸钠吸附含钾溶液，考察了吸附剂种类和用量、钾溶液浓度、时间、温度、pH值对吸附含钾溶液的影响。结果表明，当钾离子浓度为0.020mol/L，时间为60min，吸附温度为40℃，pH值为7.0，kl-5a型改良性聚丙烯酸钠的质量与含钾溶液的体积之比为1g∶100mL时，负载钾效果相对较好，可以达到85%左右，很大程度上保留了溶液中的钾离子，可以填充土壤层用于减少钾离子流失。

3.5.1.2 阴离子型聚丙烯酰胺

本书中，阴离子型聚丙烯酰胺主要包括阴离子单体与丙烯酰胺单体的共聚物，如丙烯酰胺/丙烯酸（盐）共聚物和丙烯酰胺/甲基丙烯酸甲酯/丙烯酸三元共聚物等，以及聚丙烯酰胺的化学改性产物等，如水解聚丙烯酰胺、磺甲基化聚丙烯酰胺和聚-*N*-二膦酰基甲基丙烯酰胺等。

(1) 硫酸废水处理

杨仲苗[31]用不同类型的聚丙烯酰胺产品处理硫酸废水，发现在中性及碱性的污水条件下，阴离子型的PAM絮凝效果好，其分子量大，同一分子间的相互排斥在水中的分子伸展度较大，因而具有良好的絮体化性能。而且根据污水处理厂的进水要求，处理后的外排废水pH值控制在8～10.5，因此选用阴离子型PAM絮凝剂较为合适。此外，在硫酸废水处理中使用阴离子型PAM絮凝剂，可以提高污水沉降效果，改善污水悬浮物排放质量。

(2) 含油污水处理

邓述波等[32]系统研究了聚丙烯酰胺对聚合物驱含油污水中油珠沉降分离的影响，发现阴离子聚丙烯酰胺（HPAM）对聚合物驱含油污水处理有正反两方面影响：聚合物能增加污水黏度，降低油珠上浮速度，而且聚合物能增加油水界面水膜强度，延缓油珠聚并时间，这是聚合物对油珠沉降分离的不利影响；同时，聚丙烯酰胺具有絮凝性，能将水中油珠连接到一起，有利于油珠聚并。当聚丙烯酰胺分子量为2.72×10^6、用量小于800mg/L时，絮凝作用大于黏度作用，有利于油珠的沉降分离。

(3) 味精废水中分离出菌体蛋白

味精废水中含有大量谷氨酸生产菌，约占废水总量的1%，这些菌体是一种良好的蛋白质资源，向天然水体排放氮、磷丰富的废水可导致水体的富营养化，引起严重的环境污染。谷氨酸生产菌体很小，其大小为直径0.8μm左右，在废水中呈稳定的胶体状态，从味精废水中分离菌体蛋白的方法有离心分离、膜分离、热絮凝分离、化学絮凝分离等。黎海彬等[33]采用化学絮凝法从味精废水中分离菌体蛋白，即向废水中添加一定量的絮凝剂以破坏菌体蛋白胶体的稳定性，使其产生聚沉而实现菌体的分离，对絮凝剂的筛选、絮凝条件选择、絮凝前废水的预处理以及絮凝机理等方面做了深入的研究。实验表明，复合絮凝剂要比单一絮凝剂除菌效果好，而且，选用石灰乳作味精废水的中和剂，以碱式氯化铝和阴离子型聚丙烯酰胺作复合絮凝剂，从味精废水中分离菌体蛋白。经统计寻优和多目标优化：碱式氯化铝（有效率含量10%）溶液的用量为10mL/L，阴离子型聚丙烯酰胺（分子量为1000万～1500万）的用量为14.2mg/L，废水pH值为4.5，温度为31℃条件下絮凝，菌体蛋白的去除率为98%以上，COD_{Cr}的去除率为30%以上。

(4) 烷基苯磺酸盐废水处理

王宗平等[34]利用复合絮凝剂处理烷基苯磺酸盐废水，系统研究了聚合氯化铝、阴离子型聚丙烯酰胺、PPA处理T105废水的絮凝效果。结果表明，在室温及中性偏酸絮凝条件下，选用聚合氯化铝与阴离子型聚丙烯酰胺复配（聚合氯化铝投加量为大于200mg/L，阴离子型聚丙烯酰胺投加量在10～20mg/L之间），作为该废水处理药剂，COD的去除率为70%～80%，而且比采用PPA与阴离子型聚丙烯酰胺复配处理T105废水更经济。

3.5.2 工业生产中的应用

(1) 矿物加工

① L·别斯拉等[35]采用分子量为$(5.5\sim7)\times10^6$的阴离子型聚丙基酰胺（PAM·A）

作为絮凝剂对高岭土悬浮液进行絮凝和脱水试验。结果表明：在表面活性剂如SDS（十二烷基硫酸钠）、CTAB（十六烷基三甲基溴化铵）和TX 100（非离子型表面活性剂聚氧乙烯醚）存在时，物理吸附和化学吸附联合控制着PAM·A在高岭土表面上的吸附量。PAM·A在新鲜的高岭土和经表面活性剂预处理的高岭土表面上的最佳絮凝浓度约为表面覆盖面积的50%。高岭土悬浮液经三种表面活性剂预处理后，PAM·A得到的絮团较大。用SDS预处理的高岭土经絮凝后其沉降速度最大，滤饼单位阻力（SRF）值最小，此时约40%呈物理吸附，其他为化学吸附。此时形成的絮团适于过滤，可大幅度降低SRF值。在所有情况下，与SRF最小值对应的PAM·A浓度要比最佳絮凝要求的浓度低得多，此时PAM·A的吸附密度约为最大吸附密度的25%。表面活性剂与PAM·A混合物的添加对高岭土悬浮液絮凝和脱水的影响取决于PAM·A与表面活性剂相互作用的特性。PAM·A与SDS混合物和PAM·A与TX 100混合物的添加增大了沉降速度，而PAM·A与CTAB混合物的添加降低了沉降速度。同时添加聚合物和表面活性剂时，聚合物对滤饼水分的控制要比表面活性剂控制程度大得多。

② 方善如等[36]研究了絮凝作用对浮选精煤粉过滤脱水的影响，并使用阴离子型高分子絮凝剂进行了实验。结果表明，过滤速度有很大的提高，同时降低了滤饼的含湿量。并对样品进行实验优化，得到最佳絮凝剂用量为0.045mg/g，对应的最佳搅拌条件为 $N_t=5.1\times10^8$，滤饼比阻下降到原值的1.1%，质量下降到16.28%。

③ 李崇德[37]利用阴离子型聚丙烯酰胺絮凝剂进行硫精矿浆浓缩的沉降试验和工业应用，5年的使用情况表明，阴离子型聚丙烯酰胺絮凝剂能有效抑制硫精矿浓密池跑浑现象，每年减少15万～20万元的硫精矿流失，并避免了环境污染。

④ 卢毅屏等[38]以聚丙烯酸为絮凝剂、油酸钠为捕收剂进行了细粒黑钨矿絮团浮选行为的研究。结果表明，尽管聚丙烯酸对黑钨矿的絮凝能力随其分子量的增大而增强，但中等分子量的聚丙烯酸表现了最好的絮团浮选效果。在pH=6.8、聚丙烯酸用量为51mg/L、油酸钠用量为100mg/L的条件下进行了−20μm黑钨矿-石英混合矿的絮团浮选分离，获得了钨精矿品位68.48% WO_3、回收率91.31%的分选指标，显著优于常规浮选的分离效果。

⑤ Zou等[39]将β-环糊精结构引入聚丙烯酰胺中，合成了一种阴离子型聚丙烯酰胺。研究发现，由于引入了环糊精结构，因而提高了聚丙烯酰胺的表面张力、耐盐性、剪切强度、耐热性以及增黏作用，其中阳离子型聚丙烯酰胺更适合应用到高温、高盐的油田石油回收。

(2) 洗涤行业

用聚丙烯酸钠作为助洗剂是制造无毒、无污染洗涤剂较为理想的方法。聚丙烯酸钠是一种新型高效的洗涤助剂，可以取代目前洗涤剂中普遍使用的三聚磷酸盐和其他铝盐，从而消除了因使用三聚磷酸钠和铝盐所排出的废水对环境的污染。聚丙烯酸钠的助洗性能远远优于传统的三聚磷酸钠，洗涤效果相当于5倍同重量的三聚磷酸钠，用量仅为三聚磷酸钠的1/5，可降低洗涤剂的成本，获得明显的经济效益[40]。

孙宾等[41]采用溶液聚合法合成丙烯酸-丙烯酰胺共聚物助洗剂，并综合研究了共聚物离子基团含量、分子量、质量浓度、杂质等因素对丙烯酸/丙烯酰胺共聚物助洗性能的影响。他们发现：丙烯酸/丙烯酰胺共聚物的螯合性能、碱缓冲能力均较低，而分散性能远大于三聚磷酸钠（STPP）；在共聚物的质量浓度较低时（低于20mg/L），分散性能几乎不变，保持在最小值，然后随着共聚物质量浓度的增加，分散性能增大；丙烯酸/丙烯酰胺共聚物分子链中羧酸根阴离子基团含量不同，对共聚物的分散性能有着较大影响，随着离子基团含量的增加，分散性能增大；随着分子量的增大，丙烯酸/丙烯酰胺共聚物的分散性能也增大，这是因为分子量大的高分子中含有更多的阴离子基团。

(3) 制浆造纸工业

① 张维茹[42]从应用实践出发，阐述了阴离子型聚丙烯酰胺作造纸分散剂的若干影响因素，结果表明：高分子量阴离子型聚丙烯酰胺比低分子量产品黏度高，分散效果好，并能减少用量，节约费用；酸性水溶液对玻璃纤维具有很好的分散作用，阴离子型聚丙烯酰胺水溶液对合成纤维有很好的分散作用；高价金属离子如铁离子、铝离子是聚丙烯酰胺化学降解的催化剂，这些离子的混入会影响其分散作用，可见采用松香胶施胶的系统不宜采用此分散剂，溶解和贮存设备也应当避免金属离子带入；通常高温、快速搅拌是促进溶解的有效方法，但对有机高聚物而言，过高的温度和过大的剪切力则会使其断链降解，性能下降，正确的溶解方法是常温水，中速搅拌，缓慢加料。

② 郭纬等[43]在二次纤维中加入分子量为2200万的阴离子型聚丙烯酰胺（APAM）进行试验，结果表明，高分子量的阴离子型聚丙烯酰胺对二次纤维中的填料有较高的留着率，与此同时纸张物理强度呈下降趋势。APAM用量在0.2%以后，物理强度才稍有回升。高分子量的APAM助留效果较其助滤效果要好得多。

③ 胡惠仁等[44]利用阴离子型聚丙烯酰胺（APAM）研究提高纸张的干强度，系统研究了APAM的分子量、APAM用量、加料顺序以及浆料的初始pH值对APAM增强效果的影响，试验结果表明：晒图原纸纸浆在不加填料的情况下，APAM的分子量在45万～80万范围内有较好的增强效果，抗张强度增加14%～20%，耐破强度增加18%～30%，耐折强度增加25%～67%，而且撕裂强度也较高；晒图原纸纸浆在添加15%滑石粉的情况下，APAM的分子量在30万～70万范围内增强效果较好，抗张强度、耐折强度和耐破强度分别增加17%～20%、60%～120%和30%～69%，纸页的撕裂强度变化不大，施胶度随APAM分子量的增大而增大；纸页的抗张强度、耐折强度和耐破强度随APAM用量的增加而增大，当APAM用量达0.8%时，抗张强度增加35%，耐折强度增加233%，耐破强度增加41%，然而撕裂强度则随APAM用量的增加呈下降趋势；在硫酸铝用量相同（3%）的情况下，采用APAM-松香-硫酸铝添加顺序较APAM-硫酸铝-松香添加顺序，纸页的抗张强度、耐破强度和耐折强度均高些；在添加APAM之前，无论是采用纸机白水或自来水加硫酸铝将浆料pH值调至5.5，还是用自来水或纸机白水加NaOH将浆料pH值调至6.5，浆料的初始pH值在5.5～6.5范围内对APAM的增强效果都没有十分显著的影响。

④ 李春萍等[45]通过对聚丙烯酸钠、非离子型聚丙烯酰胺、阴离子型聚丙烯酰胺（水解度为28%和40%）等五种絮凝剂进行沉降效果实验，优选出适宜于生产造纸用高浓度漂白液的絮凝剂，并确定了其最佳使用量。结果表明：适宜于漂白液絮凝沉降的絮凝剂是水解聚丙烯酰胺，且水解度大的絮凝剂絮凝作用强，故选择水解度为40%的聚丙烯酰胺

为絮凝剂；水解度为40%的聚丙烯酰胺在絮凝沉降中最佳使用量为13mg/L。而使用量较大的原因在于石灰乳中固体颗粒细而多，因此沉降困难，其使用量也就相应增大。但在生产中其投入成本仍较低，可获得较好的经济效益。

⑤ 艾红英等[46]的实验表明，在长纤维抄纸中，聚丙烯酰胺可以更好地分散纤维，在草浆造纸中使用聚丙烯酰胺更能提高纸张性能。根据聚丙烯酰胺产品的分子量及电性的不同，聚丙烯酰胺又有着不同的用途，阴离子型聚丙烯酰胺可作为纸浆分散剂；低分子量聚丙烯酰胺可以作为纸张增强剂；中等分子量聚丙烯酰胺作为助留助滤剂使用；高分子量聚丙烯酰胺在造纸废水处理中作为絮凝剂使用。

(4) 用作水煤浆添加剂

除了煤种和粒度分布以外，优良的分散剂是提高水煤浆（CWM）浓度的最有效途径。目前国内使用的分散剂有木质素磺酸盐（包括纸浆废液）及其改性物、腐殖酸盐及其改性物、萘磺酸（或磺化焦油）甲醛缩合物（NSF）等。20世纪90年代初期，日本狮子公司率先开发出一种阴离子型高分子分散剂——聚苯乙烯磺酸钠（PSS），它的重均分子量一般为15000～20000，加入量只有煤基的0.5%左右，无论是分散性还是煤浆稳定性都比NSF等传统分散剂优越。为此，王村彦等[26]使用国产原料试制出聚苯乙烯磺酸钠，并将其用作水煤浆分散剂。在相同用量的情况下，PSS的降黏效果和煤浆稳定性均优于国内通用的萘磺酸甲醛缩合物，接近或达到了日本同类产品的水平。

3.5.3 其他方面的应用

在再生纸生产过程中，因纸张来源不同，回收过程复杂多样，所以在再生产过程中会产生大量的污泥。其污泥组成的主要成分为原纸生产中加入的填料、原纸上的印刷油墨、循环及堆放过程中黏附的杂物等，成分非常复杂。生产过程中先将有用的造纸纤维与以上污泥进行分离，分离得到的污泥含水率往往在99%左右，通常加入有机高分子絮凝剂，使污泥中固相物质絮凝成较大颗粒，实现污泥脱水。

洪卫等[47]利用阴离子型聚丙烯酰胺加入醚化剂，拟改善其絮凝效果，来处理再生纸污泥，以替代价格远高于它的阳离子型聚丙烯酰胺。并探讨了阴离子型聚丙烯酰胺的加入量、醚化剂的加入量、停留时间、pH值等因素对污泥脱水性能的影响。实验室工作和中试证明：经过改进，加入适量醚化剂，采用缓冲的方法，用阴离子型聚丙烯酰胺可以达到和阳离子型聚丙烯酰胺十分接近的效果，这样可以大大节约成本，取得较好的经济效益。综合经济因素和污泥脱水效果因素，确定了阴离子型聚丙烯酰胺的最佳用量、醚化剂和阴离子型聚丙烯酰胺用量的最佳配比、最佳停留时间、pH值等因素。进而得出以下结论：

① 当pH值调至6.70，醚化剂的量为阴离子型聚丙烯酰胺的10%时滤水性能较好；

② 加入阴离子型聚丙烯酰胺与醚化剂后，停留时间的长短对污泥脱水性能有着重要的影响，因此从经济成本和滤水性能两方面考虑，停留时间为5min，加入醚化剂的量为阴离子型聚丙烯酰胺的3.5%最佳；

③ 采用所提出的方法，用一种较廉价的试剂阴离子型聚丙烯酰胺，经过改进，代替较昂贵的试剂阳离子型聚丙烯酰胺，节约了成本，在工艺流程上改动不大，有较强的操作可行性，且污泥脱水效果与使用原试剂十分接近，可以取得较好的综合效益。

吕国华等[48]以聚丙烯酸钠为实验材料，针对聚丙烯酸钠保水剂的释水特征及其对土壤物理参数的影响开展研究，以期为农用保水剂的应用开发提供参考依据。当均匀混施聚丙烯酸钠含量达到1%时，饱和导水率接近0。聚丙烯酸钠的这种不透水性可以用来阻断剖面土壤水分的渗透，这种特性在其他领域可能也具有一定的应用空间。

参考文献

[1] 潘祖仁. 高分子化学. 第5版. 北京：化学工业出版社，2011.

[2] 胡琴. 反相微乳液法制备赤泥沉降用聚丙烯酰胺型絮凝剂的研究 [D]. 长沙：中南大学，2012.

[3] 张丽娟. 阴离子型聚丙烯酰胺絮凝剂的合成及其在赤泥分离中的应用 [D]. 长沙：中南大学，2008.

[4] 卢红梅，钟宏. 赤泥沉降用新型高分子絮凝剂的结构表征及分析. 矿冶工程，2003，23 (04)：35-38.

[5] Castrantas H M，Mackellar D G. Potassium peroxydiphosphate. new water soluble initiator for emulsion and aqueous solution polymerization. Am Chem Soc-Div Polymer Chem，1969，10 (02)：1381-1388.

[6] Shing Jane Wong B，Maltesh Chidambaram，Hurlock John R，et al. Anionic and nonionic dispersion polymers for clarification and dewatering：20011218299A1 [EP]. 2001-04-17.

[7] 韩淑珍. 反相悬浮聚合法新工艺合成：聚丙烯酸钠高分子絮凝剂工业化开发研究. 精细与专用化学品，2000，(17)：15-17.

[8] 陈双玲，赵京波，刘涛，等. 反相乳液聚合制备聚丙烯酸钠. 石油化工，2001，31 (5)：361-364.

[9] 张军燚. 基于丙烯酸聚合反应的活性染料印花糊料的研究 [D]. 杭州：浙江理工大学，2015.

[10] 侯新华，蔡建，陈学刚，等. 聚丙烯酸钠/2-丙烯酰胺基-2-甲基丙磺酸吸水树脂的制备. 青岛科技大学学报，2009 (06)：517-521.

[11] 姬彩云. 丙烯酸-丙烯酰胺共聚物降滤失剂的制备及性能评价. 延安职业技术学院学报，2012 (04)：113-114.

[12] 孟昆，赵京波，张兴英. 反相乳液聚合法制备聚丙烯酰胺. 石油化工，2004，33 (8)：740-742.

[13] 王雨华，刘景风. 高分子量阴离子型聚丙烯酰胺的制备. 石油化工高等学校学报，1994 (4)：17-22.

[14] 张忠兴，韩淑珍，刘昆元. 反相悬浮共聚合成聚丙烯酰胺的中试研究. 北京化工大学学报，2001，28 (1)：52-55.

[15] Dimonie M V，Boghina C M，Marinescu N N，et al. Inverse suspension polymerization of acrylamide. European Polymer Journal，1982，18 (7)：639-645.

[16] Boghina C M，Cincu C I，Marinescu N N，et al. Reactions of transformation of polyacrylamide obtained by polymerization in inverse suspension. J Macromol Sci Chem，1985，22 (5-7)：591.

[17] 刘莲英，韩淑珍，金关泰. 反相悬浮法碱水解合成阴离子型聚丙烯酰胺. 北京化工大学学报，2000，27 (04)：36-39.

[18] 樊世科，秦振平，郭红霞，等. 丙烯酸（钠)-丙烯酰胺的反相悬浮聚合研究. 延安大学学报，2001 (04)：40-41.

[19] Kurenkov V F，Snigirev S V，Churikov F I，et al. Preparation of anionic flocculant by alkaline hydrolysis of polyacrylamide (Praestol 2500) in aqueous solutions and its use for water treatment purposes. Russian Journal of Applied Chemistry，2001 (03)：445-448.

[20] 鞠耐霜，曾文江. 阴离子型聚丙烯酰胺的合成及应用. 广州化工，1998，26 (04)：66-69.

[21] 陈学刚. 拜耳法赤泥沉降用阴离子絮凝剂的研究 [D]. 长沙：中南大学，2008.

[22] Moedritzer K，Irani R R. The direct synthesis of α-aminomethylphosphonic acids. Mannich-type reactions of orthophosphorous acid. Journal of American Chemical Society，1966，88：1603-1607.

[23] Molyneux P. Water-Soluble Synthetic Polymers：Properties and Behavio. CRC Press，1984：37-39.

[24] 何铁林. 水处理化学品手册. 北京：化学工业出版社，2000：88-90.

[25] 方战强，夏志新，朱又春. 废聚苯乙烯泡沫塑料改性产品在水处理中的应用. 上海环境科学，2001，20 (1)：33-34.

[26] 王村彦，李克健，史士东．新型水煤浆分散剂——聚苯乙烯磺酸钠的研制．煤炭科学技术，1996，24（5）：24-25．
[27] 黄民生，朱莉．味精废水的絮凝——吸附法预处理试验研究．水处理技术，1998（5）：299-302．
[28] 边立槐．天钢第二炼钢厂转炉除尘水处理的实验研究．天津冶金，1999（03）：36-38．
[29] 杨帆，高俊发．聚丙烯酸钠吸附含铜废水的研究．应用化工，2012（04）：602-605．
[30] 张磊，袁军，张富青．聚丙烯酸钠吸附含钾溶液的研究．山东化工，2017（12）：53-54．
[31] 杨仲苗．聚丙烯酰胺在硫酸污水处理中的应用．工业水处理，2002，22（2）：49-51．
[32] 邓述波，周抚，陈忠喜，等．聚丙烯酰胺对聚合物驱含油污水中油珠沉降分离的影响．环境科学，2002，23（2）：69-72．
[33] 黎海彬，王兆梅，张海容．废水中菌体蛋白分离的研究．忻州师范学院学报，2000，16（4）：37-41．
[34] 王宗平，蒋林时，邱峰，等．复合絮凝剂处理烷基苯磺酸盐废水研究．石油化工高等学校学报，2002，15（4）：21-28．
[35] 别斯拉·L，崔洪山，肖力子．在某些表面活性剂存在时阴离子聚丙烯酰胺对高岭土悬浮液的絮凝和脱水研究．国外金属矿选矿，2003（55）：28-37．
[36] 方善如，徐学健，孙启才．浮选精煤粉过滤脱水的絮凝优化研究．化工机械，1996，23（4）：191-197．
[37] 李崇德．浮选硫精矿浆的絮凝浓密．江西铜业工程，1995（4）：22-25．
[38] 卢毅屏，钟宏，黄兴华．以聚丙烯酸为絮凝剂的细粒黑钨矿絮团浮选．矿冶工程，1994，14（1）：30-33．
[39] Zou C，Zhao P，Ge J，et al. *β*-Cyclodextrin modified anionic and cationic acrylamide polymers for enhancing oil recovery．Carbohydrate Polymers，2012，87（01）：607-613．
[40] 韩秀山．聚丙烯酸钠的应用．四川化工与腐蚀控制，2002，5（2）：17-20．
[41] 孙宾，袁昂．阴离子型聚丙烯酸类助洗剂助洗机理与分散性的探讨．印染助剂，2000，17（5）：15-17．
[42] 张维茹．阴离子聚丙烯酰胺作造纸分散剂的实践与认识．天津造纸，1999（3）：27-31．
[43] 郭纬，王宝玉，肖思聪，等．阴离子聚丙烯酰胺在二次纤维中的应用试验．造纸科学与技术，2003，22（6）：76-78．
[44] 胡惠仁，何秋实，梁哲，等．阴离子聚丙烯酰胺（APAM）提高纸张干强度的研究．中国造纸，1991（1）：11-17．
[45] 李春萍，吉仁塔布，杨伟．高浓度漂白液中絮凝剂的选择．内蒙古石油化工，1995，20（1）：35-37．
[46] 艾红英，隋艳霞．聚丙烯酰胺在造纸工业中的应用．湖北造纸，2011（4）：33-34．
[47] 洪卫，蒋文强，王振，等．醚化阴离子聚丙烯酰胺在再生纸污泥脱水中的应用．山东轻工业学院学报，2004，18（4）：5-11．
[48] 吕国华，蒋树芳，白文波，等．聚丙烯酸钠的释水特征及对土壤物理参数的影响．干旱地区农业研究，2017（02）：172-175．

第4章 阳离子型合成有机高分子絮凝剂

4.1 概述

阳离子型有机合成高分子絮凝剂是一类分子链上带有正电荷活性基团的水溶性高聚物。现代化工业的发展和生活水平的提高导致排水中的有机质含量大大提高，而有机质微粒表面通常带负电荷，阳离子型的高分子絮凝剂可以起电性中和及吸附架桥作用，从而使水中的微粒脱稳、絮凝而有助于沉降和过滤脱水[1]。阳离子型有机合成高分子絮凝剂能有效降低水中悬浮固体的质量分数，并有使病毒沉降和降低水中甲烷前体物的作用，使水中的总含碳量（TOC）降低，具有用量少、废水或污泥处理成本低、毒性小以及使用的pH值范围宽等优点[2]。因此，进入20世纪70年代以来，阳离子絮凝剂的研制开发呈现出明显的增长势头，美、日等国目前在废水处理中都大量使用了阳离子型絮凝剂，其阳离子型絮凝剂已占合成絮凝剂总量的近60%，而这几年仍以10%以上的速度增长。近年来，我国对这类絮凝剂的研究开发也已取得相当的进展[3]。

4.2 分类

阳离子型有机絮凝剂的合成方法主要有单体的聚合型、高分子反应型以及（多胺的）缩合型等。从反应物来看，又主要分为聚丙烯酰胺类、天然高分子改性类、烷基烯丙基卤化铵类和环氧氯丙烷类、季铵盐类、亚胺类等等[4]。随着阳离子型有机絮凝剂的发展，其在水处理中将会占据越来越重要的地位。尽管它的合成方法越来越多，但选择最简便的方法合成效能最好的絮凝剂，在降低成本的同时，得到更好的污水处理效果，仍然是国内外研究者们普遍关注的问题[5]。

聚合型絮凝剂的制备主要由含烯基的阳离子单体通过自由基聚合反应而成，主要有聚二甲基二烯丙基氯化铵、聚甲基丙烯酸二甲氨基乙酯、丙烯酰胺/二甲基二烯丙基氯化铵共聚物、丙烯酰胺/甲基丙烯酸二甲氨基乙酯共聚物、丙烯酰胺/丙烯酸乙酯基三甲基氯化铵共聚物、丙烯酰胺/丙烯酸乙酯基三甲基铵硫酸甲酯共聚物、丙烯酰胺/乙烯基吡咯烷酮共聚物、聚乙烯基吡啶盐、聚-*N*-二甲氨基甲基丙烯酰胺（微）乳液、聚-*N*-二甲氨基丙基甲基丙烯酰胺、聚乙烯胺和聚乙烯亚胺等；高分子反应型絮凝剂主要是利用聚合物自身的活性基团，通过进一步的化学改性赋予聚合物新的性质，主要包括聚-*N*-二甲氨基甲基丙烯酰胺溶液、聚乙烯咪唑啉、聚苯乙烯基四甲基氯化铵、聚乙烯醇季铵化产物和改性脲醛树脂季铵盐等；缩合型絮凝剂主要是利用两种或两种以上的有机物通过缩聚反应制备而成，主要包括氨/环氧氯丙烷缩聚物、氨/二甲胺/环氧氯丙烷聚合物、环氧氯丙烷/*N*,*N*-二甲基-1,3-丙二胺聚合物、氯化聚缩水甘油三甲基胺、胍/环氧氯丙烷聚合物、双氰胺/环氧氯丙烷聚合物、双氰胺/甲醛聚合物及其改性产品、改性三聚氰胺/甲醛缩合物、改性脲醛缩合物、甲醇氨基氰基脲/甲醛缩合物和二氯乙烷/四亚乙基五胺缩聚物等。

4.3 聚合型絮凝剂的制备

聚合型絮凝剂的制备方法归纳起来，主要有水溶液聚合、反相悬浮聚合和乳液聚合，其中乳液聚合又包括反相乳液聚合和反相微乳液聚合。

4.3.1 聚二甲基二烯丙基氯化铵

二甲基二烯丙基氯化铵（DMDAAC）的均聚物和其他单体的共聚物用于水处理方面作为絮凝剂，能获得比常用的絮凝剂更好的处理效果。因为聚丙烯酰胺等阴离子絮凝剂存在残留单体的毒性问题，使其应用受到限制，PDMDAAC（聚二甲基二烯丙基氯化铵）作为一类新型的阳离子型有机高分子絮凝剂，其分子中含有季铵基，正电性强，不易受pH值等因素的影响，而且使用时溶解时间短，0.5h就可以完全溶解。此外还具有电荷密度高、水溶性好、高效无毒的特点，是我国絮凝剂的更新换代产品，是最具有代表性的季铵盐类絮凝剂。国外从20世纪50年代初期就已经开始研究，并于60年代后期确定它的五元环结构。我国科研工作者亦在这方面做了大量的研究，如我国山东大学的高宝玉等在20世纪90年代开始对这类絮凝剂从合成方法，结构的IR、H NMR表征，到除浊性能以及脱色性能等各个方面进行了系统的研究[5-7]。

聚二甲基二烯丙基氯化铵（PDMDAAC）为白色易吸水粉末，溶于水、甲醇和冰醋酸，不溶于其他溶剂。在室温下PDMDAAC水溶液在pH＝0.5～14范围内稳定[8]。PDMDAAC的化学结构式有两种——五元环结构和六元环结构，示意式如下所示：

$$\left[\!-CH_2-CH-CH-CH_2-\!\right]_n \text{（}CH_2,\ CH_2 \to N^+\cdot Cl^-(CH_3)(CH_3)\text{）}$$

五元环

$$\left[\!-HC\ \ (CH_2)\ \ CH-CH_2-\!\right]_n \text{（}H_2C,\ CH_2 \to N^+\cdot Cl^-(H_3C)(CH_3)\text{）}$$

六元环

聚二甲基二烯丙基氯化铵的制备主要是利用二甲基二烯丙基氯化铵通过自由基聚合反应而成，其反应式如下：

$$(m+n)H_2C{=}CH\ \ CH{=}CH_2\ (CH_2,\ CH_2 \to N^+\cdot Cl^-(CH_3)(CH_3)) \xrightarrow{R\cdot} \left[-CH_2-CH-CH-CH_2-\right]_m (CH_2,\ CH_2 \to N^+\cdot Cl^-(CH_3)(CH_3)) + \left[-HC\ (CH_2)\ CH-CH_2-\right]_n (H_2C,\ CH_2 \to N^+\cdot Cl^-(H_3C)(CH_3))$$

聚二甲基二烯丙基氯化铵的制备方法有水溶液聚合、非水相溶液聚合、沉淀聚合、乳液聚合和悬浮聚合等，其中水溶液聚合法工艺简单，成本较低，产品可直接应用，不必回收溶剂，因此应用最为广泛。张跃军等[9]以一步法工业单体二甲基二烯丙基氯化铵(DMDAAC)为原料，以过硫酸铵（APS）为引发剂，采用一次性加入引发剂、梯度升温、分步引发水溶液聚合反应的方法进行了优化，此制备方法工业化程度高。

4.3.1.1 水溶液聚合

水溶液聚合法制备聚二甲基二烯丙基氯化铵，可采用化学引发、紫外线引发、γ射线引发、荧光引发等引发方式。化学引发聚合采用的引发剂有无机过氧类，如过硫酸钾、过硫酸铵等；氧化还原引发体系，如过硫酸盐-脂肪胺、过硫酸盐-亚硫酸钠等；此外还有水溶性偶氮类引发剂等。本节主要介绍二甲基二烯丙基氯化铵（DMDAAC）单体和聚合物的制备方法。

方法1：双液法合成DMDAAC是由两步反应完成的，其反应式为：

$$(CH_3)_2NH+CH_2=CHCH_2Cl+NaOH \xrightarrow{\text{甲苯}/H_2O} (CH_3)_2NCH_2CH=CH_2+NaCl$$

$$(CH_3)_2NCH_2CH=CH_2+CH_2=CHCH_2Cl \xrightarrow{\text{甲苯}} (CH_3)_2N^+(CH_2CH=CH_2)_2Cl^-$$

中间产品可以分离出来，并能完全除去氯化钠杂质，最终得到高纯度的固体阳离子单体。采用有机溶剂双液相反应，可以有效抑制烯丙基氯的挥发和自聚，并能方便地将中间产物分离，避免了蒸馏分离所带来的耗时、挥发损失、高温自聚和残留物损失等不利因素。鉴于有机溶剂能够反复套用，该方法不会带来环境污染，并可将过量的烯丙基氯回收利用，达到或接近无气、液排放水平。第一步反应得到的水相溶液在分离固体氯化钠后，部分液体与作干燥剂使用的氢氧化钠可以配成原料溶液返回利用，另一部分经多次积累后制成DMDAAC水溶液产品，使水相液体得到全部利用。

单体制备步骤：在装有搅拌器、温度计的三口烧瓶中，加入150mL 33%的二甲胺水溶液（1.0mol）及100mL有机溶剂，剧烈搅拌呈乳白色，在3h内滴加82mL烯丙基氯（1.0mol）和84g 50%的氢氧化钠水溶液（1.05mol），缓缓升温并维持体系回流3h。冷却后，分出上层有机相，水相含有氯化钠固体，用少量有机溶剂萃取两次，合并有机相，加入10g氢氧化钠干燥，过滤，收集滤液备用。取上述1/3有机相滤液，在室温下加入51mL（0.62mol）烯丙基氯于40℃搅拌反应5h，冷却后滤出DMDAAC固体，经丙酮洗涤后减压干燥、称重，滤液经气相色谱法测定烯丙基氯含量后返回套用。在上述水相滤液（滤除氯化钠后）中加入100mL套用有机相溶液，于45℃搅拌反应5h，分出有机相，水相在60～70℃减压蒸出20mL液体，得DMDAAC水溶液产品。

聚合步骤：将6g DMDAAC固体、14g丙烯酰胺溶于62g蒸馏水中，加入一定量的引发剂，在室温下用紫外灯引发聚合，至体系温度升至最高点（约1.5h，47℃）后，冷却，得弹性胶状聚合物[10]。

方法2：DMDAAC的制备采用一步法，即用二甲胺和烯丙基氯在强碱性条件下一次反应完成。但该法所得单体溶液中含有大量副产物如氯化钠、烯醇、烯醛、叔胺盐及未反应完的烯丙基氯等，虽经减压蒸馏但不能完全去除或完全不能去除，这将严重影响后续聚合步骤和作为给水絮凝剂的卫生性能。

采用一步法制备二甲基二烯丙基氯化铵单体，即在强碱性条件下由烯丙基氯和二甲胺反应先生成二甲基烯丙基叔胺，将该叔胺分离出来并再次加入烯丙基氯，于丙酮介质中结晶析出季铵盐晶体。

实验原理：烯丙基氯和二甲胺发生亲核取代反应，先生成叔胺，再进一步反应得季铵盐。步骤：

$$2(CH_3)_2NH + CH_2{=}CHCH_2Cl \longrightarrow (CH_3)_2NCH_2CH{=}CH_2 + (CH_3)_2NH_2Cl$$

$$(CH_3)_2NCH_2CH{=}CH_2 + CH_2{=}CHCH_2Cl \longrightarrow \left[\begin{matrix} CH_2{=}CHCH_2 & & CH_3 \\ & N^+ & \\ CH_2{=}CHCH_2 & & CH_3 \end{matrix}\right]Cl^-$$

利用上述单体在一定引发剂下聚合。作为絮凝剂，其分子量越大越好，分子链越长越好。可以选用硫酸亚铁-过氧化氢引发系统，加入EDTA的二钠盐，在氮气保护并抽真空下聚合，以水为溶剂。

由于原料烯丙基氯的市场价格比较高，因而产品PDMDAAC的市场售价比较高，但其投放量远比HPAM要小[11,12]。

方法3：在微波辐射下分别采用一步法、二步结晶法和相转移催化法合成了二甲基二烯丙基氯化铵，其中微波辐射-相转移催化效果最好。

微波辐射一步法制备DMDAAC单体时，其方法是全部二甲胺、氢氧化钠溶液、50%～80%总用量的氯丙烯，在功率75～1000W微波辐射下15～40min内滴完。加入所余氯丙烯，75～1000W微波辐射反应1～2h。减压蒸馏，温度50～120℃，真空度$(0.5\sim0.8)\times10^6$Pa，用时20～40min，80℃下过滤得产品。

微波辐射二步法，其方法是全部二甲胺、固体氢氧化钠、50%～80%总用量的氯丙烯，功率75～1000W，微波辐射5～10min，叔胺的转化率以指示剂百里酚酞显示。油水分离，用相当于总用量的40%～120%的固体氢氧化钠干燥脱水，脱水后氢氧化钠回用于第一步反应。第二步将上述干燥后的叔胺与所余的烯丙基氯加入50%～200%的丙酮中，在常温下静置12～72h，得无色针状晶体即季铵盐单体。分离后减压蒸馏精制，温度50～120℃，真空度$(0.5\sim0.8)\times10^6$Pa，用时5～10min。

微波辐射-相转移催化法，其方法是全部二甲胺、固体氢氧化钠、50%～80%总用量的氯丙烯，功率75～1000W，微波辐射5～10min，叔胺的转化率以指示剂百里酚酞显示。用相当于总用量的40%～120%的固体氢氧化钠干燥脱水，脱水后氢氧化钠回用于第一步反应。第二步加入所余氯丙烯，同时加入20%～100%的水为相转移催化剂升温回流1～3h。减压蒸馏，温度50～120℃，真空度$(0.5\sim0.8)\times10^6$Pa，用时10～20min。

采用微波辐射和相转移催化的聚合方法可提高反应速率，增加产率，降低成本。

微波辐射一步法，用冰水浴控制温度，反应速率为常规反应的一半。其中微波对叔胺化作用明显，季铵化作用一般。微波辐射和相转移催化联用二步法，叔胺化反应5～10min完成，速度快，减少水解、消除等副反应。油水分离的目的是脱水除氯化钠，用相当于总用量的40%～120%的固体氢氧化钠干燥脱水，脱水后氢氧化钠回用于第一步反应，低成本下彻底脱盐效果好。第二步于丙酮中结晶，微波辐射因需1h以上，不实用，所以未采用，但明显可加速转化率50%之前的反应速率[13]。

方法 4：以碱金属碳酸盐、络合剂摩尔比（1～20）∶1 的混合溶液作为净化剂，以 0.1%～0.2%的净化剂水溶液对氯丙烯进行一次或多次洗涤；在氯丙烯溶液中滴加二甲胺溶液和碱金属氢氧化物溶液，氯丙烯∶二甲胺∶碱金属氢氧化物的摩尔比为 2.1∶1∶1，并加入催化剂，催化剂为碱金属氟化物和高效络合剂摩尔比为（50∶1）～（1∶20）的混合溶液；控制温度在 40～70℃，反应时间 2～4h，减压抽出水及低沸点物，得到 DMDAAC；在 DMDAAC 溶液中加入引发剂，调 pH 值为 6 左右，常温下自动聚合。该方法原料洗净效果好，反应易于控制，可得到高分子的聚合物[14]。

方法 5：一种用于高纯二甲基二烯丙基氯化铵的合成方法[15]。该工艺采用低温下半干碱法自热催化快速合成叔胺；然后油水分离，干燥脱水、脱盐；最后油相结晶或发生相转移催化反应，减压蒸馏得产品。具体方法为加入全部二甲胺、部分氢氧化钠溶液、适量氯丙烯，在冰水浴或盐水浴（<5℃）下反应数分钟，分批加入固体氢氧化钠控温自热催化快速完成叔胺反应。然后油水分离，油相用固体氢氧化钠干燥。加入所余氯丙烯升温回流 1～3h，减压蒸馏精制 10～30min 即可。单体制备后在一定条件下加入引发剂进行聚合。

4.3.1.2 反相乳液聚合

反相乳液聚合制备聚二甲基二烯丙基氯化铵的具体工艺为：在反应器中加入规定量的油相、乳化剂、螯合剂以及其他添加剂并开启搅拌。同时在一定质量浓度的离子交换精制的二甲基二烯丙基氯化铵单体水溶液和分散相中通入氮气驱氧 20～30min 后，在单体中加入引发剂，摇匀后，在快速搅拌下加入油相中进行聚合，待出现放热高峰后于 30～70℃范围内保温 3.0～6.0h，冷却至室温加入终止剂后出料。在聚合过程中，定期取样测定单体的转化率和 PDMDAAC 乳液的分子量。

赵明等[16]以液体石蜡为连续相、丙烯酰胺和二甲基二烯丙基氯化铵水溶液为分散相、*N*,*N*-亚甲基双丙烯酰胺为交联剂、过硫酸铵为引发剂、司盘 80 和 OP 10 为复合乳化剂，制备了丙烯酰胺（AM）/二甲基二烯丙基氯化铵（DMDAAC）阳离子共聚物；考察了引发剂含量、单体 AM 与 DMDAAC 的摩尔配比、复合乳化剂司盘 80 与 OP 10 的质量配比及含量、聚合温度、聚合体系 pH 值等对 AM/DMDAAC 阳离子共聚物性能的影响。较佳的聚合条件为：过硫酸铵占单体总质量的 1.0%，n(AM)∶n(DMDAAC)=1.6，m(司盘 80)∶m(OP 10)=96∶4（司盘 80 和 OP 10 复合乳化剂的亲水亲油平衡值约为 4.7），司盘 80 和 OP 10 占油相质量的 6%，聚合温度 40℃，聚合体系 pH 值约为 5.0。在此聚合条件下，制得的 AM/DMDAAC 阳离子共聚物的黏度较大，稳定性较好。

Morgan 和 Boothe[17]利用乳液聚合制备聚二甲基二烯丙基氯化铵的具体工艺为：往反应器中加入 321.5g 苯、138.5g 72.2% DMDAAC 水溶液和 40g 20%辛烷基-苯氧基乙氧基-2-乙醇硫酸钠水溶液。上述混合物在 170～180r/min 的转速下搅拌，并升温至(50±1)℃，通氮驱氧 1.0h 后，加入 1.4mL 质量浓度为 3.51g/L 的硫酸亚铁铵溶液，然后再加入 0.336mL 75%过氧酰基叔戊酸丁酯醇溶液，并在 50℃下通氮搅拌反应 20h。通过蒸发分离出苯溶剂，就可得到玻璃状聚二甲基二烯丙基氯化铵固体产品。

4.3.2 聚甲基丙烯酰氧乙基三甲基氯化铵

聚甲基丙烯酰氧乙基三甲基氯化铵是一种具有特殊功能的水溶性阳离子高分子聚合物，广泛用于石油开采、造纸、水处理等众多领域。聚甲基丙烯酰氧乙基三甲基氯化铵的制备采用水溶液聚合，质量分数为40%聚甲基丙烯酰氧乙基三甲基氯化铵溶液制备的具体工艺为[1]：在反应器中160份质量分数为75%的甲基丙烯酰氧乙基三甲基氯化铵单体溶液中加140份去离子水和0.12份偶氮引发剂——2,2′-偶氮双[2-(2-咪唑并基)丙烷]二盐酸盐，通氮气驱氧，并在室温下搅拌反应1.0h，将反应体系温度升至44℃，连续加热搅拌21h，冷却至室温，出料。聚甲基丙烯酰氧乙基三甲基氯化铵聚合物溶液的黏度约1.4mPa·s。

刘福胜[18]以丙烯酰胺（AM）和甲基丙烯酰氧乙基三甲基氯化铵（DMC）为原料，在金属卤化物灯照射和引发剂作用下，通过水溶液聚合法合成阳离子型聚丙烯酰胺P（AM-DMC），考察了单体质量分数、引发温度、引发剂质量分数、溶液pH值和单体配比等对聚合物特性黏数和溶解性的影响。在单体质量分数30%、阳离子度10%～30%、引发剂质量分数0.0048%、pH值为4、引发温度15℃条件下，产物的特性黏数可达10dL/g以上，溶解时间低于40min。

4.3.3 聚甲基丙烯酸二甲氨基乙酯

聚甲基丙烯酸-*N*,*N*-二甲氨基乙酯（PDMAEMA）结构中既含有亲水性的氨基、羰基，也含有疏水性的烷基，是一种两亲性功能高分子。PDMAEMA的结构式为[19]：

$$\left[CH_2-\underset{\underset{\underset{O}{\|}}{C-OCH_2CH_2N\begin{matrix}CH_3\\CH_3\end{matrix}}}{|}}{\overset{CH_3}{\overset{|}{C}}} \right]_n$$

聚甲基丙烯酰氧乙基三甲基氯化铵的制备可采用水溶液聚合和悬浮聚合两种方式。

4.3.3.1 悬浮聚合[19]

单体制备：甲基丙烯酸二甲氨基乙酯单体一般由甲基丙烯酸甲酯（易挥发液体）与2-二甲氨基乙醇，在有锂、氧化锂、乙酰丙酮化锂或$Bu_2Sn(OOCMe)_2$存在的情况下，通过酯交换反应制得。

聚合方法：将甲基丙烯酸二甲氨基乙酯单体加入由无离子水200份、分散剂羟基异丙氧基纤维素0.2份、引发剂2,2′-偶氮双-2,4-二甲基-4-甲氧基戊腈0.8份和偶氮二异丁腈0.2份组成的混合物中，在50℃和搅拌作用下，使单体30%得以聚合，然后，再加入无离子水16份和硫酸钠5份，搅拌（250r/min）10min，最后，在50℃下继续搅拌（150r/min）聚合反应3h，由此可得到颗粒状的聚甲基丙烯酸二甲氨基乙酯，产率为94.3%。

4.3.3.2 水溶液聚合

胡晖和范晓东[20]利用紫外线引发甲基丙烯酸二甲氨基乙酯进行溶液聚合制备PDMAEMA。具体工艺为：称取适量安息香乙醚溶于无水乙醇-水混合溶剂中，加入DMAEMA单体，用浓盐酸调节（或不调节）溶液的pH值，通氮气至少20min后，密封于玻璃容器中，在紫外灯下引发聚合。

他们研究了引发剂安息香乙醚（BE）用量、单体浓度、光引发时间等因素对聚合速率、产率与分子量的影响，并确定了对 DMAEMA 进行光引发自由基聚合的最佳工艺条件为：DMAEMA 单体的质量浓度为 0.5g/mL，用 HCl 调节溶液 pH 值为 1.5～2.0，BE 的用量为 1%，紫外线引发时间为 30min。

4.3.4 丙烯酰胺/二甲基二烯丙基氯化铵共聚物

丙烯酰胺/二甲基二烯丙基氯化铵共聚物属于阳离子型絮凝剂，是一种带有阳离子基团的线型高聚物，它的大分子链上所带的正电荷密度高，具有水溶性好、絮凝能力强、用量少、不污染环境等优点，已被广泛用于废水处理。

丙烯酰胺/二甲基二烯丙基氯化铵共聚物是由丙烯酰胺和二甲基二烯丙基氯化铵通过自由基聚合成的共聚物，反应式如下[8]：

$$m\mathrm{CH_2{=}CH{-}CONH_2} + n\,\underset{\underset{\mathrm{H_3C}\quad\mathrm{CH_3}}{\mathrm{N^+\,Cl^-}}}{\mathrm{H_2C{=}CH\quad CH{=}CH_2}} \longrightarrow \left[\mathrm{CH_2{-}\underset{\underset{\underset{\mathrm{CH_3}\quad\mathrm{CH_3}}{\mathrm{N^+\,Cl^-}}}{\mathrm{CH_2}\quad\mathrm{CH_2}}}{CH{-}CH}{-}CH_2}\right]_n \left[\mathrm{CH_2{-}\underset{\underset{\mathrm{NH_2}}{\mathrm{C{=}O}}}{CH}}\right]_m$$

丙烯酰胺/二甲基二烯丙基氯化铵共聚物可通过水溶液聚合、反相乳液聚合两种方法来制取，在共聚过程中，应注意两种单体在反应过程中的活性差异，避免因两种单体在长链上分布不均引起的组分差异；另外，也要防止少量的二烯丙基二甲基氯化铵（DADMAC）单体因侧基双链引发支化产生交联聚合物，导致共聚物水溶性下降。

4.3.4.1 水溶液聚合

司晓慧等[21]在室温下将不同种乳化剂按照一定配比分别溶于有机溶剂配成油相，溶于水配成水相。将两相混合，高速搅拌乳化后，制成了分子量较高且速溶的粉状共聚物。步骤：将一定量的油相加入装有搅拌棒、温度计、导气管的 150mL 四口烧瓶中，置于恒温水浴中，调至适宜温度，开启搅拌器。①一次法，是将单体水溶液一次性加入四口烧瓶中，通 N_2 20min，加入引发剂（KPS 和 $Na_2S_2O_3$），继续搅拌并持续通入 N_2 30min 后停止通入。②滴入法，先将水相和引发剂加入分液漏斗中，通 N_2 驱氧 20min 后，在 N_2 的保护下，将水相缓慢滴入烧瓶中，滴加完毕后继续通氮 20min。

毕可臻等[22]采用非极性溶剂作为连续相，借助乳化剂把聚煤油作为分散剂，过硫酸钾作为引发剂，在油水体积比为 3∶7 时，采用逐步聚合的方法得到了单体质量分数为 45%、特性黏数为 8.0dL/g（用丙酮和无水乙醇洗涤产物除去水分和未反应单体后测量）、溶解迅速且絮凝效果好的 20%阳离子度的产品。此方法采用价廉的单体原料、引发剂和易于工业化应用的工艺使得制备效率大大提高。

4.3.4.2 反相乳液聚合

反相乳液聚合是用非极性溶剂为连续相，聚合单体溶于水，然后借助乳化剂分散于油相中，形成“油包水”（W/O）型的乳液而进行聚合。它为水溶性单体提供了一个具有高聚合速率和高分子量产物的聚合方法。采用反相乳液聚合法可以制备丙烯酰胺/二甲基二烯丙基氯化铵共聚物乳液和固体两种产品。

赵明[23]以丙烯酰胺（AM）为单体合成了聚丙烯酰胺（PAM），研究了溶剂、乳化剂种类及用量、单体浓度、交联剂和通氮等因素对聚合产物黏度与稳定性的影响，确定了最佳合成工艺条件，即：当单体 AM 含量为 40%，油/水质量比接近 1.0，交联剂的用量为单体质量的 2.5%，引发剂（过硫酸铵）为单体含量的 0.9%，使用司盘 80/OP 10 为复合乳化剂时，产物黏度达到 0.84Pa·s。采用反相乳液聚合技术，以有机溶剂液体石蜡为介质，在乳化剂、交联剂等的存在下，一定温度范围内反应 3～4h，可制得 P(AM/DMDAAC）共聚物反相乳液；确定最佳工艺条件：OP 10 的含量占复合乳化剂总质量的 4%，乳化剂的含量占油相总质量的 6%，单体 AM 的含量为 40%，油/水质量比接近 0.9，DMDAAC/AM 的摩尔配比为 1.6，引发剂过硫酸铵为单体含量的 1.0%，pH 值为 5，聚合温度控制在 40℃，HLB=5.05。由于改进了合成工艺，所得 P(AM/DMDAAC）共聚物反相乳液黏度大、稳定性能高，可望在制备阳离子高分子絮凝剂以及造纸等领域得到更为广泛的应用。

李琪等[24]以丙烯酰氧乙基三甲基氯化铵（DAC）和丙烯酰胺（AM）为原料，通过反相乳液聚合技术，合成阳离子高分子聚合物乳液。该聚合体系以煤油为分散介质，以司盘 80 和 OP 10 为乳化剂，以过硫酸钠和亚硫酸钠为引发剂。

丙烯酰胺和功能性阳离子单体的反相乳液共聚合体系中合成乳液稳定性最好、固含量及分子量较高的最佳反应条件为：单体总质量分数为 40%，单体摩尔比为 2∶3；油相为 5 号白油，乳化剂占油相质量分数的 12%；引发剂为氧化-还原引发剂或高效水溶性引发剂；油水体积比为 1∶1.2。

4.3.5 丙烯酰胺/(2-甲基丙烯酰氧乙基)三甲基氯化铵共聚物

(2-甲基丙烯酰氧乙基）三甲基氯化铵（DMMC）是一种重要的水溶性阳离子单体。具有阳离子功能基团的（2-甲基丙烯酰氧乙基）三甲基氯化铵与丙烯酰胺共聚，可以赋予阳离子聚丙烯酰胺许多独特的性质，生成的线型阳离子型水溶性共聚物，可广泛应用于污水处理、脱色工艺、石油开采、纺织印染等领域[25]。丙烯酰胺/(2-甲基丙烯酰氧乙基）三甲基氯化铵共聚物的制备方法以水溶液聚合和反相微乳液聚合为主。

4.3.5.1 水溶液聚合法

刘月涛等[26]在聚乙二醇 20000（PEG）水溶液中，以（2-甲基丙烯酰氧乙基）三甲基氯化铵（DMMC）和丙烯酰胺（AM）为单体原料，聚（2-甲基丙烯酰氧乙基）三甲基氯化铵（PDMC）为稳定剂，制备了稳定型阳离子聚丙烯酰胺（CPAM）双水相体系。重点探讨了阳离子单体 DMMC 浓度、分散介质 PEG 浓度和稳定剂 PDMC 用量对体系的黏度及共聚物分子量的影响，并利用激光粒度仪测定了共聚物颗粒大小及其粒度分布。结果表明，CPAM 双水相聚合体系能避免分散聚合黏度剧增的过程，反应始终平稳进行。制备稳定 CPAM 双水相体系的适宜条件是：w(DMMC) 为 8%～15%（单体）、w(PEG) 为 15%～25%、w(PDMC) 为 0.5%～1.0%。制备方法为：在装有冷凝管、温度计、氮气导入管和搅拌装置的四口烧瓶中加入一定量的单体、分散剂、稳定剂和去离子水，在室温下搅拌，使物料溶解并混合均匀，通氮除氧30min，升温至反应温度后加入一定量的引发剂V-50，恒温搅拌反应8～10h，反应液由无色透明逐渐变为灰色，最终形成乳白色、均匀平滑的CPAM双水相体系，产品具有良好的流动性和稳定性。

4.3.5.2 反相微乳液聚合法

王姗姗等[27]以白油为连续相、司盘80为乳化剂，通过反相乳液聚合法制备了聚丙烯酰胺，确定了反相乳液体系的制备方法：先将乳化剂溶解在油相，搅拌的同时将单体溶液以滴液的方式加入。结果表明，最佳合成条件为：单体质量分数22.5%（对水相），乳化剂质量分数2%（对油相），油水比为1∶2。合成步骤：在装有搅拌器、滴液漏斗、通气管的250mL三口烧瓶中，加入定量白油、乳化剂；开动搅拌，水浴加热至设定温度，使乳化剂完全溶于白油中，将单体及其他助剂溶于水，在高速搅拌下将单体溶液逐滴加入白油中，使其充分乳化后通氮除氧30min，加入引发剂，反应一段时间后结束反应；用丙酮沉淀、抽滤、真空干燥得产品。

4.3.6 丙烯酰胺/甲基丙烯酸二甲氨基乙酯共聚物

丙烯酰胺/甲基丙烯酸二甲氨基乙酯共聚物的制备方法有水溶液聚合和乳液聚合等，但溶液聚合所得产品有效成分含量低，易于降解，不便于运输和贮存。此外，为了提高共聚物的水溶性，甲基丙烯酸二甲氨基乙酯单体常以甲基氯化季铵盐形式参加反应。丙烯酰胺/甲基丙烯酸二甲氨基乙酯共聚物的结构式为：

$$\left[CH_2 - \underset{\underset{\displaystyle O}{\Vert}}{\overset{\displaystyle CH_3}{\overset{|}{C}}}\!\!\!\!\!\!\quad\; - \right]_n \text{ with side group } \; -C(=O)-OCH_2CH_2N(CH_3)_2 \quad \left[CH_2 - \underset{\underset{\displaystyle C(=O)NH_2}{|}}{CH} - \right]_m$$

4.3.6.1 水溶液聚合

杭春涛等[28]以过硫酸铵/亚硫酸钠为引发体系，利用水溶液聚合法制备丙烯酰胺（AM）与丙烯酰氧乙基三甲基氯化铵（DAC）的共聚物P(AM-DAC)。制备方法：准确称取单体AM、DAC，搅拌均匀，用氢氧化钠调节pH值至8～9；再加入适量EDTA、抗交联剂，待溶解后倒入四口烧瓶中，水浴恒温，通氮气保护；30min后，用滴液漏斗一次性滴加过硫酸铵；再过30min，开始缓慢分批滴加亚硫酸钠，n(亚硫酸钠)∶n(过硫酸铵)＝1∶1；恒温聚合6～8h。将得到的透明胶状液体用甲醇沉淀，过滤，丙酮洗涤，于50℃真空干燥得白色粗产品；然后，用V(乙二醇)∶V(冰醋酸)＝3∶2的混合液抽提12h，除去均聚物，得P(AM-DAC)共聚物固体，所得聚合物在50℃下真空干燥24h至恒重。

4.3.6.2 乳液聚合

徐东平[29]以丙烯酰胺、甲基丙烯酸二甲氨基乙酯、氯甲烷盐和聚醚分散剂为原料，以过硫酸铵/亚硫酸氢钠为引发体系，采用乳液聚合法制备丙烯酰胺/甲基丙烯酸二甲氨基乙酯共聚物。制备方法：在反应瓶内加入一定量的蒸馏水、分散剂以及丙烯酰胺和甲基丙烯酸二甲氨基乙酯单体，在通氮条件下搅拌，加热升温到60℃左右时，先加一定量的硫酸铵和亚硫酸氢钠，此时内温会自行升至80℃左右，保持此温度反应5h，再补加一定量的过硫酸铵与亚硫酸氢钠，继续反应1h，冷却出料即得丙烯酰胺/甲基丙烯酸二甲氨基乙酯共聚物乳液。其中，单体质量分数为30%～40%，丙烯酰胺与甲基丙烯酸二甲氨基乙酯单体的质量比为4∶3，分散剂与单体总质量的比值为（5∶100）～（7∶100），引发剂浓度控制在6×10^{-4} mol/L，初始反应温度在65℃左右，保温反应温度在80℃左右。

4.3.7 丙烯酰胺/丙烯酸乙酯基三甲基氯化铵共聚物

丙烯酰胺/丙烯酸乙酯基三甲基氯化铵共聚物的制备采用反相乳液聚合法，共聚物的结构式为：

$$\left[-CH_2-\underset{\underset{NH_2}{|}}{\underset{C=O}{|}}{CH}-\right]_m\left[-CH_2-\underset{\underset{\underset{\underset{\underset{\underset{N^+(CH_3)_3Cl^-}{|}}{CH_2}}{|}}{CH_2}}{|}}{\underset{\underset{O}{|}}{\underset{C=O}{|}}}}{CH}-\right]_n$$

冯大春等[30]以环己烷为连续相、十八烷基磷酸单酯为分散剂、无水亚硫酸钠和VA-044为引发剂，以丙烯酰胺（AM）和功能性阳离子型共聚单体丙烯酸乙酯基三甲基氯化铵（AQ）为单体，采用反相悬浮聚合法，合成丙烯酰胺/丙烯酸乙酯基三甲基氯化铵共聚物。方法步骤：在带有搅拌器、回流冷凝管、滴液漏斗及氮气导入管的四口烧瓶中加入定量的环己烷、十八烷基磷酸单酯，通入氮气逐出瓶中氧气，升温至规定温度使分散剂充分溶解。同时将一定计量的丙烯酰胺（AM）、阳离子单体AQ（液体）、引发剂在烧杯中溶解，将混合液转入滴液漏斗中，在规定的时间内将混合单体匀速滴入四口烧瓶中，保持在60℃下反应，滴毕继续反应1.5h，降至室温，过滤分离、洗涤干燥后即得白色小颗粒状聚合物。其中，AM与AQ的摩尔比为1∶1，分散剂用量2.5%（相对于单体总质量），油水体积比为3∶1，搅拌速率350r/min，滴加时间1h。在上述条件下，可制得平均粒径为1mm，品质高的AM/AQ阳离子共聚物。

4.3.8 吡啶季铵盐型阳离子聚丙烯酰胺

吡啶季铵盐型阳离子聚丙烯酰胺具有优良的絮凝、缓蚀、杀菌功能，是一种新型的多功能水处理剂[31]。合成思路：先将4-乙烯基吡啶（4-VP）与丙烯酰胺（AM）进行共聚合，然后使用季铵化试剂，使吡啶环正离子化，这样制得的共聚物不仅实现了聚丙烯酰胺的阳离子化，而且又将氮杂环季铵盐引入了高分子链之中。

丙烯酰胺是亲水单体，4-乙烯基吡啶是憎水单体，其共聚物是双亲聚合物。由于双亲聚合物的聚合单体极性差别很大，两者不能互溶，因此4-乙烯基吡啶难以用一般自由基聚合方法合成。迄今为止，为克服这一问题，人们提出了几种可能的共聚合方法：

① 采用水溶性单体与油溶性单体的共溶剂进行共聚；

② 油溶性单体溶解在胶束中分散在连续的水介质中，即胶束聚合法；

③ 油溶性单体悬浮在水溶液中。

4.3.8.1 4-乙烯基吡啶/丙烯酰胺共聚物的制备

(1) 溶液聚合法[31]

在装有搅拌器、温度计、回流冷凝管的四口反应烧瓶中，依次加入 30 份丙烯酰胺、15 份 4-乙烯基吡啶、5 份 N,N-二甲基甲酰胺（或丙酮）和 50 份蒸馏水，通入 N_2 保护，匀速搅拌一定时间后，缓慢将温度升到 45℃，加入 0.015 份引发剂 $K_2S_2O_8$ 的水溶液，并开始计量。反应 6h 后，冷却出料，将黏稠液体倒入大量水中，并加入适量 $CaCl_2$ 溶液，即可沉淀出 4-乙烯基吡啶/丙烯酰胺共聚物。产物用蒸馏水洗涤数次后，用氯仿浸泡 24h，最后将产物真空干燥至恒重，置于干燥器中备用。

(2) 胶束共聚合法[32]

在装有去离子水、温度计、搅拌器、冷凝器的四口烧瓶中，放入 0.41mol/L AM，水浴加热，升温到 50℃，高纯氮气保护，加 8.4×10^{-2}mol/L 十二烷基苯磺酸钠和 0.21mol/L 4-VP，保持恒定的温度，搅拌约 50min，滴加 2.72×10^{-3}mol/L 引发剂后，反应 5h。

4.3.8.2 吡啶季铵盐型阳离子聚丙烯酰胺的制备[33]

称取一定量的 4-乙烯基吡啶/丙烯酰胺共聚物，溶解于甲醇或甲醇与乙二醇的混合溶剂中（视共聚物的组成情况而采用不同的溶剂），在搅拌下缓慢加入 5 倍于共聚物中吡啶环物质的量的硫酸二甲酯，以保证使共聚物中的吡啶环全部被季铵化，于室温下反应约 11h，用沉淀剂四氢呋喃沉淀出产物，并多次用四氢呋喃洗涤，将产品于室温下真空干燥 24h，最后置于干燥器中保存备用。

4.3.9 聚-*N*-二甲氨基甲基丙烯酰胺乳液

聚-*N*-二甲氨基甲基丙烯酰胺乳液的制备主要利用二甲氨基甲基丙烯酰胺单体通过自由基聚合而成，因此制备工艺分为两个步骤：一是单体的制备；二是反相乳液聚合。聚-*N*-二甲氨基甲基丙烯酰胺乳液主要是通过自由基聚合反应而成，具体反应式如下：

单体制备：$CH_2{=}CHCONH_2 + HCHO + HN(CH_3)_2 \longrightarrow CH_2{=}CH{-}C({=}O){-}NHCH_2N(CH_3)_2$

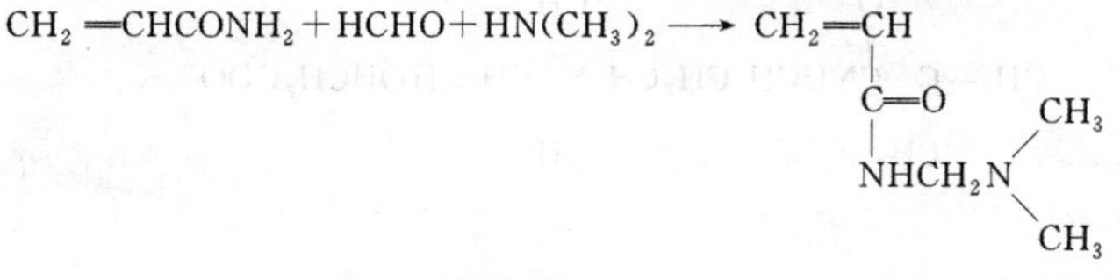

聚合：$n\,CH_2{=}CH{-}C({=}O){-}NHCH_2N(CH_3)_2 \longrightarrow \left[{-}CH_2{-}CH(C({=}O)NHCH_2N(CH_3)_2){-}\right]_n$

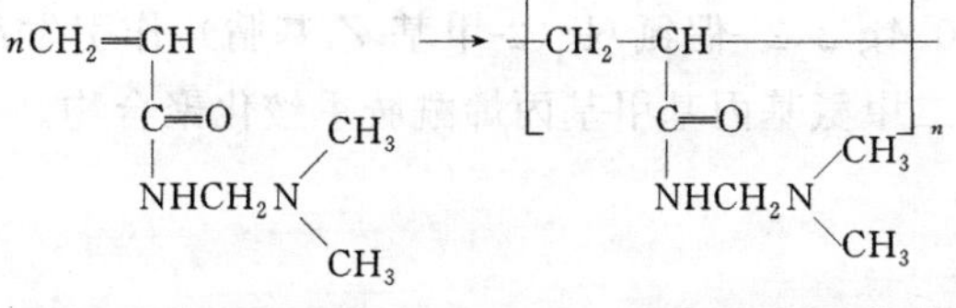

聚-*N*-二甲氨基甲基丙烯酰胺乳液的制备方法为[34]：

(1) 单体的制备

于装有温度计、电磁搅拌器和pH电极的三口烧瓶内，加入1份（以质量计，下同）甲醛含量为96%的多聚甲醛和3.71份40%的二甲胺水溶液，控制温度低于45℃反应2h，然后加稀盐酸使反应得到的醛胺pH值降至2。

注意：加酸过程须在冰浴中进行，以保持反应混合液温度不高于20℃。

于上述酸化后的反应物中加入事先酸化、pH值等于2的48%丙烯酰胺水溶液4.72份，升温并控制在65℃反应2h，由此即可得到*N*-二甲氨基甲基丙烯酰胺单体含量为85%（摩尔分数）的产品，备用。

(2) 反相乳液聚合

于聚合釜内加入质量分数为36%的单体水溶液298份（pH=3）、无离子水56份、Isopar M 140份和油酸异丙醇酰胺11份，组成油包水乳化液。升温至30℃，充氮1h，然后加入常用的氧化还原催化剂，反应3h后，再加热至50℃反应1h，由此即可得到聚-*N*-二甲氨基甲基丙烯酰胺油包水乳液。

聚合反应所用的引发剂可选用氢醌、叔丁基焦儿茶酚、吩噻嗪或硫酸铜，引发剂的加量为丙烯酰胺用量的0.001%～0.1%（质量分数）。反应中所加的Isopar M是闪点为76.7℃（170℉）的异链烷烃混合物。

4.3.10 聚-*N*-二甲氨基丙基甲基丙烯酰胺[19, 35]

由于该产品多为季铵盐，故本方法着重阐述*N*-二甲氨基丙基甲基丙烯酰胺季铵化聚合物的制备过程和条件。

(1) 单体制备

在装有搅拌器、蒸馏塔、滴液漏斗和温度计的2L烧瓶内，加入688.8g甲基丙烯酸、817.6g *N*,*N*-二甲基-1,3-丙二胺和8g *N*,*N*-二苯基对苯二胺，充入氮气，在220℃温度下反应1～5h，即可制得*N*-二甲氨基丙基甲基丙烯酰胺黄色液体，备用。

(2) *N*-二甲氨基丙基甲基丙烯酰胺季铵盐的制备[35]

在装有170g *N*-二甲氨基丙基甲基丙烯酰胺的1.6L烧瓶中，加入乙酸60g和水176g，升温至50℃，在1h内加环氧乙烷44g，保持此温度反应30min，即可得到有以下结构的季铵乙酸盐：

$$CH_2{=}C(CH_3){-}C({=}O){-}NHCH_2CH_2CH_2N^+(CH_3)_2\ CH_2CHOHCH_2COO^-$$

(3) 聚合[35]

将以上制得的甲基丙烯酰胺丙基羟乙基二甲基乙酸铵水溶液50g加去离子水50g稀释，然后在30℃下充氮1h，再加0.4g 2,2′-偶氮双（2-甲基-乙基腈）作引发剂，于65～70℃下聚合反应3h，即可得到*N*-二甲氨基丙基甲基丙烯酰胺季铵化聚合物。

4.3.11 聚乙烯胺

聚乙烯胺产品有两种：细粉状和无色或淡黄色黏稠液体，其中淡黄色黏稠液体有氨臭味。粉状聚乙烯胺溶于水、稀酸、醇和乙酸，不溶于醚。其盐酸盐易溶于水，但不溶于极性有机溶剂如甲醇、乙醇等。与其他强碱性物质一致，聚乙烯胺及其水溶液应避免与大气中的二氧化碳接触，最好制成聚合物盐酸盐以便于保存。液体商品一般为20%～50%的水溶液。5%水溶液的pH值为8～11。在碱性条件下，贮存稳定性良好，但在有酸存在下会凝胶化。聚合度较低，一般为100左右。

本节主要介绍三种制备聚乙烯胺的方法：a.由乙烯乙酸胺的合成、聚合和水解几步完成；b.聚丙烯酰胺的Hofmann降解重排反应；c.聚（*N*-酰基）乙烯胺的水解。

4.3.11.1 由乙烯乙酸胺的合成、聚合和水解几步完成[36]

(1) 乙烯乙酰胺的合成

将工业乙酰胺（无色透明针状晶体，溶于水、乙醇）462g加入12.45g 6mol/L硫酸中，随之加168mL乙醛，搅拌并加热至70℃，反应9min，再加热至95℃，反应液自发结晶，升温至106℃，制得亚乙基-双乙酰胺。此后加入60g碳酸钙和30g软玻璃粉作催化剂，升温至200℃使亚乙基-双乙酰胺裂解，如此制得乙烯乙酰胺195g（产率76%）。

(2) 乙烯乙酰胺的聚合

在以上制得的乙烯乙酰胺红棕色混合溶液460g中加入甲醇570mL，用离子交换树脂处理后，再加甲醇，制成10%～50%的乙烯乙酰胺单体溶液。之后，加入一定量的偶氮二异丁腈（AIBN）催化剂，在65℃下聚合，得到黏稠的聚合物溶液。然后加入大量(15L)丙酮，使聚合物沉淀析出，再经过滤、真空干燥（80℃），制成粗聚乙烯乙酰胺459g。该聚合物为黄色细粒，分子量在200000左右。

(3) 聚乙烯乙酰胺水解制取聚乙烯胺

在以上制得的聚乙烯乙酰胺中加入1000mL水，再加入热浓盐酸1000mL，在97～106℃下加热回流19h，再加水回流27h，然后再加浓盐酸1000mL，使聚合物沉淀析出。最后将混合物冷却至18℃，使聚合物滗析分出，再于50～75℃下真空干燥，如此可制得棕色的聚乙烯胺盐酸盐固体颗粒332g（产率77%）。

4.3.11.2 聚丙烯酰胺的Hofmann降解反应

聚丙烯酰胺经Hofmann降解反应进行部分胺化可以制得具有不同胺化度的聚乙烯胺的报道出现于20世纪50年代，其反应式为：

主反应：

$$\left[\!\!-CH_2-\underset{\displaystyle CONH_2}{\underset{|}{CH}}-\!\!\right]_n \xrightarrow[\text{低温}]{NaOCl/NaOH} \left[\!\!-CH_2-\underset{\displaystyle NH_2}{\underset{|}{CH}}-\!\!\right]_n$$

副反应：

$$\left[\!\!-CH_2-\underset{\displaystyle CONH_2}{\underset{|}{CH}}-\!\!\right]_n + H_2O \longrightarrow \left[\!\!-CH_2-\underset{\displaystyle COOH}{\underset{|}{CH}}-\!\!\right]_n$$

$$-\underset{\displaystyle NCO}{\underset{|}{CH}}-CH_2-\underset{\displaystyle NH_2}{\underset{|}{CH}}- \longrightarrow \text{环状脲结构：}-CH(-CH_2-)CH-\text{，两个 }NH\text{ 经 }C{=}O\text{ 相连}$$

$$
\begin{array}{c}
-CH_2-CH-CH_2-CH- \\
\quad | \qquad\qquad | \\
\quad NCO \qquad CONH_2
\end{array}
\longrightarrow
-H_2C-CH(CH_2)CH- \text{(cyclic: HN-C(=O)-NH-C(=O))}
$$

具体的实验步骤如下[37,38]：将次氯酸钠和氢氧化钠水溶液置于250mL三口烧瓶中，用冰盐浴冷却至−10～−15℃；加入聚丙烯酰胺水溶液，反应1h后，加入第二批氢氧化钠水溶液，继续反应1h，再换作冰浴反应。反应结束后，将反应液倾入4倍体积甲醇中，过滤，用甲醇洗涤滤饼至滤液pH值为7～8。再将滤饼溶于少量水中，用6mol/L的盐酸进行中和，放出二氧化碳气体。中和完毕后保持溶液pH值为2。最后将该溶液倾入4倍体积甲醇中析出固体，过滤、干燥得到聚乙烯胺盐酸盐固体，置于干燥器中保存。胡志勇等[37,38]发现：

① 聚丙烯酰胺质量分数小于5%时，产品胺化度随着其质量分数的增加而增加，当聚丙烯酰胺质量分数大于5%时，产品胺化度随着其质量分数的增加有所降低；

② 当$n(NaOCl)/n(PAA)=1$，$n(NaOH)/n(PAA)=1$（反应初期），$n(NaOH)/n(PAA)=30$（反应后期），反应时间为10h时，产物的胺化度相应达到极值（88%）；

③ 由聚丙烯酰胺降解重排得到的聚乙烯胺盐酸盐存在两个主要失重区，随着胺化度的提高，产物的热稳定性有所降低。

目前人们普遍认为聚丙烯酰胺的Hofmann降解反应的转化率在60%左右。为了抑制水解副反应的发生，可以用乙二醇作溶剂，用乙二醇单钠盐作催化剂先合成了聚（*N*-乙烯基-2-羟乙基）碳酸酯，而后水解得到聚乙烯胺，收率可达92%以上。但是由于聚丙烯酰胺在乙二醇中的溶解度有限，因而在反应过程中需使用过量的乙二醇作溶剂，而且乙二醇的沸点较高，不利于溶剂的回收利用。同时聚（*N*-乙烯基-2-羟乙基）碳酸酯的水解十分困难，从而限制了该方法的使用。

4.3.11.3 聚（*N*-甲/乙酰胺）乙烯胺的水解[39]

用乙醛和乙酰胺为原料，经缩合、热解、聚合、水解等步骤制得聚乙烯胺，其反应路线为：

$$
CH_3CHO + CH_3CONH_2 \longrightarrow CH_3CH(NHCOCH_3)_2 \longrightarrow CH_2{=}CHNHCOCH_3 \longrightarrow
$$

$$
\left[CH_2-\underset{NHCOCH_3}{\underset{|}{CH}} \right]_n \longrightarrow \left[CH_2-\underset{NH_2HCl}{\underset{|}{CH}} \right]_n \longrightarrow \left[CH_2-\underset{NH_2}{\underset{|}{CH}} \right]_n
$$

中间体聚（*N*-甲/乙酰胺）乙烯胺的收率可达80%～85%，而水解生成聚乙烯胺盐酸盐的反应收率大于90%。产物的胺化度在97%以上。在该反应中，亚乙基二甲/乙酰胺是合成*N*-乙烯基甲/乙酰胺最重要的中间体，这主要是因为这种产物比较稳定，而且可以有效地热解为*N*-乙烯基甲/乙酰胺。

4.3.12 聚乙烯亚胺

聚乙烯亚胺以1,2-亚乙基胺为原料，于水或各种有机溶剂中进行酸性催化聚合而成。

聚合温度90～110℃，引发剂可选用二氧化碳、无机酸或二氯乙烷等[19]。根据需要，如制取高分子量产品，可使用双官能团的烷基化剂如氯甲基环氧乙烷或二氯乙烷；而要生产低分子量产品，则可使用低分子量胺如乙二胺进行聚合。由以上方法制得的聚合物分子量可在 $300 \sim 10^6$ 之间，进而根据需要可制成分子量范围在 $10^3 \sim 10^5$ 的系列产品。

实例：将12.2kg水、1.22kg氯化钠和200mL二氯乙烷加入反应器内，该反应器装有搅拌器、温度计，底部出口设有齿轮泵，泵的出口与反应器顶部相连。反应器逐渐升温至80℃，并在2h内将5.9kg 1，2-亚乙基胺加入混合物中进行聚合反应，在加料的同时开动齿轮泵使反应液循环，每循环一次混合液大约10min。在不停的搅拌下，持续反应4h，待测定反应液的黏度逐渐增至最大值时，即达到终点。所得产品固体含量的质量分数为33%，黏度2.13mm^2/s（1%溶液），絮凝速率为33cm/min[40]。

4.4 高分子反应型絮凝剂的制备

高分子反应型絮凝剂[41]主要是利用聚合物自身的活性基团，通过进一步的化学改性以赋予聚合物新的性质。

4.4.1 聚-*N*-二甲氨基甲基丙烯酰胺

聚-*N*-二甲氨基甲基丙烯酰胺主要是利用聚丙烯酰胺上的活性基团——酰氨基，通过Mannich反应的方法制备而成。聚-*N*-二甲氨基甲基丙烯酰胺的制备方法有3种：a.采用单体水溶液聚合制备聚丙烯酰胺溶液，然后再进行Mannich反应；b.采用反相微乳液聚合制备聚丙烯酰胺乳液，然后再进行Mannich反应；c.直接用聚丙烯酰胺进行Mannich反应。具体反应式如下：

聚合反应：$n CH_2{=}CHCONH_2 \longrightarrow \left[CH_2{-}CH(CONH_2) \right]_n$

Mannich反应：$\left[CH_2{-}CH(CONH_2) \right]_n + HCHO + HN(CH_3)_2 \longrightarrow \left[CH_2{-}CH(C{=}O)NHCH_2N(CH_3)_2 \right]_n$

① 采用单体水溶液聚合制备聚丙烯酰胺溶液，然后再进行Mannich反应。具体的制备方法如下：在配备有搅拌桨、温度控制器和冷凝器的1.0L的反应器中加入100g去离子水、20g丙烯酰胺单体以及计算量的螯合剂和链转移剂等，通氮驱氧20～30min后，加入0.15g乙二胺四乙酸二钠，调节温度至20～50℃，加入适量的引发剂溶液（如过硫酸钾/亚硫酸氢钠、过硫酸钾/脲等），引发聚合反应2.5～6.0h后，调节体系pH值至9.0～11.0，加入37%甲醛溶液在40～55℃下反应1～4h后加入二甲胺，继续反应2～4h，即得聚-*N*-二甲氨基甲基丙烯酰胺凝胶。若要制成季铵盐产品，Mannich反应结束后，还可以往体系中加入硫酸二甲酯或硫酸二乙酯等季铵化试剂。其中，丙烯酰胺、甲醛和二甲胺的摩尔比可控制在1∶(1.1～1.3)∶(1.0～1.5)。

② 采用反相微乳液聚合制备聚丙烯酰胺乳液，然后再进行 Mannich 反应。制备方法：在装有搅拌器、温度计和滴液漏斗的四口烧瓶中，加入一定量的油相、乳化剂、水、添加剂和丙烯酰胺，通高纯氮气，加入引发剂，进行聚合反应，得到淡黄色透明的非离子聚丙烯酰胺微乳液。调整温度，按一定的方式加入甲醛和二甲胺，反应后得到几乎透明的阳离子聚丙烯酰胺微乳液。国内的科研工作者已在这方面做了很多研究[42,43]。具体的工艺参数见表 4-1。

表 4-1　聚-*N*-二甲氨基甲基丙烯酰胺制备的工艺参数

微乳液聚合条件						Mannich 反应条件		
w(单体)/%	乳化剂	w(乳化剂)/%	聚合温度/℃	V(油)：V(水)	w：(PAM)/%	n(二甲胺)：n(甲醛)	反应温度/℃	反应时间/h
—	—	—	45	—	40	1.2：1	50	4
40～60	吐温/司盘	6～8	10～30	(0.8～1.0)：1	20～30	1.1：1	45	3

③ 直接用聚丙烯酰胺进行 Mannich 反应[44]：以分子量 500 万以上的聚丙烯酰胺、甲醛、二甲胺、去离子水为原料，以过硫酸盐为催化剂，将聚丙烯酰胺溶到水中，用苛性碱调 pH 值在 8～9，加入催化剂，加入甲醛，于 48～52℃反应 1h，再加入二甲胺，于 68～72℃反应 1h。其中聚丙烯酰胺（含量以 100％计）、甲醛（质量分数为 38％）、二甲胺（质量分数以 40％计）、水和过硫酸盐的质量比为（0.58～1.17）：（0.80～0.9）：1：（46～50）：（0.0021～0.003）。利用该工艺得到的聚-*N*-二甲氨基甲基丙烯酰胺产品为无色透明状胶体，分子量为 1000 万～1200 万，产品易溶于水，而且同液体中颗粒混凝时间短，形成的絮块大，沉降速度快，沉降的污泥脱水彻底，无二次污染。

4.4.2　聚-2-乙烯咪唑啉

纯聚-2-乙烯咪唑啉（不含酯、羧基和酰氨基以及未反应的氰基和聚胺）为无色固体；聚-2-乙烯咪唑啉硫酸盐粗制品呈淡黄色颗粒，精制品为白色；聚-2-乙烯咪唑啉盐酸盐为黄色树脂，两者皆溶于水[19,46]。三者的结构式分别为：

聚-2-乙烯咪唑啉

聚-2-乙烯咪唑啉硫酸盐

聚-2-乙烯咪唑啉盐酸盐

聚-2-乙烯咪唑啉的制备方法有 3 种：a. 乙二胺与丙烯腈合成法；b. 乙二胺与聚丙烯腈合成法；c. 单体乙烯咪唑啉聚合法。

4.4.2.1 乙二胺与丙烯腈合成法[19]

该方法以乙二胺和丙烯腈为原料，反应过程如下：

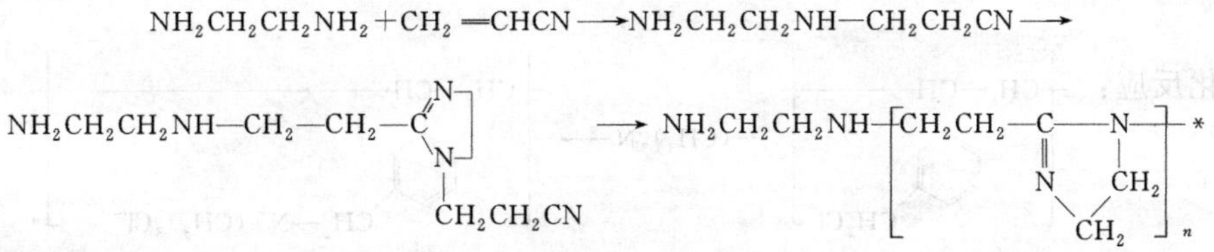

$$NH_2CH_2CH_2NH_2 + CH_2{=}CHCN \longrightarrow NH_2CH_2CH_2NH{-}CH_2CH_2CN \longrightarrow$$

$$NH_2CH_2CH_2NH{-}CH_2{-}CH_2{-}C\begin{matrix}\overset{N}{\nearrow} \\ \underset{N}{\searrow}\end{matrix}\!\!\left.\right] \ (N{-}CH_2CH_2CN) \longrightarrow NH_2CH_2CH_2NH{-}\!\!\left[CH_2CH_2{-}\underset{\underset{N \diagdown CH_2 \diagup CH_2}{\|}}{C}{-}N\right]_n\!\!{-}*$$

制备方法：在装有 480.8g（8mol）乙二胺的 2L 烧瓶中，在 15min 内将 106.1g（2mol）丙烯腈加入其中，此间维持反应温度在 25～30℃，之后，将多余的乙二胺在减压下脱除，制得 *N*-氰乙基-1,2-二氨基乙烷。随后加入 2g 硫脲并在 130～155℃下进行缩聚反应 10h，然后再加硫脲 2g 继续反应 20h，直至氨的转化率达到 96%以上时止。此法制成的聚合物分子量可以达到 1×10^4。该产品可加入氯仿和乙醚后精制。

4.4.2.2 乙二胺与聚丙烯腈合成法[45]

可通过该法利用废弃的聚丙烯氰纤维得到聚-2-乙烯咪唑啉。具体工艺为：将 3.5g 二甲胺、0.03g 硫粉、1.0g 聚丙烯腈纤维加入 40g 环己烷中，在 60℃下反应 4h，得到水溶性的产物。聚乙烯咪唑啉还可以通过加入氯甲烷，在 40℃左右进一步反应生成季铵化产物。

4.4.2.3 单体聚合法

将 100 份 2-(2-甲氧乙基)-2-咪唑啉滴入装有氧化钡催化剂的柱形反应器中，升温至 410～425℃，柱内压力为 0.2mmHg（1mmHg=133.322Pa），反应约 4h 后，就可以回收 50 份 2-乙烯基-2-咪唑啉，产物为白色结晶体，含少量水分[46]。

以白色结晶 2-乙烯基-2-咪唑啉为原料，加入硫酸或盐酸制成 2-乙烯基-2-咪唑啉硫酸盐或 2-乙烯基-2-咪唑啉盐酸盐，然后用质量分数为 50%的氢氧化钠将体系 pH 值调至 3.0，并充入氮气，以亚硫酸钠、溴酸钠和过硫酸铵为引发剂，在室温下进行聚合制成浆状产物，加入过量乙醇精制，最后得到浅黄色粒状物，用 1.0mol/L 氯化钠溶液检测，产物的特性黏数为 1.30dL/g。

4.4.3 聚苯乙烯基四甲基氯化铵

聚苯乙烯的阳离子化改性一般是通过聚苯乙烯与氯甲基甲醚反应制备聚苯乙烯氯甲烷，然后再与阳离子化试剂如有机胺、硫醚或三烷基膦进行反应制备阳离子型改性物。因此，聚苯乙烯基四甲基氯化铵的制备可分为两步：第一步反应是聚苯乙烯的氯甲基化反应，即利用聚苯乙烯与氯甲基甲醚反应，生成聚苯乙烯氯甲烷；第二步是胺化反应，利用聚乙烯氯甲烷与三甲胺反应，生成聚苯乙烯基四甲基氯化铵。制备过程如下：

氯甲基化反应：

$$\left[\!-CH_2-CH(C_6H_5)-\right]_n + CH_3OCH_2Cl \longrightarrow \left[\!-CH_2-CH(C_6H_4CH_2Cl)-\right]_n$$

胺化反应：

$$\left[\!-CH_2-CH(C_6H_4CH_2Cl)-\right]_n + (CH_3)_3N \longrightarrow \left[\!-CH_2-CH(C_6H_4CH_2-N^+(CH_3)_3Cl^-)-\right]_n$$

此外，聚苯乙烯还可与甲醛、盐酸反应，生成氯甲基化的聚苯乙烯，然后再与三甲胺反应生成聚苯乙烯基四甲基氯化铵[47]。制备过程如下：

氯甲基化反应：

$$\left[\!-CH_2-CH(C_6H_5)-\right]_n + HCHO + HCl \longrightarrow \left[\!-CH_2-CH(C_6H_4CH_2Cl)-\right]_n$$

胺化反应：

$$\left[\!-CH_2-CH(C_6H_4CH_2Cl)-\right]_n + (CH_3)_3N \longrightarrow \left[\!-CH_2-CH(C_6H_4CH_2-N^+(CH_3)_3Cl^-)-\right]_n$$

4.4.4 聚乙烯醇季铵化产物

制备季铵化的聚乙烯醇（PVA）的方法主要有 2 种：第 1 种方法是利用聚乙烯醇（PVA）含有大量的活性羟基，能够与季铵化试剂发生酯化、醚化或缩醛化等反应，从而制备出阳离子型的 PVA 絮凝剂；第 2 种方法是首先让乙酸乙烯酯与一个含有季铵基团的共聚单体进行共聚，然后将乙酸酯基团水解为羟基，从而制备出聚乙烯醇季铵化产品。方法 1 的反应式为：

$$\left[\!-CH_2-CH(OH)-\right]_n + \underset{\text{O}}{CH_2-CH}-CH_2-N^+(CH_3)_3Cl^- \longrightarrow \left[\!-CH_2-CH(O-CH_2-CH(OH)-CH_2-N^+(CH_3)_3Cl^-)-\right]_n$$

方法 1[48]：将所需量的 20％的 NaOH 溶液加入 10.00g PVA 中并立即用一个不锈钢小刮铲加以混合。然后在 SorvallOmni 混合器中以 12000r/min 的转速将该混合物搅拌数分钟，同时用手摇动该混合器以防止空化。搅拌停止后，用刮铲手工混合其中所含的混合物，然后再以 12000r/min 的转速重复搅拌。此后，称取 1.75g *N*-(3-氯-2-羟丙基)-*N*,*N*,*N*-三甲基氯化铵加入 PVA 中，在混合器中先用刮铲手工混合，然后边摇动混合器边进行搅拌。这种先用刮铲混合接着在 SorvallOmni 混合器中进行搅拌的顺序至少要重复两次。

最后，将仍呈自由流动状的 PVA、NaOH 和 *N*-(3-氯-2-羟丙基)-*N*,*N*,*N*-三甲基氯化铵的混合物用瓷研杵在研钵中进行手工研磨。将所得聚合物置于严实密封的广口玻璃瓶中并让其在室温下进行反应。一定时间间隔后，将部分 PVA 悬浮于含稍微过量 HCl 的甲醇中进行中和。过滤该聚合物，用体积比为 1∶3 的水和甲醇的混合液洗涤 3 次，接着用甲醇洗涤两次。最后，将该聚合物于 80℃下真空干燥至恒重。该工艺中，水的用量为 10%～15%，最好是 11%～13%（基于 PVA 的质量），季铵化反应的优选温度为 25～80℃。

方法 2[49]：在一个装有冷凝管、滴液漏斗、温度计和搅拌器的四口烧瓶中加入 2500g 乙酸乙烯酯、697g 甲醇和 4.8g 三甲基-(3-丙烯酰氨基-3,3-二甲基丙基) 氯化铵，反应在氮气保护下进行，当反应温度升高到 60℃时，加入 3.5g 溶解在 50g 甲醇中的 2,2′-偶氮二异丁腈引发剂，聚合反应 3h，在聚合的同时滴加 362g 50%的 2,2′-偶氮二异丁腈溶液，当反应终止时得到质量分数为 49.8%的产物。然后在搅拌状态下，反应温度控制在 35℃时，往 812g 共聚物产品的甲醇溶液中加入 42.1mL 2.0mol/L 的氢氧化钠甲醇溶液，继续搅拌反应，在 7min 20s 后聚合物变成胶体，再用甲醇洗，干燥研磨后得到白色聚合物粉末。质量分数为 4%的聚合物水溶液在 20℃下的黏度约为 34.1mPa・s。

4.4.5 改性脲醛树脂季铵盐

改性脲醛树脂季铵盐的制备可分为 3 步：a. 脲醛树脂的合成；b. 脲醛树脂的改性；c. 通过季铵化反应制备改性脲醛树脂季铵盐。反应过程如下[50]：

树脂合成：$$NH_2-\overset{\overset{O}{\|}}{C}-NH_2 + HCHO \longrightarrow \left[NH-\overset{\overset{O}{\|}}{C}-NH-CH_2 \right]_n$$

树脂改性：$$\left[NH-\overset{\overset{O}{\|}}{C}-NH-CH_2 \right]_n + \underset{\diagdown O \diagup}{CH_2-CH}-CH_2Cl \longrightarrow \left[\underset{\underset{\underset{\underset{OH}{|}}{CH_2-CH-CH_2Cl}}{|}}{N}-\overset{\overset{O}{\|}}{C}-NH-CH_2 \right]_n$$

季铵化：$$\left[\underset{\underset{\underset{\underset{OH}{|}}{CH_2-CH-CH_2Cl}}{|}}{N}-\overset{\overset{O}{\|}}{C}-NH-CH_2 \right]_n + (C_2H_5)_3N \longrightarrow \left[\underset{\underset{\underset{\underset{OH}{|}}{CH_2-CH-CH_2-N^+(C_2H_5)_3Cl^-}}{|}}{N}-\overset{\overset{O}{\|}}{C}-NH-CH_2 \right]_n$$

制备方法如下。

① 脲醛树脂的合成：向三口烧瓶中加入尿素和甲醛，用 NaOH 溶液调节 pH 值至 7.5～8，在 90～95℃下搅拌，反应 40～45min，其中甲醛与尿素的摩尔比为 2∶1。

② 脲醛树脂的改性：用分液漏斗慢慢滴加环氧氯丙烷于树脂中，全部滴完后，在 90～95℃下搅拌、反应 1h，其中甲醛、尿素、环氧氯丙烷三者的摩尔比为 2∶1∶0.5。

③ 季铵化（阳离子化）：向改性的树脂中加入一定量的三乙胺，在 80～110℃下反应 4～5h，即可得到阳离子型改性脲醛树脂季铵盐絮凝剂。

4.4.6 改性三聚氰胺甲醛絮凝剂

改性三聚氰胺甲醛絮凝剂的制备分 2 个步骤：a. 三聚氰胺甲醛树脂的制备；b. 三聚氰

胺甲醛树脂的接枝。反应式为：

树脂制备：$NH_2-C_3N_3(NH_2)-NH_2 + HCHO \longrightarrow \left[-N(CH_2OH)-C_3N_3(NH_2)-NH-CH_2- \right]_n$

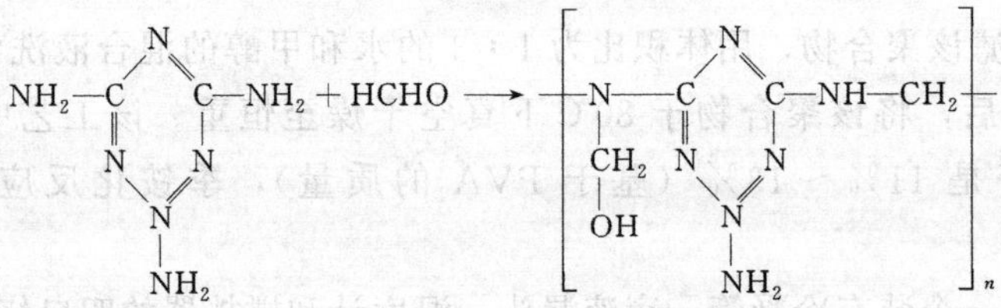

接枝反应：$\left[-N(CH_2OH)-C_3N_3(NH_2)-NH-CH_2- \right]_n + HCHO + HN(CH_3)_2 \longrightarrow \left[-N(CH_2OH)-C_3N_3(N(CH_2N(CH_3)_2)CH_2N(CH_3)_2)-NH-CH_2- \right]_n$

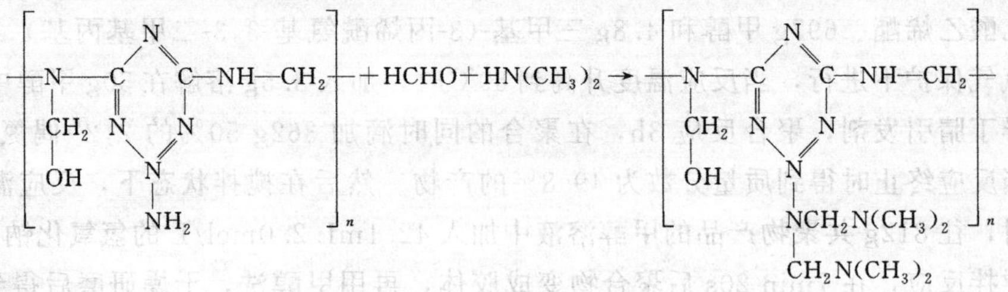

制备方法如下。

① 三聚氰胺甲醛树脂的制备：先将水和原料三聚氰胺加入三口烧瓶中，将反应体系的 pH 值调至 8.5～10.0，缓慢加入甲醛，并升温至 80℃，三聚氰胺溶解后，用酸将体系 pH 值调至 3.0～5.5，聚合反应 3～5h，即得三聚氰胺-甲醛树脂。

② 三聚氰胺甲醛树脂的接枝：将反应体系的温度控制在 70～80℃，缓慢加入甲醛和二甲胺溶液，反应 2～5h 后出料。其中，三聚氰胺、甲醛和二甲胺的最佳摩尔比为 1∶9∶(4～7)[51]。

4.5 缩合型絮凝剂的制备

缩合型絮凝剂主要是利用两种或两种以上的有机物通过缩聚反应制备而成。

4.5.1 氨/环氧氯丙烷缩聚物

氨和环氧氯丙烷通过缩聚反应可制备出氨/环氧氯丙烷缩聚物，反应式如下：

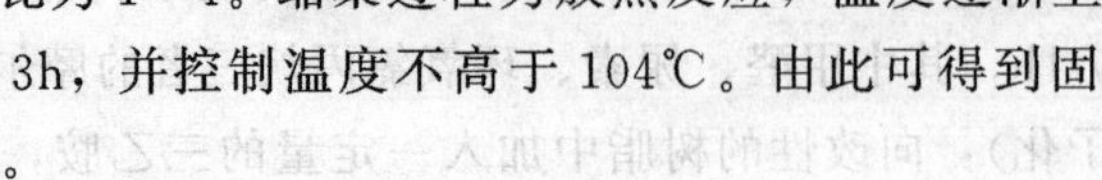

$$NH_3 + \underset{\diagdown O \diagup}{CH_2-CH}-CH_2Cl \longrightarrow \left[CH_2-\underset{OH}{CH}-CH_2-NH \right]_n$$

制备方法[19]如下。

(1) 液体产品

在常温和搅拌作用下，将浓度为 28% 的氨水于 10min 内加入环氧氯丙烷中，控制环氧氯丙烷与氨的摩尔比为 1∶4。缩聚过程为放热反应，温度逐渐上升至 98℃，当氨水全部加入后，常压回流 3h，并控制温度不高于 104℃。由此可得到固体含量为 48%、近乎无色透明的液体产品。

(2) 固体产品

将以上制得的液体产品加入浓盐酸酸化，使 pH 值降至 2 左右，并充分搅拌和冷却，使酸化过程温度不高于 60℃。之后，将酸化液在真空和 50℃下蒸发，至混合液形成乳白色黏稠状，但仍可倾倒流动为止。然后加入相当于其容量 3 倍的异丙醇进行处理，淹析除去异丙醇，最后将其放于浅盆中，在60℃下真空干燥3天，再取出干硬半成品研磨，即可制成浅黄色的固体粉末。

4.5.2 二甲胺/环氧氯丙烷聚合物

用二甲胺与环氧氯丙烷制备聚合物，具体反应式为：

$$HN(CH_3)_2 + \underset{\diagdown O \diagup}{CH_2-CH}-CH_2Cl \longrightarrow \left[CH_2-\underset{OH}{CH}-CH_2-\underset{CH_3}{\overset{CH_3}{N^+}}Cl^- \right]_n$$

制备方法[52]：将1.4g荧光衍生物Ⅰ、31.2g去离子水和73.9g质量分数为1%的二甲胺溶液放入帕尔压力反应器中，此时温度为5℃。将反应器密封，并加热升温至80℃。在2.5h内将93.5g环氧氯丙烷缓慢泵送入反应体系中，在80℃下搅拌反应2个多小时后聚合完毕。

4.5.3 氨/二甲胺/环氧氯丙烷聚合物

氨、二甲胺和环氧氯丙烷反应，制备三元聚合物，具体反应式为：

$$NH_3 + HN(CH_3)_2 + \underset{\diagdown O \diagup}{CH_2-CH}-CH_2Cl \longrightarrow \left[CH_2-\underset{OH}{CH}-CH_2-NH \right]_m \left[CH_2-\underset{OH}{CH}-CH_2-\underset{CH_3}{\overset{CH_3}{N^+}}Cl^- \right]_n$$

制备方法[53]：在装有温度计、搅拌器、回流冷凝器和加料漏斗的2000mL烧瓶内，加入40%二甲胺水溶液450g（4.0mol）和29%氨水60.8g（1.0mol）。然后在低于40℃温度下，于2h内向混合液中滴加环氧氯丙烷412.9g（4.5mol），升温至90℃反应1h后，再分几次将总量为45.9g（0.5mol）的环氧氯丙烷加入其中，每次加入的时间间隔需保持在20min，温度维持在90℃至全部加完后止。此后，将反应混合物冷却至80℃，并加浓硫酸使反应液pH值降至2.5，如此得到浓度为50%的产品，黏度为3.6Pa·s。

4.5.4 环氧氯丙烷/N，N-二甲基-1，3-丙二胺聚合物

环氧氯丙烷与N,N-二甲基-1,3-丙二胺反应生成聚合物，反应式为[19,54]：

$$(CH_3)_2N-CH_2CH_2CH_2-NH_2 + \underset{\diagdown O \diagup}{CH_2-CH}-CH_2Cl \longrightarrow$$

$$\left[CH_2-\underset{OH}{CH}-CH_2-\underset{\underset{N(CH_3)_2}{CH_2CH_2CH_2}}{N} \right]_x \left[CH_2-\underset{OH}{CH}-CH_2-\underset{CH_3}{\overset{CH_3}{N^+}}Cl^- -CH_2CH_2CH_2-N\begin{matrix} CH_2-\underset{OH}{CH}-CH_2- \\ CH_2-\underset{OH}{CH}-CH_2- \end{matrix} \right]_y$$

式中，$x>y$。

制备方法[19]如下。

① 于装有温度计、冷凝器、搅拌器和加料漏斗的四口烧瓶内加入471g水和344.5g(3.38mol)*N*,*N*-二甲基-1,3-丙二胺（DMAPA），然后，在1h内将275.2g（2.97mol）环氧氯丙烷滴加到混合液中，升温至90℃，加热1h，保持此温度，再将29.1g(0.31mol）环氧氯丙烷分9次加入反应液中，注意9次的加量要依次递减，最后一次的加量为0.1g。每加料一次搅拌20min，并用10mL玻璃管测定黏度一次，至达到所需黏度为止。最后加入350g 50%硫酸作终止剂，如此，即可得到质量分数为50%，黏度为0.912mPa·s的环氧氯丙烷/*N*,*N*-二甲基-1,3-丙二胺共聚物。将上述共聚物加水稀释至35%（质量分数）作为最终产品，该产品的黏度为94mPa·s，环氧氯丙烷与胺的摩尔比为0.97∶1。按所用原料的比例不同，可制成环氧氯丙烷与胺不同配比的聚合物。

② 于7.57m^3 反应器中加入1854kg水和978.9kg *N*,*N*-二甲基-1,3-丙二胺，然后将806.7kg环氧氯丙烷以6.81～7.57L/min的流速加入其中，升温至90℃加热1h。此后，在90℃下再分批将剩余的环氧氯丙烷加到反应液中，注意每次加入量要递减，最后一次加量为1.8kg。每加入一次搅拌20min，取样测定黏度，直至达到所需黏度为止。然后，加水3443.7kg稀释反应产物，再缓慢地加入浓度为93.2%的硫酸437.7kg，至pH值降至5.0时为止。产品黏度为（1.0±0.2）Pa·s（30℃），固体含量的质量分数为50%。

4.5.5 氯化聚缩水甘油三甲基氯化铵

氯化聚缩水甘油三甲基氯化铵为黏稠油状液，易溶于水。结构式为：

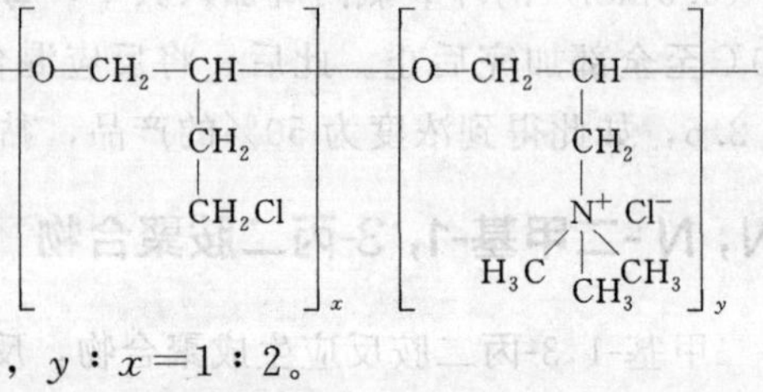

$$\left[\begin{array}{l} -O-CH_2-CH- \\ \qquad\qquad\quad | \\ \qquad\qquad\quad CH_2 \\ \qquad\qquad\quad | \\ \qquad\qquad\quad CH_2Cl \end{array}\right]_x \left[\begin{array}{l} -O-CH_2-CH- \\ \qquad\qquad\quad | \\ \qquad\qquad\quad CH_2 \\ \qquad\qquad\quad | \\ \qquad\qquad\quad N^+\ Cl^- \\ \qquad\quad H_3C \quad | \quad CH_3 \\ \qquad\qquad\quad CH_3 \end{array}\right]_y$$

式中，$x+y=4\sim500$，$y:x=1:2$。

制备方法[19]：将分子量为800的聚环氧氯丙烷600g与浓度为25%的三甲胺水溶液225g加入不锈钢高压釜内，搅拌混合，加热至100℃并维持自生压力反应3.5h。之后，高压釜排气并在减压下继续加热，将挥发物如水和未反应的胺分离排出，如此釜内压力迅速降至667Pa，继而加热使釜内最终温度达到150℃。最后釜内得到三甲胺与聚环氧氯丙烷的季铵加成物——聚缩水甘油三甲基氯化铵。该产品为黏稠状液体，聚合物中的氯与胺的摩尔比为1∶0.15。

4.5.6 胍/环氧氯丙烷聚合物

胍与环氧氯丙烷发生缩聚反应，生成胍/环氧氯丙烷聚合物，反应式为[54]：

$$NH_2-\overset{\overset{NH}{\|}}{C}-NH_2+\underset{\diagdown O \diagup}{CH_2-CH}-CH_2Cl \longrightarrow \left[CH_2-\underset{OH}{\underset{|}{CH}}-CH_2-NH-\overset{\overset{NH}{\|}}{C}-NH\right]_n$$

制备方法：在9.55g盐酸胍中加入环氧氯丙烷9.25g成泥浆状，然后加入少量氢氧化钠，在100℃反应3h、135～145℃反应4h得产物。在实际使用时，将其稀释为1%固体含量的聚合物。

4.5.7 双氰胺/环氧氯丙烷聚合物

笔者曾以双氰胺与环氧氯丙烷为原料合成双氰胺/环氧氯丙烷这种两亲型的聚合物，具体反应式为：

$$NH_2-\overset{\overset{NH}{\|}}{C}-NH-CN+\underset{\diagdown O \diagup}{CH_2-CH}-CH_2Cl \longrightarrow \left[CH_2-\underset{OH}{\underset{|}{CH}}-CH_2-NH-\underset{NH}{\underset{\|}{C}}-\underset{CN}{\underset{|}{N}}\right]_n$$

制备方法：在配备有冷凝回流装置的反应器中加入环氧氯丙烷和50%氢氧化钠溶液，然后加入双氰胺和少量引发剂，将体系温度升至75～85℃，反应2～5h后，补充碱量，并继续将温度升至95～110℃，反应3～4h后，冷却至室温，即得两亲型双氰胺/环氧氯丙烷聚合物。产品为透明黏稠液体，固含量为40%～60%，略带芳香味，对印染废水、含油废水、制浆废水等有很好的处理效果。

4.5.8 双氰胺/甲醛聚合物及其改性产品

双氰胺/甲醛聚合物是由双氰胺与甲醛在强酸或盐的存在下缩聚而成的，属于阳离子型缩聚物。自1891年Benberge首先报道以来，至今已有100多年历史。它可用作黏合剂、纸张和玻璃纤维润滑剂、鞣革剂、固色剂、电镀添加剂等。近40年来，在开发絮凝剂应用过程中，发现它在一定条件下有良好的絮凝能力。除对染色废水有处理效果外，对含油污水、造纸废水、屠宰废水也有良好的处理效果，从而引起人们的重视[55]。由于双氰胺/甲醛聚合物的价格较高，因此废水处理费用较高，进而影响其推广应用。为此，国内很多科研工作者采用以下方法来解决这个问题：与无机混凝剂并用；在合成过程中用价格便宜的原料代替双氰胺，在降低产品成本的同时，又要使改性后的产品脱色性能接近于原有产品；进行化学改性或与其他药剂复配以提高脱色能力。其中化学改性是主流，改性主要是选用合适的改性剂、催化剂、调节剂和相应的工艺配合而成，目的是提高产品的脱色絮凝性能或降低生产成本。

① 双氰胺、甲醛和氯化铵的反应历程及产品分子结构式如下所示[56]：

Friedrich Wlof在1967年提出的反应历程是：双氰胺与甲醛反应，首先是甲醛与氨基（$-NH_2$）或亚氨基（$=NH$）反应生成羟甲基（$-CH_2OH$），然后羟甲基与氨基、亚氨基上的氢脱水生成醚键（—C—O—C—），形成线型或带有支链的高分子聚合物。这个过程可用下列各式表示：

$$NC-\underset{H}{\underset{|}{N}}-\underset{NH}{\underset{\|}{C}}-NH_2 \rightleftharpoons NC-N=C\begin{matrix}NH_2\\NH_2\end{matrix}$$

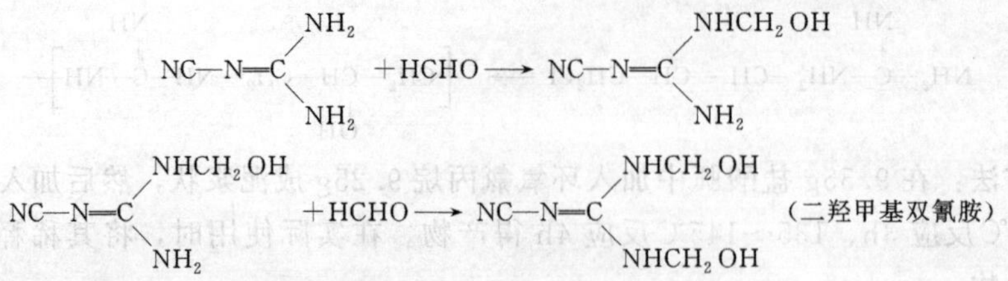

$$\mathrm{NC{-}N{=}C(NH_2)_2 + HCHO \longrightarrow NC{-}N{=}C(NHCH_2OH)(NH_2)}$$

$$\mathrm{NC{-}N{=}C(NHCH_2OH)(NH_2) + HCHO \longrightarrow NC{-}N{=}C(NHCH_2OH)_2}\quad \text{（二羟甲基双氰胺）}$$

反应时加入氯化铵与羟甲基双氰胺发生如下反应：

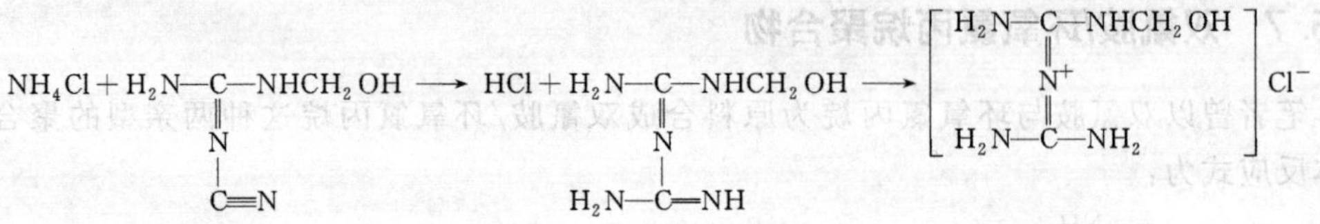

$$\mathrm{NH_4Cl + H_2N{-}\underset{\underset{\underset{C\equiv N}{|}}{N}}{\overset{\|}{C}}{-}NHCH_2OH \longrightarrow HCl + H_2N{-}\underset{\underset{\underset{H_2N{-}C{=}NH}{|}}{N}}{\overset{\|}{C}}{-}NHCH_2OH \longrightarrow \left[\begin{array}{c} H_2N{-}C{-}NHCH_2OH \\ \| \\ N^+ \\ \| \\ H_2N{-}C{-}NH_2 \end{array}\right]Cl^-}$$

进一步与甲醛反应生成：

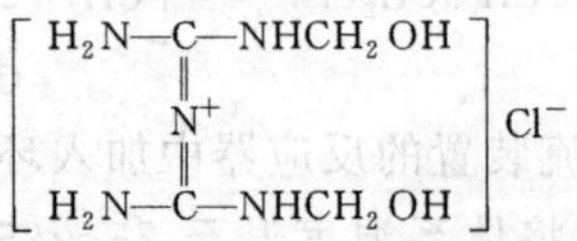

$$\mathrm{\left[\begin{array}{c} H_2N{-}C{-}NHCH_2OH \\ \| \\ N^+ \\ \| \\ H_2N{-}C{-}NHCH_2OH \end{array}\right]Cl^-}$$

上述中间产物上的羟甲基与另一个分子上的胺及氨基进行反应，生成亚甲基键，形成如下结构的聚合物：

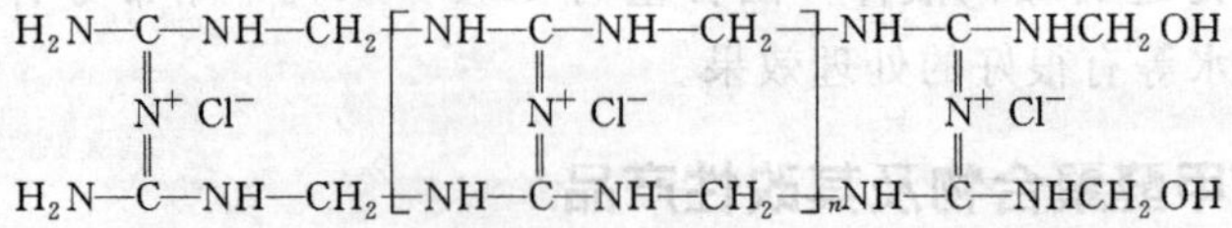

$$\mathrm{\begin{array}{c} H_2N{-}C{-}NH{-}CH_2 \\ \| \\ N^+\ Cl^- \\ \| \\ H_2N{-}C{-}NH{-}CH_2 \end{array}\left[\begin{array}{c} NH{-}C{-}NH{-}CH_2 \\ \| \\ N^+\ Cl^- \\ \| \\ NH{-}C{-}NH{-}CH_2 \end{array}\right]_n\begin{array}{c} NH{-}C{-}NHCH_2OH \\ \| \\ N^+\ Cl^- \\ \| \\ NH{-}C{-}NHCH_2OH \end{array}}$$

② 在酸性介质中，双氰胺与甲醛反应的历程及产品分子结构如下所示[60]：

第一步：双氰胺与甲醛反应形成二聚体。

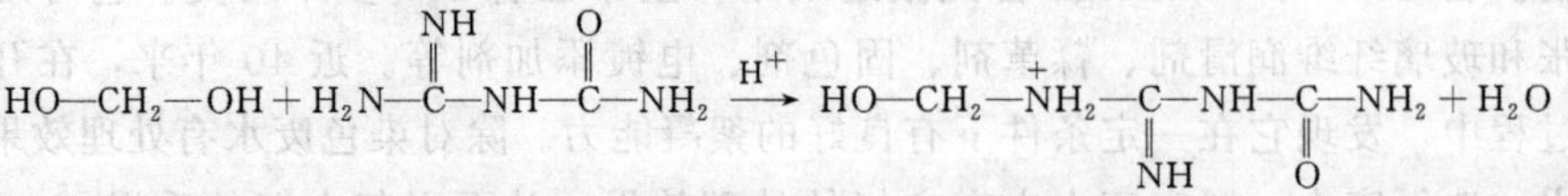

$$\mathrm{HO{-}CH_2{-}OH + H_2N{-}\overset{\overset{NH}{\|}}{C}{-}NH{-}\overset{\overset{O}{\|}}{C}{-}NH_2 \xrightarrow{H^+} HO{-}CH_2{-}\overset{+}{N}H_2{-}\underset{\underset{NH}{\|}}{C}{-}NH{-}\underset{\underset{O}{\|}}{C}{-}NH_2 + H_2O}$$

第二步：二聚体可以与双氰胺或甲醛进一步反应，形成三聚体，二聚体也可以相互反应形成四聚体，三聚体与四聚体还可以相互反应、自身反应或与单体、二聚体反应形成聚合物。

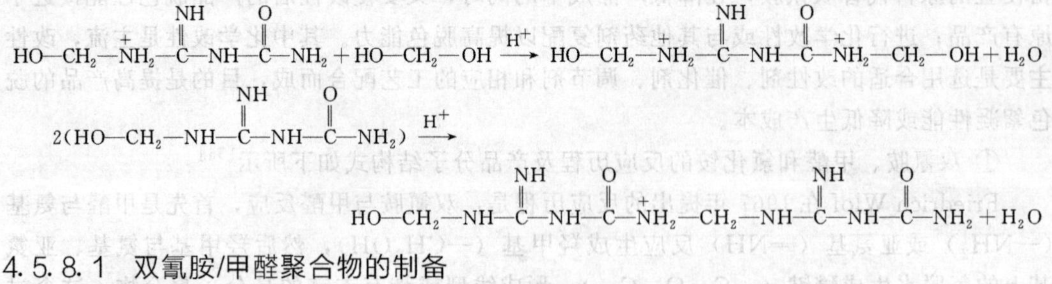

$$\mathrm{HO{-}CH_2{-}\overset{+}{N}H_2{-}\overset{\overset{NH}{\|}}{C}{-}NH{-}\overset{\overset{O}{\|}}{C}{-}NH_2 + HO{-}CH_2{-}OH \xrightarrow{H^+} HO{-}CH_2{-}NH_2{-}\overset{\overset{NH}{\|}}{C}{-}NH{-}\overset{\overset{O}{\|}}{C}{-}\overset{+}{N}H_2{-}CH_2{-}OH + H_2O}$$

$$\mathrm{2(HO{-}CH_2{-}NH{-}\overset{\overset{NH}{\|}}{C}{-}NH{-}\overset{\overset{O}{\|}}{C}{-}NH_2) \xrightarrow{H^+}}$$

$$\mathrm{HO{-}CH_2{-}NH{-}\overset{\overset{NH}{\|}}{C}{-}NH{-}\overset{\overset{O}{\|}}{C}{-}\overset{+}{N}H_2{-}CH_2{-}NH{-}\overset{\overset{NH}{\|}}{C}{-}NH{-}\overset{\overset{O}{\|}}{C}{-}NH_2 + H_2O}$$

4.5.8.1 双氰胺/甲醛聚合物的制备

在工业化生产中曾经采用过“一步法”反应制备双氰胺/甲醛聚合物，就是一次将全部原料投入反应釜中进行反应。由于它是一个较强的放热过程，在放热高峰时每分钟温升可达 10℃以上，操作困难，容易发生飞温、胀锅、喷料事故，生产不安全。所以其后就改进为“两步法”，即分两步加入甲醛或氯化铵，以缓解放热过程。先加入半数以上的物料，待反应到一定阶段后再缓缓加入剩下的另一部分物料[56]。在双氰胺/甲醛聚合物的制备过程中，大致可分为3类工艺。

(1) 工艺1：直接用双氰胺、甲醛和氯化铵进行聚合反应[56]

① 将双氰胺354.0kg及氧化铵178.6kg、甲醛178.6kg投入配有回流冷凝器的搪玻璃反应釜中，升温，进行“第一步缩合”。当温升至(50±2)℃时，停止加热，并适当冷却，注意反应放热，控制温度为(55±2)℃，待反应放热高峰过后，再加入余下的357.0kg甲醛，进行“第二步缩合”，控制温度在(60±2)℃，保温4h，即得产品。

② 将双氰胺295.0kg及氧化铵186.0kg、甲醛279.0kg投入与①配比相同的釜内，进行“第一步缩合”。当温度升至(60±2)℃时，停止加热，并适当冷却，注意反应放热，控制温度为(65±2)℃，待反应放热高峰过后，再加入余下的279.0kg甲醛，进行“第二步缩合”，控制温度在(70±2)℃，保温3h，即得产品。

③ 将双氰胺265.5kg及氧化铵200.0kg、甲醛401.7kg投入与①配比相同的釜内，进行“第一步缩合”。当温升至(70±2)℃时，停止加热，并适当冷却，注意反应放热，控制温度为(75±2)℃，待反应放热高峰过后，再加入余下的200.0kg甲醛，进行“第二步缩合”，控制温度在(98±2)℃，保温2h，即得产品。

(2) 工艺2：在工艺1中加入添加剂，促进交联反应的发生[57,58]

在250mL四口烧瓶上装设电动搅拌器、温度计、回流冷凝管，用电热套和冷水浴调节反应温度，先加入61mL 37%的甲醛，在搅拌下加入23.2g双氰胺、3g尿素和3g添加剂、8.3mL 36%的盐酸，将此混合物在90℃下反应2h，此后冷却至50℃，在搅拌下再加入3g尿素，在70℃下反应1h，冷却到室温即得产品。产品为浅黄色黏稠液体，pH=6，20℃时密度为1.25g/mL，20℃时黏度为0.65Pa·s，产品固含量为54%。

(3) 工艺3：直接用酸催化剂，促进双氰胺与甲醛发生缩聚反应

① 将等摩尔比的双氰胺、甲醛溶液加入三口烧瓶中，加入适量的无机酸作催化剂，在搅拌条件下控制适当的反应温度，反应3～5h，然后再加入少量稳定剂，熟化一段时间，即可制得黏稠胶状的双氰胺/甲醛聚合物，聚合物的分子量为1000左右[59]。

② 笔者曾利用有机酸作催化剂，催化双氰胺和甲醛发生缩聚反应，并加入适量的链转移剂，在95～99℃下反应4～6h，可制得分子量为3000～10000的双氰胺/甲醛聚合物，产品为透明黏稠液体，pH值为2.5～4.7，产品的固含量为40%。

4.5.8.2 改性双氰胺/甲醛聚合物的制备

为了进一步提高双氰胺/甲醛聚合物的脱色和絮凝性能，或降低产品的成本，提高性价比，有必要对双氰胺/甲醛聚合物的制备工艺进行改进，研制出改性双氰胺/甲醛聚合物，便于拓宽双氰胺/甲醛系列聚合物的应用范围。目前，改性双氰胺/甲醛聚合物的制备方法有三种：第1种，进行化学改性或与其他药剂复配以提高脱色能力；第2种，在合成过程中用价格便宜的原料代替双氰胺，在降低产品成本的同时，又要使改性后的产品脱色性能接近于原有产品；第3种，与无机混凝剂并用。

本节主要介绍前两种方法。

(1) 方法1：化学改性或其他药剂复配

利用三氯化铝具有酸性的性能将其作为双氰胺/甲醛合成的催化剂，在合成过程中不断消耗其酸度使三氯化铝转化为聚氯化铝，并使反应产物很好地溶合而制备双氰胺/甲醛复合铝絮凝剂。具体方法为：称取双氰胺 22%～34%、三氯化铝 30%～60%、甲醛水溶液 18%～28%，混合均匀上述原料，缓慢加热，再升温至 40～60℃，在此温度下恒温反应 2h，降温存放 24h 后制成双氰胺/甲醛复合铝絮凝剂[60]。

笔者等[61]曾以双氰胺、甲醛、铝盐和硫酸等化学原料来制备有机-无机复合型改性双氰胺/甲醛聚合物。具体工艺：首先往反应釜中加入计算量的水和无机酸，并将体系的 pH 值控制在 1.0～2.0，然后在搅拌下加入双氰胺和甲醛，在 90～100℃保温反应 4～5h 后，在搅拌下将铝盐加入缩聚反应获得的溶液中，然后将溶液的温度降至 80～90℃保温反应 2～3h 即得产品。

(2) 方法 2：双氰胺/甲醛聚合物合成过程中的原料替换及质量保证[62]

① 在一个带有搅拌系统、温度计和冷凝管的三口烧瓶中加入甲醛 205g 和 81g 双氰胺，待双氰胺溶解后加入氯化铵 37g，而后加入脲 18g，在 97℃下反应 3h 即得改性絮凝剂产品。

② 在一个带有搅拌系统、温度计和冷凝管的三口烧瓶中加入浓度为 37%的甲醛 240g 和 81g 双氰胺，使双氰胺溶解后，加入 48g 氯化铵和 30g 脲，之后提高水浴温度到 95℃。并在该温度下再反应 4h，冷却后即得改性絮凝剂产品。

③ 在三口烧瓶中，加入浓度为 37%的甲醛 285g、双氰胺 81g 和氯化铵 53g，随后再加入脲 48g，升温到 97℃反应 4h，即得产品。

④ 反应过程和所使用的药剂同上，加入甲醛 295g、双氰胺 81g，控制反应温度在 55℃的条件下加入 68g 氯化铵，升温到 110℃反应 2h，加入脲 60g，在该温度下继续反应 4h 得改性絮凝剂产品。

4.5.9 改性甲醇氨基氰基脲/甲醛缩合物

笔者等[63]利用甲醇氨基氰基脲、多聚甲醛、氯化铵和无水氯化铝为原料，在酸性介质中，合成出有机-无机复合型的改性甲醇氨基氰基脲/甲醛缩合物。制备方法：将甲醇氨基氰基脲、多聚甲醛、氯化铵和水以 3∶1∶1.5∶6 的质量比加入反应釜中，反应 30min 后逐渐加入计算量的无水氯化铝和无机酸，反应 60min 后升温至 90℃，反应 4.0h 后将反应温度降至常温，并适当添加一些助剂，继续反应 30min 即得透明黏稠状的有机-无机复合型改性甲醇氨基氰基脲/甲醛缩合物（有效固含量为 50.5%，其中 Al_2O_3 质量分数为 5.5%，其 pH 值为 1.6～2.1）。

此外，笔者与课题组成员还利用甲醇氨基氰基脲、甲醛、结晶氯化铝和盐酸等为原料，在酸性介质中，合成出有机-无机复合型的改性甲醇氨基氰基脲/甲醛缩合物。制备方法：将适量的水加入反应釜中，并将体系温度升至 85℃，然后加入自制的 40g 甲醇氨基氰基脲和一定量的甲醛，在 85℃反应一定时间后，加入结晶氯化铝和计算量的浓盐酸和催化剂，继续反应 2.0h 后自然降温，即制成有机-无机复合型改性甲醇氨基氰基脲/甲醛缩合物絮凝剂，产品为无色透明、带有黏性且流动性良好的液体。通过红外光谱分析，发现所制备的改性甲醇氨基氰基脲/甲醛缩合物分子中含有以下基团：$—NH_2$（$3360.26cm^{-1}$）、$—CONH_2$（$3360.26cm^{-1}$、$1324.72cm^{-1}$ 和 $1022.29cm^{-1}$）、$H_2N—$（$1708.56cm^{-1}$）和

—CN（2260.08cm^{-1}）。由于改性甲醇氨基氰基脲/甲醛缩合物分子中既含有亲水基团，如氨基和酰氨基，又含有亲油基团如氰基，说明改性甲醇氨基氰基脲/甲醛缩合物属于两亲型絮凝剂。

4.5.10 二氯乙烷/四亚乙基五胺缩聚物

制备方法[54]：四亚乙基五胺（22mol）416份（质量份，下同）、二氯乙烷（22mol）218份、氢氧化钠（44mol）180份、水400份，将四亚乙基五胺溶于100份水中加入装有回流冷却器的反应器中，然后在搅拌下一边加热一边加入二氯乙烷，加入速度应保持反应物处于回流状态。加完后，为了稀释黏稠溶液，则补加100份水，然后继续加热2h。

4.6 阳离子型合成有机高分子絮凝剂的应用

4.6.1 污泥脱水中的应用

活性污泥含水率通常在95%以上，这些带电污泥以细小的颗粒存在，要使其脱稳絮凝脱水，需要在絮凝过程中投加大量的絮凝剂。常用的絮凝剂有无机絮凝剂和有机絮凝剂两大类。投加无机絮凝剂，不仅药剂的消耗量大，沉淀物多，且处理效果不佳，近年来逐渐被有机絮凝剂所取代。目前被大多数厂家采用的主要是阳离子聚丙烯酰胺，因为阳离子聚丙烯酰胺在使用过程中的特点是用量少、沉淀性能好、泥饼含水率低。

4.6.1.1 二甲基二烯丙基氯化铵均聚物和共聚物

近年来，国内的部分生产厂家对二甲基二烯丙基氯化铵均聚物和共聚物进行了大量的研究。二甲基二烯丙基氯化铵均聚物和共聚物属于阳离子型有机合成高分子絮凝剂，具有良好的水溶性，水溶液呈中性，在水溶液中电离后产生带正电荷的季铵盐基团。这类絮凝剂除了具有一般高分子絮凝剂的架桥、卷扫等功能外，还具有相当强的电中和能力。其絮凝机理是高分子阳离子基团与带负电荷的污泥离子相吸引，降低并中和了胶体粒子的表面电荷，同时压缩了胶体扩散层而使微粒凝聚脱稳，并借助了高分子链的粘连架桥作用而产生絮凝沉降。

汤继军等[64]利用自制的二甲基二烯丙基氯化铵均聚产品（HCA）和共聚产品（HCA-AM）对活性污泥进行絮凝脱水性能研究，并与阳离子聚丙烯酰胺进行了对比试验。当活性污泥的pH值为5时，絮凝剂的用量在10～30mg/L范围内，二甲基二烯丙基氯化铵均聚产品（HCA）和共聚产品（HCA-AM）的脱水效果始终优于阳离子聚丙烯酰胺。

陈伟忠等[65]以二甲基二烯丙基氯化铵和丙烯酰胺单体为原料，通过水溶液聚合法制备出不同阳离子度的阳离子型高分子絮凝剂PDA，并用自制的阳离子度为30%的3#PDA与市场上几种阳离子型聚丙烯酰胺进行污泥脱水性能比较，结果见表4-2。从表中数据可看出：阳离子度为30%的二甲基二烯丙基氯化铵与丙烯酰胺共聚物在城市生活污水处理的污泥脱水过程中具有良好的实际处理效果，当加入量为60mg/L时，COD去除率为 79.4%，上清液透过率为 93.5%，且形成的絮体大而坚韧，易于后续脱水处理，与市售的几种阳离子型聚丙烯酰胺产品比较，脱水絮凝相近。

表 4-2　4 种 CPAM 产品的处理效果对比[65]

样品号	阳离子度/%	特性黏数/(dL/g)	最佳用量/(mg/L)	透过率/%	COD 去除率/%	滤饼含水率/%	絮体形状
3# PDA	30	6.7	60	93.5	79.4	87	大
江苏某厂生产	30	6.2	80	89.2	80.3	80	较大
浙江某厂生产	10	12.0	50	94.0	82.8	93.9	大
国外公司进口	10	8.4	85	92.2	77.9	85.2	大

张跃军等[66]对实验室自制的二甲基二烯丙基氯化铵与丙烯酰胺共聚产物 PDA 和市场上出售的几种有代表性的阳离子型聚丙烯酰胺（CPAM）应用于城市生活污水中的污泥脱水的效果做了系统对比，结果见表 4-3 和表 4-4。CPAM 的最佳使用范围一般为 50～80mg/L，处理后上清液 COD 去除率达到 78%以上，透过率达 90%以上，且形成的絮体大而坚韧，易于后续脱水处理。自制的 PDA 样品与市售几种不同结构的 CPAM 样品的絮凝效果相比，其性能相近。

表 4-3　几种不同阳离子型聚丙烯酰胺样品的基本性能参数[66]

样品编号	PDA	Z6	F4	ZJ	JS
阳离子度/%	30	30	10	10	30
特性黏数/(dL/g)	6.7	8.7	8.4	12.0	6.2
外观	半透明胶体	白色粉末	白色粉末	胶体	白色粉末
产品结构	DMDAAC-AM	DM-AM	DM-AM	改性阳离子	DM-AM
产地	实验室研制	英国	法国	浙江	江苏

表 4-4　几种不同阳离子型聚丙烯酰胺产品的污泥脱水性能比较[66]

CPAM	最佳用量/(mg/L)	COD 去除率/%	透过率/%	滤饼含水率/%	絮体形状
空白	0	0	64.4	94.4	细末
PDA	60	79.4	93.5	87	大
Z6	50	88.5	93.4	80.9	较大
F4	85	77.9	92.2	85.2	大
JS	80	80.3	89.2	80.5	较大
ZJ	50	82.8	94.0	93.9	大

4.6.1.2　丙烯酰胺与其他阳离子单体共聚物

王玮等[67]以丙烯酰胺（AM）、甲基丙烯酰氧乙基三甲基氯化铵（DMC）为原料，采用反相乳液聚合和水分散聚合制备了阳离子聚丙烯酰胺（CPAM），研究得到的较佳合成条件是：$(NH_4)_2SO_4$ 浓度 30.0%、PDMC 分子量 40×10^4～50×10^4、PDMC 浓度 2.5%、引发剂浓度 150mg/kg、v(TBA)：$v(H_2O)$＝0.2：1、反应温度 50℃、pH＝7、单体浓度 10%、阳离子度 10%、反应时间 8h，在此条件下，得到的聚合物分子量为

580.2×10^4，粒子平均粒径 200nm 左右。得到的较佳絮凝条件是：聚合物用量 0.020%、污泥 pH=5、聚合物分子量 550×10^4、阳离子度 12%，在此条件下，所得絮凝清液的透光率达 97.7%，污泥的絮凝率为 64.2%，脱水率达到 85%。

陈沉等[68]通过北方某污水厂上机试验发现，对离心式脱水机和带式脱水机而言，阳离子型高分子絮凝剂的分子量对污泥脱水效果有着直接影响，且呈反向相关性。此外，分子量并非越大越好，分子量过大容易造成网带堵塞。阳离子型高分子絮凝剂的阳离子度对污泥脱水效果也有着直接影响。在一定的阳离子度取值范围内，随着阳离子度的升高，泥饼含水率降低，污泥脱水效率提升。但超出这一取值范围时，阳离子度升高，泥饼含水率随之升高。针对北方某污水厂的带式脱水机，当阳离子度超过 50%时，容易产生网带堵塞现象，影响脱水。

沈一丁等[69]以丙烯酰胺（AM）、二甲基二烯丙基氯化铵（DMDAAC）、丙烯酸十八酯（OA）为单体，用氧化-还原引发体系，通过自由基胶束共聚法制得疏水缔合型阳离子共聚物 PADO。研究了共聚物组成对 PADO 溶液性能的影响，以及 PADO 对造纸中段废水的絮凝效果。结果表明，PADO 水溶液中存在强烈的分子间缔合作用，在处理造纸中段废水时，其应用效果优于聚合硫酸铁、聚合氯化铝和非离子 PAM。

鲁红等[70]以丙烯酰胺、丙烯酸甲酯基二甲基苄基氯化铵和丙烯酸乙酯基三甲基氯化铵为原料，2,2′-偶氮二（2-脒基丙烷）为引发剂，合成出分子量为 500 万的三元共聚物 PNAM，三元共聚物的阳离子密度为 3.8mmol/g。利用 PNAM 处理污水处理厂污泥，并与进口聚丙烯酰胺进行性能比较，结果见表 4-5。从试验结果可知，丙烯酰胺、丙烯酸甲酯基二甲基苄基氯化铵和丙烯酸乙酯基三甲基氯化铵三元共聚物产品的脱水性能明显优于进口 PAM。

表 4-5　污泥脱水效果比较

絮凝剂	滤饼含水率/%	脱水率/%	用药量/%	污泥回收率/%
PNAM	80.25	92	0.054	45.6
PAM	83.84	90	0.170	42.0

4.6.1.3　其他阳离子型有机合成高分子絮凝剂

笔者曾以分子量为 900 万的非离子型聚丙烯酰胺（国产）、甲醛、二甲胺和硫酸二甲酯为原料，通过 Mannich 反应制备出不同阳离子度的改性聚丙烯酰胺凝胶，其中：Mannich 反应的温度为 55℃，反应时间 6h。以广东肇庆污水处理厂的污泥为处理对象，研究不同阳离子度改性聚丙烯酰胺凝胶的脱水性能，结果见表 4-6。结果表明：在相同用量下，随着改性聚丙烯酰胺阳离子度的增大，其脱水性能有所提高，而且改性聚丙烯酰胺的阳离子度宜控制在 20%～30%范围内。

表 4-6　不同阳离子度的改性聚丙烯酰胺对污泥脱水性能的影响

样品阳离子度/%	用量/(mg/L)	絮体形状	脱水率/%	滤饼含水率/%
15	45	小	89.6	83.7
	90	大而结实	91.5	80.1

续表

样品阳离子度/%	用量/(mg/L)	絮体形状	脱水率/%	滤饼含水率/%
20	45	略小	90.8	82.3
	90	大而结实	92.6	79.8
30	45	中等	91.2	82.0
	80	大而结实	93.1	79.0
40	45	略大	91.3	82.1
	80	大而结实	93.1	79.0

注：原污泥的含水率为99.2%。

江丽等[59]以三氯化铝、三氯化铁和阳离子聚丙烯酰胺为原料，在微波辐照下制备PAFC/PAM复合絮凝剂，处理某一印染厂的污水，实验所取印染废水的水质为：pH值7.06，COD 1505mg/L，浊度为840 NTU，色度1000倍；成分为活性染料、直接染料及涂料的混合物。结果发现：在PAM/PAFC质量比为0.25、微波合成功率150W、微波时间3min条件下制得的复合絮凝剂，浊度去除率为98.8%。在pH=8、投加量为42mg/L的最佳絮凝条件下，复合絮凝剂对模拟染料废水脱色率高达97%。与PAFC和PAM相比，PAFC/PAM具有较宽的pH值适宜范围和较低的投加量，且对实际印染废水的处理效果优于PAFC和PAM。PAFC/PAM作为一种新型的高效复合絮凝剂，充分发挥了无机、有机絮凝剂的协同作用，既可降低生产成本又可提高废水的处理效果，是一种具有应用价值的无机-有机复合絮凝剂。

4.6.2 工业废水处理中的应用

4.6.2.1 印染废水

印染废水主要指各种天然纤维及化学纤维在染色过程中或染色前后各工序产生的废水。印染废水具有3大特点[71-73]：a.废水量大，印染废水排放量占总用水量的80%～90%；b.水质复杂，印染废水的组成异常复杂，含大量的碱类、染料、助剂等化学物质，故色度大、化学耗氧量（COD_{Cr}）高、悬浮物多、被微生物降解程度低；c.水质水量变化大，在印染过程中，织物的种类、加工的花色品种受原料、季节、市场需求的不同而异，因此印染废水的水质随着加工工艺以及所用染料的不同而不同。此外，印染废水的排放是间歇的，同时开机的台数随生产需要而有所增减，因此排放量变化很大。印染废水的上述特点使之成为国内外难处理的工业废水之一。

(1) 双氰胺/甲醛聚合物及其改性产品处理印染废水

张文艺等[56]合成出一种以双氰胺、甲醛为原料的阳离子印染废水高效有机脱色剂。他们考察了双氰胺、甲醛、硫酸铝用量和反应温度、反应时间等合成条件对双氰胺/甲醛聚合物脱色性能的影响。结果表明，优化合成工艺条件为双氰胺：甲醛：硫酸铝=1：2.58：0.35（摩尔比）、80℃、反应3h。所制脱色剂对分散红167、BES蓝、分散蓝79三种典型染料废水的脱色率均达98%以上。脱色机理主要包括吸附电中和作用、压缩双电层、吸附架桥、网捕作用。将脱色剂应用于江苏省常州市马杭污水厂混合印染废水的处理，在 pH=8、投加量 17.5mL/L 的条件下，脱色率可达 96%以上，出水色度从 360 倍降为 10 倍，达到 GB 8978—1996 一级 A 排放要求。

董银卯和梁瀛洲[74]利用自行研制开发的双氰胺/甲醛系列阳离子聚合物处理北京第三印染厂的总排水口废水，发现将废水的 pH 值控制在 7～8 之间，单独使用双氰胺/甲醛聚合物，最佳投加量为 200mg/L；聚合物与硅藻土混合使用可明显提高脱色絮凝效果，而且大大减少了聚合物的用量（见表 4-7）。

表 4-7 印染废水处理结果

絮凝剂用量/(mg/L)		出水水质			去除率/%			
聚合物-2	硅藻土	色度/倍	COD/(mg/L)	SS/(mg/L)	色度	浊度	COD	SS
200	—	9	400	0	91	96.7	66.7	100
—	1.5	12	828	0	88	96.8	31.0	100
4	1.5	4	350	0	96	95.8	70.8	100

注：印染废水的色度为 100 倍；SS 为 1310mg/L；COD 为 1200mg/L；pH 值为 11.0。

(2) 改性甲醇氨基氰基脲/甲醛缩合物

笔者和课题组成员曾利用改性甲醇氨基氰基脲/甲醛缩合物（SY-1）处理活性染料模拟废水（如活性红 M3BE、活性翠蓝 KN-G、活性黑 KNB、活性艳红 K-2BP、活性分散橙 3R 和活性艳蓝 KN-R 等），并对各种影响因素进行了系统研究。结果发现，当模拟废水的 pH 值在 6.0～8.0 之间时，改性甲醇氨基氰基脲/甲醛缩合物对活性红 M3BE、活性翠蓝 KN-G、活性黑 KNB、活性艳红 K-2BP、活性分散橙 3R 和活性艳蓝 KN-R 等活性染料的絮凝脱色量分别达到 2.0mg/mg、4.0mg/mg、1.2mg/mg、1.33mg/mg、2.0mg/mg 和 1.33mg/mg。

此外，改性甲醇氨基氰基脲/甲醛缩合物（SY-1）的絮凝脱色量和脱色率与染料分子的结构、性质有很大的关系，即与染料分子上所含的基团（如磺酸基、亚硝酸基、羧酸基、羟基、氨基等）的种类、数量也有很大的关系。改性缩合物的絮凝脱色量和脱色率与染料分子上的阴离子基团的数目成反比，即染料分子上的阴离子基团数目越多，改性缩合物的絮凝脱色量和脱色率也越低。此外，染料分子上的氨基及其基团数目对改性缩合物絮凝脱色量和脱色率的影响甚微。

不同类型絮凝剂的对比实验结果表明，改性甲醇氨基氰基脲/甲醛缩合物絮凝剂的絮凝性能明显优于聚合氯化铝（PAC）、$Al_2(SO_4)_3$、聚合硫酸铁（PFS）等絮凝剂（见表 4-8）。

表 4-8 絮凝剂的絮凝性能比较

絮凝剂	脱色率/%	
	活性翠蓝 KN-G	活性红 M3BE
硫酸铝	99.79	61.85
聚合氯化铝	62.17	41.31
聚合硫酸铁	99.72	28.99
SY-1	100	100

注：SY-1、硫酸铝、聚合氯化铝、聚合硫酸铁的用量都为 250mg/L；SY-1 处理活性翠蓝 KN-G 模拟废水的质量浓度为 1000mg/L，去除活性红 M3BE 模拟废水的质量浓度为 500mg/L；其他絮凝剂处理染料模拟废水的质量浓度均为 300mg/L。

(3) 其他阳离子型有机合成高分子絮凝剂

方道斌等[75]利用不同分子量的聚甲基丙烯酰氧乙基三甲基氯化铵处理阴离子型染料甲基橙、酸性桃红 3BM 和酸性媒介漂染 B，发现阳离子单体对染料无脱色作用，只有经过聚合反应，具有一定分子量后，才有脱色效果。当分子量超过一定值时，对脱色没有明显影响。这是由于聚甲基丙烯酰氧乙基三甲基氯化铵的阳离子基团与染料分子的阴离子基团间的静电相互作用形成桥，使染料絮凝。因此，吸附架桥效率和聚合物的流体力学体积相关，而后者则随分子量增大而增大。但是分子量超过一定值后，对脱色的增效作用不显著。

曾小君等[76]针对印染厂生产废水，以 COD 和色度为指标，用混凝试验方法，研究了碱化度为 1.6 的聚合氯化铝（PAC）和黏度为 560mPa・s 的双氰胺/甲醛缩聚物（DF）以及阳离子型 DF/PAC 复合絮凝剂对活性印染废水的处理效果。考察了絮凝剂的沉降效果和絮凝剂的投加量及投加方式对絮凝脱色效果的影响，探讨了废水 pH 值对阳离子型 DF/PAC 复合絮凝剂絮凝脱色性能的影响。结果表明，DF/PAC 可有效地去除印染废水中的 COD 和色度，当 pH 值为 6～9、沉降时间为 35min、投药量为 1.0mg/L 时，去除效果最佳，COD 去除率≥90%，脱色率≥99%；相对于 PAC 和 DF，DF/PAC 产生的絮体大而密实，沉降速度快、产生污泥量少，药剂用量少，出水水质 COD<80mg/L，色度<30 倍。

4.6.2.2 制浆造纸废水

制浆造纸工业是投资大、能耗高、对环境污染严重的行业之一，由于制浆造纸原料品种多、杂物含量高，加之有些纸通过多次回收再生生产，由此导致制浆造纸废水的成分非常复杂，难以净化处理。其污染特点是废水排放量大、色度大、化学需氧量高、废水中纤维悬浮物多。

隋智慧等[77]用丙烯酰胺和聚-2-羟基丙基二乙基氯化铵的水溶液聚合制备了一种阳离子型聚季铵盐丙烯酰胺接枝共聚物絮凝剂（PAQD），并将其用于造纸废水的处理，研究了体系 pH 值、絮凝剂用量和水温对絮凝效果的影响。结果表明，pH 值在 4～9 范围内，PAQD 絮凝剂对废水均有很好的处理效果。在常温、pH＝7.0、PAQD 用量 5mg/L 的条件下，SS、COD_{Cr} 和色度的去除率分别为 91.8%、80.5%和 94.1%；温度对 COD_{Cr} 去除率的影响不大；与常规絮凝剂 APAM（阴离子聚丙烯酰胺）、NPAM（非离子聚丙烯酰胺）、PAC（聚合氯化铝）及 PFS（聚合硫酸铁）相比，PAQD 絮凝剂具有投量少、絮凝沉降速度快、滤饼含水率低、上清液透光性好等特点。

胡智锋等[78]利用环氧氯丙烷和二甲胺为原料，三乙烯四胺为交联剂，制备了一种阳离子型有机聚合物，并将其作为絮凝剂用于造纸废水处理。研究了三乙烯四胺添加量、反应温度、n(环氧氯丙烷)∶n(二甲胺)、聚合时间等因素对聚合物黏度和阳离子度的影响，并考察了该聚合物用于造纸废水处理时，体系 pH 值、絮凝剂用量对絮凝效果的影响。结果表明：以环氧氯丙烷和二甲胺为原料，三乙烯四胺为交联剂合成了新型高分子絮凝剂。适宜的反应条件为：n(环氧氯丙烷)∶n(二甲胺)＝1.3∶1，三乙烯四胺用量为聚合反应单体物质的量总量的 1.5%，反应温度为 70℃，反应时间为 6.5h。此时合成得到的产品溶液黏度为1525Pa·s，阳离子度为3.8mmol/L。用合成的絮凝剂处理造纸废水，pH值为7时处理效果最好，且SS和COD_{Cr}的去除率均随絮凝剂添加量的增大而增大，当添加量为20mg/L时，SS和COD_{Cr}的去除率分别可达95.9%和75.2%。与常规的无机絮凝剂相比，此絮凝剂处理不会在处理后的回用水中积累对生产有害的Al^{3+}、Fe^{3+}和SO_4^{2-}等，且添加量小，产生污泥量少，在造纸废水的回用处理中，具有良好的应用前景。

笔者和课题组成员曾用改性甲醇氨基氰基脲/甲醛缩合物处理制浆造纸废水（简称OHF），其中制浆造纸废水由福建南平纸业股份有限公司提供，废水由磨木浆废水、制浆废水和脱墨废水混合而成，其水质指标见表4-9。为了获得最佳的絮凝效果和絮凝参数，对各种影响絮凝作用的因素（如絮凝剂的用量、废水的pH值、废水温度等）进行了系统研究。

表4-9 废水的水质指标

水质指标	COD_{Cr}/(mg/L)	SS/(mg/L)	pH值	浊度/NTU
造纸废水	1720	320	7.2	14.93

(1) 絮凝剂用量

一般情况下，絮凝效果随着絮凝剂用量的增加而增大。但是，絮凝剂的用量达到一定值时，出现峰值，再增加用量时，絮凝效果反而下降，所以在使用时要确定最佳效果的用量。当絮凝剂过量时，有时会使所形成的絮凝体重新脱稳，变成胶体。絮凝剂的用量与溶液中的悬浮物的含量有关，所以最佳用量不是理论推导出来的而是从实验中测定出来的。

OHF絮凝剂对絮凝效果的影响结果见图4-1。

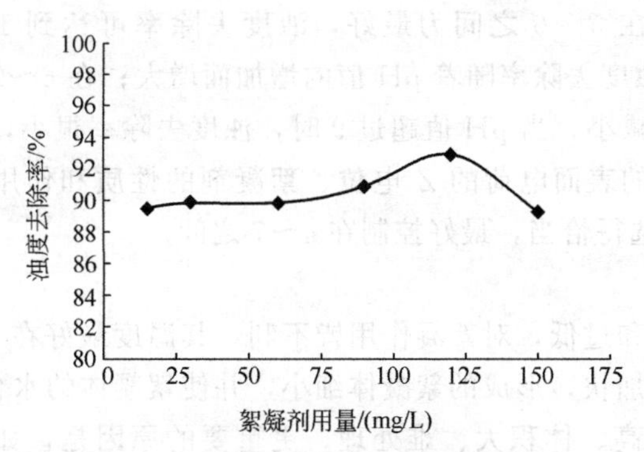

图4-1 絮凝剂用量对絮凝效果的影响

废水pH值为7.2；废水温度为25℃。

由图4-1可知：在25～150mg/L的范围内，絮凝剂OHF都能使废水的浊度去除率达到89.3%以上。其中在0～75mg/L范围内，浊度去除率随OHF絮凝剂用量的增加变化不大，但都能达到89.5%的去除率；当絮凝剂用量在75～120mg/L时，废水经处理后上清液的浊度去除率有明显的增加，即废水的浊度明显下降；当OHF絮凝剂的用量达到120mg/L时，浊度去除率可达到最大，其值为93.0%；但当絮凝剂的用量超过150mg/L时，浊度的去除率开始下降，因此OHF絮凝剂的用量控制在120mg/L左右为最佳。

(2) 废水 pH 值

pH 值对絮凝作用的影响是非常大的。一般情况下，阳离子型絮凝剂一般适用于酸性和中性环境，但聚季铵盐型的阳离子有机高分子絮凝剂也适用于碱性的介质中；阴离子型絮凝剂一般适用于中性和碱性环境；非离子型絮凝剂一般适用于弱酸性、中性以及偏微碱性环境。因此，选择适当的 pH 值，能够使絮凝剂作用进行得完全，絮凝效果良好，进而可以节省大量的絮凝剂，降低处理成本；如果 pH 值选择得不合适，轻则降低絮凝效果，重则不能形成絮凝沉淀，甚至使已经形成的絮凝体重新变成胶体溶液。所以，研究絮凝作用，必须研究 pH 值对絮凝作用的影响。

图 4-2 为废水 pH 值与废水浊度去除率的关系。

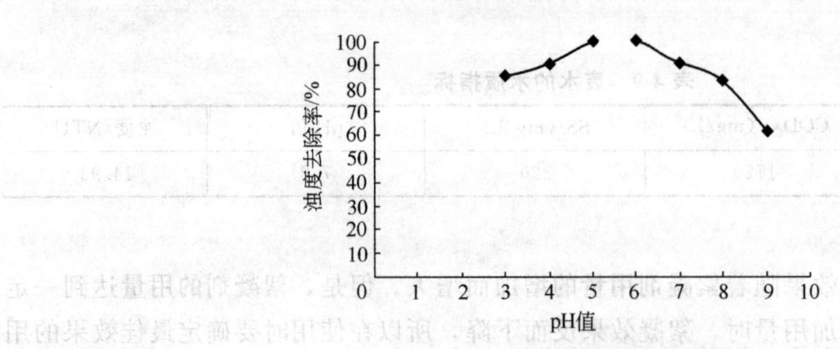

图 4-2　废水 pH 值对絮凝效果的影响

废水温度为 25℃，OHF 絮凝剂的用量为 120mg/L。

从图 4-2 可以看出：在相同用量的情况下，絮凝剂对废水浊度的去除率随着 pH 值的改变变化很大。pH 值在 5～6 之间为最好，浊度去除率可达到 100%；在 3～6 之间，OHF 絮凝剂对废水的浊度去除率随着 pH 值的增加而增大；在 6～9 之间，浊度去除率随着废水 pH 值的增加而减小。当 pH 值超过 9 时，浊度去除率很小，小于 60%。这说明废水的 pH 值对胶体颗粒的表面电荷的 Z 电位、絮凝剂的性质和作用以及絮凝作用等都有很大的影响。pH 值应选得恰当，最好控制在 4～7 之间。

(3) 废水温度

水溶液的温度过高和过低，对絮凝作用皆不利。其温度最好在 5～50℃之间，当水温过高时，化学反应速率加快，形成的絮凝体细小，并使絮凝体的水合作用增加，因此，产生的活性污泥的含水量高、体积大、难处理。更重要的原因是，如果将处理的水加热升温，会消耗大量的能量，提高成本。当水温过低时，有些絮凝剂的水解反应变慢，水解时间增长，影响处理的水量；若不增长时间，则影响处理的效果。温度过低也增加水的黏度。黏度大时，增加水对絮凝体的撕裂作用，使絮凝体变得细小，不易分离。

采用不同的絮凝剂，如聚合氯化铝（PAC）、聚合硫酸铁（PFS）、阳离子聚丙烯酰胺（CPAM，分子量为 9.0×10^6，阳离子度为 20%）和硫酸铝［$Al_2(SO_4)_3$，AS］等与 OHF 做对比试验，由图 4-3 可以看出：在其他条件相同的情况下，OHF 絮凝剂的絮凝效果最好，无论是 COD_{Cr} 的去除率还是浊度去除率都比其他几种絮凝剂来得高，特别是浊度去除率明显要高得多，PAC、CPAM、AS 次之，而且这几种絮凝剂之间的浊度去除率相差不大，PFS 在浊度去除率方面效果最差。在 COD_{Cr} 去除率方面 OHF 絮凝剂较其他几种絮凝剂高，但相差不大，其中CPAM的COD_{Cr}去除率最差。

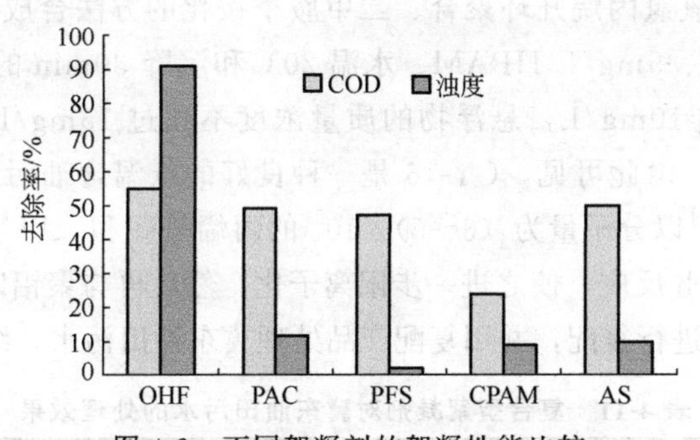

图 4-3 不同絮凝剂的絮凝性能比较

OHF和CPAM的用量为120mg/L；PAC用量为300mg/L；PFS用量为320mg/L；AS用量为600mg/L。

此外，还进行了化学污泥性能比较，将上述经各种絮凝剂处理后沉降下来的污泥经适当压滤后，用烘干法测定其湿污泥得率、污泥含水率，结果见表4-10。

表 4-10 化学污泥性能比较

絮凝剂	OHF	PAC	PFS	CPAM	AS
湿污泥得率/(g/L)	10.98	17.95	22.48	19.86	21.28
污泥含水率/%	94.8	97.8	97.6	99.3	98.1
干污泥得率/(g/L)	0.5709	0.3950	0.5396	0.1390	0.4044

注：OHF和CPAM的用量为120mg/L；PAC用量为300mg/L；PFS用量为320mg/L；AS用量为600mg/L。

从表4-10可以看出，在处理造纸废水过程中，OHF的污泥量及污泥含水率明显优于PAC、PFS、CPAM、AS。由此可见，OHF不仅用量小，而且絮凝效果也很好。这些效果的不同与絮凝剂自身的性质有关，OHF絮凝剂兼有无机絮凝剂和有机絮凝剂的优点，具有电中和、吸附架桥、卷扫和捕集等多种功能，因此絮凝效果较好。

4.6.2.3 油田废水

我国大部分油田已进入油田开发的中后期，目前油田产出液的平均综合含水率已超过80%，导致大量的含油污水产生。采油污水成分复杂，除了含有可溶性盐类和重金属、悬浮的乳化油、固体颗粒、硫化氢等天然杂质外，还含有一些用来改变采出水性质的化学添加剂，以及注入地层的酸类、除氧剂、润滑剂、杀菌剂、防垢剂等。近几年来，随着聚合物驱油等三次采油技术的推广运用，产出液中还含有聚合物、表面活性剂等化学物质。如果将其回注容易造成地层堵塞，加速管线腐蚀，外排则会造成环境污染，因此必须经过严格处理才能回注或排放。

郑怀礼等[79]根据Mannich反应，在适宜的温度下，加入引发剂，使丙烯酰胺单体与丙烯酰氧乙基三甲基氯化铵阳离子单体发生自由基共聚反应，获得了阳离子聚丙烯酰胺高分子絮凝剂；系统地研究了共聚反应过程中单体总浓度、引发剂用量、聚合温度、pH值、增溶剂等因素对阳离子聚丙烯酰胺主要性能的影响，得出了最优反应条件：聚合温度为35℃，单体总浓度为20%，AM与DAC的相对摩尔比为6∶1，复合引发剂为0.08%，pH值为7，增溶剂为2%，通入氮气时间为15min，反应时间为5h。在上述反应条件下合成了溶解性好、综合成本低、絮凝效果好、分子量达 3.00×10^6 的聚丙烯酰胺产物。

黄浪等[80]采用环氧氯丙烷开环聚合、二甲胺季铵化的方法合成阳离子净水剂 CY-16。在投加 15mg/L CY-16、5mg/L HPAM、水温 20℃和沉降 30min 的条件下，处理后的水中油的质量浓度不超过 10mg/L，悬浮物的质量浓度不超过 15mg/L，悬浮物粒径平均中值也降至 3.0μm 左右。由此可见，CY-16 是一种良好的低温含油污水净水剂。

范振中和党庆功[81]以分子量为 $(3\sim5)\times10^5$ 的丙烯酰胺和二甲基二烯丙基氯化铵共聚物为原料，通过 Mannich 反应，使之进一步阳离子化，然后再与聚铝以及聚季铵盐等絮凝剂按 2：1：0.2 的质量比进行复配，并用复配产品处理冀东油田污水，结果见表 4-11。

表 4-11　复合型絮凝剂对冀东油田污水的处理效果

分析项目	原水水质/(mg/L)	处理后/(mg/L)	去除率/%
石油类	238.9	0	100
COD	750	39.5	94.7
Cr^{6+}	1.19	0	100
铅化合物	4.4	0	100
SS	78.2	1.8	97.7

4.6.2.4　其他工业废水

纪国慧等[82]利用水介质分散型阳离子聚丙烯酰胺水处理剂处理硫酸庆大霉素制药废水。结果证明：水介质分散型阳离子聚丙烯酰胺用于硫酸庆大霉素制药废水气浮和压滤的处理工艺中，气浮出水浮渣少，水清，COD 由 49200mg/L 下降到 11850mg/L，去除率达 75.9%；SS 由 75300mg/L 降至 950mg/L，去除率达 98.7%；压滤泥饼含水率小于 75%。高华星、刘军海等[83]以实验室研制的聚二甲基二烯丙基氯化铵以及二甲基二烯丙基氯化铵与丙烯酰胺共聚物处理印刷油墨废水，发现：在处理印刷油墨废水方面，二甲基二烯丙基氯化铵与丙烯酰胺共聚物产品要比聚二甲基二烯丙基氯化铵经济，而且阳离子度为 42%时，絮体沉降速度要比阳离子度为 100%的快得多；絮凝剂的分子量越大，絮凝性能越好，用量也越少；絮凝剂的投加量在 1500mg/L 左右时，透光率在 60%以上，就有较好的回用效果。

4.6.3　工业生产中的应用

(1) 发酵工业

在发酵法生产谷氨酸过程中，因谷氨酸发酵周期长，发酵液中除谷氨酸外，尚有代谢副产物、培养基配制成分的残留物质、有机色素、菌体、蛋白和胶体物质等。这些杂质如不被分离，将会影响后续谷氨酸提取。郭新晋[84]利用四种阳离子型高分子絮凝剂对谷氨酸发酵液进行絮凝处理，结果见表 4-12。

表 4-12　絮凝实验结果

絮凝剂	编号	pH 值	絮凝剂用量/(mg/L)	OD 值	FR/%	滤液体积/mL	谷氨酸相变化率/%
空白试样	0-3	3	0	0.332	0	46.0	0
	0-7	7	0	0.291	0	20.2	0
	0-10	10	0	0.310	0	21.5	0

续表

絮凝剂	编号	pH 值	絮凝剂用量/(mg/L)	OD 值	FR/%	滤液体积/mL	谷氨酸相变化率/%
	1	3	1000	0.080	0.7590	6.0	−0.5851
AB	2	7	1000	0.266	0.0859	4.9	−0.4467
	3	10	1000	0.286	0.0774	5.0	0.2836
	4	3	1000	0.004	0.9880	18.1	0.0585
BA	5	7	1000	0.129	0.5567	8.2	1.4517
	6	10	1000	0.250	0.1936	6.0	−1.3046
	7	3	200	0.006	0.9819	23.8	−1.2288
101	8	7	200	0.150	0.4845	12.0	2.1217
	9	10	200	0.220	0.2903	5.5	2.2121
	10	3	200	0.035	0.8945	15.0	−1.9895
甲壳素	11	7	200	0.253	0.1306	8.7	−0.6700
	12	10	200	0.270	0.1290	6.5	−0.7374

从表 4-12 中数据可看出：BA、101、甲壳素只在酸性条件下有较好的絮凝效果，在中性及碱性条件下絮凝效果较差。而 AB 在本实验条件下，絮凝效果较差。同时由实验结果可以看出，pH 值对絮凝效果的影响很大。另外，尽管实验中所选用的絮凝剂均为阳离子型，通常适合于在酸性和中性的 pH 值环境中使用，但它们与谷氨酸发酵液发生絮凝反应的最佳 pH 值并不一定是在酸性和中性的条件下，这是因为主要成分为高分子聚合物的絮凝剂与微生物发生絮凝的主要机理是高分子架桥，而不是电性中和。

(2) 造纸工业

姜秀英等[85]考察了自制 W/O 型和 W/W 型阳离子聚丙烯酰胺（CPAM）/膨润土体系对高得率浆滤水和留着性能的影响。同时探讨了高阳电荷密度聚合物改性聚乙烯亚胺（PEI）作为阴离子垃圾捕捉剂，对高得率浆 CPAM/膨润土体系助留助滤性能的影响。结果表明，具有较高电荷密度的 W/O 型 CPAM 单元体系对高得率浆的助留助滤效果较好；但其与膨润土组成的微粒体系与单元体系相比，进一步提高纸料滤水和留着效果不明显。PEI 可以显著改善 CPAM 或 CPAM/膨润土体系对高得率浆的助留助滤性能。PEI 与 W/O 型 CPAM/膨润土组成的体系对纸料的助留助滤效果较好。当 PEI 用量为 0.02% 和 CPAM 用量为 0.03% 时，PEI-W/O 型 CPAM 使纸料的滤水速度和总留着率比 PEI-W/W 型 CPAM 分别提高了 9.5% 和 1.9%。

草类原料抄纸时单程留着率低、滤水性能差。草类原料的这些缺陷需要利用化学助剂的作用加以补偿。造纸过程中添加助留剂，可以提高细小纤维和填料等的留着率，节约原辅料，同时减少排放废水中固形物的含量，相应地降低了 BOD 和 COD。添加助滤剂可以改善湿纸页在网部的滤水，从而提高纸机的车速，增加产量，减少烘干时需要的蒸汽，节约能源。程金兰等[86]利用阳离子淀粉（CS）、改性聚乙烯亚胺（PEI）和阳离子聚丙烯酰胺（CPAM）等对麦草浆的助留助滤作用进行了研究，结果表明，CS、PEI、CPAM 对麦草浆来说，都是良好的助留剂，从达到细料留着效果所需的用量来看，CPAM<PEI<CS。

(3) 细粒煤脱水

当今煤炭工业中，机械化采煤设备的大量使用、薄煤层的开采、采煤工作面到洗煤厂之间煤炭的机械化运输，都导致了细粒煤的增加，以致解决细粒煤脱水问题变得越来越迫切。目前的脱水方法主要针对粒径小于12.7mm的煤，在细粒煤浆中加入絮凝剂后，可使细粒煤产生明显的絮凝，形成大的絮团。这将提高过滤机的处理能力，降低煤饼水分，提高煤饼的脱水效率，加速脱水过程。有些絮凝剂在絮凝作用的同时，还可中和煤粒表面的电荷，降低溶液的表面张力，增大固体颗粒的接触角，增加对水的斥力，从而更有利于脱水。实践表明，随着絮凝剂用量的增加，成饼时间明显缩短，滤饼产率明显增加，滤饼水分明显降低；但用药量太大时，反而使滤饼的水分降低不多。此外，所用药剂不同对脱水过程产生的影响也不一样。

张鸿波等[87]以凝聚剂型助滤剂 $Fe(NO_3)_3$ 和絮凝剂型助滤剂 PAM 作为联合助滤剂进行实验，发现药剂用量均为6mL时，煤泥过滤脱水效果最好，过滤速度达到3.33mL/($m^2 \cdot s$)，滤饼水分最小值为31.33%。事实上，凝聚剂型助滤剂均能够提高过滤速度，其中以 $Fe(NO_3)_3$ 过滤速度增幅最大；但该类助滤剂对滤饼水分的下降没有积极作用，添加这类药剂后滤饼水分反而增加，也以添加 $Fe(NO_3)_3$ 的滤饼水分增幅最大。

此外，夏畅斌等[88]还利用阳离子聚季铵盐接枝共聚物进行细煤粒的脱水试验，探讨了絮凝剂用量、分子量大小、真空度和pH值对脱水效果的影响。结果表明，在细粒煤浆中加入絮凝剂，成饼时间明显缩短，滤饼水分明显降低，滤饼产率明显增加。这种现象可以从煤表面的特性和阳离子聚季铵盐接枝共聚物的特性得到解释。由于煤表面是杂极性的，它在水溶液中既有正电荷微区，也有负电荷的微区及疏水区域。但从整体来看，水溶液中的细粒煤还是负电荷的，而阳离子聚季铵盐接枝共聚物的分子结构中含有季铵基团，季铵盐离子与煤粒表面的电荷相反，当阳离子絮凝剂加入煤浆中时，靠静电吸附于煤的表面上，中和煤粒表面的电荷。这时，阳离子聚季铵盐接枝共聚物分子结构中的桥连基发挥了重要的作用，通过药剂的桥连作用而使细粒煤浆中较小颗粒快速絮凝成较大的絮团。况且季铵基所带的甲基具有疏水性，一旦伸向周围的水中，会引起固液界面张力的增加，也就增加了对水的斥力和接触角，从而强化细粒煤的脱水性质。絮凝剂的用量以12mg/L为宜，当絮凝剂用量超过12mg/L时，对其脱水的技术指标影响不大。这是因为絮凝剂用量太少，起不到电荷中和与絮凝作用；用量太大，对溶液中的 ξ 电位无明显改变，且会起分散作用。

阳离子聚季铵盐接枝共聚物的分子量增大，达到最佳脱水效果时絮凝剂的用量减小，絮凝脱水的效果越来越好，不仅过滤速度快，而且滤饼水分低。这说明阳离子聚季铵盐接枝共聚物絮凝剂在用于细粒煤脱水过程中，同时兼具电荷中和及吸附架桥和烃基的疏水作用。分子量越大，链越长，具有的正电荷越多，对煤表面负电荷中和能力越强。况且还可以增加吸附架桥作用和疏水作用而有利于细粒煤的脱水。

(4) 其他工业中的应用

蒋贞贞等[89]选用紫外线引发水溶液聚合法，研究了以丙烯酰氧乙基三甲基氯化铵(DAC)、丙烯酰胺（AM）为单体，制备阳离子聚丙烯酰胺［P(AM-DAC)］的优化光引发聚合条件，最后选取制备出的不同分子量P(AM-DAC)为考察对象，考察了对市政污泥脱水效率的影响。结果表明：较优工艺条件时，光引发剂用量为0.50%，单体质量分数为30%，阳离子度为40%，助剂用量为0.40%，反应体系pH值为5.0，可获得分子量达1020万的阳离子聚丙烯酰胺胶体；当分子量为1020万的P(AM-DAC)投加0.5g/kg时，污泥脱水后滤饼含水率、滤液余浊最低分别为65.9%、4.52NTU。完全可以用于实际污泥处理工艺。

4.6.4 其他用途

低温低浊水难净化的问题一直是水处理界关注的问题。近年来，采用直接过滤工艺技术处理低温低浊、有色水质已成为发达国家水厂选择的主流。付昆明等[90]结合前人的经验，对太原市呼延水厂的低温低浊原水采用絮凝直接过滤技术，投加阳离子高分子絮凝剂作主混凝剂或助凝剂，考察了原水浊度、原水温度、聚合物分子量、聚合物投加量、混合强度等因素对处理效果的影响，并对处理机理及其形成的絮体结构进行了分析。他们所采用的絮凝剂采用两种：一种为水厂自制聚合氯化铝（PAC），液态Al_2O_3的含量为26%，碱基度为94.39%；另一种为市售PAC，固态Al_2O_3含量为31%，碱基度为88.56%。助凝剂选用两种：一种为聚丙烯酰胺（PAM），另一种为活化硅酸。其中PAM为阳离子型，配制缓冲溶液的质量分数为0.05%；活化硅酸由分析纯的水玻璃（Na_2SiO_3）加活化剂H_2SO_4（98%）配制而成，酸化度为85%，活化时间为50min，活化硅酸缓冲溶液的质量分数为0.5%（以SiO_2计）。试验结果表明：第一，活化硅酸有明显的助凝作用，对低温低浊水的处理效果明显；第二，活化硅酸的投加方式对处理效果有显著影响，在快速搅拌时间为1min的条件下，建议活化硅酸比絮凝剂晚30s投加；第三，呼延水厂投药量明显偏低，增大投药量可以改善目前出水浊度较高的状况，试验表明，投药量PAC为15mg/L、活化硅酸（以SiO_2计）为0.5%，所形成的干燥颗粒状污泥粒径分布适度，有利于对污泥颗粒含水率、粉尘产生量和有害物质的控制；第四，该系统安全可靠、污染风险低。污泥焚烧采用煤作为辅助燃料和污泥本身的热能燃烧产生热风，供应干燥塔，在污泥焚烧中实现回转炉焚烧尾气的零排放，同时在焚烧炉设置二燃室、干燥塔吸附和旋风除尘、活性炭吸附，彻底避免尾气的烟尘污染、臭气和可能的二噁英问题。

参考文献

[1] Li Y. Application of cationic organic polymer flocculant in oil containing waste water treatment. Advances in Fine Petrochemicals, 2011.
[2] 缪利杰，刘再满，郭薇，等. 阳离子高分子絮凝剂的研究及进展. 化学工程师，2009 (1)：35-37.
[3] 周令剑，王洪昌，冀琳彦. 我国絮凝剂的研究现状及前景展望. 水资源与水工程学报，2006 (02)：39-42.
[4] 孙伟民，张广成，赵庆认，等. 阳离子有机高分子絮凝剂的研究进展. 材料开发与应用，2012，27 (02)：112-118.
[5] 胡瑞，周华，李田霞，等. 阳离子有机高分子絮凝剂的研究进展及其应用. 化工进展，2006 (06)：600-603.
[6] 张娜娜，武玉民，许军，等. 丙烯酰胺/甲基丙烯酰氧乙基三甲基氯化铵/二甲基二烯丙基氯化铵三元聚合物的表征与溶液性质. 化学工程，2010，38 (4)：65-68.
[7] 岳钦艳，赵华章，高宝玉. 二甲基二烯丙基氯化铵聚合物的除浊性能研究. 工业水处理，2002，22 (3)：26-31.
[8] 张光华. 水处理化学品制备与应用指南. 北京：中国石化出版社. 2003.
[9] 张跃军，余沛芝，贾旭，等. 聚二甲基二烯丙基氯化铵的合成. 精细化工，2007 (01)：44-49.

[10] 侯士法，黄步耕，朱志勇．二甲基二烯丙基氯化铵的合成及聚合研究．承德石油高等专科学校学报．2002，4（1）：4-6.
[11] 朱仁发，范广能，俞汉青．二甲基二烯丙基氯化铵的合成及结构表征．安徽大学学报（自然科学版），2006，30（1）：71-74.
[12] 刘立华，李鑫，曹青，等．聚二烯丙基甲基苄基氯化铵的合成及粘度行为．应用化学，2011，28（07）：777-784.
[13] 栾兆坤，田秉晖，吴晓清，等．微波辐射-相转移催化制备二甲基二烯丙基氯化铵的方法：CN 1508120A．2004.
[14] 阎醒．聚二甲基二烯丙基氯化铵的制备方法：CN 03135199．9．2005.
[15] 栾兆坤，田秉晖，吴晓清，等．高纯二甲基二烯丙基氯化铵的合成方法：CN 1508119A．2004.
[16] 赵明，王荣民，张慧芳，等．反相乳液聚合制备丙烯酰胺-二甲基二烯丙基氯化铵阳离子共聚物．甘肃高师学报，2010，15（02）：20-23.
[17] Morgan J E，Boothe J E．Cationic monomers homopolymerized and copolymerized in water-in-oil emulsion systems with crosslinking and branching agents have surprisingly high effectiveness as flocculants and for the treatment of activated sewage sludge：US 3968037．1976.
[18] 刘福胜，李志文，于世涛．甲基丙烯酰氧乙基三甲基氯化铵和丙烯酰胺的光辅助引发聚合．高分子材料科学与工程，2010，26（02）：22-25.
[19] 陆柱．水处理药剂．北京：化学工业出版社，2002.
[20] 胡晖，范晓东．紫外光引发甲基丙烯酸-*N*,*N*-二甲氨基乙酯溶液聚合的研究．化学工业与工程技术，2003，24（3）：15-17.
[21] 司晓慧．二甲基二烯丙基氯化铵-丙烯酰胺的反相乳液和微乳液共聚合研究［D］．济南：山东大学，2009.
[22] 毕可臻，张跃军．二甲基二烯丙基氯化铵和丙烯酰胺共聚物的合成研究进展．精细化工，2008，25（8）：799-805.
[23] 赵明．丙烯酰胺系均聚物和共聚物反相乳液的合成研究［D］．兰州：西北师范大学，2008.
[24] 李琪，蒋平平，卢云，等．反相乳液聚合法制备阳离子型高分子絮凝剂 Poly（DAC-AM）．江南大学学报，2006（05）：581-584.
[25] Ivica Janigová，Katarína Csomorová，Martina Stillhammerová，et al．Differential scanning calorimetry and thermogravimetry studies of polyacrylamide prepared by free-radical polymerization in inverse microemulsion and in solution．Macromolecular Chemistry & Physics，2010，195（11）：3609-3614.
[26] 刘月涛，武玉民，许军，等．AM-DMMC 双水相共聚体系的制备及其影响因素．高分子材料科学与工程，2010，26（2）：128-130.
[27] 王姗姗．反相乳液聚合制备聚丙烯酰胺．化工文摘，2009（04）：25-27.
[28] 杭春涛，蒋平平，韩月丽，等．水溶液聚合制备高固含量阳离子絮凝剂及其应用．精细化工，2006，23（7）：692-695.
[29] 徐东平．AM-DMC 乳液的合成及在造纸中的助留助滤作用．造纸化学品，2001，（3）：18-20.
[30] 冯大春，尹家贵，鲁红．AM/AQ 的反相悬浮共聚合．中国矿业大学学报，2001，30（6）：624-626.
[31] 武斌．新型阳离子聚丙烯酰胺絮凝剂的合成及结构表征［D］．赣州：江西理工大学，2014.
[32] 王香梅，曹霞．胶束共聚合法合成丙烯酰胺/4-乙烯基吡啶共聚物．化学世界，2002（11）：579-580.
[33] 酒红芳，高保娇，曹霞．丙烯酰胺与 4-乙烯基吡啶共聚物的季铵化及其若干性能．高分子学报，2002（04）：487-492.
[34] McDonald Charles J．Preparation of *N*-(aminomethyl)-．alpha，beta．-ethylenically unsaturated carboxamides and their polymers：US 4288390．1981.
[35] Moss Philip H，Nieh Edward C Y．Acrylamide or methacrylamide quaternary compounds：US 4180643．1979.
[36] Gless Jr，Richard D，Dawson Daniel J，et al．Process for preparing polyvinylamine and salts thereof：US 4018826．1977.

[37] 叶加久，冯乙巳. 改良 Hofmann 法制备聚乙烯胺研究. 精细化工，2012，29 (7)：721-724.

[38] 胡志勇，张淑芬，杨锦宗，等. 聚乙烯胺 Hofmann 降级法合成及其热稳定性研究. 大连理工大学学报，2002，42 (5)：559-662.

[39] Dawson D J，Gless R D，Wingard R E Jr. Poly (vinylamine hydroxide). Synthesis and utilization for the preparation of water soluble polymeric dyes. J Am Chem Soc，1979，98 (19)：5996-6000.

[40] Gams D C，Norton F E. Polymeric flocculants：US 3210308. 1965.

[41] 吕生华，俞从正，章川波，等. 阳离子高分子絮凝剂的制备与应用. 西北轻工业学院学报，2000 (3)：18-22.

[42] 曹亚峰，邱闯，谭凤芝，等. 反相乳液中 St-*g*-AM 共聚物的 Mannich 反应. 大连工业大学学报，2008，27 (4)：322-325.

[43] 马伟伟，窦宇，梁春明，等. 反相微乳液聚合制备新型阳离子聚丙烯酰胺絮凝剂. 造纸化学品，2011，23 (1)：15-17.

[44] 刘祖广，陈朝晖，王迪珍. 木质素的 Mannich 反应研究进展. 中国造纸学报，2007，22 (1)：104-108.

[45] Inagaki Y，Watanabe H，Noguchi T. High molecular flocculant，method for producing the flouculant and water-treatment method employing the flocculant：US 6316507. 2001.

[46] Panzer H P，O'Connor M N D，Bacce L J. (American Cyanamid Company). Unsaturated imidazolines：US 4006247. 1977.

[47] 邱德跃. 聚合物/有机修饰无机层状物纳米复合材料的制备、结构及性能研究 [D]. 长沙：湖南师范大学，2008.

[48] 张建勋，董锐，孙晓斌，等. 季铵化聚乙烯醇/聚二甲基二烯丙基氯化铵/正硅酸乙酯杂化阴离子交换膜的制备与性能表征. 精细化工，2013，30 (6).

[49] Moritani T，Yamauchi J，Shiraishi M. Vinyl alcohol copolymers containing cationic groups：US 4311805. 1982.

[50] 张伟，吴芳云，张素芝，等. 有机高分子絮凝剂 AUF 的研制及其除油效果测定. 油气田环境保护，1996，6 (3)：10-13.

[51] 田习菲. 醚化改性双氰胺-甲醛脱色絮凝剂的合成及应用 [D]. 苏州：苏州大学，2014.

[52] Ananthasubramanian S，Shah J T，Cramm J R. Tagged epichlorohydrin-dimethylamine copolymers for use in wastewater treatment：US 5705394. 1998.

[53] Tonkyn Richard G，Vorchheimer N. Cationic chlorine-resistant polymeric flocculants and their use：US 4098693. 1978.

[54] 严瑞瑄. 水处理剂应用手册. 北京：化学工业出版社，2000：96-102.

[55] 林丰. 双氰胺甲醛缩聚物类絮凝剂的发展与展望. 工业水处理，2004，24 (1)：1-4.

[56] 张文艺，刘明元，罗鑫，等. 双氰胺-甲醛聚合物阳离子印染废水脱色剂的合成及其应用. 过程工程学报，2010，10 (06)：1217-1221.

[57] 程冬冬，黄炜，罗少辉. 双氰氨甲醛系列阳离子絮凝剂的合成研究. 江西化工，2015 (5)：94-95.

[58] 刘剑锋，陈羡琳，刘明华，等. 一种复合脱色剂在印染废水中的应用研究. 化学研究与应用，2010，22 (3)：397-400.

[59] 江丽，蒋文举，谈牧. 微波法复合絮凝剂 PAFC-PAM 的制备及脱色性能. 环境科学与技术，2009，32 (06)：72-75.

[60] 汪晓军，肖锦，黄瑞敏，等. 双氰胺-甲醛复合铝絮凝剂的制备方法：CN 99116150. 5. 2002.

[61] 刘明华，周华龙，龚宜昌. 有机无机复合型絮凝剂及其生产方法：CN 01108579. 7. 2005.

[62] 赵景霞，林大泉，黄太洪，等. 一种破乳型有机絮凝剂及其制备方法：CN 981211074. 0. 2002.

[63] 刘明华，詹怀宇，肖赞强. 用新型絮凝剂处理制浆漂白废水. 化工环保，2003，23 (4)：235-239.

[64] 汤继军，孔维琳，黄红杉. 聚二甲基二烯丙基氯化铵 (HCA) 对活性污泥的脱水性能研究. 工业用水与废水，2001，32 (6)：27-29.

[65] 陈伟忠，张跃军，顾学芳. 阳离子絮凝剂 PDA 的合成和城市污水的污泥脱水研究. 科技进展，2001 (1)：38-41.

[66] 张跃军，顾学芳，陈伟忠. 阳离子絮凝剂 PDA 的合成与应用研究——对城市污水的污泥脱水的效果比较. 南京理工大学学报，2001，25 (2)：205-209.
[67] 王玮，王新龙，张跃军. 反相乳液聚合法制备阳离子聚丙烯酰胺及其絮凝性能研究. 石油与天然气化工，2006，35 (2)：127-129.
[68] 陈沉，李鑫玮，常江，等. 浅析阳离子型高分子絮凝剂对城市污水厂污泥脱水影响. 中国城镇水务发展国际研讨会. 2012.
[69] 沈一丁，李刚辉，李培枝. 疏水缔合型阳离子聚丙烯酰胺的溶液性能与应用研究. 现代化工，2007 (04)：38-40.
[70] 鲁红，冯大春，尹家贵. 季铵盐有机高分子絮凝剂的分散聚合及应用研究. 化学推进剂与高分子材料，2005，3 (2)：32-35.
[71] 李勇华，王少波. 印染废水的特点及处理方法. 舰船防化，2008 (3)：19-22.
[72] 何珍宝. 印染废水特点及处理技术. 印染，2007，33 (17)：41-44.
[73] 梁佳，曹明明. 印染废水特点及其处理技术. 地下水，2011，33 (2)：67-69.
[74] 董银卯，梁瀛洲. 双氰胺系列絮凝剂在废水处理中的应用. 北京轻工业学院学报，1996，14 (2)：49-53.
[75] 方道斌，周少刚，郭睿威. 阳离子型聚合物对阴离子染料的脱色作用. 化工学报，1995，46 (4)：410-415.
[76] 曾小君，徐锐. 阳离子型 DF/PAC 复合絮凝剂处理活性印染废水. 水处理技术，2008 (06)：19-22.
[77] 隋智慧，刘安军，赵欣. 阳离子高分子絮凝剂处理造纸废水的研究. 中国造纸学报，2007 (03)：52-56.
[78] 胡智锋，彭振华，徐灏龙. 新型有机高分子絮凝剂的合成及在造纸废水处理中的应用. 中国造纸，2009，28 (08)：36-38.
[79] 郑怀礼，李凌春，蔚阳，等. 阳离子聚丙烯酰胺污泥脱水絮凝剂的制备. 化工进展，2008，27 (4)：564-568.
[80] 黄浪，马自俊，赵振兴，等. 低温含油污水净水剂的研究. 工程科学学报，2007，29 (7)：680-684.
[81] 范振中，党庆功. 冀东油田污水净水剂的研究. 油气田地面工程，2000，19 (3)：36-37.
[82] 纪国慧，向琼，张文德，等. 水介质分散型阳离子聚丙烯酰胺在制药废水处理中的应用. 工业水处理，2006 (05)：29-31.
[83] 刘军海，李志洲，王俊宏，等. 淀粉接枝丙烯酰胺聚合物处理印染废水研究. 印染助剂，2016，33 (08)：41-46.
[84] 郭新晋. 四种絮凝剂对谷氨酸发酵液的絮凝效果比较. 石河子科技，2003 (5)：14-16.
[85] 姜秀英，王松林，梁晨，等. 不同 CPAM 体系对高得率浆助留助滤性能的影响. 华东纸业，2010，41 (3)：48-53.
[86] 程金兰，毕松林. 麦草浆助留助滤剂的研究. 中国造纸，2002 (06)：14-17.
[87] 张鸿波，苏长虎，朱莹莹，等. 化学助滤剂强化煤泥过滤脱水效果的试验研究. 选煤技术，2014 (6)：30-33.
[88] 夏畅斌，黄念东，唐鹤，等. 阳离子聚季铵盐接枝共聚物对细粒煤脱水的试验研究. 湘潭矿业学院学报，1997，12 (3)：71-76.
[89] 蒋贞贞，朱俊任. 阳离子聚丙烯酰胺絮凝剂 P(AM-DAC) 的制备及应用. 重庆工商大学学报 (自然科学版)，2015，32 (06)：56-59.
[90] 付昆明，李冬，朱兆亮，等. 呼延水厂低温低浊水的絮凝试验研究. 中国给水排水，2008 (11)：39-42.

第5章 两性型合成有机高分子絮凝剂

5.1 概述

两性型合成有机高分子絮凝剂是指在分子链节上同时含有正、负两种电荷基团的水溶性高分子，是合成具有特殊功效的有机高分子絮凝剂的主要研究方向之一[1]。两性型合成有机高分子絮凝剂的性能较为独特，有别于仅含有一种电荷的水溶性阴离子或阳离子的聚合物。其阴、阳离子基团可以处于同一分子链节上，也可以分别处于不同的分子链节上。根据其阴、阳离子基团的分布可分为聚两性电解质和聚内胺酯两种类型。聚两性电解质（polyampholyte）或两性聚电解质（amphoteric polyelectrolyte）是同一分子链上同时含正负电荷基团的一类聚合物，它们可以是电中性的，即所含正负电荷基团数目相等，也可以带正或负的净电荷。根据其单体单元的性质可分为强酸强碱型、强酸弱碱型、弱酸强碱型和弱酸弱碱型；根据其序列结构的不同，又可分为无规、交替、接枝和嵌段共聚物等。

聚内胺酯是同一侧基基团上同时含正负电荷基团的一类聚合物，其结构一般由具有聚合反应活性的烯基类单体的烯基部分和赋予电中性两性离子化特征的侧基部分组成。常见的有羧酸甜菜碱型（羧内酯）聚合物和磺酸甜菜碱型（磺内酯）聚合物两种，与前者相比，后者的化学稳定性和热稳定性好，水化能力强且不易受溶液 pH 值影响[2]。

两性高分子絮凝剂具有很好的水溶性、很高的分子量和良好的黏性容量。在不同介质条件下，其所带离子类型可能不同，适用于处理带不同电荷的污染物。两性高分子絮凝剂因具有适用于阴、阳离子共存的污染体系，适用的 pH 值范围宽及抗盐性好等特点而成为国内外的研究热点。两性高分子絮凝剂兼有阴、阳离子性基团的特点，适用于各种不同性质的废水处理，特别是对污泥脱水，不仅有电性中和、吸附桥连作用，而且有分子间的“缠绕”包裹作用，使处理的污泥颗粒粗大、脱水性好，即使是对不同性质和腐败程度的污泥也能发挥较好的脱水助滤作用[3]。

近年来，国外对两性型合成有机高分子絮凝剂的研究和开发趋于活跃，日、德、美等国都对两性絮凝剂开展了实用性研究，而我国对这类水处理剂的研究开发起步较晚。目前，国内外研究开发的两性高分子絮凝剂主要分为天然高分子改性两性絮凝剂和合成两性高分子絮凝剂。

5.2 分类

根据制备方式的不同，两性型合成有机高分子絮凝剂可分为聚合型、高分子反应型和缩合型三大类。

(1) 聚合型絮凝剂

聚合型絮凝剂主要由具有聚合反应活性的烯基类阳离子单体与阴离子单体通过自由基聚合反应而成，主要产品有丙烯酸/丙烯酰氧乙基三甲基氯化铵共聚物、苯乙烯磺酸钠/丙烯酰氧乙基三甲基氯化铵共聚物、丙烯酰胺/丙烯酸（钠）/二甲基二烯丙基氯化铵共聚物、丙烯酰胺/丙烯酰氨基-2-甲基丙磺酸（钠）/二甲基二烯丙基氯化铵共聚物、丙烯酰胺/丙烯酸（钠）/甲基丙烯酸二甲氨基乙酯共聚物、丙烯酰氨基-2-甲基丙磺酸（钠）/丙烯酰氧乙基三甲基氯化铵共聚物、丙烯酰氨基-2-甲基丙磺酸/*N*-乙烯基-*N*-甲基乙酰胺/二甲基二烯丙基氯化铵共聚物以及丙烯酰氨基-2-甲基丙磺酸（钠）/丙烯酸/丙烯酰氧乙基三甲基氯化铵共聚物。

(2) 高分子反应型絮凝剂

高分子反应型絮凝剂主要是利用聚合物自身的活性基团，通过进一步的化学改性以赋予聚合物新的性质，主要产品有含膦酰基丙烯酰胺/二甲基二烯丙基氯化铵共聚物、含磺酸基丙烯酰胺/二甲基二烯丙基氯化铵共聚物、改性丙烯酰胺/丙烯酸共聚物、改性聚丙烯酰胺以及聚丙烯腈与双氰胺反应物及其改性产品、聚-*N*-二甲氨基甲基丙烯酰胺溶液、聚乙烯咪唑啉、聚苯乙烯基四甲基氯化铵、聚乙烯醇季铵化产物和改性脲醛树脂季铵盐等。

(3) 缩合型絮凝剂

缩合型絮凝剂主要是利用两种或两种以上的有机物通过缩聚反应制备而成，主要包括氨/环氧氯丙烷缩聚物、氨/二甲胺/环氧氯丙烷聚合物、环氧氯丙烷/*N*,*N*-二甲基-1,3-丙二胺聚合物、氯化聚缩水甘油三甲基胺、胍环氧氯丙烷聚合物、双氰胺/环氧氯丙烷聚合物、双氰胺/甲醛聚合物及其改性产品、改性三聚氰胺甲醛缩合物、改性脲醛缩合物、甲醇氨基氰基脲/甲醛缩合物和二氯乙烷/四亚乙基五胺缩聚物等。

5.3 聚合型絮凝剂的制备

聚合型絮凝剂的制备主要由具有聚合反应活性的烯基类阳离子单体与阴离子单体二元共聚或丙烯酰胺与其他阴、阳离子单体通过三元或三元以上共聚反应而成。

制备方法主要有水溶液聚合、反相悬浮聚合和乳液聚合等，其中以水溶液聚合为主。

5.3.1 丙烯酸钠/甲基丙烯酰氧乙基三甲基氯化铵共聚物

丙烯酸钠/甲基丙烯酰氧乙基三甲基氯化铵共聚物主要由丙烯酸钠单体和甲基丙烯酰氧乙基三甲基氯化铵单体通过水溶液聚合而成，反应式为：

$$m\,CH_2{=}CHCOONa + n\,CH_2{=}\underset{\displaystyle CH_3}{\underset{|}{C}}-\overset{\displaystyle O}{\overset{\|}{C}}-O-CH_2-CH_2-\overset{\displaystyle CH_3}{\underset{\displaystyle CH_3}{\overset{|}{\underset{|}{N^{+}}}}}Cl^{-}-CH_3 \longrightarrow$$

$$\left[CH_2-\underset{\displaystyle \underset{\displaystyle ONa}{\underset{|}{C{=}O}}}{\underset{|}{CH}} \right]_m \left[CH_2-\overset{\displaystyle CH_3}{\overset{|}{\underset{\displaystyle \underset{\displaystyle \underset{\displaystyle CH_2-CH_2-N^{+}(CH_3)_2Cl^{-}-CH_3}{\underset{|}{O}}}{\underset{|}{C{=}O}}}{\underset{|}{C}}}} \right]_n$$

丙烯酸钠/甲基丙烯酰氧乙基三甲基氯化铵共聚物的制备主要采用水溶液聚合法，根据引发体系的不同，可分为化学引发和辐射引发等。

(1) 化学引发

将去离子水、螯合剂、链转移剂和丙烯酸单体加入反应釜中，并加入质量分数为50%的氢氧化钠水溶液将体系 pH 值调至 7～9，然后加入甲基丙烯酰氧乙基三甲基氯化铵单体，通氮驱氧 30min 后，加入引发剂［如 2,2′-偶氮双(*N*,*N*-2-脒基丙烷)二盐酸盐等］，在 15～35℃内引发聚合反应 3～6h 后即得丙烯酸钠/甲基丙烯酰氧乙基三甲基氯化铵共聚物。其中丙烯酸与甲基丙烯酰氧乙基三甲基氯化铵的摩尔比为(3～5)∶1。

(2) 辐射引发[4]

于辐射瓶中依次加入一定量的丙烯酸单体（AA）、蒸馏水、氢氧化钠（中和丙烯酸单体，中和度为 0.8）和甲基丙烯酰氧乙基三甲基氯化铵单体，搅拌均匀，用橡皮塞塞紧，通 N_2 除氧 20min 后放在钴源辐射场中进行辐射，总剂量 3000Gy，剂量率 50Gy/min，辐射后除去残留单体，即得丙烯酸钠/甲基丙烯酰氧乙基三甲基氯化铵共聚物。其中，甲基丙烯酰氧乙基三甲基氯化铵与丙烯酸的摩尔比为（3～6）∶1。

(3) 紫外光敏引发[5]

将甲基丙烯酰氧乙基三甲基氯化铵和丙烯酸钠按照一定比例溶解，通氮气除去其中的氧气。加入引发剂之后转入毛细管膨胀计中，置于集热式恒温磁力搅拌器中。将反应体系放置在低压紫外光源下，控制光强使反应进程转化率低于 10%，即得丙烯酸钠/甲基丙烯酰氧乙基三甲基氯化铵共聚物。其中，甲基丙烯酰氧乙基三甲基氯化铵与丙烯酸钠的摩尔比为（2～5）∶1。

5.3.2 苯乙烯磺酸钠/丙烯酸乙酯基三甲基氯化铵共聚物

苯乙烯磺酸钠与丙烯酸乙酯基三甲基氯化铵通过自由基聚合反应生成苯乙烯磺酸钠/丙烯酸乙酯基三甲基氯化铵共聚物，反应式为：

$$m\,CH_2{=}CH(C_6H_4SO_3Na) + n\,CH_2{=}CH{-}\overset{O}{\overset{\|}{C}}{-}O{-}CH_2{-}CH_2{-}N^+(CH_3)_2Cl^-{-}CH_3 \longrightarrow$$

$$\left[CH_2{-}CH(C_6H_4SO_3H)\right]_m\left[CH_2{-}CH(C{=}O)(O{-}CH_2{-}CH_2{-}N^+(CH_3)_2Cl^-{-}CH_3)\right]_n$$

制备方法：将去离子水、螯合剂、链转移剂和苯乙烯磺酸钠单体加入反应釜中，然后加入丙烯酸乙酯基三甲基氯化铵单体，通 N_2 除氧 20～30min 后，加入引发剂（如过硫酸钾/AIBN/脲等），在 20～45℃内引发聚合反应 4～8h 后即得苯乙烯磺酸钠/丙烯酸乙酯基三甲基氯化铵共聚物。其中苯乙烯磺酸钠与丙烯酸乙酯基三甲基氯化铵的摩尔比为 1：(4～6)。

5.3.3 4-乙烯基吡啶/4-乙酰氧基苯乙烯共聚物

4-乙烯基吡啶/4-乙酰氧基苯乙烯共聚物的结构式及其制备过程如下式所示：

$$m\,CH_2{=}CH(C_5H_4N) + n\,CH_2{=}CH(C_6H_4OCOCH_3) \longrightarrow \left[CH_2{-}CH(C_5H_4N)\right]_m\left[CH_2{-}CH(C_6H_4OCOCH_3)\right]_n$$

制备方法[6]：在配备有磁力搅拌装置、通 N_2 装置和冷凝回流装置的反应器中加入 4.86g 4-乙酰氧基苯乙烯（30mmol）、3.15g 4-乙烯基吡啶（30mmol）和 16mL 甲醇。将 2,4-二甲基正戊腈（VAZO 52）甲醇溶液（0.24g 溶于 1mL 甲醇）加入上述反应体系中，然后通 N_2 驱除空气 3 次。在油浴中保持回流，其中油浴温度 60℃。分三次继续将 2,4-二甲基正戊腈添加入反应体系中，反应 1h 加入一次，每次 60mg。回流 20h 后，通过高效液相色谱检测发现反应液中完全不存在 4-乙酰氧基苯乙烯，说明 4-乙酰氧基苯乙烯已完全参与反应。冷却至 22℃，加入 3mL 浓盐酸和 40mL 甲醇，继续回流 6h，然后通过常压蒸馏，将产物溶液浓缩至约 20mL，冷却至 22℃，即得到 4-乙烯基吡啶/4-乙酰氧基苯乙烯共聚物。

5.3.4 丙烯酰胺/丙烯酸钾/甲基丙烯酰氧乙基三甲基氯化铵共聚物

丙烯酰胺/丙烯酸钾/甲基丙烯酰氧乙基三甲基氯化铵三元共聚物可利用水溶液聚合法通过丙烯酰胺、丙烯酸钾和甲基丙烯酰氧乙基三甲基氯化铵（DMC）单体共聚而成，反应式为：

$$x\,CH_2{=}C(CH_3){-}\overset{O}{\overset{\|}{C}}{-}O{-}CH_2{-}CH_2{-}N^{+}(CH_3)_2Cl^{-}{-}CH_3 + y\,CH_2{=}CH{-}CONH_2 + z\,CH_2{=}CH{-}COOK \longrightarrow$$

$$\left[CH_2{-}C(CH_3)(C{=}O{-}O{-}CH_2{-}CH_2{-}N^{+}(CH_3)_2Cl^{-}{-}CH_3)\right]_x\left[CH_2{-}CH(C{=}O{-}NH_2)\right]_y\left[CH_2{-}CH(C{=}O{-}OK)\right]_z$$

制备方法[7]：将 21g 丙烯酸（AA）和适量水加入反应器中，在搅拌下用 KOH 水溶液中和至 pH＝9～12，加入 42g 丙烯酰胺（AM），待其溶解后加入 20g 甲基丙烯酰氧乙基三甲基氯化铵（DMC），升温至（35±1)℃，加入 0.25g 过硫酸铵和 0.125g 亚硫酸氢钠（均用少量水溶解），在（35±1)℃下反应 0.5～1h，得到凝胶状产物，于 130～150℃下烘干、粉碎即得丙烯酰胺/丙烯酸钾/甲基丙烯酰氧乙基三甲基氯化铵三元共聚物。

5.3.5 丙烯酰氨基-2-甲基丙磺酸（钠）/丙烯酸乙酯基三甲基氯化铵共聚物

丙烯酰氨基-2-甲基丙磺酸（钠）/丙烯酸乙酯基三甲基氯化铵共聚物的结构式和制备反应式如下所示：

$$m\,CH_2{=}CH{-}\overset{O}{\overset{\|}{C}}{-}O{-}CH_2{-}CH_2{-}N^{+}(CH_3)_2Cl^{-}{-}CH_3 + n\,CH_2{=}CH{-}\overset{O}{\overset{\|}{C}}{-}NH{-}C(CH_3)_2{-}CH_2SO_3Na \longrightarrow$$

$$\left[CH_2{-}CH(C{=}O{-}O{-}CH_2{-}CH_2{-}N^{+}(CH_3)_2Cl^{-}{-}CH_3)\right]_m\left[CH_2{-}CH(C{=}O{-}HN{-}C(CH_3)_2{-}CH_2SO_3Na)\right]_n$$

制备方法：将去离子水、螯合剂、链转移剂和丙烯酰氨基-2-甲基丙磺酸钠单体加入反应釜中，然后加入丙烯酸乙酯基三甲基氯化铵单体，通 N_2 除氧 20～30min 后，加入引发剂［如 2,2′-偶氮双(2-甲基乙腈）和过硫酸钾/脲等］，在 20～45℃内引发聚合反应 2～5h 后即得丙烯酰氨基-2-甲基丙磺酸（钠）/丙烯酸乙酯基三甲基氯化铵共聚物。其中丙烯酰氨基-2-甲基丙磺酸钠和丙烯酸乙酯基三甲基氯化铵的摩尔比为 1∶(1～4)。

5.3.6 丙烯酰胺/丙烯酸钠/二甲基二烯丙基氯化铵共聚物

丙烯酰胺/丙烯酸钠/二甲基二烯丙基氯化铵共聚物的制备采用水溶液聚合法，反应式如下：

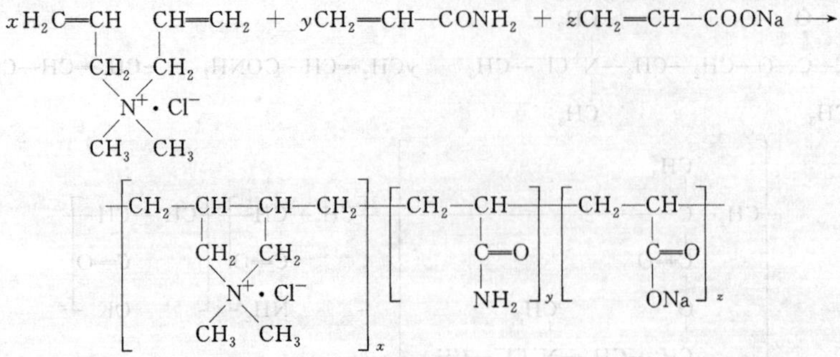

$$xH_2C{=}CH\quad CH{=}CH_2 + yCH_2{=}CH{-}CONH_2 + zCH_2{=}CH{-}COONa \longrightarrow$$
(CH₂–N⁺(CH₃)₂·Cl⁻–CH₂ ring substituents on DMDAAC)

$$\left[CH_2-CH-CH-CH_2\ (CH_2,\ CH_2,\ N^+(CH_3)_2\cdot Cl^-)\right]_x\left[CH_2-CH(C{=}O)(NH_2)\right]_y\left[CH_2-CH(C{=}O)(ONa)\right]_z$$

制备方法：将去离子水、螯合剂、链转移剂和丙烯酸（AA）单体加入反应釜中，并用氢氧化钠溶液将体系 pH 值调至 6～9，分别加入二甲基二烯丙基氯化铵（DMDAAC）单体和丙烯酰胺（AM）单体溶液，通 N_2 除氧 30min 后，加入引发剂（如过硫酸钾/脲、过硫酸钾/亚硫酸氢钠等），在 30～65℃内引发聚合反应 3～7h，加去离子水至所需含量，冷却后，出料得丙烯酰胺/丙烯酸钠/二甲基二烯丙基氯化铵共聚物。其中丙烯酰胺、丙烯酸钠与二甲基二烯丙基氯化铵的摩尔比为 1∶(0.1～0.3)∶(0.05～0.2)，引发剂的用量为单体总质量的 0.06%～0.1%。

5.3.7 丙烯酰胺/丙烯酰氨基-2-甲基丙磺酸钠/二甲基二烯丙基氯化铵共聚物

丙烯酰胺/丙烯酰氨基-2-甲基丙磺酸钠/二甲基二烯丙基氯化铵共聚物是利用丙烯酰胺（AM）、丙烯酰氨基-2-甲基丙磺酸钠（AMPS）和二甲基二烯丙基氯化铵（DMDAAC）单体通过水溶液聚合而成，共聚物的结构式和反应过程如下所示：

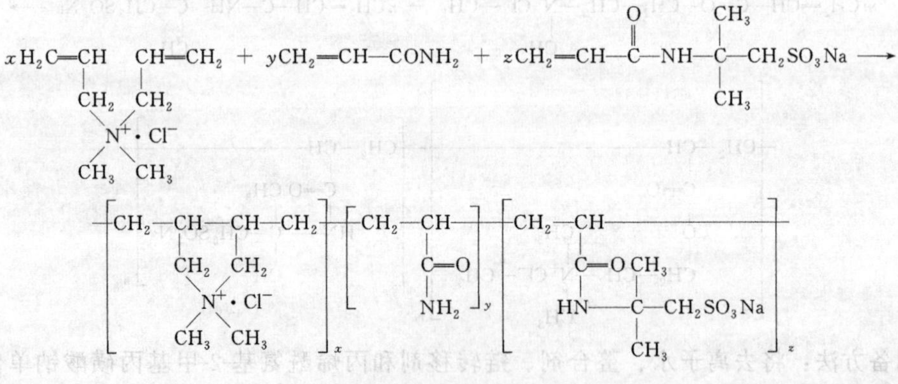

$$xH_2C{=}CH\quad CH{=}CH_2 + yCH_2{=}CH{-}CONH_2 + zCH_2{=}CH{-}C(=O){-}NH{-}C(CH_3)_2{-}CH_2SO_3Na \longrightarrow$$
(CH₂–N⁺(CH₃)₂·Cl⁻–CH₂ ring substituents on DMDAAC)

$$\left[CH_2-CH-CH-CH_2\ (CH_2,\ CH_2,\ N^+(CH_3)_2\cdot Cl^-)\right]_x\left[CH_2-CH(C{=}O)(NH_2)\right]_y\left[CH_2-CH(C{=}O)(HN-C(CH_3)_2-CH_2SO_3Na)\right]_z$$

制备方法：将去离子水、螯合剂、链转移剂和丙烯酰氨基-2-甲基丙磺酸（AMPS）单体加入反应釜中，并在 20～30℃下用氢氧化钠溶液将体系 pH 值调至 6～7，然后分别加入二甲基二烯丙基氯化铵（DMDAAC）和丙烯酰胺（AM）单体溶液，通 N_2 除氧 20～30min 后，加入引发剂（如过硫酸钾/AIBN/脲、过硫酸钾/亚硫酸氢钠等），在 20～45℃内引发聚合反应 3～6h，冷却至室温，出料得丙烯酰胺/丙烯酰氨基-2-甲基丙磺酸钠/二甲基二烯丙基氯化铵共聚物。其中丙烯酰胺、丙烯酰氨基-2-甲基丙磺酸钠和二甲基二烯丙基氯化铵的摩尔比为 1∶(0.05～0.15)∶(0.1～0.2)，引发剂的用量为单体总质量的 0.05%～0.1%。

5.3.8 丙烯酰胺/丙烯酸钠/甲基丙烯酸二甲氨基乙酯共聚物

丙烯酰胺/丙烯酸钠/甲基丙烯酸二甲氨基乙酯共聚物的结构式和合成反应式如下所示：

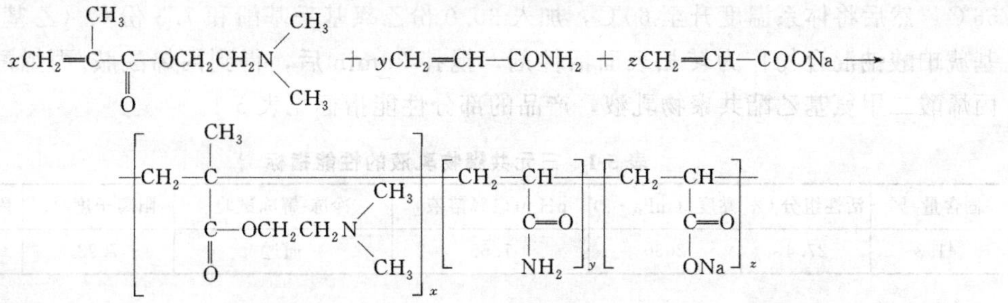

$$x\,CH_2{=}C(CH_3){-}C({=}O){-}OCH_2CH_2N(CH_3)_2 + y\,CH_2{=}CH{-}CONH_2 + z\,CH_2{=}CH{-}COONa \longrightarrow$$

$$\left[CH_2{-}C(CH_3)(C({=}O){-}OCH_2CH_2N(CH_3)_2)\right]_x\left[CH_2{-}CH(C({=}O)NH_2)\right]_y\left[CH_2{-}CH(C({=}O)ONa)\right]_z$$

丙烯酰胺/丙烯酸钠/甲基丙烯酸二甲氨基乙酯共聚物的制备主要有两种方法：水溶液聚合和反相乳液聚合。

(1) 水溶液聚合

制备方法1：将去离子水、螯合剂、链转移剂和丙烯酸（AA）单体加入反应釜中，并用氢氧化钠溶液将体系pH值调至7～8，分别加入甲基丙烯酸二甲氨基乙酯（DMAEMA）单体和丙烯酰胺（AM）单体溶液，通N_2除氧20～30min后，加入引发剂（如过硫酸钾/脲、过硫酸钾/亚硫酸氢钠、过硫酸钾/硫代硫酸钠等），在20～40℃内引发聚合反应3～6h，冷却至室温，出料得丙烯酰胺/丙烯酸钠/甲基丙烯酸二甲氨基乙酯共聚物。其中丙烯酰胺、丙烯酸钠和甲基丙烯酸二甲氨基乙酯的摩尔比为1∶(0.1～0.2)∶(0.05～0.15)，引发剂的用量为单体总质量的0.03%～0.08%。

制备方法2：将一定质量分数的丙烯酸（AA）溶液用碱调节pH值至6～7，再加入AM水溶液和适量的螯合剂与链转移剂等添加剂，在氮气保护下，用氧化还原引发体系（或单一引发剂）于55℃引发聚合4h，该共聚物为阴离子型聚丙烯酸类水溶性高分子，再加入DMAEMA，升温至60℃，继续反应2h，合成两性型高分子聚合物。反应中AM、AA和DMAEMA的摩尔比为1∶(0.1～0.2)∶(0.1～0.2)；引发剂为过硫酸钾/亚硫酸氢钠等氧化还原引发体系，用量为单体总质量的0.05%～0.1%。

(2) 反相乳液聚合[8]

用反相乳液聚合法制备丙烯酰胺/丙烯酸钠/甲基丙烯酸二甲氨基乙酯三元共聚物，共分为5个步骤：

① 往反应器中加入137.0份质量分数为52%的丙烯酰胺溶液、100份水和0.2份质量分数为34%的二乙三胺五乙酸钠水溶液、18.0份丙烯酸和20.0份质量分数为50%的氢氧化钠溶液，搅拌均匀后得到pH值为7.8的均一溶液。

② 往上述体系中加入88份质量分数为80%的甲基丙烯酸二甲氨基乙酯与硫酸二甲酯的季铵化反应产物，搅拌均匀后得到pH值为7.4的均一溶液——水相B。

③ 往另一个反应器中加入150.0份煤油、30份油酸甘油酯和6.0份甘油硬脂酸酯，搅拌加热至40℃以获得均一的油相A。

④ 在剧烈搅拌的条件下，将水相B慢慢加入油相A中以获得单体的油包水型乳液。将上述均质乳液转入聚合反应器中进行聚合反应。

⑤ 将上述500份乳液在室温下通 N_2 除氧30min，并将0.6份2,2′-偶氮二异丁腈(AIBN)溶于3份丙酮中后，加入反应体系中，在 N_2 保护下缓慢升温至40℃，反应3h，然后将温度升至43℃，聚合反应过程中产生的聚合热作用使得体系温度在1h后升至56℃。然后将体系温度升至60℃，加入30.0份乙氧基壬基酚和7.5份双（乙基己基）磺基琥珀酸钠混合物作为转相表面活性剂，搅拌30min后，得到丙烯酰胺/丙烯酸钠/甲基丙烯酸二甲氨基乙酯共聚物乳液，产品的部分性能指标见表5-1。

表5-1 三元共聚物乳液的性能指标[8]

固含量/%	活性组分/%	黏度/(mPa·s)	pH值(1%溶液)	冷冻-解冻试验	阳离子度/%	阴离子度/%
41.3	27.4	2050	7.65	通过	7.93	8.32

5.3.9 丙烯酰胺/二甲基二烯丙基氯化铵/马来酸共聚物

丙烯酰胺/二甲基二烯丙基氯化铵/马来酸共聚物主要是利用水溶液聚合通过化学引发制备而成，具体反应式为：

$$x\,H_2C{=}CH\;\;CH{=}CH_2\;(CH_2,\ CH_2\text{ 连 }N^+(CH_3)_2\cdot Cl^-) + y\,CH_2{=}CH{-}CONH_2 + z\,HOOC{-}CH{=}CH{-}COOH \longrightarrow$$

$$\left[CH_2{-}CH{-}CH{-}CH_2\ (CH_2,\ CH_2\text{ 连 }N^+(CH_3)_2\cdot Cl^-)\right]_x\left[CH_2{-}CH(C{=}O)NH_2\right]_y\left[CH(COOH){-}CH(COOH)\right]_z$$

制备方法[9]：将计量的马来酸（MA）、丙烯酰胺（AM）和二甲基二烯丙基氯化铵(DMDAAC)按一定配比加到三口瓶中，然后用适量的水配成一定浓度的溶液，搅拌使其溶解均匀，通氮除氧30min后加入一定量的引发剂，搅拌均匀，在 N_2 保护下反应10h(反应温度45℃)，得到粗产物。用无水乙醇沉淀，洗涤，再沉淀洗涤，如此反复2～3次后，在真空烘箱中干燥、造粒得丙烯酰胺/二甲基二烯丙基氯化铵/马来酸共聚物产品，收率达92%左右。

5.3.10 丙烯酸/丙烯酸甲酯/甲基丙烯酸二甲氨基乙酯共聚物

丙烯酸/丙烯酸甲酯/甲基丙烯酸二甲氨基乙酯共聚物制备采用乳液聚合法，三元共聚物的结构式和合成反应式如下所示：

$$x\,CH_2{=}C(CH_3){-}C({=}O){-}OCH_2CH_2N(CH_3)_2 + y\,CH_2{=}CH{-}COOCH_3 + z\,CH_2{=}CH{-}COOH \longrightarrow$$

$$\left[CH_2{-}C(CH_3)(C({=}O){-}OCH_2CH_2N(CH_3)_2)\right]_x\left[CH_2{-}CH(C({=}O)OCH_3)\right]_y\left[CH_2{-}CH(C({=}O)OH)\right]_z$$

制备方法[10,11]：在配备有冷凝回流装置和振动搅拌装置的套层反应釜中加入 25g 磷酸盐酯阴离子表面活性剂（将以 H 型存在，pH＝5）、25.0mL 二甲氨基乙醇和 2500mL 蒸馏水，搅拌均匀后，升温至 65℃，分别加入丙烯酸、丙烯酸甲酯和甲基丙烯酸二甲氨基乙酯单体，通 N_2 除氧后，加入 500mL 含有 5g 过硫酸钾的引发剂水溶液，反应至一定时间后，冷却至室温，加入丙酮使产物乳液凝结、水洗，然后用乙醇转化为两性电解质。将处理后的产物重新放入反应釜中，并将体系温度升至 80℃，在 1h 内滴加 1000mL 含 198g KOH 的水溶液，反应 1h 后，冷却至室温，即得到丙烯酸/丙烯酸甲酯/甲基丙烯酸二甲氨基乙酯共聚物。其中丙烯酸、丙烯酸甲酯和甲基丙烯酸二甲氨基乙酯的摩尔比为 4.0∶6.73∶1。

5.3.11 丙烯酰氨基-2-甲基丙磺酸钠/*N*-乙烯基-*N*-甲基乙酰胺/二甲基二烯丙基氯化铵共聚物

丙烯酰氨基-2-甲基丙磺酸钠/*N*-乙烯基-*N*-甲基乙酰胺/二甲基二烯丙基氯化铵共聚物的制备采用反相悬浮聚合法，反应式如下：

$$x\,H_2C{=}CH\text{—}CH_2\text{—}N^+(CH_3)_2Cl^-\text{—}CH_2\text{—}CH{=}CH_2 + y\,CH_2{=}CH\text{—}N(CH_3)COCH_3 + z\,CH_2{=}CH\text{—}\overset{O}{\overset{\|}{C}}\text{—}NH\text{—}C(CH_3)_2\text{—}CH_2SO_3Na \longrightarrow$$

$$\left[CH_2\text{—}CH\text{—}CH\text{—}CH_2\ (CH_2\ CH_2\ N^+(CH_3)_2\cdot Cl^-)\right]_x\left[CH_2\text{—}CH(NCOCH_3)(CH_3)\right]_y\left[CH_2\text{—}CH(C{=}O)\text{—}HN\text{—}C(CH_3)_2\text{—}CH_2SO_3Na\right]_z$$

制备方法[12]：将丙烯酰氨基-2-甲基丙磺酸钠、*N*-乙烯基-*N*-甲基乙酰胺和二甲基二烯丙基氯化铵悬浮于丁醇中，在 N_2 保护下用偶氮二异丁腈（AIBN）于 75～80℃下聚合 2h，合成带有磺酸基和季铵基团的两性高分子三元聚合物。

5.3.12 丙烯酰氨基-2-甲基丙磺酸钠/丙烯酸钠/丙烯酸乙酯基三甲基氯化铵共聚物

丙烯酰氨基-2-甲基丙磺酸钠/丙烯酸钠/丙烯酸乙酯基三甲基氯化铵共聚物主要通过水溶液聚合法制备而成，反应式为：

$$x\,CH_2{=}CH\text{—}\overset{O}{\overset{\|}{C}}\text{—}O\text{—}CH_2\text{—}CH_2\text{—}N^+(CH_3)_2Cl^-\text{—}CH_3 + y\,CH_2{=}CH\text{—}COONa + z\,CH_2{=}CH\text{—}\overset{O}{\overset{\|}{C}}\text{—}NH\text{—}C(CH_3)_2\text{—}CH_2SO_3Na \longrightarrow$$

$$\left[CH_2\text{—}CH(C{=}O\text{—}O\text{—}CH_2\text{—}CH_2\text{—}N^+(CH_3)_2Cl^-\text{—}CH_3)\right]_x\left[CH_2\text{—}CH(C{=}O)(ONa)\right]_y\left[CH_2\text{—}CH(C{=}O)\text{—}HN\text{—}C(CH_3)_2\text{—}CH_2SO_3Na\right]_z$$

制备方法1：将丙烯酰氨基-2-甲基丙磺酸钠和丙烯酸钠混合水溶液在氮气保护下，用氧化还原引发体系于55℃引发聚合4h，该共聚物为阴离子型聚丙烯酸类水溶性高分子，再加入阳离子单体丙烯酸乙酯基三甲基氯化铵，在60℃下继续反应2h，即合成出两性型高分子三元聚合物。反应中丙烯酰氨基-2-甲基丙磺酸钠/丙烯酸钠/丙烯酸乙酯基三甲基氯化铵的摩尔比为（0.1～0.2）∶1∶（0.2～0.3）。引发剂为 $K_2S_2O_8$、$(NH_4)_2S_2O_8$ 或过硫酸钾-亚硫酸氢钠、过硫酸钾-脲等氧化还原引发体系，用量为单体总质量的0.06%～0.09%。

制备方法2：将丙烯酰氨基-2-甲基丙磺酸钠、丙烯酸钠和丙烯酸乙酯基三甲基氯化铵三者按摩尔比0.1∶1∶0.3混合，在氮气保护下用引发剂于55～60℃引发聚合4～6h，合成带有磺酸基和季铵基团的两性高分子三元聚合物。

5.3.13 丙烯腈/丙烯酰胺/甲基丙烯酰氧乙基三甲基氯化铵/丙烯酸共聚物

丙烯腈/丙烯酰胺/甲基丙烯酰氧乙基三甲基氯化铵/丙烯酸共聚物的制备采用乳液聚合法，反应式为：

$$x\,CH_2{=}C(CH_3){-}C({=}O){-}O{-}CH_2{-}CH_2{-}N^+(CH_3)_2Cl^-{-}CH_3 + y\,CH_2{=}CH{-}CONH_2 + z\,CH_2{=}CH{-}COOH + n\,CH_2{=}CHCN \longrightarrow$$

$$\left[CH_2{-}C(CH_3)(C({=}O){-}O{-}CH_2{-}CH_2{-}N^+(CH_3)_2Cl^-{-}CH_3)\right]_x\left[CH_2{-}CH(C({=}O){-}NH_2)\right]_y\left[CH_2{-}CH(C({=}O){-}OH)\right]_z\left[CH_2{-}CH(CN)\right]_n$$

制备方法[13]：在三口烧瓶中加入适量水、辛基酚聚氧乙烯（10）醚（Tx-10）和聚乙烯醇水溶液，搅拌下升温。用分液漏斗分别盛装A液（甲基丙烯酰氧乙基三甲基氯化铵、丙烯酰胺、丙烯腈、丙烯酸水溶液）、B液（过硫酸铵引发剂水溶液），在浴温65℃时，分别滴加1/3体积的A液、B液。继续升温到80℃，再滴加剩余单体和引发液，时间为1h。滴加完毕后在85℃反应4h，直到没有明显的单体气味，冷却至室温出料即得共聚物乳液。其中，引发剂用量为单体总质量的0.1%～0.3%。

5.3.14 丙烯酸甲氧乙酯/丙烯酸二甲氨基乙酯/丙烯酰胺共聚物

丙烯酸甲氧乙酯/丙烯酸二甲氨基乙酯/丙烯酰胺共聚物的制备采用水溶液聚合法，反应式为：

$$x\,CH_2{=}CH{-}C({=}O){-}OCH_2CH_2N(CH_3)_2 + y\,CH_2{=}CH{-}COOCH_2CH_2OCH_3 + z\,CH_2{=}CH{-}CONH_2 \longrightarrow$$

$$\left[CH_2{-}CH(C({=}O){-}OCH_2CH_2N(CH_3)_2)\right]_x\left[CH_2{-}CH(C({=}O){-}OCH_2CH_2OCH_3)\right]_y\left[CH_2{-}CH(C({=}O){-}NH_2)\right]_z$$

制备方法[14]：在不锈钢制杜瓦瓶中加入丙烯酸甲氧乙酯（MEA）、丙烯酸二甲氨基乙酯氯甲烷季铵盐水溶液（DAC）、丙烯酰胺溶液和蒸馏水，上述三种单体的摩尔分数分别为5%、65%和30%，而且体系中物料的总质量为1kg，其中单体的总质量分数为47%。随后将体系温度控制在15℃，并通N_2除氧60min。分别加入0.3mg/L氯化铜溶液、1.0mg/L偶氮双脒基丙烷溶液和30mg/L亚硫酸氢钠溶液，反应1.0h后，即得丙烯酸甲氧乙酯/丙烯酸二甲氨基乙酯/丙烯酰胺三元共聚物。

5.3.15 *N*-二甲氨基甲基丙烯酰胺/丙烯酰胺/丙烯酸钠共聚物

笔者和课题组成员首先将丙烯酰胺单体进行Mannich反应，制备出阳离子型丙烯酰胺，即*N*-二甲氨基甲基丙烯酰胺，然后以*N*-二甲氨基甲基丙烯酰胺、丙烯酰胺和丙烯酸钠为单体原材料，通过反相乳液聚合制备出油包水型*N*-二甲氨基甲基丙烯酰胺/丙烯酰胺/丙烯酸钠共聚物乳液，反应式为：

单体制备：

$$CH_2{=}CHCONH_2 + HCHO + HN(CH_3)_2 \longrightarrow CH_2{=}CH{-}\underset{\displaystyle NHCH_2N(CH_3)_2}{C{=}O}$$

聚合：

$$x\,CH_2{=}CH{-}\underset{\displaystyle NHCH_2N(CH_3)_2}{C{=}O} + y\,CH_2{=}CH{-}CONH_2 + z\,CH_2{=}CH{-}COONa \longrightarrow$$

$$\left[CH_2{-}\underset{\displaystyle \underset{\displaystyle NHCH_2N(CH_3)_2}{C{=}O}}{CH}\right]_x\left[CH_2{-}\underset{\displaystyle \underset{\displaystyle NH_2}{C{=}O}}{CH}\right]_y\left[CH_2{-}\underset{\displaystyle \underset{\displaystyle ONa}{C{=}O}}{CH}\right]_z$$

制备方法分为以下2个步骤。

① *N*-二甲氨基甲基丙烯酰胺单体的制备[15]。在装有温度计、电磁搅拌器和pH电极的三口烧瓶内，加入1份（以质量计，下同）甲醛含量为96%的多聚甲醛和3.71份40%的二甲胺水溶液，控制温度低于45℃反应2h，然后加稀盐酸使反应得到的醛胺pH值降至2。

注意：加酸过程须在冰浴中进行，以保持反应混合液温度不高于20℃。

于上述酸化后的反应物中加入事先酸化、pH值等于2的48%丙烯酰胺水溶液4.72份，升温并控制在65℃反应2h，由此即可得到*N*-二甲氨基甲基丙烯酰胺单体含量为85%（摩尔分数）的产品，备用。

② 反相乳液聚合。将丙烯酸单体用质量分数为50%的氢氧化钠溶液调pH值至7～9，放入反应釜内，随之加入含螯合剂和链转移剂的*N*-二甲氨基甲基丙烯酰胺和丙烯酰胺单体溶液，搅拌均匀后，加入乳化剂和油相，进一步搅拌形成油包水乳液。将反应体系升温至20～60℃，充氮1h，然后加入引发剂，反应3～5h后，再加热至60℃反应1h，加入终

止剂后得到 N-二甲氨基甲基丙烯酰胺/丙烯酰胺/丙烯酸钠共聚物乳液。

聚合物乳液承受外界因素对其破坏的能力称作聚合物乳液的稳定性，聚合物乳液的稳定性是乳液产品最重要的物理性质之一，是其制成品应用性能的基础[16,17]。影响聚合物乳液稳定性的因素很多，主要有油相种类、引发剂种类及用量、单体质量分数、乳化剂种类及用量以及油水体积比等，本节主要介绍其部分制备条件的优选试验结果。

(1) 油相的种类

由于煤油的沸点较高，蒸馏回收困难，只有通过静置分层才能回收上层煤油。但是仍有煤油残留在两性型聚丙烯酰胺（AMPAM）中，导致乳液稳定性和溶解度都不理想。而采用液蜡乳化效果较差，且产品的水溶性较差。采用环己烷代替煤油、200# 汽油或 300# 液蜡作为聚合连续相，能够形成稳定的 W/O 型乳液，且制得的聚合物的分子量较大，为 7.6×10^6。

(2) 引发剂的种类和用量

采用多元复合引发体系，即一种或几种氧化剂与几种不同还原剂复合，或是氧化还原引发剂和偶氮类引发剂复合，可以获得分子量很高的产品。通过引发剂的合理搭配，可在不同温度下使聚合体系始终保持一定的自由基质量浓度，使反应缓慢均匀地进行。多次的实验发现，采用 $K_2S_2O_8$-AIBN-$NaHSO_3$ 氧化还原引发体系，其引发效果优于 $K_2S_2O_8$-脲和 $K_2S_2O_8$-$Na_2S_2O_3$ 氧化还原引发体系，用 $K_2S_2O_8$-AIBN-$NaHSO_3$ 氧化还原引发体系制备出的两性型聚合物乳液，其分子量达到 7.6×10^6。

引发剂的用量直接影响聚合物的分子量。表 5-2 实验数据表明，随着引发剂用量的升高，聚合物的分子量先升后降。按自由基聚合规律，引发剂用量增加，在同样温度下，体系中的自由基浓度增加，引发速率加快，提高引发剂用量有利于提高聚合物的黏度，即提高聚合物的分子量[18]。但是引发剂用量增加到一定程度（0.6%）时，继续增大引发剂用量，会产生局部暴聚，聚合物的分子量反而开始下降。此外，引发剂的用量也直接影响单体的转化率，随着引发剂用量的增大，单体的转化率首先显著上升后又缓慢下降，在引发剂用量为 0.6%时，单体的转化率最大，因此引发剂的用量以 0.6%左右为宜。

表 5-2　引发剂用量的影响

引发剂用量/%	0.20	0.40	0.60	0.90	1.0
单体转化率/%	97.5	99.0	99.5	99.3	99.1
分子量	5.1×10^6	6.9×10^6	7.6×10^6	7.5×10^6	7.0×10^6

(3) 单体质量分数

单体质量分数对三元共聚物乳液性能的影响见表 5-3。从表 5-3 可知，随着单体用量的增加，三元共聚物的分子量不断增加，但是当单体质量分数增加到 40%后，共聚物的分子量变化不大，而单体转化率在单体质量分数为 15%～50%范围内先增后减，在单体质量分数为 40%时，转化率达到最大，为 99.5%。因此，单体的质量分数以 40%左右为宜。

表 5-3　单体质量分数的影响

单体质量分数/%	15	20	30	40	45
分子量	6.7×10^6	7.0×10^6	7.4×10^6	7.6×10^6	7.7×10^6
单体转化率/%	94.8	98.6	98.9	99.5	98.6

(4) 反应温度

反应温度的升高有利于提高单体转化率和产品的分子量，当反应温度达到 45℃时，单体转化率为 99.5%，分子量为 7.6×10^{6}。若继续升高反应温度，达到 50℃后，单体转化率开始有所降低。这是由于随着聚合反应温度的升高，乳胶粒布朗运动加剧，使乳胶粒之间进行撞合而发生聚结的速率增大，故转化率增大；但是温度继续升高时，会使乳胶粒表面上的水化层减薄，这会导致乳液稳定性下降，因此单体转化率开始降低。因此，聚合反应温度以 40～50℃为宜。

(5) 乳化剂

近年的研究表明，乳化体系的选择直接影响反相乳液的稳定性，是成功进行聚合反应的必要条件。另外它也影响着与乳液性质有关的乳胶粒浓度和尺寸。乳化剂参与反应时，由于油水界面需保持中性，而作为连续相的油相介电常数又较低，所以反相乳液中，非离子型的单一乳化体系就不能维持乳液的稳定性，需配合使用高 HLB 值和低 HLB 值的乳化剂，或者使用三元嵌段复合乳化体系。通常在乳液聚合中尚无普遍使用的理论来指导乳化剂体系的选择工作，以往多用 HLB 值为参考，通过实验进行筛选。采用司盘系列与吐温系列或 OP 系列复配，它们属于非离子型，与有机介质很匹配，特别是司盘系列还有利于制备超高分子量的聚合物。

当两种表面活性剂混合使用的时候，转化率比使用单一乳化剂的要高，而且乳液稳定性和溶解性也会好一些。实验表明，采用司盘 60 和吐温 80 混合乳化体系，并调整二者比例，使 HLB 值在 3～6 范围，可制得较稳定的 W/O 乳液。

5.4 高分子反应型絮凝剂的制备

高分子反应型絮凝剂主要是利用聚合物自身的活性基团，通过进一步的化学改性赋予聚合物新的性质。

5.4.1 氮丙环改性丙烯酸/丙烯酰胺共聚物

氮丙环改性丙烯酸/丙烯酰胺共聚物的制备采用反相乳液聚合法，而且共聚物的制备分为 2 个步骤[19]。

(1) 丙烯酸/丙烯酰胺共聚物的制备

在配置有温度计、冷凝器、滴液漏斗和 N_2 管的四口烧瓶中加入 100g Isoper M（异链烷烃溶剂）和 11.6g 失水山梨糖醇单油酸酯，溶解后，加入含有 80g 丙烯酸、20g 丙烯酰胺、52.9g 质量分数为 28% 的氨水和 33.9g 去离子水的混合液，通 N_2 驱除空气后，将反应体系加热至 60℃，加入 0.7g 偶氮双（二甲基戊腈）引发剂，搅拌反应 4h，得到油包水的丙烯酸/丙烯酰胺共聚物乳液。

(2) 两性产品的制备

将 200g 油包水的丙烯酸/丙烯酰胺共聚物乳液放入反应器中，加热至 50℃，在 30min 内滴加 16.0g 氮丙环，然后加入 38.4g 质量分数为 61% 的硝酸溶液，反应 30min 后，又在 30min 内滴加 50.8g 氮丙环，随后又加入 73.9g 质量分数为 61% 的硝酸溶液，反应

30min 后，得到油包水的两性共聚物乳液。

5.4.2 *N*-二膦酰基甲基丙烯酰胺/二甲基二烯丙基氯化铵共聚物

N-二膦酰基甲基丙烯酰胺/二甲基二烯丙基氯化铵共聚物有两种制备方式：

① 首先利用丙烯酰胺与二甲基二烯丙基氯化铵单体进行共聚，生成丙烯酰胺/二甲基二烯丙基氯化铵共聚物，然后再利用 Mannich 反应，赋予共聚物膦酰基团；

② 直接用丙烯酰胺/二甲基二烯丙基氯化铵共聚物进行 Mannich 反应，制备两性型共聚物。

反应式如下：

聚合反应：

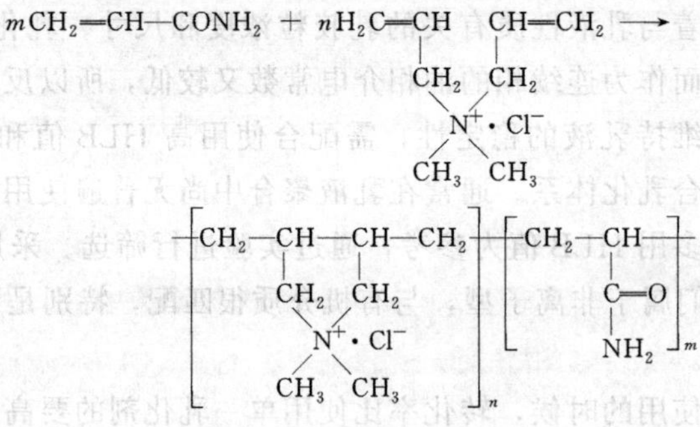

$$m\,\mathrm{CH_2{=}CH{-}CONH_2} + n\,\mathrm{H_2C{=}CH\ \ CH{=}CH_2}\ (\text{两个 }\mathrm{CH_2}\text{ 连于 }\mathrm{N^+(CH_3)_2\cdot Cl^-}) \longrightarrow$$

$$\left[\mathrm{CH_2{-}CH{-}CH{-}CH_2}\ (\mathrm{CH_2},\ \mathrm{CH_2}\text{ 连于 }\mathrm{N^+(CH_3)_2\cdot Cl^-})\right]_n\left[\mathrm{CH_2{-}CH}(\mathrm{C{=}O})\mathrm{NH_2}\right]_m$$

Mannich 反应：

$$\left[\mathrm{CH_2{-}CH{-}CH{-}CH_2}\ (\mathrm{CH_2},\ \mathrm{CH_2}\text{ 连于 }\mathrm{N^+(CH_3)_2\cdot Cl^-})\right]_n\left[\mathrm{CH_2{-}CH}(\mathrm{C{=}O})\mathrm{NH_2}\right]_m + \mathrm{HCHO} + \mathrm{H_3PO_3} \xrightarrow{\text{催化}}$$

$$\left[\mathrm{CH_2{-}CH{-}CH{-}CH_2}\ (\mathrm{CH_2},\ \mathrm{CH_2}\text{ 连于 }\mathrm{N^+(CH_3)_2\cdot Cl^-})\right]_n\left[\mathrm{CH_2{-}CH}(\mathrm{C{=}O})\mathrm{N[CH_2PO(OH)_2]_2}\right]_m$$

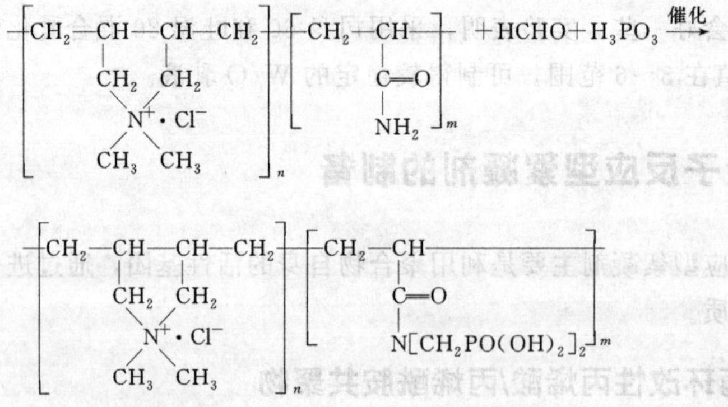

制备方法 1：在一定质量分数（10%～25%）的丙烯酰胺和二甲基二烯丙基氯化铵单体溶液中，加入 0.2%～0.5%的乙二胺四乙酸二钠（EDTA-2Na）和 0.1%～0.8%的引发剂（如过硫酸钾-尿素、过硫酸铵-次磷酸钠氧化还原引发体系等），通 N_2 驱氧 10～20min 后，在 5～20℃下反应 0.5～1.0h，往上述黏稠体系中加入 37%～40%甲醛溶液、H_3PO_3 和适量的引发剂，在 25～65℃下，催化反应 4～6h。胶块经造粒、干燥、粉碎得粉状 *N*-二膦酰基甲基丙烯酰胺/二甲基二烯丙基氯化铵共聚物。

制备方法 2：将分子量为 3.0×10^6 的丙烯酰胺/二甲基二烯丙基氯化铵共聚物溶于冷水中，在剧烈搅拌下升温至 45～70℃，共聚物产品完全溶解并形成均匀胶体溶液后，加入 37%～40%甲醛溶液、H_3PO_3 和适量的引发剂，在 50～70℃下，催化反应 3～5h，即得 *N*-二膦酰基甲基丙烯酰胺/二甲基二烯丙基氯化铵共聚物。

5.4.3 磺甲基丙烯酰胺/二甲基二烯丙基氯化铵共聚物

磺甲基丙烯酰胺/二甲基二烯丙基氯化铵共聚物的制备主要是通过共聚物分子中的活

性酰胺基团，与α-羟甲基磺酸钠反应而成，反应式如下：

聚合反应：$m\mathrm{CH_2{=}CH{-}CONH_2} + n\mathrm{H_2C{=}CH\quad CH{=}CH_2} \longrightarrow$

（二烯丙基单体中两个 $\mathrm{CH_2}$ 与 $\mathrm{N^+ \cdot Cl^-}$ 相连，N 上连有两个 $\mathrm{CH_3}$）

$$\left[\mathrm{CH_2{-}CH{-}CH{-}CH_2}\right]_n \left[\mathrm{CH_2{-}CH}\right]_m$$

（前一链节中两个 CH 各连 $\mathrm{CH_2}$，并与 $\mathrm{N^+ \cdot Cl^-}$ 成环，N 上连两个 $\mathrm{CH_3}$；后一链节 CH 上连 $\mathrm{C{=}O}$，$\mathrm{NH_2}$）

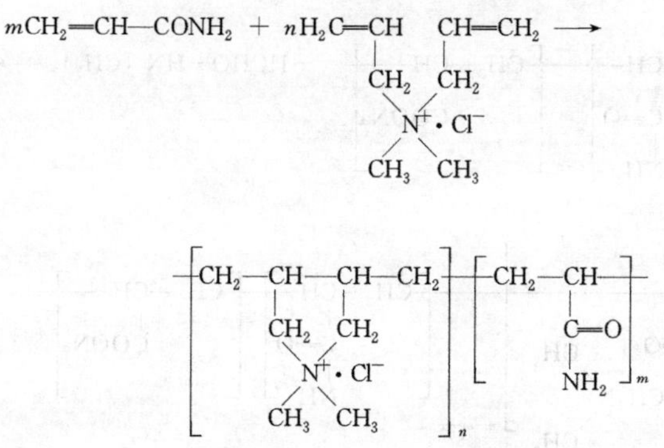

磺甲基化反应：$\left[\mathrm{CH_2{-}CH{-}CH{-}CH_2}\right]_n \left[\mathrm{CH_2{-}CH(C{=}O)NH_2}\right]_m + \mathrm{H{-}\overset{OH}{\underset{H}{C}}{-}SO_3Na} \xrightarrow{\text{催化}}$

$$\left[\mathrm{CH_2{-}CH{-}CH{-}CH_2}\right]_n \left[\mathrm{CH_2{-}CH}\right]_m$$

（前一链节中两个 CH 各连 $\mathrm{CH_2}$，并与 $\mathrm{N^+ \cdot Cl^-}$ 成环，N 上连两个 $\mathrm{CH_3}$；后一链节 CH 上连 $\mathrm{C{=}O}$，$\mathrm{NHCH_2SO_3Na}$）

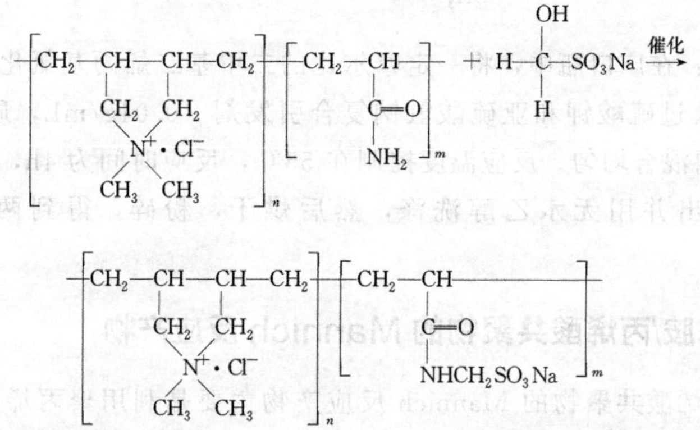

制备方法：在一定质量分数（10%～25%）的丙烯酰胺和二甲基二烯丙基氯化铵单体溶液中，加入0.1%～0.3%的乙二胺四乙酸二钠（EDTA-2Na）和0.1%～0.6%的引发剂（如过硫酸钾-尿素、过硫酸钾-亚硫酸氢钠氧化还原引发体系等），通氮驱氧20～30min后，在5～30℃下反应0.5～1.5h，往上述黏稠体系中加入30% α-羟甲基磺酸钠溶液和适量的催化剂，在70～95℃下反应3～5h，冷却至室温，胶块经造粒、干燥、粉碎得改性共聚物产品。

5.4.4 两性聚丙烯酰胺

两性聚丙烯酰胺的制备主要是利用聚丙烯酰胺自身的活性基团——酰胺基，通过水解和Mannich反应制备而成，反应式为：

聚合反应：$n\mathrm{CH_2{=}CH{-}CONH_2} \longrightarrow \left[\mathrm{CH_2{-}\underset{\underset{NH_2}{|}}{\underset{C=O}{|}}{CH}}\right]_n$

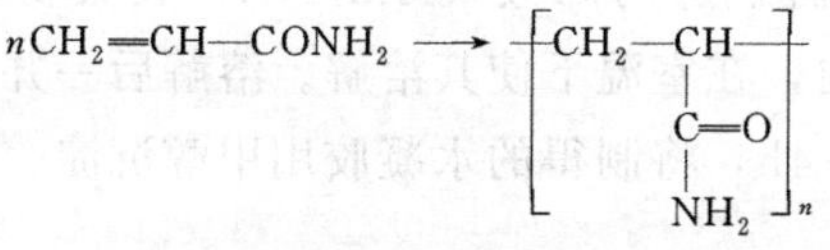

水解反应：$\left[\mathrm{CH_2{-}CH(C{=}O)NH_2}\right]_n + m\mathrm{NaOH} + \mathrm{H_2O} \xrightarrow{\text{碱}} \left[\mathrm{CH_2{-}CH(C{=}O)NH_2}\right]_{n-m}\left[\mathrm{CH_2{-}CH(COONa)}\right]_m + m\mathrm{NH_4OH}$

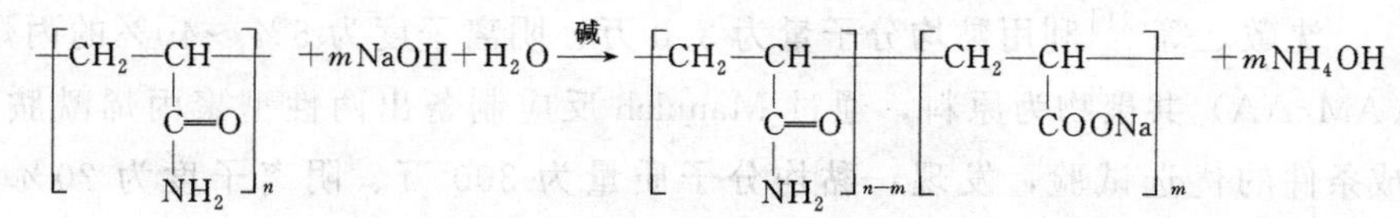

Mannich 反应：

$$\left[CH_2-\underset{\underset{NH_2}{|}}{\underset{C=O}{|}}{CH}\right]_{n-m}\left[CH_2-\underset{COONa}{\underset{|}{CH}}\right]_{m}+HCHO+HN\ (CH_3)_2\longrightarrow$$

$$\left[CH_2-\underset{\underset{NHCH_2N(CH_3)_2}{|}}{\underset{C=O}{|}}{CH}\right]_{n-m-x}\left[CH_2-\underset{\underset{NH_2}{|}}{\underset{C=O}{|}}{CH}\right]_{x}\left[CH_2-\underset{COONa}{\underset{|}{CH}}\right]_{m}$$

制备方法[20]：在广口瓶中，将一定摩尔比的二甲基二烯丙基氯化铵、丙烯酰胺和丙烯酸溶解，再加入过硫酸钾和亚硫酸氢钠复合引发剂（0.04g/mL，质量配比为 1∶1），不断搅拌，使物料混合均匀。反应温度控制在 55℃，反应时间为 4h，pH＝6，得到黏稠胶状聚合物。取出并用无水乙醇洗涤，然后烘干，粉碎，得到两性型聚丙烯酰胺(AMPAM)。

5.4.5 丙烯酰胺/丙烯酸共聚物的 Mannich 反应产物

丙烯酰胺/丙烯酸共聚物的 Mannich 反应产物主要是利用聚丙烯酰胺自身的活性基团——酰胺基，通过 Mannich 反应制备而成，反应式为：

$$\left[CH_2-\underset{\underset{NH_2}{|}}{\underset{C=O}{|}}{CH}\right]_{n}\left[CH_2-\underset{COONa}{\underset{|}{CH}}\right]_{m}+HCHO+HN(CH_3)_2\longrightarrow$$

$$\left[CH_2-\underset{\underset{NHCH_2N(CH_3)_2}{|}}{\underset{C=O}{|}}{CH}\right]_{n-x}\left[CH_2-\underset{\underset{NH_2}{|}}{\underset{C=O}{|}}{CH}\right]_{x}\left[CH_2-\underset{COONa}{\underset{|}{CH}}\right]_{m}$$

制备方法：将一定量分子量的丙烯酰胺/丙烯酸（AM/AA）共聚物，在搅拌下分散于装有一定量的去离子水的三口烧瓶内，在室温下使其溶解。溶解后一并加入一定量的甲醛和二甲胺，在 40～60℃下反应 0.5～4h，将制得的水凝胶用甲醇沉淀、过滤、洗涤、烘干得白色块状的两性型聚丙烯酰胺。

沈敬之等[21]利用黏均分子量为 300 万、阴离子度为 5%～40%的丙烯酰胺/丙烯酸(AM/AA) 共聚物为原料，通过 Mannich 反应制备出两性型聚丙烯酰胺，并进行了合成条件的优选试验，发现：黏均分子质量为 300 万、阴离子度为 20%、质量分数为 2.5%的共聚物，在原料配比为（AM/AA）∶HCHO∶$NH(CH_3)_2$＝1∶1.1∶1.5（摩尔比）、反应温度为（50±1）℃、反应 2h 的条件下，制得的两性型聚丙烯酰胺的胺化度为42.5%，用氯化铵和盐酸季铵化，中和产物，可增加产物的稳定性，而且特性黏数和胺化度随时间的增加变化甚微。

5.4.6 聚丙烯腈与双氰胺反应物及其改性产品

寻找染料生产和印染过程产生的废水的高效脱色剂一直是废水处理的研究方向之一。20世纪80年代中期，Gohlke等[22]合成了聚丙烯腈和双氰胺的反应产物PAN-DCD，并揭示了该产物具有絮凝悬浮颗粒的作用后，国内的很多科研工作者也合成了类似的产品及改性产品，并将其作染料及印染废水脱色剂[23-26]。聚丙烯腈与双氰胺反应物的精细结构式和反应式为：

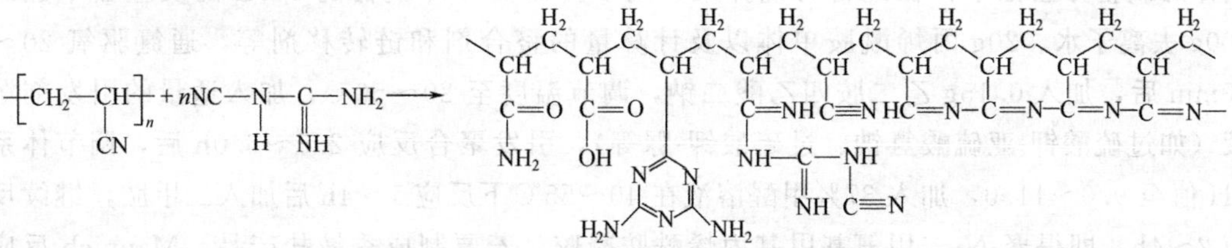

$$\left[CH_2-\underset{CN}{CH}\right]_n + nNC-\underset{H}{N}-\underset{NH}{\overset{\|}{C}}-NH_2 \longrightarrow$$

制备方法：聚丙烯腈（PAN）与双氰胺（DCD）在*N*,*N*-二甲基甲酰胺（DMFA）溶液中充分混合，在碱性条件下，升温至100℃，剧烈搅拌，反应4h后用盐酸中和，冷却，水洗，抽滤，干燥后产品为黄色粉末，产率为89.6%，特性黏数为56mL/g（二甲基亚砜，25℃）。

此外，为了进一步提高聚丙烯腈与双氰胺反应物的絮凝性能，高华星等[27]在丙烯腈与双氰胺反应物的基础上，用氯化羟胺改性制成PAN-DCD-HYA，它具有比PAN-DCD用量少、脱色效果好的特点。PAN-DCD-HYA的精细结构式为[28]：

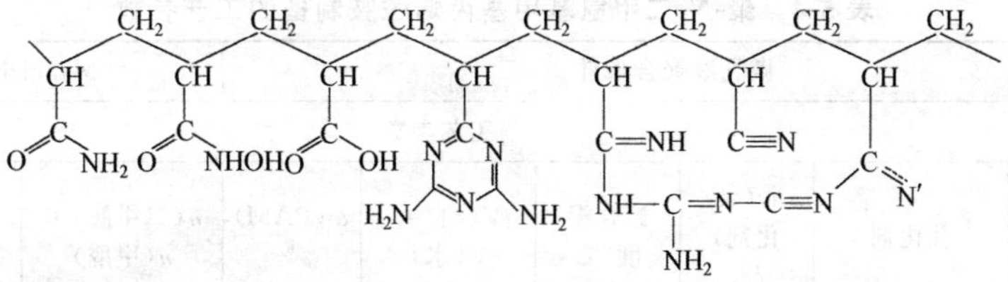

5.4.7 聚-*N*-二甲氨基甲基丙烯酰胺

聚-*N*-二甲氨基甲基丙烯酰胺主要是利用聚丙烯酰胺上的活性基团——酰胺基，通过Mannich反应的方法制备而成。聚-*N*-二甲氨基甲基丙烯酰胺的制备方法有3种：

① 采用单体水溶液聚合制备聚丙烯酰胺溶液，然后再进行Mannich反应；

② 采用反相微乳液聚合制备聚丙烯酰胺乳液，然后再进行Mannich反应；

③ 直接用聚丙烯酰胺进行Mannich反应。

具体反应式如下：

聚合反应：

$$nCH_2=CHCONH_2 \longrightarrow \left[CH_2-\underset{\underset{\underset{NH_2}{|}}{C=O}}{\underset{|}{CH}}\right]_n$$

Mannich 反应：

$$\left[CH_2-\underset{\underset{\underset{NH_2}{|}}{C=O}}{\underset{|}{CH}}\right]_n + CH_2O + HN(CH_3)_2 \longrightarrow \left[CH_2-\underset{\underset{\underset{NHCH_2N(CH_3)_2}{|}}{C=O}}{\underset{|}{CH}}\right]_n$$

制备方法 1：采用单体水溶液聚合制备聚丙烯酰胺溶液，然后再进行 Mannich 反应。具体的制备方法如下：在配备有搅拌桨、温度控制器和冷凝器的 1.0L 的反应器中加入 100g 去离子水、20g 丙烯酰胺单体以及计算量的螯合剂和链转移剂等，通氮驱氧 20～30min 后，加入 0.15g 乙二胺四乙酸二钠，调节温度至 20～50℃，加入适量的引发剂溶液（如过硫酸钾-亚硫酸氢钠、过硫酸钾-脲等），引发聚合反应 2.5～6.0h 后，调节体系 pH 值至 9.0～11.0，加入 37%甲醛溶液在 40～55℃下反应 1～4h 后加入二甲胺，继续反应 2～4h，即得聚-*N*-二甲氨基甲基丙烯酰胺凝胶。若要制成季铵盐产品，Mannich 反应结束后，还可以往体系中加入硫酸二甲酯或硫酸二乙酯等季铵化试剂。其中，丙烯酰胺、甲醛和二甲胺的摩尔比可控制在 1：(1.1～1.3)：(1.0～1.5)。

制备方法 2：采用反相微乳液聚合制备聚丙烯酰胺乳液，然后再进行 Mannich 反应。具体的制备方法如下：在装有搅拌器、温度计和滴液漏斗的四口瓶中，加入一定量的油相、乳化剂、水、添加剂和丙烯酰胺，通高纯氮气，加入引发剂，进行聚合反应，得到淡黄色透明的非离子聚丙烯酰胺微乳液；调整温度，按一定的方式加入甲醛和二甲胺，反应后得到几乎透明的阳离子型聚丙烯酰胺微乳液。国内的科研工作者已在这方面做了很多研究，具体的工艺参数见表 5-4。

表 5-4　聚-*N*-二甲氨基甲基丙烯酰胺制备的工艺参数

工艺方案	微乳液聚合条件						Mannich 反应条件		
	工艺参数								
	w(单体)/%	乳化剂	w(乳化剂)/%	聚合温度/℃	V(油)：V(水)	w(PAM)/%	n(二甲胺)：n(甲醛)	反应温度/℃	反应时间/h
方案一	—	—	—	45	—	40	1.2：1	50	4
方案二	40～60	Tween/Span	6～8	10～30	(0.8～1.0)：1	20～30	1.1：1	45	3

制备方法 3：直接用聚丙烯酰胺进行 Mannich 反应。以分子量 500 万以上的聚丙烯酰胺、甲醛、二甲胺、去离子水为原料，以过硫酸盐为催化剂，将聚丙烯酰胺溶到水中，用苛性碱调 pH 值在 8～9，加入催化剂，加入甲醛，于 48～52℃温度反应 1h，再加入二甲胺，于 68～72℃温度反应 1h。其中聚丙烯酰胺（含量以 100%计）、甲醛（质量分数为 38%）、二甲胺（质量分数 40%计）、水和过硫酸盐的质量比为（0.58～1.17）：(0.80～0.9)：1：(46～50)：(0.0021～0.003)，利用该工艺得到的聚-*N*-二甲氨基甲基丙烯酰胺

产品为无色透明状胶体，分子量为1000万～1200万，产品易溶于水，而且同液体中颗粒混凝时间短，形成的絮块大，沉降速度快，沉降的污泥脱水彻底，无二次污染。

5.4.8 聚-2-乙烯咪唑啉

纯聚-2-乙烯咪唑啉（不含酯、羧基和酰胺基以及未反应的氰基和聚胺）为无色固体；聚-2-乙烯咪唑啉硫酸盐粗制品呈淡黄色颗粒，精制品为白色；聚-2-乙烯咪唑啉盐酸盐为黄色树脂，两者皆溶于水。三者的结构式分别为：

$$\left[CH_2-CH(C_3H_5N_2) \right]_n$$

聚-2-乙烯咪唑啉

$$\left[CH_2-CH(C_3H_6N_2^+)-CH_2-CH(C_3H_6N_2^+)\ SO_4^{2-} \right]_n$$

聚-2-乙烯咪唑啉硫酸盐

$$\left[CH_2-CH(C_3H_6N_2^+Cl^-)-CH_2-CH(C_3H_6N_2^+Cl^-) \right]_n$$

聚-2-乙烯咪唑啉盐酸盐

聚-2-乙烯咪唑啉的制备方法有乙二胺与丙烯腈合成法、乙二胺与聚丙烯腈合成法和单体聚合法三种。

(1) 乙二胺与丙烯腈合成法

该方法以乙二胺和丙烯腈为原料，反应过程如下：

$$NH_2CH_2CH_2NH_2+CH_2=CHCN \longrightarrow NH_2CH_2CH_2NH-CH_2CH_2CN \longrightarrow$$

$$NH_2CH_2CH_2NH-CH_2CH_2C(=N-CH_2-CH_2-N(CH_2CH_2CN)) \longrightarrow NH_2CH_2CH_2NH-CH_2CH_2\left[C(=N-CH_2-CH_2)-N \right]_n$$

制备方法：在装有480.8g（8mol）乙二胺的2L烧瓶中，在15min内将106.1g（2mol）丙烯腈加入其中，此间维持反应温度在25～30℃，之后，将多余的乙二胺在减压下脱除，制得*N*-氰乙基-1,2-二氨基乙烷；随后加入2g硫脲并在130～155℃下进行缩聚反应10h，然后再加硫脲2g继续反应20h，直至氨的转化率达到96%以上时止。此法制成的聚合物分子量可以达到1×10^4。该产品可加入氯仿和乙醚后精制。

(2) 乙二胺与聚丙烯腈合成法

可通过该法利用废弃的聚丙烯腈纤维得到聚-2-乙烯咪唑啉。具体工艺为：将3.5g乙二胺、0.03g硫粉、1.0g聚丙烯腈纤维加入40g环己烷中，在60℃下反应4h得到水溶性的产物。聚乙烯咪唑啉还可以通过加入氯甲烷，在40℃左右进一步反应生成季铵化产物。

(3) 单体聚合法

制备方法1：将100份2-(2-甲氧乙基)-2-咪唑啉滴加入装有氧化钡催化剂的柱形反应

器中，升温至 410～425℃，柱内压力为 0.2mmHg（1mmHg=133.322Pa），反应约 4h 后，就可以回收 50 份 2-乙烯基-2-咪唑啉，产物为白色结晶体，含少量水分。

制备方法 2：以白色洁净的 2-乙烯基-2-咪唑啉为原料，加入硫酸或盐酸制成 2-乙烯基-2-咪唑啉硫酸盐或 2-乙烯基-2-咪唑啉盐酸盐，然后用质量分数为 50%的氢氧化钠溶液将体系 pH 值调至 3.0，并充入氮气，以亚硫酸钠、溴酸钠和过硫酸铵为引发剂，在室温下进行聚合制成浆状产物，加入过量乙醇精制，最后得到浅黄色粒状物，用 1.0mol/L 氯化钠溶液检测，产物的特性黏数为 1.30dL/g。

5.4.9 聚苯乙烯基四甲基氯化铵

聚苯乙烯的阳离子化改性一般是通过聚苯乙烯与氯甲基甲醚反应制备聚苯乙烯氯甲烷，然后再与阳离子化试剂如有机胺、硫醚或三烷基膦进行反应制备阳离子型改性物。因此，聚苯乙烯基四甲基氯化铵的制备可分为两步：第一步反应是聚苯乙烯的氯甲基化反应，即利用聚苯乙烯与氯甲基甲醚反应，生成聚苯乙烯氯甲烷；第二步是胺化反应，利用聚苯乙烯氯甲烷与三甲胺反应，生成聚苯乙烯基四甲基氯化铵。制备过程如下：

氯甲基化反应：$\left[-CH_2-CH(C_6H_5)-\right]_n + CH_3OCH_2Cl \longrightarrow \left[-CH_2-CH(C_6H_4CH_2Cl)-\right]_n$

胺化反应：$\left[-CH_2-CH(C_6H_4CH_2Cl)-\right]_n + (CH_3)_3N \longrightarrow \left[-CH_2-CH(C_6H_4CH_2-N^+(CH_3)_3Cl^-)-\right]_n$

此外，聚苯乙烯还可与甲醛、盐酸反应，生成氯甲基化的聚苯乙烯，然后再与三甲胺反应生成聚苯乙烯基四甲基氯化铵。制备过程如下：

氯甲基化反应：$\left[-CH_2-CH(C_6H_5)-\right]_n + CH_2O + HCl \longrightarrow \left[-CH_2-CH(C_6H_4CH_2Cl)-\right]_n$

胺化反应：$\left[-CH_2-CH(C_6H_4CH_2Cl)-\right]_n + (CH_3)_3N \longrightarrow \left[-CH_2-CH(C_6H_4CH_2-N^+(CH_3)_3Cl^-)-\right]_n$

5.4.10 聚乙烯醇季铵化产物

制备季铵化的聚乙烯醇（PVA）的方法主要有两种：第一种方法是利用聚乙烯醇（PVA）含有大量的活性羧基，能够与季铵化试剂发生酯化、醚化或缩醛化等反应，从而制备出阳离子型的 PVA 絮凝剂；第二种方法是首先让乙酸乙烯酯与一个含有季铵基团的共聚单体进行共聚，然后将乙酸酯基团水解为羟基，从而制备出聚乙烯醇季铵化产品。方法一的反应式为：

$$\left[\!\!-CH_2-\underset{\large OH}{\underset{|}{CH}}-\!\!\right]_n + \underset{\diagdown O \diagup}{CH_2-CH}-CH_2-N^+(CH_3)_3Cl^- \longrightarrow \left[\!\!-CH_2-\underset{O-CH_2-\underset{OH}{\underset{|}{CH}}-CH_2-N^+(CH_3)_3Cl^-}{\underset{|}{CH}}-\!\!\right]_n$$

制备方法：将所需量的20%的NaOH溶液加入10.0g PVA中并立即用一个不锈钢小刮铲加以混合。然后在SorvallOmni混合器中以12000r/min的转速将该混合物搅拌数分钟，同时用手摇动该混合器以防止空化。搅拌停止后，用刮铲手工混合其中所含的混合物，其后再以12000r/min的转速重复搅拌。此后，称取1.75g *N*-(3-氯-2-羟丙基)-*N*,*N*,*N*-三甲基氯化铵加到PVA中，在混合器中先用刮铲手工混合，然后边摇动混合器边进行搅拌。这种先用刮铲混合接着在SorvallOmni混合器中进行搅拌的顺序至少要重复两次。再将仍呈自由流动状的PVA、NaOH和*N*-(3-氯-2-羟丙基)-*N*,*N*,*N*-三甲基氯化铵的混合物用瓷研杵在研钵中进行手工研磨。所得聚合物置入严实密封的广口玻璃瓶中并让其在室温下进行反应。一定时间间隔后，将部分PVA悬浮于含稍微过量HCl的甲醇中进行中和。过滤该聚合物，用体积比为1∶3的水和甲醇的混合液洗涤三次，接着甲醇洗涤两次。最后，将该聚合物于80℃下真空干燥至恒重。该工艺中，水的用量最好为10%～15%，最好是11%～13%（基于PVA的质量），季铵化反应的优选温度为25～80℃。

5.4.11 改性脲醛树脂季铵盐

改性脲醛树脂季铵盐的制备可分为三步：第一步是脲醛树脂的合成；第二步是脲醛树脂的改性；第三步是通过季铵化反应制备改性脲醛树脂季铵盐。反应过程如下：

树脂合成：$NH_2-\overset{O}{\overset{\|}{C}}-NH_2 + CH_2O \longrightarrow -\!\!\left(NH-\overset{O}{\overset{\|}{C}}-NH-CH_2\right)\!\!-_n$

树脂改性：$-\!\!\left(NH-\overset{O}{\overset{\|}{C}}-NH-CH_2\right)\!\!-_n + \underset{\diagdown O \diagup}{CH_2-CH}-CH_2Cl \longrightarrow -\!\!\left(\underset{CH_2-\underset{OH}{\underset{|}{CH}}-CH_2Cl}{\underset{|}{N}}-\overset{O}{\overset{\|}{C}}-NH-CH_2\right)\!\!-_n$

季铵化：$-\!\!\left(\underset{CH_2-\underset{OH}{\underset{|}{CH}}-CH_2Cl}{\underset{|}{N}}-\overset{O}{\overset{\|}{C}}-NH-CH_2\right)\!\!-_n + (C_2H_5)_3N \longrightarrow -\!\!\left(\underset{CH_2-\underset{OH}{\underset{|}{CH}}-CH_2-N^+(C_2H_5)_3Cl^-}{\underset{|}{N}}-\overset{O}{\overset{\|}{C}}-NH-CH_2\right)\!\!-_n$

制备方法：在三口烧瓶中加入尿素和甲醛，用NaOH溶液调节pH值至7.5～8，在90～95℃下搅拌，反应40～45min，其中甲醛、尿素的摩尔比为2∶1。用分液漏斗慢慢滴加环氧氯丙烷于树脂中，全部滴完后，在90～95℃下搅拌，反应1h，其中甲醛、尿素、环氧氯丙烷三者的摩尔比为2∶1∶0.5。向改性的树脂中加入一定量的三乙胺，在80～110℃下反应4～5h，即可得到阳离子型改性脲醛树脂季铵盐絮凝剂。

5.4.12 改性三聚氰胺甲醛絮凝剂

改性三聚氰胺甲醛絮凝剂的制备分两个步骤：三聚氰胺甲醛树脂的制备；阳离子化。

反应式为：

树脂的制备：

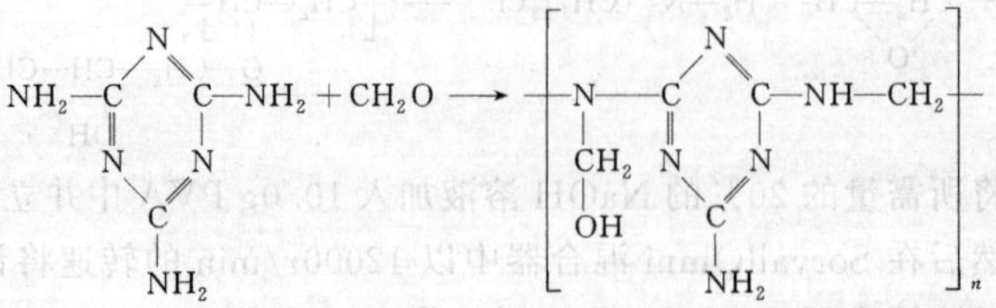

$$NH_2-C_3N_3(NH_2)-NH_2 + CH_2O \longrightarrow \left[N(CH_2OH)-C_3N_3(NH_2)-NH-CH_2 \right]_n$$

阳离子化：

$$\left[N(CH_2OH)-C_3N_3(NH_2)-NH-CH_2 \right]_n + CH_2O + HN(CH_3)_2 \longrightarrow \left[N(CH_2OH)-C_3N_3(NCH_2N(CH_3)_2(CH_2N(CH_3)_2))-NH-CH_2 \right]_n$$

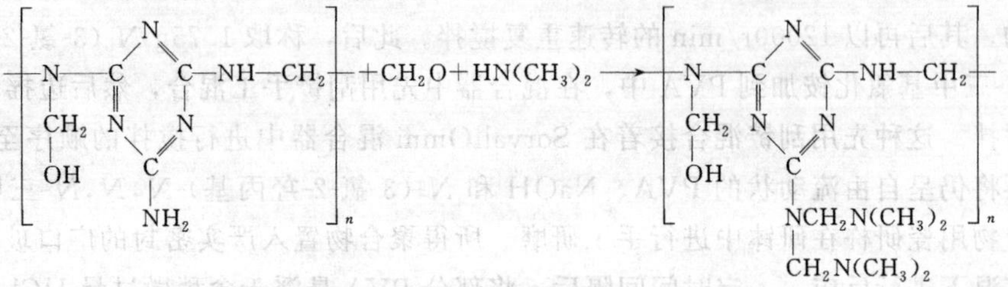

制备方法1：先将水和原料三聚氰胺加入三口烧瓶中，将反应体系的pH值调至8.5～10.0，缓慢加入甲醛，并升温至80℃，三聚氰胺溶解后，用酸将体系pH值调至3.0～5.5，聚合反应3～5h，即得三聚氰胺/甲醛树脂。

制备方法2：将反应体系的温度控制在70～80℃，缓慢加入甲醛和二甲胺溶液，反应2～5h后出料。其中，三聚氰胺、甲醛和二甲胺的最佳摩尔比为1∶9∶(4～7)。

5.5 缩合型絮凝剂的制备

5.5.1 含膦酸基团的双氰胺/甲醛聚合物

笔者曾以双氰胺、三氯化磷、甲醛和无机铵等为原料，通过缩聚反应制备出含膦酸基团的双氰胺/甲醛聚合物，反应示意式为[28]：

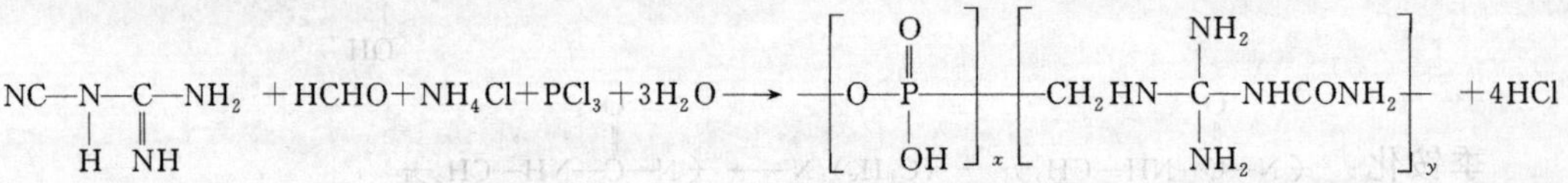

$$NC-NH-C(=NH)-NH_2 + HCHO + NH_4Cl + PCl_3 + 3H_2O \longrightarrow \left[O-P(=O)(OH) \right]_x \left[CH_2HN-C(NH_2)_2-NHCONH_2 \right]_y + 4HCl$$

制备方法[29]：

① 缩聚反应。将无机铵盐溶于盛脂肪醛和水的反应器中，反应温度10～60℃，加入双氰胺，将反应温度升至60～95℃，反应时间控制在0.5～3h。

② 水解反应与酯化反应。将上述反应液的温度降至20～70℃，加入三氯化磷，将反应温度升至90～120℃，反应2～9h，将物料温度降至45～85℃，加入添加剂，继续反应1～3h，冷却至室温得产品。

具体工艺1：将4.0kg磷酸二氢铵缓缓溶于盛25.0kg甲醛和47.0kg水的反应器中，并将反应温度控制在60℃左右，加入9.0kg双氰胺，将反应体系的温度升至90℃，反应2.0h。将上述反应液的温度降至60℃，滴加15.0kg三氯化磷，滴加完毕，将反应温度升至120℃，反应4.0h，将物料温度降至80℃，并添加0.5kg $NH_4H_2PO_4$、0.5kg PVA、

0.5kg 环亚乙烯脲和 0.5kg 硬脂酸，继续反应 2.0h，冷却至室温即得两性型有机高分子絮凝剂。

具体工艺 2：将 1.0kg 硫酸铵、2.0kg 氯化铵和 1.0kg 硝酸铵缓缓溶于盛 30.0kg 甲醛和 22.5kg 水的反应器中，将反应温度控制在 10℃左右，加入 20.0kg 双氰胺，并将反应体系的温度升至 95℃，反应 1.0h。将上述反应液的温度降至 20℃，滴加 23.0kg 三氯化磷，滴加完毕，将反应体系的温度升至 90℃，反应 8.0h 后，将物料温度降至 45℃，并添加 0.5kg $NH_4H_2PO_4$，继续反应 1.0h，冷却至室温即得两性型产品。

5.5.2 含磺酸基的双氰胺/甲醛聚合物

含磺酸基的双氰胺/甲醛聚合物的制备主要以双氰胺、甲醛、氨基磺酸以及 α-羟基磺酸钠等为原料，通过缩聚和磺化反应制备而成。制备方法：在室温下往反应釜中加入双氰胺、甲醛和氨基磺酸，反应过程中因发生放热反应，此时体系温度升至 60～75℃，反应 2～3h 后，将体系 pH 值调至 4.0～5.5，然后加入 α-羟基磺酸钠和适量催化剂。在 75～95℃下反应 3～4h 后，冷却至室温，即得含磺酸基的双氰胺/甲醛聚合物。

5.5.3 氨/环氧氯丙烷缩聚物

氨和环氧氯丙烷通过缩聚反应可制备出氨/环氧氯丙烷缩聚物，反应式如下：

$$NH_3 + \underset{\diagdown O \diagup}{CH_2-CH}-CH_2Cl \longrightarrow \left[CH_2-\underset{OH}{\underset{|}{CH}}-CH_2-NH \right]_n$$

液体产品：在常温和搅拌作用下，将浓度为 28%的氨水于 10min 内加入环氧氯丙烷中，控制环氧氯丙烷与氨的摩尔比为 1∶4。缩聚过程为放热反应，温度逐渐上升至 98℃，当氨水全部加入后，常压回流 3h，并控制温度不高于 104℃。由此可得到固体含量为 48%、近乎无色透明的液体产品。

固体产品：将以上制得的液体产品加入浓盐酸酸化，使 pH 值降至 2 左右，并充分搅拌和冷却，使酸化过程温度不高于 60℃。之后，将酸化液在真空和 50℃温度下蒸发，至混合液形成乳白色黏稠状，但仍可倾倒流动为止。然后加入相当于其容量 3 倍的异丙醇进行处理，滗析除去异丙醇，最后将其放于浅盆中，在 60℃温度下真空干燥 3d，再取出干硬半成品研磨，即可制成浅黄色的固体粉末。

5.5.4 二甲胺/环氧氯丙烷聚合物

二甲胺与环氧氯丙烷制备聚合物，具体反应式为：

$$HN(CH_3)_2 + \underset{\diagdown O \diagup}{CH_2-CH}-CH_2Cl \longrightarrow \left[CH_2-\underset{OH}{\underset{|}{CH}}-CH_2-\overset{CH_3}{\overset{|}{\underset{CH_3}{\underset{|}{N^+}}}}\ Cl^- \right]_n$$

制备方法：将 1.4g 荧光衍生物Ⅰ、31.2g 去离子水和 73.9g 质量分数为 1%的二甲胺溶液放入帕尔压力反应器中，此时温度为 5℃。将反应器密封，并加热升温至 80℃。在 2.5h 内将 93.5g 环氧氯丙烷缓慢泵送入反应体系中，在 80℃反应两个多小时后，聚合完毕。

5.5.5 氨/二甲胺/环氧氯丙烷聚合物

氨、二甲胺和环氧氯丙烷反应，制备三元聚合物，具体反应式为：

$$NH_3 + HN(CH_3)_2 + \underset{\diagdown O \diagup}{CH_2—CH}—CH_2Cl \longrightarrow \left[CH_2—\underset{OH}{CH}—CH_2—NH \right]_m \left[CH_2—\underset{OH}{CH}—CH_2—\overset{CH_3}{\underset{CH_3}{N^+}} Cl^- \right]_n$$

制备方法：在装有温度计、搅拌器、回流冷凝器和加料漏斗的2000mL烧瓶内，加入40%二甲胺水溶液450g（4.0mol）和29%氨水60.8g（1.0mol）。然后在低于40℃温度下，于2h内向混合液中滴加环氧氯丙烷412.9g（4.5mol），升温至90℃反应1h后，再分几次将总量为45.9g（0.5mol）的环氧氯丙烷加入其中，每次加入的时间间隔需保持在20min，温度维持在90℃，至全部加完后止。此后，将反应混合物冷却至80℃，并加浓硫酸使反应液pH值降至2.5，如此得到浓度为50%的产品，黏度为3.6Pa·s。

5.5.6 环氧氯丙烷/*N*,*N*-二甲基-1,3-丙二胺聚合物

环氧氯丙烷与*N*,*N*-二甲基-1,3-丙二胺反应生成聚合物，反应式为：

$$(CH_3)_2N—CH_2CH_2CH_2—NH_2 + \underset{\diagdown O \diagup}{CH_2—CH}—CH_2Cl \longrightarrow$$

$$\left[CH_2—\underset{OH}{CH}—CH_2—\underset{CH_2CH_2CH_2N(CH_3)_2}{N} \right]_x \left[CH_2—\underset{OH}{CH}—CH_2—\overset{CH_3}{\underset{CH_3}{\overset{Cl^-}{N^+}}}—CH_2CH_2CH_2—N\left\langle\begin{matrix} CH_2—\overset{OH}{CH}—CH_2 \\ CH_2—\underset{OH}{CH}—CH_2 \end{matrix}\right. \right]_y$$

式中，$x > y$。

制备方法1：于装有温度计、冷凝器、搅拌器和加料漏斗的烧瓶内，加入471g水和344.5g（3.38mol）*N*,*N*-二甲基-1,3-丙二胺（DMAPA），然后，在1h内将275.2g（2.97mol）环氧氯丙烷滴加到混合液中，升温至90℃，加热1h，保持此温度再将29.1g（0.31mol）环氧氯丙烷分9次加入反应液中，注意9次的加量要依次递减，最后一次的加量为0.1g。每加料一次搅拌20min，并用10mL玻璃管测定黏度一次，至达到所需黏度为止。最后加入350g 50%硫酸作终止剂，如此，即可得到质量分数为50%、黏度为0.912mPa·s的环氧氯丙烷/*N*,*N*-二甲基-1,3-丙二胺共聚物。将上述共聚物加水稀释至35%（质量分数）作为最终产品，该产品的黏度为94mPa·s，环氧氯丙烷与胺的摩尔比为0.97∶1。按所用原料的比例不同，可制成环氧氯丙烷与胺有各种比例的聚合物。

制备方法2：于7.57m^{3}反应器中加入1854kg水和978.9kg *N*,*N*-二甲基-1,3-丙二胺，然后将806.7kg环氧氯丙烷以6.81～7.57L/min的流速加入其中，升温至90℃加热

1h。此后，在 90℃温度下再分批将剩余的环氧氯丙烷加到反应液中，注意每次加入量要递减，最后一次加量为 1.8kg。每加入一次搅拌 20min，取样测定黏度，直至达到所需黏度为止。然后，加水 3443.7kg 稀释反应产物，再缓慢地加入浓度为 93.2%的硫酸 437.7kg，至 pH 值降至 5.0 时为止。产品黏度为 (1.0±0.2)Pa·s(30℃)，固体含量(质量分数) 为 50%。

5.5.7 氯化聚缩水甘油三甲基胺

氯化聚缩水甘油三甲基胺为黏稠油状液体，易溶于水。结构式为：

$$\left[\begin{array}{c}-O-CH_2-CH-\\ \quad\quad\quad\quad | \\ \quad\quad\quad\quad CH_2 \\ \quad\quad\quad\quad | \\ \quad\quad\quad\quad CH_2Cl\end{array}\right]_x \left[\begin{array}{c}-O-CH_2-CH-\\ \quad\quad\quad\quad | \\ \quad\quad\quad\quad CH_2 \\ \quad\quad\quad\quad | \\ \quad\quad\quad\quad N^+\ Cl^- \\ H_3C\ \ |\ \ CH_3 \\ CH_3\end{array}\right]_y$$

式中，$x+y=4\sim500$，$y:x=1:2$。

制备方法：将分子量为 800 的聚环氧氯丙烷 600g 与浓度为 25%的三甲胺水溶液 225g 加入不锈钢高压釜内，搅拌混合，加热至100℃并维持自生压力反应 3.5h。之后，高压釜排气并在减压下继续加热，将挥发物如水和未反应的胺分离排出，如此釜内压力迅速降至 667Pa，继而加热使釜内最终温度达到 150℃。最后釜内得到三甲胺与聚环氧氯丙烷的季铵加成物——氯化聚缩水甘油三甲基胺。该产品为黏稠状液体，聚合物中的氯与胺的摩尔比为 1∶0.15。

5.5.8 胍/环氧氯丙烷聚合物

胍与环氧氯丙烷发生缩聚反应，生成胍/环氧氯丙烷聚合物，反应式为：

$$NH_2-\overset{\overset{NH}{\|}}{C}-NH_2+\underset{\diagdown O \diagup}{CH_2-CH}-CH_2Cl \longrightarrow \left[CH_2-\underset{\underset{OH}{|}}{CH}-CH_2-NH-\overset{\overset{NH}{\|}}{C}-NH\right]_n$$

制备方法：在 9.55g 盐酸胍中加入环氧氯丙烷 9.25g 成泥浆状，然后加入少量氢氧化钠，在 100℃反应 3h，135～145℃反应 4h 得产物。在实际使用时，将其稀释为 1%固体含量的聚合物。

5.5.9 双氰胺/环氧氯丙烷聚合物

以双氰胺与环氧氯丙烷为原料合成双氰胺/环氧氯丙烷这种两亲型的聚合物，具体反应式为：

$$H_2N-\overset{\overset{NH}{\|}}{C}-NH-CN+\underset{\diagdown O \diagup}{CH_2-CH}-CH_2Cl \longrightarrow \left[CH_2-\underset{\underset{OH}{|}}{CH}-CH_2-NH-\overset{\overset{NH}{\|}}{C}-\underset{\underset{CN}{|}}{N}\right]_n$$

制备方法：在配备有冷凝回流装置的反应器中加入环氧氯丙烷和 50%氢氧化钠溶液，然后加入双氰胺和少量引发剂，将体系温度升至 75～85℃，反应 2～5h 后，补充碱量，并继续将温度升至95～110℃，反应3～4h后，冷却至室温，即得两亲型双氰胺/环氧氯丙烷聚合物。产品为透明黏稠液体，固含量为40%～60%，略带芳香味，对印染废水、含油废水、制浆废水等有很好的去除效果。

5.5.10 改性甲醇氨基氰基脲/甲醛缩合物

制备方法1：利用甲醇氨基氰基脲、多聚甲醛、氯化铵和无水氯化铝为原料，在酸性介质中，合成出有机-无机复合型改性甲醇氨基氰基脲/甲醛缩合物。具体方法：将甲醇氨基氰基脲、多聚甲醛、氯化铵和水以3：1：1.5：6的质量比加入反应釜中，反应30min后逐渐加入计算量的无水氯化铝和无机酸，反应60min后升温至90℃，反应4h后将反应温度降至常温，并适当添加一些助剂，继续反应30min即得透明黏稠状的有机-无机复合型改性甲醇氨基氰基脲/甲醛缩合物（有效固体含量为50.5%，其中Al_2O_3质量分数为5.5%，其pH值为1.6～2.1）。

制备方法2：利用甲醇氨基氰基脲、甲醛、结晶氯化铝和盐酸等为原料，在酸性介质中，合成出有机-无机复合型改性甲醇氨基氰基脲/甲醛缩合物。具体方法：将适量的水加入反应釜中，并将体系温度升至85℃，然后加入自制的40g甲醇氨基氰基脲和一定量的甲醛，在85℃反应一定时间后，加入结晶氯化铝及计算量的浓盐酸和催化剂，继续反应2.0h后自然降温，即制成有机-无机复合型改性甲醇氨基氰基脲/甲醛缩合物絮凝剂，产品为无色透明带有黏性且流动性良好的液体。而且通过红外光谱分析，发现所制备的改性甲醇氨基氰基脲/甲醛缩合物分子中含有以下基团：$—NH_2$（$3360.26cm^{-1}$）、$—CONH_2$（$3360.26cm^{-1}$、$1324.72cm^{-1}$和$1022.29cm^{-1}$）、—HN＝（$1708.56cm^{-1}$）和—CN（$2260.08cm^{-1}$）。由于改性甲醇氨基氰基脲/甲醛缩合物分子中既含有亲水基团，如氨基和酰氨基，又含有亲油基团如氰基，说明改性甲醇氨基氰基脲/甲醛缩合物属于两亲型絮凝剂。

5.6 两性型合成有机高分子絮凝剂的应用

水溶性两性高分子在水处理方面已具有较广泛的应用，如用作絮凝剂、污泥脱水混凝剂和金属离子吸附剂（或螯合剂）等。与仅含有一种电荷的水溶性阴离子或阳离子聚合物相比，它具有自身的应用特点[2]。

（1）絮凝剂

两性高分子用作絮凝剂不仅可除去废水中的悬浮物和胶体，而且可除去一般絮凝剂所不及的范围——废水中的溶解物（如有色物质、腐殖酸及表面活性剂等）。这是因为两性高分子中的阴、阳离子基团能与色度物质、腐殖酸类物质及表面活性剂等物质发生络合（螯合）作用，再通过絮凝沉淀达到去除的目的。因此可望在印染废水处理、微污染给水处理及真溶性有机物的去除方面起到积极的作用。

（2）污泥脱水混凝剂

两性高分子絮凝剂兼有阴、阳离子基团的特点，不仅具有电中和、吸附架桥作用，而且还有分子间的“缠绕”包裹作用，所以具有较好的脱水性能。它对不同性质、不同腐败程度的污泥都有较好的脱水、助滤作用，得到的泥饼含水率低，且用量较少，所以成为国内外研究的热点。

(3) 金属离子吸附剂

由于两性高分子内阴、阳离子基团能与金属离子发生螯合作用，而在等电点时又可将其释放出来，利用此性质可将金属离子分离回收，这对重金属污染的治理将起到积极的作用。

5.6.1 污泥脱水中的应用

在工业废水和生活污水的处理过程中，会产生大量的污泥，这些污泥是含水丰富(95%～99.5%)的带负电荷的粒子群，必须对其进行脱水操作，以降低污泥含水率，减少污泥的质量和体积，以便于进一步处理。污泥脱水的关键是改善污泥的脱水性能，絮凝沉降技术因其经济简便而成为最常用的方法。两性絮凝剂因其独特的分子结构和性质，可用于多样污泥处理，尤其对剩余污泥的处理表现出了优良的絮凝和脱水性能。

伦宁等[30]利用分子量为600万、阴离子度为5%～40%的丙烯酰胺/丙烯酸共聚物，通过Mannich反应制备出两性型聚丙烯酰胺（AMPAM），并用来处理肉联厂污水处理车间的剩余活性污泥，并进行对比试验，结果见表5-5。

表5-5 不同类型聚丙烯酰胺的处理效果[30]

絮凝剂	投加量/%	滤饼最低含水率/%	絮凝剂	投加量/%	滤饼最低含水率/%
AMPAM	0.8	69	空白样	—	93
PAM	0.8	80	PAM-C	0.8	77
	1.7	74		1.3	72

注：药剂的投加量相对于干污泥质量而言。非离子型聚丙烯酰胺（PAM）的分子量为600万；阳离子型聚丙烯酰胺（CPAM）的分子量为600万。此外，污泥的含水率为99.5%。

从表5-5中数据可知：AMPAM用于有机污泥脱水，效果好，脱水性能优于国产阳离子型聚丙酰胺（CPAM）和非离子型聚丙烯酰胺（PAM）。此外，投加相对于干污泥质量0.8%的AMPAM，在5×10^4Pa真空度下过滤脱水，污泥含水率可由99.5%降为69%，污泥比阻降低近1.2；污泥体积降为原值的1/44；燃烧热值增大44.3倍，且滤液透光性好，澄清度高。

笔者和课题组成员利用实验室研制的油包水型*N*-二甲氨基甲基丙烯酰胺/丙烯酰胺/丙烯酸钠共聚物乳液（AMPAM）处理污水处理厂的污泥（含水率为99.6%），并与国内外同类产品进行比较，结果见表5-6。经AMPAM处理后的污泥含水率与FC-2509接近，比FC-2506和华北油田产品的都低，说明两性产品具有良好的絮凝和脱水性能。

表5-6 不同高分子絮凝剂的处理效果

絮凝剂	空白	AMPAM	FC-2506	FC-2509	FA-40
污泥含水率/%	94.1	78.6	79.3	78.5	79.2

注：絮凝剂用量为干污泥质量的0.6%。FC-2506和FC-2509的分子量为12.0×10^6，为进口产品；FA-40的分子量为9.0×10^6，为国产聚丙烯酰胺产品；AMPAM的分子量为7.6×10^6。

5.6.2 工业废水处理中的应用

(1) 印染废水

刘献玲等[31]利用聚丙烯酰胺自身的活性基团——酰胺基，通过水解和 Mannich 反应制备出两性型聚丙烯酰胺（AMPAM），并用来处理印染废水，结果见表 5-7。由表可知，通过测定印染污水处理前后 pH 值、浊度、化学耗氧量的变化，可以看出 AMPAM 或 AMPAM 与无机絮凝剂配合使用对印染厂污水的处理效果均优于阳离子型絮凝剂。

表 5-7 不同类型絮凝剂对印染厂污水絮凝性能实验[31]

絮凝剂类型	处理前				处理后			
	pH 值	性状	浊度/NTU	COD/(mg/L)	pH 值	性状	浊度/NTU	COD/(mg/L)
CPAM	8.5	灰黑色，带臭味	125.6	1095	8.5	带灰色，有臭味	10.9	306
AMPAM	6.5	灰黑色，带臭味	125.6	1095	6.5	澄清透明，微臭	4.15	193
AMPAM+无机絮凝	6.5	灰黑色，带臭味	125.6	1095	6.5	澄清透明，微臭	4.50	209

笔者曾利用含膦酸基团的双氰胺/甲醛聚合物处理印染废水，结果见表 5-8。表中数据说明，含膦酸基团的双氰胺/甲醛聚合物对印染废水具有很好的絮凝脱色效果。

表 5-8 印染废水处理效果[2]

处理前水质指标				印染废水处理效果去除率			
pH 值	SS/(mg/L)	COD/(mg/L)	色度/CU	pH 值	SS/%	COD/%	色度/%
13.66	2938	1730	87121	7.32	83.2	83.8	99.6

注：处理前可先将废水的 pH 值调至 6～8 之间，絮凝剂的用量为 100mg/L。

两性型聚丙烯酰胺（AMPAM）与其他絮凝剂处理印染废水的效果见表 5-9。从表中数据可知，单独使用聚合氯化铝（PAC）时，色度残留率较低，但 COD 去除率不理想；单独使用两性型聚丙烯酰胺（AMPAM）或阳离子型聚丙烯酰胺（CPAM）时，由于印染废水悬浮物粒径小，所形成的絮凝物密度低，不宜下沉，絮凝剂效果较差。但将 AMPAM 或 CPAM 与 PAC 配合使用后，则絮凝效果有所改善，且 AMPAM 的处理效果优于 CPAM，表现出 AMPAM 在絮凝沉降过程中良好的絮体化和阴、阳离子的协调作用效应。

表 5-9 不同类型絮凝剂处理印染废水效果[32]

处理前废水水质指标			絮凝剂		印染废水处理效果		
pH 值	吸光度 E	COD/(mg/L)	类型	用量/(mg/L)	pH 值	吸光度去除率/%	COD 去除率/%
4.7	0.846	280	PAC	500	4.1	14.13	65
4.7	0.846	280	CPAM	2	4.7	61.59	—
4.7	0.846	280	APAM	2	4.7	65.60	
4.7	0.846	280	500mg/L PAC+2mg/L CPAM		4.1	10.70	72
4.7	0.846	280	500mg/L PAC+2mg/L AMPAM		4.1	8.02	89

注：CPAM 的阳离子度为 45.2%；AMPAM 的阳离子度为 43.3%，阴离子度为 19.7%；分子量为 4.0×10^6。

(2) 制浆造纸废水

两性型聚丙烯酰胺（AMPAM）可用于处理卫生纸厂污水及黄板纸厂污水，结果见

表 5-10 和表 5-11。由表中数据可知，合成的两性型聚丙烯酰胺对卫生纸厂污水及黄板纸厂污水的絮凝效果均优于阳离子型聚丙烯酰胺。AMPAM 与无机絮凝剂配合使用对两种污水的絮凝效果优于阳离子型聚丙烯酰胺，且具有减少无机絮凝剂用量的优点。

表 5-10 不同类型絮凝剂对卫生纸厂污水的絮凝实验[31]

絮凝剂类型	处理前				处理后			
	pH 值	性状	浊度/NTU	COD/(mg/L)	pH 值	性状	浊度/NTU	COD/(mg/L)
CPAM	8.5	灰黑色带臭味	165.6	901	8.5	乳白色，有臭味	18.1	386
AMPAM	6.5	灰黑色带臭味	165.6	901	6.5	澄清透明，微臭	5.5	97
AMPAM+无机絮凝剂	6.5	灰黑色带臭味	165.6	901	6.5	澄清透明，微臭	3.75	282

表 5-11 不同类型絮凝剂对黄板纸厂污水的絮凝实验[31]

絮凝剂类型	处理前				处理后			
	pH 值	性状	浊度/NTU	COD/(mg/L)	pH 值	性状	浊度/NTU	COD/(mg/L)
CPAM	8.5	黄褐色带臭味	130	209	8.5	浑浊，带微黄色，有臭味	18.7	193
AMPAM	7.0	黄褐色带臭味	130	209	7.0	澄清透明，微臭	2.40	113
AMPAM+无机絮凝剂	7.0	黄褐色带臭味	130	209	7.0	澄清透明，微臭	4.55	117

笔者还利用含膦酸基团的双氰胺/甲醛聚合物（MDF）处理制浆漂白废水，并比较不同的絮凝剂的絮凝性能，结果见表 5-12。从表中结果可看出，本发明所提出的多功能有机高分子絮凝剂的絮凝性能明显优于阳离子型聚丙烯酰胺（CPAM）、聚合氯化铝（PAC）以及聚合硫酸铁（PFS）等絮凝剂。4 种絮凝剂处理后废渣的沉降速度为 $\nu_{MDF}>\nu_{CPAM}>\nu_{PAC}>\nu_{PFS}$，而且 MDF 絮凝剂处理后的沉渣量少。

表 5-12 不同絮凝剂处理制浆漂白废水效果

处理前水质指标				印染废水处理效果去除率				
pH 值	SS/(mg/L)	COD_{Cr}/(mg/L)	色度/CU	絮凝剂	pH 值	SS/%	COD_{Cr}/%	色度/%
3.7	591	1681	1920	MDF	6.5	100	88.0	100
				CPAM	6.2	61.3	37.9	66.5
				PAC	6.0	76.8	62.6	79.2
				PFS	6.0	57.8	34.5	56.2

注：絮凝剂用量为 100mg/L。

(3) 含油废水

一种两性水溶性絮凝剂 JSB-2 处理油田洗井废水的效果见表 5-13。从表 5-13 中结果可以看出，大多数情况下，最佳投药量由出水浊度控制，只有在少数情况下，由出水油质量浓度控制（序号 10 和 16 的结果）；序号 3 和 10 的水质相差不大，但最佳投药量相差较大，可能是污染物成分变化所造成的。由此看来，最佳投药量与水样中油质量浓度、悬浮物质量浓度有很大关系，同时，也会受到污染物质成分变化以及油与悬浮固体之间交互作用的影响，但其变化比较复杂。

表 5-13　JSB-2 絮凝剂处理结果[33]

序号	处理前水质		最佳投药量/(mg/L)	处理后水质	
	ρ(油)/(mg/L)	ρ(悬浮物)/(mg/L)		浊度/NTU	ρ(油)/(mg/L)
1	155	224	10	10.0	26.8
2	196	208	5	10.0	13.9
3	226	1294	21	10.0	10.2
4	312	1826	42	10.0	11.6
5	356	4771	136	10.0	15.1
6	348	3588	155	10.0	17.0
7	480	2932	180	10.0	8.9
8	1376	5905	273	10.0	7.3
9	1040	4933	205	10.0	14.5
10	176	957	239	8.1	30.0
11	720	8197	239	10.0	10.5
12	864	8849	225	10.0	15.6
13	704	16941	314	10.0	9.2
14	456	15233	326	10.0	7.6
15	1405	25161	397	10.0	7.0
16	19950	28743	416	9.4	30.0

(4) 其他工业废水

沈敬之等[21]分别利用胺化度为 42.5%的两性型聚丙烯酰胺和阳离子型聚丙烯酰胺处理太原钢铁公司的工业废水（pH=6.2），处理后的废水透过率为 98.5%和 97.1%，COD 去除率为 95.25%和 81.20%。在絮凝太原选煤厂的工业废水（pH=7.5）时，分别使用两性聚丙烯酰胺和阴离子型聚丙烯酰胺处理后的废水透过率为 98.0%和 91.0%，表明两性聚丙烯酰胺的絮凝性优于阳离子型和阴离子型聚丙烯酰胺。

5.6.3　其他方面的应用

丙烯酸和丙烯酰胺共聚物是阴离子型聚丙烯酸类助洗剂的一种，其助洗原因是它有较强的分散能力。而两性型聚丙烯酸类水溶性高分子，分子链上同时含有阴、阳离子基团，具有良好的吸附性能。该类助洗剂的助洗能力可与 STPP 媲美。基于此，孙宾等[33]利用两性型聚丙烯酸类作为洗涤行业的助洗剂，发现在阴离子型丙烯酸-丙烯酰胺共聚物中引入阳离子基团，其分散性能得到较大提高；并随分子链中阴、阳离子基团含量的增加，分散性能增强。

目前我国选煤厂多使用压滤机处理煤泥水。为强化滤饼的脱水，一般采用两种方法：一是提高压滤设备的压力，二是在煤浆中加入絮凝剂、助滤剂辅助脱水。后者操作简单，效果较好，选煤厂应用较多。柴晓敏[34]利用丙烯酰胺/丙烯酸钠/2-丙烯酰亚氨基-2-甲基丙烷三甲基氯化铵三元共聚物对煤泥水进行净化和助滤，并与非离子型、阴离子型和阳离子型聚丙烯酰胺进行性能比较，发现：①由于煤粒的表面呈负电性，两性型聚丙烯酰胺在煤粒表面的吸附方式为平躺式和环式或尾式的复合形式，阳离子通过电荷引力等的作用与煤粒相连接，阴离子则通过与煤粒表面的负电荷的排斥作用伸展，因此两性型聚丙烯酰胺易于在煤粒间架桥，有利于煤粒的聚集与沉降，具有较好的助滤性能；②使用絮凝剂可明显降低浓缩机溢流中的固体颗粒含量，两性型PAM对煤泥水的净化率高于其他三种絮凝剂；③絮凝剂对煤泥水的净化效率随煤泥水浓度的增大而显著提高；④各种类型絮凝剂的最佳用量为1t入选原煤3～5g，两性型PAM的最佳用量为1t入选原煤4g。

参考文献

[1] 张祥丹. 阳离子型及两性絮凝剂现状与发展方向. 工业水处理，2001 (01)：1-4.

[2] 王杰，肖锦，詹怀宇. 两性高分子水处理剂的研究进展. 环境工程学报，2000，1 (3)：14-18.

[3] 姜涛，严莲，荀王瑛. 国内两性及天然高分子絮凝剂的研究进展. 江苏化工，2003 (03)：20-23.

[4] 陈文明，阎立峰，远杨，等. P(AA-*co*-DMMC) 水凝胶的 γ 辐射合成及 pH 响应行为. 核技术，2000 (08)：545-547.

[5] 陈嘉良，李万捷. 紫外光敏引发丙烯酰胺/甲基丙烯酰氧乙基三甲基氯化铵共聚反应的动力学. 高分子材料科学与工程，2013，29 (09)：28-31.

[6] Bhattacharya A，Davenport K G，Sheehan M T，et al. Amphoteric copolymer derived from vinylpyridine and acetoxystyrene：US19930003350. 1993.

[7] 王中华. MOTAC/AA/AM共聚物泥浆降滤失剂. 油田化学，1996 (04)：82-83.

[8] Lipowski S A，Miskel J J. Preparation of amphoteric water-in-oil self-inverting polymer emulsion：US29961981. 1982.

[9] 冉千平，黄荣华，马俊涛. 低电荷密度的两性高分子絮凝剂絮凝机理初步探讨. 高分子材料科学与工程，2003 (02)：146-149.

[10] Foss R P. Silver halide emulsion containing acrylic amphoteric polymers：US65078491. 1993.

[11] Foss R P. Acrylic amphoteric polymers：US37737389. 1989.

[12] 严瑞. 水处理剂应用手册. 第2版. 北京：化学工业出版社，2003.

[13] 沈一丁，李刚辉. 两性AN/AM/DMC/AA共聚物乳液制备及其对纸张的增强作用. 中国造纸，2003，22 (9)：22-25.

[14] Mori Y，Azuchi M. Polymeric flocculant and method of sludge dehydration：WO2000JP09042. 2001.

[15] Mcdonald C J. Preparation of *N*-(aminomethyl)-alpha，beta-ethylenically unsaturated carboxamides，their polymers and the quaternized carboxamides thereof：EP19780101482. 1979.

[16] Pross A，Platkowski K，Reichert K H. The inverse emulsion polymerization of acrylamide with pentaerythritolmyristate as emulsifier. 1. Experimental studies. Polymer International，2015，45 (1)：22-26.

[17] Hernández-Barajas J，Hunkeler D J. Inverse-emulsion polymerization of acrylamide using block copolymeric surfactants：mechanism，kinetics and modelling. Polymer，1997，38 (2)：437-447.

[18] Alduncin J A，Forcada J，Barandiaran M J，et al. On the main locus of radical formation in emulsion polymerization initiated by oil-soluble initiators. Journal of Polymer Science Part A：Polymer Chemistry，2010，29 (9)：1265-1270.

[19] Takahashi K，Yamamoto K，Kodama K，et al. Amphoteric polyelectrolyte，method for production thereof，and organic sludge dehydrater：US95980492. 1994.

[20] 王娜，李梦耀，曾普，等. AM/DMDAAC/AA型两性聚丙烯酰胺的制备及应用研究. 应用化工，2010，39 (2)：226-229.

[21] 沈敬之，李万捷. 两性聚丙烯酰胺的制备研究. 环境化学，1994 (5)：421-426.

[22] Gohlke U，Dietrich K. Reaction products of polyacrylonitrile with dicyandiamide &mdash；new flocculation agents &mdash. Die Angewandte Makromolekulare Chemie，1986 (141)：57-67.

[23] 李长波，薛懂，姜虎生，等. 复合混凝剂处理印染废水的实验研究. 辽宁石油化工大学学报，2014，34 (2)：1-3.

[24] Yu Y，Zhuang Y Y，Zou Q M. Interactions between organic flocculant PAN/DCD and dyes. Chemosphere，

2001，44（5）：1287-1292.
[25] 余颖，邹其猛，辛宝平，等. 有机絮凝剂对水中染料的絮凝作用探讨. 环境化学，2000，19（2）：142-148.
[26] 王艳，高宝玉，于慧，等. PAN/DCD用于染料废水的脱色研究. 环境化学，1995（6）：531-536.
[27] 高华星，程树军. 高分子絮凝剂用于染色废水处理研究. 环境污染与防治，1993（6）：2-5.
[28] 刘明华，叶莉. 有机高分子絮凝剂及其制备方法和在水处理中的应用：CN01127795.5 . 2002.
[29] 王杰，肖锦，詹怀宇. 两性高分子絮凝剂在污泥脱水上的应用研究. 工业水处理，2000（08）：28-30.
[30] 伦宁，王信东，李玉江. 两性聚丙烯酰胺在污泥脱水中的应用. 山东建材学院学报，1999，9（2）：114-116.
[31] 刘献玲，刘翠云. 新型两性高分子絮凝剂性能研究. 石油化工腐蚀与防护，2001，18（4）：31-34.
[32] 陈文兵，陆宏宇，董春娟，等. JSB-2絮凝剂处理油田洗井废水的应用研究. 哈尔滨商业大学学报（自然科学版），2004，20（1）：74-77.
[33] 孙宾，王靖天. 两性聚丙烯酸类助洗剂的合成与分散性能. 印染助剂，2001，18（3）：4-6.
[34] 柴晓敏. 聚丙烯酰胺对煤泥水的净化与助滤性能研究. 煤炭加工与综合利用，2004（1）：23-26.

第6章 非离子型天然有机高分子改性絮凝剂

6.1 概述

天然有机高分子絮凝剂是指将农副产品中的有机高分子物质提取或加工改性后制成的产品，也称为半合成絮凝剂。按其原料来源的不同，大体可分为淀粉衍生物、纤维素衍生物、改性植物胶、其他多糖类及蛋白质改性絮凝剂等类别。天然有机高分子絮凝剂的使用远小于合成有机高分子絮凝剂，原因是其电荷密度较小，分子量较低，且易发生生物降解而失去其絮凝活性。

20世纪70年代以来，美、英、法、日和印度等国结合天然高分子资源，重视化学改性天然有机高分子絮凝剂的研制。我国虽然在天然有机高分子絮凝剂的改性和开发方面起步较晚，但也取得了不错的成绩。通过淀粉表面官能团的转化和接枝共聚反应，合成一系列无毒、低成本、具有良好絮凝效果的天然有机高分子絮凝剂，其性能优于一般的合成有机高分子絮凝剂。

非离子型天然有机高分子改性絮凝剂主要是利用淀粉、瓜尔胶、纤维素和F691粉等自身的活性羟基，通过进一步的化学改性研制而成。这类絮凝剂主要用作助凝剂，即与其他絮凝剂配合使用，部分产品可用作污泥脱水剂。

6.2 分类

非离子型天然有机高分子改性絮凝剂根据原料来源的不同，可分为改性淀粉类产品、改性β-环糊精产品、改性瓜尔胶产品以及F691粉改性产品等。

6.3 淀粉/丙烯酰胺接枝共聚物的制备

淀粉是自然界中极为丰富的可再生资源之一，自然界中含淀粉的天然碳水化合物年产量可达5000亿吨，远远超过其他有机物，而且价格低廉，因此世界各国都十分重视对淀粉的研究、开发和利用[1-4]。

淀粉是由许多α-D-葡萄糖分子以糖苷键结合而成的高分子化合物，每个α-D-葡萄糖单元的2、3、6三个位置上各有一个醇羟基，因此淀粉分子中存在着大量可反应的基团。

以淀粉为原料，经物理、化学加工或生物技术加工，在淀粉的固有特性基础上，改善其加工操作性能，扩大淀粉的应用范围；或者是通过分解、复合产生的新产品，都是淀粉衍生物[5]。在改性淀粉产品中，改性淀粉絮凝剂占有一定的位置，而且改性淀粉絮凝剂的研究与开发为天然资源的利用或生产无毒絮凝剂开辟了新途径，因为改性淀粉絮凝剂具有天然有机高分子改性絮凝剂的特点，其中包括无毒、可以完全被生物降解以及在自然界中形成良性循环等特点。在天然有机高分子改性絮凝剂的研究与开发中，水溶性淀粉衍生物和多糖改性絮凝剂最具有发展潜力[6]。

目前，国外已有不少商品化产品，如美国氰胺公司（American Cyanamid Co）的Aerofloc、Buckman公司的Budond、国家淀粉化学公司（National Starch and Chemical Corp）的Zfloc-Aid和Starches 613-45以及Zyork Shiree Dyeware公司的Wisproloc[7]。

近年来，我国在改性淀粉絮凝剂的研究与应用方面虽然取得了较大的进展，但合成的絮凝剂用于废水处理时效果并不理想，且用于造纸废水处理方面的研究很少[8]。而且我国的改性淀粉絮凝剂与国外产品相比，无论在产品的品种、数量、质量还是在性能方面都存在较大的差距，因此应从我国的国情出发，充分利用农副产品中的天然有机高分子化合物，尤其是丰富的淀粉资源，开发出更多高效、多功能、价廉的絮凝剂，而且品种要多样化以便满足各种废水处理的不同需要。

淀粉/丙烯酰胺接枝共聚物主要是利用淀粉大分子上活化的自由基与丙烯酰胺单体通过接枝共聚制备而成，反应式为：

引发 或

淀粉自由基，以 ST$^{\cdot}$ 表示。

$$ST^{\cdot} + nCH_2{=}CH{-}CONH_2 \xrightarrow{\text{引发}} ST{-}\left[CH_2{-}\underset{\displaystyle CONH_2}{\underset{|}{CH}}\right]_n$$

淀粉/丙烯酰胺接枝共聚物的制备可采用两种方式：水溶液聚合和乳液聚合。其中水溶液聚合是最常用的方法。

6.3.1 水溶液聚合

淀粉能否与丙烯酰胺（AM）单体发生反应，除与单体的结构、性质有关外，还取决于淀粉大分子上是否存在活化的自由基。自由基可用物理或化学激发的方法产生。国内外的科研工作者已在这方面做了大量的研究工作。Akhilesh V. Singh等用微波辐射辅助法引发淀粉/AM的接枝共聚[9]。但最常用的还是化学引发方法，一般用 Ce^{4+}[10-12]、

H_2O_2-Fe^{2+}[13]、$K_2S_2O_8$-$KHSO_3$、$(NH_4)_2S_2O_8$-$NaHSO_3$[14]或$K_2S_2O_8$-$Na_2S_2O_3$、偶氮二异丁腈、$KMnO_4$ 等为引发剂，其中 Ce^{4+} 引发效能高，均聚物含量低[3]。除 Ce^{4+} 外，Mehrotra 等[4]采用$[Mn(H_2P_2O_7)]^{3-}$作引发剂，也取得了很好的引发效果。但是有关引发剂的引发效率的比较以及不同的反应介质与接枝效果的关系这方面的研究工作报道较少，因此笔者[14]就不同引发剂以及不同的反应介质与接枝效果的关系做了详细的研究，并探讨了淀粉与丙烯酰胺的接枝机理。

制备方法：将带有电动搅拌器、温度计、氮气进出口管的四口玻璃反应瓶置于恒温水浴中，升至一定温度，然后加入准确称量的淀粉和反应介质，通氮气保护，搅拌 1.0h 后冷却至 30℃，加入引发剂，反应 30min 后加入准确称量的丙烯酰胺单体，反应 3.0h。产物用甲醇、丙酮、乙醚洗涤，并用体积比为 1∶1 的 *N*,*N*-二甲基甲酰胺和冰醋酸混合液抽提除去均聚物，真空干燥至恒定质量。

6.3.1.1 接枝反应机理探讨[15]

本节主要探讨 Ce(Ⅳ)、V(Ⅴ)、Mn(Ⅲ)、过硫酸盐以及 Fenton 试剂引发的接枝反应机理。

(1) Ce(Ⅳ) 引发

Mino 和 Kaizerman 首次提出铈盐能有效地引发淀粉与乙烯类单体进行接枝共聚合。铈盐引发淀粉与乙烯类单体的共聚合可分为链引发、链增长和链终止三个阶段。

① 链引发

$$\mathrm{StOH}+\mathrm{Ce(IV)}\underset{}{\overset{K}{\rightleftharpoons}}\text{复合物}\xrightarrow{k_d}\mathrm{StO}^{\cdot}+\mathrm{Ce(III)}+\mathrm{H}^+$$

$$\mathrm{StO}^{\cdot}+\mathrm{M}\xrightarrow{k_i}\mathrm{StOM}^{\cdot}$$

$$\mathrm{Ce(IV)}+\mathrm{M}\xrightarrow{k_i^1}\mathrm{M}^{\cdot}+\mathrm{Ce(III)}+\mathrm{H}^+$$

② 链增长

$$\mathrm{StOM}_n^{\cdot}+\mathrm{M}\xrightarrow{k_p}\mathrm{StOM}_{n+1}^{\cdot}$$

$$\mathrm{M}_m^{\cdot}+\mathrm{M}\xrightarrow{k_p^1}\mathrm{M}_{m+1}^{\cdot}$$

③ 链终止

$$\mathrm{StOM}_n^{\cdot}+\mathrm{Ce(IV)}\xrightarrow{k_t}\mathrm{StOM}_n+\mathrm{Ce(III)}+\mathrm{H}^+$$

$$\mathrm{M}_m^{\cdot}+\mathrm{Ce(IV)}\xrightarrow{k_t^1}\mathrm{M}_m+\mathrm{Ce(III)}+\mathrm{H}^+$$

$$\mathrm{StOM}_n^{\cdot}+\mathrm{StO}^{\cdot}\xrightarrow{k_t^2}\text{稳定物}$$

$$\mathrm{StO}^{\cdot}+\mathrm{Ce(IV)}\xrightarrow{k_0}\text{氧化产物}+\mathrm{Ce(III)}+\mathrm{H}^+$$

式中，M 为乙烯类单体；K 为平衡常数；k_d、k_i、k_i^1、k_p、k_p^1、k_t、k_t^1、k_t^2、k_0 为反应速率常数。

假设 $k_p=k_p^1$、$k_t=k_t^1$，那么应用稳定态假定理论，导出接枝速率方程为：

$$R_p=\frac{k_p}{k_t}[\mathrm{M}]^2\left\{k_i^1+\frac{k_dK[\mathrm{StOH}]}{[\mathrm{M}]+(k_0/k_i)[\mathrm{Ce}^{4+}]}\right\} \tag{6-1}$$

假设 $(k_0/k_i)[Ce^{4+}] \gg [M]$，那么式（6-1）可简化为：

$$R_p=\frac{k_p}{k_t}[M]^2\left\{k_i^1+\frac{k_i k_d K[StOH]}{k_0[Ce^{4+}]}\right\} \tag{6-2}$$

从式(6-1) 和式(6-2) 可以看出：增加单体用量可以提高接枝速率；但过量的引发剂则会加速链终止反应。

(2) V(Ⅴ) 引发

由 V(Ⅴ) 引发淀粉/AM 接枝共聚的机理主要包括以下三方面：首先，大分子无水葡萄糖单元上的羟基与 V(Ⅴ) 形成络合物；然后，络合物中间体以单分子的形式重新分配，在淀粉骨架上产生不稳定的自由基，这些自由基引发接枝反应；最后，又由 V(Ⅴ) 离子发生链终止反应。具体反应式如下：

$$StOH+V(V)\overset{K}{\rightleftharpoons}\text{复合物}$$

$$\text{复合物}\xrightarrow{k_d}StO^{\cdot}+V(IV)+H^+$$

① 链引发

$$StO^{\cdot}+M\xrightarrow{k_i}StOM^{\cdot}$$

$$V(V)+M\xrightarrow{k_i^1}M^{\cdot}$$

② 链增长

$$StOM^{\cdot}+M\xrightarrow{k_p}StOM_2^{\cdot}$$
$$\vdots$$
$$StOM_{n-1}^{\cdot}+M\longrightarrow StOM_n^{\cdot}$$

$$M_m^{\cdot}+M\xrightarrow{k_p^1}M_{m+1}^{\cdot}$$
$$\vdots$$
$$M_{m-1}^{\cdot}+M\longrightarrow M_m^{\cdot}$$

③ 链终止

$$StOM_n^{\cdot}+V(V)\xrightarrow{k_t}\text{接枝共聚物}$$

$$M_m^{\cdot}+V(V)\xrightarrow{k_t^1}\text{均聚物}$$

$$StO^{\cdot}+V(V)\xrightarrow{k_0}\text{氧化产物}$$

$$StO^{\cdot}+StO^{\cdot}\xrightarrow{k_{tr}}\text{二聚物}$$

式中，M 为乙烯类单体；K 为平衡常数；k_d、k_i、k_i^1、k_p、k_p^1、k_t、k_t^1、k_0、k_{tr} 为反应速率常数。

假设该反应为简单的接枝共聚反应，那么应用稳定态假定理论，导出接枝速率方程为：

$$R_p=\frac{Kk_p k_i k_{tr}[M]^2[StOH]}{k_t(k_i[M]+k_0[V(V)])}$$

(3) Mn(Ⅲ) 引发

Mn(Ⅲ) 引发亦分为链引发、链增长和链终止三个阶段。

① 链引发

$$RH+Mn(Ⅲ) \underset{}{\overset{K}{\rightleftharpoons}} 复合物 \xrightarrow{k_1} R^{\cdot}+Mn(Ⅱ)+H^{+}$$

$$StOH+R^{\cdot} \xrightarrow{k_2} StO^{\cdot}+RH$$

$$StO^{\cdot}+M \xrightarrow{k_i} StOM^{\cdot}$$

② 链增长

$$StOM^{\cdot}+M \xrightarrow{k_p} StOM_2^{\cdot}$$

$$StOM_{n-1}^{\cdot}+M \xrightarrow{k_p} StOM_n^{\cdot}$$

③ 链终止

$$StOM_n^{\cdot}+Mn(Ⅲ) \xrightarrow{k_t} StOM_n+Mn(Ⅱ)+H^{+}$$

$$StO^{\cdot}+Mn(Ⅲ) \xrightarrow{k_0} 氧化产物+Mn^{2+}$$

式中，R为丙二酸；M为乙烯类单体；K为平衡常数；k_1、k_2、k_i、k_p、k_t、k_0为反应速率常数。

应用静态假定理论，导出接枝速率方程为：

$$R_p=\frac{k_p k_i k_1[RH][M]^2}{k_t(k_i[M]+k_0[Mn(Ⅲ)])}$$

(4) 过硫酸盐引发

过硫酸盐能有效地引发淀粉与乙烯类单体进行接枝共聚反应。Kolthoff等提出，当加热过硫酸盐溶液时，分解生成硫酸盐自由基：

$$S_2O_8^{2-} \xrightarrow{k_1} 2SO_4^{\cdot -}$$

当淀粉存在时，$SO_4^{\cdot -}$ 引发淀粉发生均裂氧化，氢原子脱除，形成淀粉自由基：

$$StOH+SO_4^{\cdot -} \xrightarrow{k_2} HSO_4^{-}+StO^{\cdot}$$

淀粉自由基引发单体，产生淀粉接枝链增长自由基，淀粉接枝链增长自由基和单体结合，立即发生链增长，生成淀粉接枝共聚物。在接枝聚合的同时，自由基也同时引发单体产生均聚反应：

$$StO^{\cdot}+M \xrightarrow{k_i} StOM^{\cdot}$$

$$StOM^{\cdot}+M \xrightarrow{k_p} StOM_2^{\cdot}$$

$$StOM_{n-1}^{\cdot}+M \longrightarrow StOM_n^{\cdot}$$

$$SO_4^{\cdot -}+M \xrightarrow{k_i^1} HSO_4^{-}+M^{\cdot}$$

$$M_m^{\cdot}+M \xrightarrow{k_p^1} M_{m+1}^{\cdot}$$

$$M_{m-1}^{\cdot}+M \longrightarrow M_m^{\cdot}$$

由于链自由基的反应活性大，易发生链转移和链终止反应：

$$StO(M)_n M^{\cdot}+StO(M)_m M^{\cdot} \xrightarrow{k_t} StO(M)_{n+1}(M)_{m+1}OSt$$

$$StO^{\cdot} + S_2O_8^{2-} \xrightarrow{k_0} 氧化产物 + 2SO_4^{\cdot -}$$

式中，M 为乙烯类单体；k_1、k_2、k_i、k_i^1、k_p、k_p^1、k_t、k_0 为反应速率常数。

应用稳定态假定理论，导出接枝速率方程为：

$$R_p^2 = \frac{k_p^2 k_1 k_2 [M]^2 [StOH]}{k_t(k_2[StOH] + k_0[S_2O_8^{2-}])}$$

(5) Fenton 试剂引发

Fenton 试剂引发淀粉/AM 接枝共聚的机理主要包括以下三方面：首先，在 Fe(Ⅱ)的直接影响下，通过进攻引发剂上因热降解或者诱导降解产生的羟基（·OH）而形成淀粉宏自由基；其次，淀粉宏自由基进攻单体引发接枝反应，与此同时，羟基亦进攻单体产生均聚物；最后又由 Fe(Ⅲ) 发生链终止反应。具体反应式如下：

$$StOH + \cdot OH \xrightarrow{k_d} StO^{\cdot} + H_2O$$

① 链引发

$$StO^{\cdot} + M \xrightarrow{k_i} StOM^{\cdot}$$

$$\cdot OH + M \xrightarrow{k_i^1} OH{-}M^{\cdot}$$

② 链增长

$$StOM^{\cdot} + (n-1)M \xrightarrow{k_p} StOM_n^{\cdot}$$

$$OH{-}M^{\cdot} + (m-1)M \xrightarrow{k_p^1} M_m^{\cdot}$$

③ 链终止

$$StOM_n^{\cdot} + Fe(Ⅲ) \xrightarrow{k_t} 接枝共聚物$$

$$M_m^{\cdot} + Fe(Ⅲ) \xrightarrow{k_t^1} 均聚物$$

④ 氧化反应

$$StO^{\cdot} + \cdot OH \xrightarrow{k_0} 氧化产物$$

式中，M 为乙烯类单体；k_d、k_i、k_i^1、k_p、k_p^1、k_t、k_t^1、k_0 为反应速率常数。

应用静态假定理论，导出接枝速率方程为：

$$R_p = \frac{k_d k_i k_p [M]^2 [StOH]}{k_t(k_i[M] + k_t[Fe^{3+}] + k_0[H_2O_2])}$$

6.3.1.2 接枝反应的影响因素[15]

影响淀粉接枝反应的主要因素有引发剂的种类及浓度、反应时间、反应温度、单体用量、反应介质等。

(1) 引发剂种类

在其他条件相同的情况下，利用 8 种不同引发剂引发淀粉/AM 接枝共聚，试验结果见表 6-1。从表中可看出，$Fe^{2+}/CH_3(CO)OOH$ 的引发效果最好，单体转化率可达 99.6%，接枝效率为 62.3%，接枝量为 38.3%，$[Mn(H_2P_2O_7)_3]^{3-}$、Fe^{2+}/H_2O_2 次之，钒酸钠最差。因此，拟采用 $Fe^{2+}/CH_3(CO)OOH$ 为淀粉/AM 接枝共聚的引发剂。

表 6-1　引发剂种类对接枝效果的影响

引发剂	接枝效果		
	接枝效率(E)/%	单体转化率(C)/%	接枝量(G)/%
硝酸铈铵	32.0	98.9	24.1
$K_2S_2O_8$	20.3	95.6	16.2
$K_2S_2O_8/NaHSO_3$	21.0	96.7	16.9
$K_2S_2O_8/Na_2S_2O_3$	23.1	97.2	18.3
Fe^{2+}/H_2O_2	53.8	98.1	34.5
$Fe^{2+}/CH_3(CO)OOH$	62.3	99.6	38.3
$[Mn(H_2P_2O_7)_3]^{3-}$	59.1	99.2	37.0
钒酸钠	11.5	91.5	37.0

注：淀粉用量 10.0g（绝干质量），丙烯酰胺用量 10.0g，引发剂浓度 1.0×10^{-3}mol/L，25℃，3.0h。

(2) 引发剂浓度

在 $0.25\times10^{-3}\sim1.0\times10^{-3}$mol/L 范围内，接枝效率、单体转化率和接枝量均随着引发剂 $Fe^{2+}/CH_3(CO)OOH$ 浓度的增大而增大；当 $Fe^{2+}/CH_3(CO)OOH$ 浓度超过 1.0×10^{-3}mol/L 时，接枝效率和接枝量则随着引发剂浓度的增大而呈递减趋势（见图 6-1）。引发剂浓度增大引起接枝效率下降的主要原因可能是过量的淀粉自由基加速了链终止反应，从而引起接枝效率的下降。因此，引发剂的最佳浓度为 1.0×10^{-3}mol/L。

(3) 反应温度

图 6-2 表明，温度升高有利于提高单体的转化率，但是随着温度的升高，接枝效率呈下降趋势。这可能是随着温度升高，$CH_3(CO)OOH$ 的分解速率加快，淀粉自由基增多，与此同时能引起链终止反应的 Fe^{3+} 也相应增多，从而有利于丙烯酰胺均聚物的产生，提高单体的转化率，并引起接枝效率的下降。因此，聚合反应温度宜控制在 20～30℃。

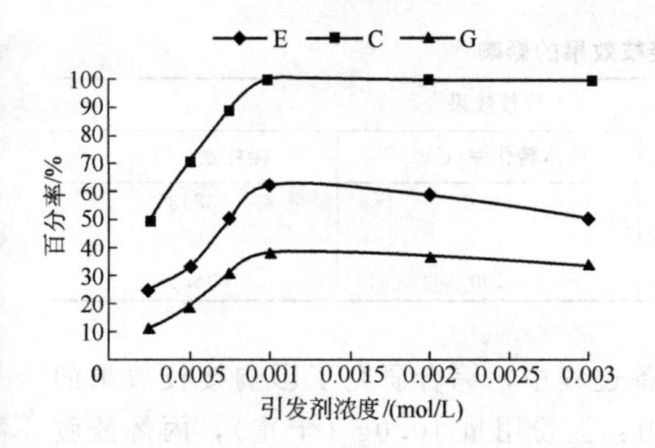

图 6-1　引发剂浓度对接枝效果的影响

淀粉用量 10.0g（绝干质量），丙烯酰胺用量 10.0g，25℃，3.0h。

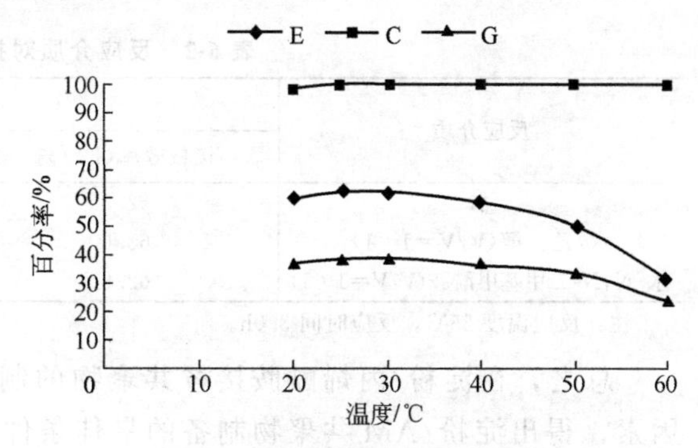

图 6-2　温度对接枝效果的影响

淀粉用量 10.0g（绝干质量），丙烯酰胺用量 10.0g，引发剂浓度 1.0×10^{-3}mol/L，3.0h。

(4) 反应时间

接枝效率、单体转化率和接枝量均随着反应时间的增加而增大，但当反应 3h 后，继续延长反应时间有利于丙烯酰胺均聚物的生成，接枝到单体上的聚合物反而减少，即接枝效率略微降低（如图 6-3 所示），因此接枝反应时间以 3h 为宜。

(5) 单体用量

单体用量在2.5～20.0g范围内，接枝效率、单体转化率和接枝量的变化如图6-4所示。随着丙烯酰胺用量的增加，接枝共聚反应和均聚反应都有所加快，但后者更快，这说明淀粉自由基链增长速度小于均聚物的链增长速度。另外，引发剂在引发淀粉产生自由基的同时，也引发丙烯酰胺产生单体自由基，因此如果增加单体用量，势必引起更多均聚物的生成。

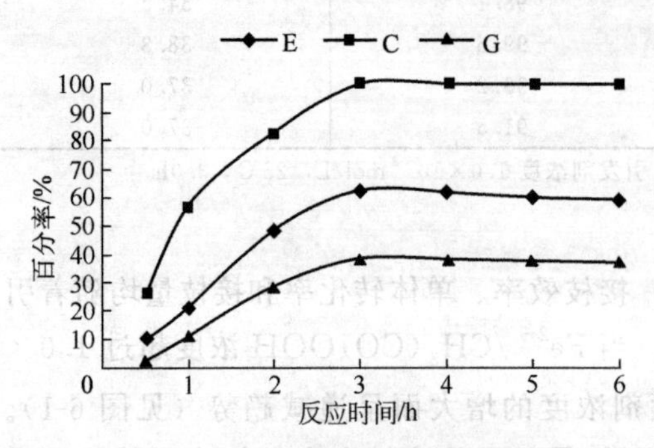

图6-3 反应时间对接枝效果的影响

淀粉用量10.0g（绝干质量），丙烯酰胺用量10.0g，引发剂浓度1.0×10^{-3}mol/L，25℃。

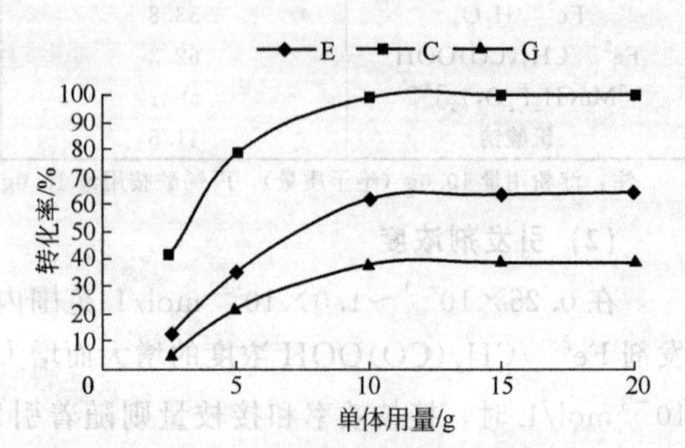

图6-4 单体用量对接枝效果的影响

淀粉用量10.0g（绝干质量），引发剂浓度1.0×10^{-3}mol/L，25℃，3.0h。

(6) 反应介质

淀粉与丙烯酰胺在不同的介质中发生反应，接枝效果有所差别，实验结果见表6-2。从表中可看出，以水/乙二醇为反应介质，接枝效果最好，但综合考虑经济成本，仍以水为反应介质。

表6-2 反应介质对接枝效果的影响

反应介质	接枝效果		
	接枝效率(E)/%	单体转化率(C)/%	接枝量(G)/%
水	62.3	99.6	38.3
水/乙二醇(V/V=1∶1)	63.6	100	38.9
水/N,N-二甲基甲酰胺(V/V=1∶1)	62.6	100	38.5

注：反应温度25℃，反应时间3.0h。

总之，在淀粉/丙烯酰胺接枝共聚物的制备过程中，综合研究了影响接枝效果的因素，得出淀粉/AM共聚物制备的最佳条件为：淀粉用量10.0g（干重），丙烯酰胺用量10.0g，引发剂$Fe^{2+}/CH_3(CO)OOH$的浓度1.0×10^{-3}mol/L，反应温度25℃，反应时间3.0h。在上述条件下，单体转化率可达99.6%，接枝效率为62.3%，接枝量为38.3%。

6.3.1.3 国内外同类研究工作比较

Fanta等[16]以小麦淀粉为原料，在一定温度下预处理1h，然后以丙烯酰胺为单体，以硝酸铈铵/硝酸、Fe^{2+}/H_2O_2为引发剂，在25℃下反应2h，加入对苯二酚终止剂，即得淀粉/丙烯酰胺接枝共聚物。试验结果见表6-3。从表6-3可知：淀粉预处理的温度越高，共聚物的接枝效率越低；共聚物的接枝效率受丙烯酰胺单体的浓度影响不大；Fe^{2+}/H_2O_2 的引发效果优于硝酸铈铵/硝酸的引发效果。

表 6-3　淀粉与丙烯酰胺接枝效率[16]

引发剂	预处理温度/℃	n(ST)∶n(AM)	接枝量/%	共聚物分子量	接枝效率/%
Ce^{4+}	25	1∶1	6	—	33
Ce^{4+}	60	1∶1	2	—	12
Ce^{4+}	25	1∶3	12.2	8600	30
Ce^{4+}	60	1∶3	16	65000	31
Fe^{2+}/H_2O_2	25	1∶1	15.7	14000	54
Fe^{2+}/H_2O_2	60	1∶1	12	38600	34

注：ST 指淀粉；AM 指丙烯酰胺单体。

国内很多科研工作者亦在淀粉/丙烯酰胺接枝共聚物的研究方面做了大量的研究工作，现将部分研究工作列于表 6-4。

表 6-4　国内开展淀粉/丙烯酰胺接枝共聚物合成的部分研究工作

m(ST)∶m(AM)	引发剂种类	引发剂浓度/(mol/L)	反应温度/℃	单体转化率/%	接枝率/%	参考文献
1∶2.7	自制	1.0×10^{-3}	—	92	170	[17]
1∶1.69	Ce(Ⅳ)/HNO_3	1.0×10^{-3}	40	93.4	94.9	[18]
1∶1	$KMnO_4/H_2SO_4$	1.2×10^{-3}	50	66	137.4	[19]
—	$K_2S_2O_8$	1.0×10^{-1}	60	99.9	124.3	[20]
1∶1.93	硝酸铈铵	3.4×10^{-1}	60	98>	182	[21]

注：ST 指淀粉；AM 指丙烯酰胺单体。

6.3.2　乳液聚合

庄云龙等[22]采用乳液聚合法制备淀粉/丙烯酰胺共聚物。制备方法：将淀粉溶解在二甲基亚砜-水的混合液中，与一定量复合乳化剂一起在多功能食品粉碎机中快速搅拌成白色乳液，加入三口瓶中，搅拌并通氮气 30min，从球形冷凝管中加入引发剂，用草酸调节 pH 值，30min 后，继续通氮气并加入单体丙烯酰胺，维持反应一定时间，得到白色乳液。他们还进行了制备条件的优选试验，并得出以下结论。

(1) pH 值对产物分子量的影响

由于实验中所用的乳化剂是非离子型乳化剂，pH 值对乳液的稳定性影响不大，但当 pH 值太小时，会引起丙烯酰胺支链的亚胺化交联，生成不溶性的固化物，从而影响乳液的稳定性。实验中发现，当 pH 值小于 3 时，产物放置 1d 后就有分层现象出现。

pH 值对产物分子量的影响与水溶液聚合中相似，过量的酸会降低产物支链的分子链，pH 值越大，对产物分子量的提高越有利，但事实上当 pH 值大于 7 时，反应的效率很低，因此 pH 值应选择在 5～6 之间。

(2) 水油体积比对产物分子量的影响

在乳液聚合体系中，油作为连续相，起分散液滴的作用，油量太小，粒子不能分散得很细、很均匀，单体液滴体积大，每个粒子所含自由基数目多，各种链转移及链终止反应发生的概率大，结果使产物分子量降低；油量太大，油中杂质的链转移作用增强，也不会得到高分子量产物，因此应选择一适中的水油比。固定其他条件不变，当水/油的体积比为 3/2 时，产物支链的分子量最大。

(3) 乳化剂的量对产物分子量的影响

增加乳化剂浓度可以使乳液分散得更细、更均匀，单体液滴体积小，所含自由基数目少，链终止发生的概率也小，使分子量增大。但如果乳化剂浓度过大，会使得液滴表面的乳化剂层加厚，使聚合增长链向乳化剂转移的概率增多，使分子量降低。当乳化剂的量占反应体系质量的 13%时，产物的分子量最大，为 170 万。

(4) 引发剂的浓度对产物分子量的影响

增大引发剂浓度，聚合物支链分子量会降低，这是因为聚合进入恒速期后，已被引发的聚合核及单体液滴都已成为独立体系，也就是说每一个小液滴都是一个很小而又独立的溶液体系，因此引发剂的量对产物分子量的影响接近于水溶液聚合的结果。引发剂的量越小，产物的分子量越大，但如果引发剂的量过小，聚合转化率和聚合速率都会很低，没多大使用价值，因此引发剂的量选在 $(9\sim10)\times10^{-3}$ mol/L 之间为好。

(5) 聚合温度对产物分子量的影响

温度升高，产物分子量降低，符合自由基聚合的一般规律。由于试验中采用的是非离子型乳化剂，温度的变化对非离子型表面活性剂会有较大的影响，将使其亲水基的水化度减小，从而降低乳化体系中水溶性表面活性剂的亲水性，因此温度存在一上限。在此温度以上，由于复合乳化剂的 HLB 值改变，乳液会发生凝聚破乳。对共聚物的分子量而言，聚合温度越低越好，但如果聚合温度太低，反应效率很低。因此，聚合温度选择 30～40℃为好。

6.4 β-环糊精改性产品的制备

环糊精（CD）是直链淀粉在由芽孢杆菌产生的环糊精葡萄糖基转移酶作用下生成的一系列环状低聚糖的总称，通常是由 6～12 个 D-吡喃葡萄糖单元以 β-1,4-苷键首尾相连形成的低聚糖化合物，其类型包括 α-CD、β-CD 和 γ-CD。其分子略呈锥形空心圆筒状环状立体结构，在其环状空心结构中，外侧上端（较大开口端）由 C2 和 C3 的仲羟基构成，下端（较小开口端）由 C6 的伯羟基构成，故环外具有亲水性；而空腔内由于受 C—H 键的屏蔽作用形成了疏水区[23]。

经 X 射线及 NMR 测定，CD 孔穴内侧由—CH—基及葡萄糖苷键的氧原子组成，呈疏水性；而孔穴一端的开口处是 2,3-位羟基，另一端是 6-位羟基，因而 CD 外侧呈亲水性；此外，CD 的上、中、下层原子都不同，没有对称元素，即具有手性。由于 CD 的这些特殊结构，能有目的地用来包络某些化合物，实现一些特殊的需要。CD，特别是 β-CD，因水溶性不大、孔洞内径不大等一些因素，限制了其应用范围。但经化学修饰后的 CD 可适应不同场合下的一些特殊要求，从而大大扩展了 CD 的应用领域。

6.4.1 β-环糊精/聚丙烯酰胺接枝化合物

周玉燕等[24]以 β-环糊精与聚丙烯酰胺为原材料，通过化学改性，合成出 β-环糊精/

聚丙烯酰胺接枝化合物。制备方法：①按文献[25]合成β-环糊精对甲苯磺酸酯（β-CD-6OTS）；②将4.30g聚丙烯酰胺加入160.0mL蒸馏水中，在50℃水浴中搅拌使其溶解后，分批加入2.00g β-CD-6OTS，于50℃水浴中反应24h，蒸干溶剂，分别用甲醇、乙醚洗涤，真空干燥，即得到白色固体β-CD-PAM。

6.4.2 水溶性β-环糊精交联聚合物

制备方法[26]：将一定量的β-环糊精加入质量分数为33%的NaOH水溶液中，室温下搅拌13h后，在30℃下按β-CD和环氧氯丙烷（EP）的摩尔比分别为1∶6、1∶8、1∶9和1∶10迅速加入EP，反应达到凝胶点时加入丙酮中止反应，用6mol/L的盐酸调节体系酸度为pH=12，然后在50℃下搅拌12h，冷却，调pH=7，用透析法除去NaCl，将溶液蒸至黏稠状，加入无水乙醇，析出白色固体，过滤，真空干燥，即得到不同摩尔配比的β-CD-EP产物。

6.5 改性瓜尔胶产品的制备

瓜尔胶（guar gum）是一种天然的半乳甘露聚糖胶，从产于印度、巴基斯坦等地的瓜尔豆种子的胚乳中提取得到。瓜尔胶主链由（1,4）-β-D-甘露糖为单元连接而成，侧链由单个α-D-半乳糖组成并以（1,6）键与主链相接，如图6-5所示[27-29]。从整个分子来看，半乳糖在主链上呈无规分布，但以两个或三个一组居多。这种基本呈线型而具有分支的结构决定了瓜尔胶的特性与那些无分支、不溶于水的葡甘露聚糖有明显的不同。因来源不同，瓜尔胶的分子量及单糖比例不同于其他的半乳甘露聚糖。其分子量为100万～200万，甘露糖与半乳糖之比约为2∶1[30]。

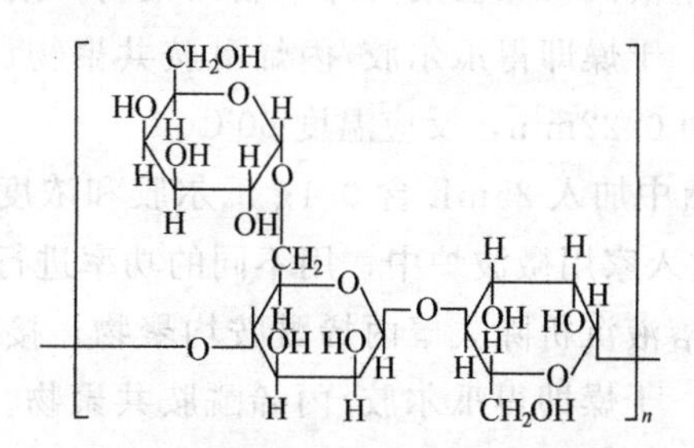

图6-5 瓜尔胶分子结构示意图

尽管瓜尔胶具有很好的水溶性和增稠性，但是原粉往往具有下述缺点[20]：a.不能快速溶胀和水合，溶解速率慢；b.水不溶物含量高；c.黏度不易控制；d.易被微生物分解而不能长期保存。这些缺点使瓜尔胶的应用受到很大限制。因此需要改变其理化特性，使其可广泛应用。改性主要分为四类：

① 官能团衍生。这类方法是基于瓜尔胶的糖单元上平均有三个羟基，这三个羟基在一定条件下可发生醚化、酯化或氧化反应，生成醚、酯等衍生物。

② 接枝聚合。该方法是基于一定条件下，一些引发剂可使瓜尔胶或乙烯基类单体产

生自由基，从而进行聚合反应，如丙烯酸、丙烯酰胺、甲基丙烯酰胺、丙烯腈等接枝。

③ 酶法。该方法是利用酶降解而改变瓜尔胶的性质。

④ 金属交联法。主要利用瓜尔胶的交联性。瓜尔胶主链上的邻位顺式羟基可以与硼及一些过渡金属离子如钛、锆等作用而形成冻胶。

本节主要介绍瓜尔胶通过接枝共聚制备非离子型瓜尔胶改性产品。

6.5.1 瓜尔胶的纯化

制备方法[30]：将豆胶用氢氧化钡饱和溶液在60℃下连续搅拌12h制备出质量分数为2.5%的钡胶络合物，然后将钡胶络合物离心脱水后，加入1mol/L的乙酸溶液搅拌8h，之后再离心脱水，并用乙醇沉淀出来。并分别用70%、80%和90%的乙醇洗涤，样品通过渗析，并用0.45mm微孔薄膜过滤，即得瓜尔胶纯品。

6.5.2 瓜尔胶/丙烯酰胺接枝共聚物

根据引发方式的不同，瓜尔胶/丙烯酰胺接枝共聚物的制备有辐射引发和化学引发两种方式。其中，辐射引发包括γ射线和微波辐射等；化学引发剂主要包括Ce^{4+}、$KMnO_4/(COOH)_2$、$KBrO_4/FeSO_4$、H_2O_2以及$K_2S_2O_8$/抗坏血酸等[26]。

Singh等[31]采用3种方式制备瓜尔胶/丙烯酰胺共聚物：a.有氧化还原引发剂和催化剂存在下的微波辐射引发；b.单纯的微波辐射引发；c.常规的化学引发。

方法1：往150mL烧瓶中加入25mL含0.1g瓜尔胶以及浓度分别为1.6×10^{-1}mol/L丙烯酰胺单体、8.0×10^{-5}mol/L硝酸银、1.0×10^{-3}mol/L过硫酸钾和2.2×10^{-3}mol/L抗坏血酸的混合溶液，并放入家用微波炉中，用不同的功率进行辐射引发。共聚物产品通过体积比为7∶3的甲醇水溶液沉析除去聚丙烯酰胺均聚物，接枝共聚产品重复用体积比为7∶3的甲醇水溶液洗涤，干燥即得瓜尔胶/丙烯酰胺共聚物。上述工艺的最佳条件为：微波功率为80%，辐射时间0.22min，反应温度60℃。

方法2：往150mL烧瓶中加入25mL含0.1g瓜尔胶和浓度为1.6×10^{-1}mol/L的丙烯酰胺单体混合溶液，并放入家用微波炉中，用不同的功率进行辐射引发。共聚物产品通过体积比为7∶3的甲醇水溶液沉析除去聚丙烯酰胺均聚物，接枝共聚产品重复用体积比为7∶3的甲醇水溶液洗涤，干燥即得瓜尔胶/丙烯酰胺共聚物。上述工艺的最佳条件为：微波功率为70%，辐射时间0.33min，反应温度63℃。

方法3：往150mL烧瓶中加入25mL含0.1g瓜尔胶以及浓度分别为1.6×10^{-1}mol/L丙烯酰胺单体、8.0×10^{-5}mol/L硝酸银和22×10^{-3}mol/L抗坏血酸的混合溶液，并恒温至（35±0.2）℃。反应30min后，加入1.0×10^{-3}mol/L过硫酸钾溶液，在60℃下聚合反应1.0h。共聚物产品通过体积比为7∶3的甲醇水溶液沉析除去聚丙烯酰胺均聚物，接枝共聚产品重复用体积比为7∶3的甲醇水溶液洗涤，干燥即得瓜尔胶/丙烯酰胺共聚物。

上述3种制备方法的对比试验结果见表6-5。从表中数据可知：在氧化还原引发剂和催化剂存在的情况下，接枝效率最高，而且反应时间远远少于常规化学引发法。

表 6-5 3 种方法比较[31]

项目	方法 1	方法 2	方法 3
接枝效率/%	66.66	42.10	49.12
微波功率(100%功率为 1200W)/%	80	70	—
温度/℃	60	63	60
反应时间/min	0.22	0.33	80
N 含量/%	3.26	2.47	4.98

6.5.3 羟丙基瓜尔胶/丙烯酰胺接枝共聚物

Nayak 等[32]以羟丙基瓜尔胶（HPG）为基体，以硝酸铈铵（CAN）为引发剂，通过接枝共聚的方法制备出羟丙基瓜尔胶/丙烯酰胺接枝共聚物。

制备方法：将 1g 纯化的羟丙基瓜尔胶在不断搅拌的情况下溶于 250mL 蒸馏水，并通 N_2 驱氧 15min。将适量的丙烯酰胺单体溶于 150mL 蒸馏水后，与羟丙基瓜尔胶溶液混合，往反应体系中通 N_2 35min，加入 25mL 硝酸铈铵溶液，并再次通 N_2 10min，反应 24h 后，加入终止剂对苯二酚饱和溶液。聚合物用过量的丙酮沉析，并真空干燥，随后进行研磨和筛选，即得羟丙基瓜尔胶/丙烯酰胺接枝共聚物。整个反应体系的温度保持在 (28±1)℃，合成参数和共聚物的部分性能指标见表 6-6。

表 6-6 合成参数和共聚物的部分性能指标

系列号	共聚物	HPG 用量 /g	AM 用量 /mol	CAN 浓度 /(10^3mol/L)	单体转化率 /%	特性黏数 /(dL/g)	M_w
1	HPG-*g*-PAM 1	1	0.14	0.10	85.38	9.92	3.09×10^6
2	HPG-*g*-PAM 2	1	0.14	0.21	87.33	7.98	2.38×10^6
3	HPG-*g*-PAM 3	1	0.14	0.30	88.94	6.02	1.68×10^6
4	HPG-*g*-PAM 4	1	0.14	0.40	89.54	4.86	1.28×10^6
5	HPG-*g*-PAM 5	1	0.14	0.50	93.36	2.96	0.69×10^6
6	HPG-*g*-PAM 6	1	0.21	0.10	83.57	10.84	3.49×10^6

6.6 F691/丙烯酰胺接枝共聚物的制备

植物胶作为絮凝剂的开发利用始于 20 世纪 70 年代，进入 80 年代后，随着 F691 等的兴起，这类天然絮凝剂已在水处理中占有一席之地。以华南地区一种名为刨花楠的植物为原料加工而成的 F691 粉是一种性能优良的植物胶粉，分子量分布为 1500～1000000。它含有 50%左右纤维素、20%左右水溶性多聚糖、30%左右木质素和单宁，起絮凝作用的成分主要是皮、茎、叶等细胞中的黏胶状多聚糖（主要是阿拉伯半乳聚糖），它约占干木料的 20%，是一种非离子型高分子絮凝剂，分子量为 15 万～30 万。用 F691 粉可合成出集絮凝、缓蚀、阻垢、杀菌等多功能于一体的多功能水处理剂。

由于 F691 粉中的纤维素分子链中有较多羧基相互缔合氢键，使分子链紧密结合在一起，不易溶于水而无絮凝作用，有必要利用这些纤维素等不溶于水的物质，通过化学改性，使之成为水溶性高分子化合物，对悬浮颗粒有絮凝作用。

制备方法：将适量的F691粉和水放入反应器中，加热至一定温度，加入丙烯酰胺单体水溶液，搅拌均匀后通氮驱氧20～30min，加入引发剂，反应1～3h，即得黏稠的F691/丙烯酰胺接枝共聚物产品。

6.7 非离子型天然有机高分子改性絮凝剂的应用

6.7.1 工业废水处理中的应用

(1) 淀粉/丙烯酰胺接枝共聚物

郭玲等[33]以^{60}Co γ射线预辐照的方法制备淀粉/丙烯酰胺接枝共聚物，并分别选用淀粉/丙烯酰胺共聚物（FSM）（接枝率75%）和聚丙烯酰胺（PAM）作为絮凝剂，处理上海市曹杨污水处理厂中的原水，处理结果见表6-7。

表6-7 FSM和PAM处理生活污水原水的试验结果[33]

编号	FSM /(mg/L)	PAM /(mg/L)	絮凝速度	沉降速度	COD /(mg/L)	COD去除率/%	pH值	透光率 /%
1	10		一般	一般	376.26	55.26	7.13	45
2	20		较快	较快	274.67	67.34	7.17	53
3	30		最快	较快	110.76	86.83	7.15	57
4	40		较快	较快	171.87	79.57	7.11	51
5		10	一般	一般	463.81	44.85	7.71	35
6		20	较快	一般	363.06	56.83	7.72	42
7		30	较快	较快	212.67	74.71	7.71	35
8		40	一般	一般	256.13	69.78	7.75	31

注：聚丙烯酰胺（PAM），上海创新酰胺厂，分子量为30万～50万。

从表6-7中试验数据可得出以下结论：①同剂量的FSM和PAM，前者处理效果优于后者，当用30mg/L FSM处理生活污水，可使污水的COD去除率达到86.83%，出水COD值为110.76mg/L，上清液透光率值为57%，且处理后污水的pH近中性，絮体的絮凝速度及沉降速度均较快，处理后污水可达标排放，而PAM的各项指标均较差；②当二者的用量超过30mg/L，COD的去除率降低，这是由于絮凝剂作为有机物质，随着其用量的增加，本身也会增加COD的数值；另外絮凝速度与沉降速度也变慢，这也是由于絮凝剂用量过多所致。根据“架桥”机理，絮凝效率与吸附有关，在固体表面上吸附占饱和吸附量一半时，最有利于高分子架桥，所以絮凝效率最高；如果固体表面上高分子吸附量增加，即减少了提供架桥的可能性，所以絮凝效率下降。表中可见接枝物的加量在30mg/L时絮凝最好，继续增大用量，絮凝效率有所减弱，并随着接枝物的加量增加而渐渐失去絮凝能力。

此外，郭玲等[34]还分别用微波预辐射法和硝酸铈铵/硝酸化学引发法制备淀粉/丙烯酰胺接枝共聚物，并分别选用上述两种方法制备的淀粉/丙烯酰胺接枝共聚物和聚丙烯酰胺（PAM）作为絮凝剂，处理上海市曹杨污水处理厂中的原水，结果见表6-8。从表6-8中可得以下结论：①同剂量的FSM和MFSM，前者处理效果优于后者，当用3×10^{-5}mol/L

FSM 处理生活污水，可使污水的COD去除率达到86.83%，出水COD值为110.76mg/L，上清液透光率值为57%，且处理后污水的pH近中性，絮体的絮凝速度及沉降速度均较快。而MFSM的各项指标均较差，可见微波预辐射法合成淀粉/丙烯酰胺接枝共聚物还有待进一步改进。②FSM和MFSM的处理效果均比PAM的好。③当三者的用量超过3×10^{-5} mol/L，COD的去除率降低。从表中可见，接枝共聚物的加量在3×10^{-5}mol/L时絮凝最好，继续增大用量，絮凝效率有所减弱，且随着接枝共聚物的加量的增加而渐渐失去絮凝能力。

表6-8 淀粉/丙烯酰胺接枝共聚物及PAM处理生活污水原水的试验结果[34]

编号	FSM /(10^{-6}mol/L)	MFSM /(10^{-6}mol/L)	PAM /(10^{-6}mol/L)	絮凝速度	沉降速度	COD /(mg/L)	COD去除率/%	pH值	透光率 /%
1	10			一般	一般	376.26	55.26	7.13	45
2	20			较快	较快	274.67	67.34	7.17	53
3	30			最快	较快	110.76	86.83	7.15	57
4	40			较快	较快	171.87	79.57	7.11	51
5		10		一般	一般	417.30	50.38	7.14	31
6		20		较快	一般	307.13	63.48	7.13	43
7		30		较快	较快	189.90	77.42	7.10	54
8		40		较快	一般	249.02	70.39	7.11	49
9			10	一般	一般	463.81	44.85	7.71	35
10			20	较快	一般	363.06	56.83	7.72	42
11			30	较快	较快	212.67	74.71	7.71	35
12			40	一般	一般	254.13	69.78	7.75	31

注：MFSM和FSM分别为用微波预辐射法和硝酸铈铵/硝酸化学引发法制备的淀粉/丙烯酰胺接枝共聚物，二者的接枝率均为75%。

淀粉/丙烯酰胺接枝共聚物用于油的回收早有过报道[35]，鲁德忠等[36]在20世纪80年代末合成了淀粉/丙烯酰胺接枝共聚物，并研究了其对模拟含石油废水的处理，表明它对含石油废水具有良好的吸附性能。

李淑红等[37]以硝酸铈铵为引发剂，通过接枝共聚反应，在淀粉骨架上引入聚丙烯酰胺，制得了淀粉/丙烯酰胺接枝共聚物（FSM），并分别用淀粉/丙烯酰胺接枝物和聚丙烯酰胺（分子量为500万～700万）处理高矿化度油田废水，实验结果表明：

① 处理后的油田水，在FSM投药量为2～6mg/L时剩余浊度变化不明显，都在4～5mg/L之间，当投药量增加到8～10mg/L时剩余浊度略有上升。FSM的絮凝机理属于吸附架桥机理，当高分子絮凝剂投药量适当时，油田水中悬浮的胶体粒子之间就会产生有效的吸附架桥作用，并形成絮体；倘若体系中的高分子FSM絮凝剂过量，则架桥作用所必需的粒子表面吸附活性点少了，架桥因而变得困难，同时由于粒子间的相互排斥作用而出现分散稳定现象，所以当FSM投药量过多时，油田水的剩余浊度会略有上升。

② 在相同的条件下，将FSM与聚丙烯酰胺（PAM）进行絮凝性能比较，发现用FSM处理的水的剩余浊度比PAM的低，这主要是因为：FSM是通过接枝共聚反应，在天然有机高分子化合物淀粉骨架上接上了柔性的聚丙烯酰胺，进一步增加了高分子化合物的分子量；同时，由于淀粉的分子链是半刚性的，它具有强烈的亲水性，在水中溶胀撑开，有很大的空间体积，这样的大分子对捕集悬浮微粒特别是细小的微粒效果更显著。

常文越等[18]以硝酸铈铵/硝酸为引发体系，制备淀粉/丙烯酰胺接枝共聚物，并分别利用所制备的共聚物和非离子型聚丙烯酰胺（分子质量为300万）处理含油废水、牛奶废水、造纸废水、印染废水和电泳镀染废水，试验结果见表6-9。表中数据说明：淀粉/丙烯酰胺接枝共聚物处理上述5种废水的效果良好，无论是COD去除率还是污泥沉降速度，优于或接近分子量为300万的PAM絮凝剂，进而说明在一些含有机污染物的工业废水处理过程中，淀粉/丙烯酰胺接枝共聚物可以代替PAM，取得良好的絮凝效果。

表6-9　淀粉/丙烯酰胺接枝共聚物对几种废水的处理效果[18]

废水水样		含油废水	牛奶废水	造纸废水	印染废水	电泳镀染废水
		412.2	1007.7	363.5	5393.1	7774.7
COD去除率/%	接枝淀粉	69.3	69.8	73.0	97.9	94.0
	PAM	53.8	70.6	66.7	97.2	93.8
污泥沉降时间/s	接枝淀粉	165.0	151.0	133.0	336.0	70.0
	PAM	200.0	200.0	123.0	385.0	505.0

(2) β-环糊精改性产品

周玉燕等[24]以β-环糊精与聚丙烯酰胺为原材料，通过化学改性，合成出β-环糊精/聚丙烯酰胺接枝化合物（β-CD/PAM），并分别利用β-环糊精/聚丙烯酰胺接枝化合物与聚丙烯酰胺处理重金属模拟废水，发现：①β-CD/PAM对不同金属离子的去除率不同，对Cu^{2+}的去除率较高，对Zn^{2+}的去除率较低，β-CD/PAM对金属离子的去除率略大于PAM；②随着絮凝剂用量的增加，β-CD/PAM对金属离子的去除率皆有不同程度的提高，当絮凝剂的质量和模拟水样体积的比达到2.0%时，β-CD/PAM对Cu^{2+}、Zn^{2+}、Cd^{2+}、Pb^{2+}的去除率都较高。β-CD/PAM对金属离子的去除率略大于PAM，这可能是由于β-CD/PAM的—NH—O—CH_2—中的氧原子为给电子原子，增加了氮原子周围电子云密度，即增强了配体的碱性，配体的碱性愈强，和同一金属离子形成配合物的稳定性愈强，且未参与络合的羟基对金属离子仍具有螯合作用。因此，β-CD/PAM络合Pb^{2+}、Cd^{2+}、Zn^{2+}的能力比PAM强；而β-CD和β-CD/PAM对Cu^{2+}的去除率大致相当。根据Irving Willianm顺序可知，Cu^{2+}的配位能力较强，可能受配体碱性影响较小。

他们在利用β-环糊精/聚丙烯酰胺接枝化合物与聚丙烯酰胺处理苯酚和苯胺模拟废水时，发现β-CD/PAM和PAM对苯胺的吸收分3种情况：当絮凝剂的质量与模拟水样的体积比低于0.25%时，β-CD/PAM与PAM对苯胺的包络能力大致接近；当絮凝剂的质量与模拟水样体积比为1%时，β-CD/PAM与PAM对苯胺的包络能力差别较大，为35.12%；随着絮凝剂的质量与模拟水样体积比的提高，β-CD/PAM对苯胺的包络能力下降，PAM略有上升。这可能是由于β-CD/PAM、PAM与苯胺皆含有—NH_2，在包络过程中受氢键效应、位阻效应等的影响，且PAM的体积较大，在一定程度上阻碍了苯胺进入β-CD的疏水空腔。

当絮凝剂的质量与模拟水样体积比为0.25%时，β-CD/PAM和PAM对苯酚的包络能力大致接近；随着絮凝剂的质量与模拟水样体积比的提高，β-CD/PAM对苯酚的包络能力大于PAM。这可能是由于β-CD的空腔为非极性环境，可以范德华力、氢键等作用力与一些尺寸大小适宜的有机分子（如苯酚、苯胺）形成超分子化合物，而 PAM 则不会。

此外，周玉燕等还以环氧氯丙烷为交联剂，在碱性介质中合成水溶性 β-环糊精交联聚合物，并考察了水溶性 β-环糊精交联聚合物对重金属离子的络合性能。结果表明：β-环糊精交联聚合物对重金属离子的吸附性能强。

6.7.2 污泥脱水中的应用

郭玲等[34]还分别用微波预辐射法和硝酸铈铵/硝酸化学引发法制备淀粉/丙烯酰胺接枝共聚物，并分别选用上述两种方法制备的淀粉/丙烯酰胺接枝共聚物和聚丙烯酰胺（PAM）作为絮凝剂，处理上海市曹杨污水处理厂中的泵送污泥，结果见表 6-10。

表 6-10 MFSM、FSM 及 PAM 处理生活污水泵送污泥的试验结果[34]

编号	FSM /(10^{-6}mol/L)	MFSM /(10^{-6}mol/L)	PAM /(10^{-6}mol/L)	界面平均移动速率 /(cm/min)	COD /(mg/L)	COD 去除率/%	pH 值	透光率/%
1	10			0.02	112.58	44.16	7.53	57
2	20			0.035	92.64	54.04	7.53	57.5
3	30			0.04	119.97	40.49	7.45	54
4	40			0.043	135.12	32.98	7.49	52
5		10		0.025	119.74	40.61	7.46	56
6		20		0.033	96.53	46	7.44	56.5
7		30		0.040	120.97	40	7.47	56
8		40		0.042	139.29	30.91	7.32	53
9			10	0.025	148.47	26.36	7.37	48.5
10			20	0.045	124.03	38.48	7.38	57.5
11			30	0.052	106.3	48	7.37	57
12			40	0.057	125.66	33.57	7.41	56

注：MFSM 和 FSM 分别为用微波预辐射法和硝酸铈铵/硝酸化学引发法制备的淀粉/丙烯酰胺接枝共聚物，二者的接枝率均为 75%。

从表 6-10 中可得出以下结论：

① 对于接枝共聚物，在其浓度为 2×10^{-5}mol/L 附近时，COD 去除率较高，随着浓度的继续增大，由于接枝共聚物本身为有机物，这样会造成 COD 偏大，反而降低 COD 去除率，而聚丙烯酰胺的最佳处理浓度在 3×10^{-5}mol/L 附近；

② 界面平均移动速率三者均在 4×10^{-5}mol/L 左右最快，高于或低于此值效果都不明显；

③ 经比较可发现，界面平均移动速率是国产聚丙烯酰胺要快一些，而从处理污水时絮凝剂的用量角度来讲是接枝共聚物占优势，表现在不仅用量少而且 COD 去除率高，且 FSM 比 MFSM 的处理效果好，说明微波预辐射法合成淀粉/丙烯酰胺接枝共聚物还有待改进。

6.7.3 工业生产中的应用

(1) 造纸工业[38,39]

在造纸工业中，许多中小纸厂均采用草类纤维或其他纤维作原料，为了提高产品质量和增加产量，常采用各类化学补强剂，PAM 是国内外造纸工业大量使用的助剂，但因价格高，影响应用。淀粉作为传统的造纸添加剂，效果不如PAM，而接枝型PAM恰好弥补了前两者的不足。由于在淀粉分子骨架上连接了PAM支链，分子量大大增加，接枝支链上无数个酰胺基与纸浆的纤维素或半纤维素分子的羟基形成氢键结合，有较强的吸附作用。因此，用淀粉/AM接枝共聚物作为造纸添加剂，不仅起到了助留、助滤的作用，提高了纸的强度，而且与一般PAM相比，降低了成本，增加了经济效益。

此外，聚丙烯酰胺和改性淀粉广泛应用于造纸中的助留助滤剂。但其效果只能达到一定程度。它们在提高滤水效果的同时可能使纤维过度凝聚，从而降低纸页匀度和强度。天然瓜尔胶作为造纸助剂时，可以提高纸页强度，减少灰斑形成并提高纸页匀度。但它的缺点便是造成滤水困难，从而降低产量或提高干燥负荷。而经过化学改性的两性型或阳离子型瓜尔胶则在很大程度上克服了这一弊病。实验发现，这些改性的瓜尔胶能在提高纸页滤水效果的同时保持或提高纸页匀度；通过吸附细小纤维和粒子可以进一步改善滤水效果，同时提高一次留着率。

(2) 石油工业[40,41]

淀粉/丙烯酰胺接枝共聚物具有絮凝、增稠等作用，可很好地调节流体的流动性，作为石油助剂广泛应用在石油开采、堵水等方面。Song等[40]用AM与AMPS作为原料，考察亚硫酸铈/过硫酸铵氧化还原引发体系对淀粉与单体的引发效果。他们发现，引发体系的Ce^{4+}-Ce^{3+}-Ce^{4+}是循环过程，Ce^{4+}先生成Ce^{3+}，然后Ce^{3+}又被过硫酸铵氧化重新生成Ce^{4+}。实验通过改变单体添加量与AMPS/AM的配比，制备得到高接枝率、高黏度与高阴离子度的接枝共聚物S-*g*-P(AM/AMPS)，且接枝链的电荷分布均匀。将质量分数为0.2%的该接枝物作为石油助剂，与聚丙烯酰胺水溶液相比，其接枝共聚物的石油回收能力更强，显示出该接枝物具有良好的抗温性与剪切速率。

Mohamed Eutamene等[41]利用硫酸铈铵作为自由基引发剂，制备得到淀粉/丙烯酰胺接枝共聚物，并研究其在水基泥浆中的流变特性，发现使用淀粉作为基底制备的接枝共聚物具有更低的生产成本与生物降解能力，更适合使用在水基泥浆上。实验通过控制引发剂与单体的用量可很好地控制接枝共聚物的特性黏数与接枝分子量，具有高分子量的接枝共聚物可增加泥浆的塑性黏度，提高泥浆的流变性能。

(3) 采矿与冶金工业[38]

采矿工业通常需用大量的水，利用淀粉/PAM类絮凝剂进行矿渣中固体的回收、废水的净化是行之有效的。在湿法冶金中，选择分子量与离子度适宜的PAM，可以使固液分离速度提高几十倍，并可减小处理设备的尺寸，增加矿物的回收率。樊悦朋等将接枝型PAM用作粗钛液的絮凝剂，取得了良好的效果。这是由于在淀粉上接枝了具有絮凝功能的聚合物侧链，增加了聚合物的分子量。这种侧链与被絮凝物质形成物理交联状态，使被絮凝物质沉淀下来，而一般小分子絮凝剂当被絮凝物质吸附在其周围时，被絮凝物颗粒之间产生斥力，起了一定的分散作用而影响絮凝效果，接枝型的PAM克服了这一缺点。

(4) 其他方面的应用[38,39,42,43]

利用淀粉/AM类共聚物的高吸水性质，可将其用于一次性尿布、妇女卫生巾，病人的垫褥、绷带等。该接枝共聚物经部分水合可生成一种对医治皮肤创伤特别有效的水凝胶，这种水凝胶可大量吸收伤口分泌的体液，从而减轻疼痛和防止皮下组织干燥。

β-环糊精（β-CD）作为食品添加剂，具有无毒、无味、在人体内易水解为葡萄糖分子的特点。在食品的加工和保存过程中，β-CD与食品中的某些成分形成的包合物增加了这些成分的抗氧化、抗光照及热稳定性，如防止香料挥发、色素光照变色、多不饱和脂肪酸或维生素氧化等。β-CD还用于去除食品中的不良味道或有害成分，如鱼、肉腥味，蛋黄、奶油中的胆固醇等等。

参考文献

[1] Whistle R L，Bemiller J N，Pashcall E F. Starch：Chemistry and Technology. 2nd. ed. Orlando：Academic Press Inc.，1984.

[2] 吴东儒. 糖类的生物化学. 北京：高等教育出版社，1987.

[3] Wurzburg O B. Modified Starches：Properties and Uses. Boca Raton：CRC Press Inc，1987.

[4] Mehrotra R，Ranby B. Graft copolymerization onto starch em dash 3. Grafting acrylonitrile to gelatinized potato starch by manganic pyrophosphate initiation. Journal of Applied Polymer Science，1978，22（10）：2991-3001.

[5] 廖益强，卢泽湘，郑德勇，等. 改性淀粉絮凝剂的制备及其在造纸废水处理中的应用. 中国造纸学报，2015，30（02）：34-38.

[6] 肖锦，杞永亮. 我国絮凝剂发展的现状与对策. 现代化工，1997（12）：6-9.

[7] 甘光奉，甘莉. 高分子絮凝剂研究的进展. 工业水处理，1999，19（2）：6-7.

[8] 赵志伟. 淀粉衍生物的性质及其应用. 中国新技术新产品，2014（09）：149.

[9] Akhilesh V Singh，Lila K Nath，Manisha Guha. Microwave assisted synthesis and characterization of *Phaseolus aconitifolius* starch-*g*-acrylamide. Carbohydrate Polymers，2011，86（2）：872-876.

[10] Fanta G F，Burr R C，Doane W M. Ceric-initiated polymerization onto polyacrylonitrile with carbohydrate end groups. Graft versus block copolymer formation. Journal of Polymer Science，Polymer Chemistry Edition，1983，21（7）：2095-2100.

[11] Pledger H Jr，Young T S，Wu G S，et al. Synthesis and characterization of water-soluble starch-acrylamide graft copolymers. Journal of Macromolecular Science-Chemistry，1985，22（4）：415-436.

[12] Athawale V D，Lele V. Graft copolymerization onto starch. Ⅱ. Grafting of acrylic acid and preparation of it's hydrogels. Carbohydrate Polymers，1998，35：21-27.

[13] Maher G G. Crosslinking of starch xanthate em dash 5. Redox grafting with hydrogen peroxide and vinyl monomers in water. Polymer Journal，1979，11（2）：85-94.

[14] 李旭祥，周心艳，王世俊，等. 改性淀粉絮凝剂处理印染废水. 化工环保，1994，14（5）：131-314.

[15] 刘明华. 两亲型高效阳离子淀粉脱色絮凝剂CSDF的研制及其絮凝性能和应用研究［D］. 广州：华南理工大学轻工技术与工程博士后流动站，2002.

[16] Fanta G F，Burr R C，Doane W M，et al. Influence of starch granule swelling on graft copolymer composition. A comparison of monomers. Journal of Applied Polymer Science，1971，15：2651-2660.

[17] 党亚固，费德君，唐建华，等. 淀粉接枝丙烯酰胺絮凝剂的制备及性能研究. 四川大学学报（工程科学版），2002，34（3）：50-52.

[18] 常文越，韩雪. 接枝淀粉高分子絮凝剂的合成及应用. 环境保护科学，1996，22（4）：4-7，77.

[19] 韦少平，郑荷蓉，卢秀清，等. 木薯淀粉-丙烯酰胺接枝共聚物的合成. 广西化工，1994，23（1）：40-43.

[20] 张林香，崔杏雨，宗景选. 过硫酸钾引发丙烯酰胺与玉米淀粉接枝共聚反应规律的研究. 西北大学学报（自然科学版），1994，24（6）：511-514.

[21] 赵彦生，李万捷，温亚龙. 淀粉与丙烯酰胺的接枝共聚. 化学工业与工程，1994，11（2）：18-22.

[22] 庄云龙，程若男，石荣莹. 淀粉与丙烯酰胺的乳液聚合. 上海造纸，1999（3）：21-24.

[23] 张来新，陈琦. 新型环糊精衍生物的合成及应用. 化工新型材料，2018，46（09）：263-265，269.

[24] 周玉燕，潘丽娟，郑瑛，等. β-环糊精与聚丙烯酰胺的接枝化合物及其对水中污染物的絮凝作用. 化工环保，

2003，23（6）：362-366.

[25] Seo T，Kajihara A，Iijima T. The synthesis of poly（allylamine）containing covalently bound cyclodextrin and its catalytic effect in the hydrolysis of phenyl esters. Makromol Chem，1987，188：2071-2082.

[26] 周玉燕，陈盛，项生昌. 水溶性β-环糊精交联聚合物的合成及其络合性能研究. 合成化学，2002，10：561-563.

[27] 邹时英，王克，殷勤俭. 瓜尔胶的改性研究. 化学研究与应用，2003，15（3）：317-320.

[28] 何铁林. 水处理化学品手册. 北京：化学工业出版社，2000.

[29] Kirk-Othmer. Encyclopedia of Chemical Technology. 3rd ed. Vol. 12. New York：John Wiley & Sons Inc，1980.

[30] Singh V，Srivastava V，Pandey M，et al. Ipomoea turpethum seeds：a potential source of commercial gums. Carbohydrate Polymers，2003，51：357-359.

[31] Singh V，Tiwari A，Tripathi D N，et al. Microwave assisted synthesis of Guar-*g*-polyacrylamide. Carbohydrate Polymers，2004，58：1-6.

[32] Nayak B R，Singh R P. Synthesis and characterization of grafted hydroxylpropyl guar gum by ceric ion induced initiation. European Polymer Journal，2001，37：1655-1666.

[33] 郭玲，金志浩. 淀粉改性絮凝剂的合成及其在污水处理中的应用. 山西师范大学学报（自然科学版），2003，1758（4）：58-62.

[34] 郭玲，金志浩. 改性淀粉絮凝剂的研制及在污水处理中的应用. 环境科学与技术，2004，27（5）：73-75.

[35] Butler G B，Hogen-Esch T E，Meister J J，et al. Water-soluble graft copolymers of starch-acrylamide and uses therefore：US 4400496. 1983.

[36] 鲁德忠，巫拱生，胡应模，等. 丙烯酰胺与玉米淀粉接枝共聚物的合成及其对含石油废水的处理. 吉林大学学报（理学版），1989，1：81-85.

[37] 李淑红，俞敦义，罗逸. 淀粉改性絮凝剂的制备及其在高矿化度油田水处理中的应用. 水处理技术，2002，28（4）：220-223.

[38] 王萍. 淀粉丙烯酰胺共聚物的研究及应用. 化工新型材料，1996（8）：26-29.

[39] 王军利，陈夫山，刘忠. 天然的造纸助剂——瓜尔胶. 造纸化学品，2002（19-20）：28.

[40] Song H，Zhang S F，Ma X C，et al. Synthesis and application of starch-graft-poly（AM-*co*-AMPS）by using a complex initiation system of CS-APS. Carbohydrate Polymers，2007，69（1）：189-195.

[41] Eutamene M，Benbakhti A，Khodja M，et al. Preparation and aqueous properties of starch-grafted polyacrylamide copolymers. Starch，2009，61（2）：81-91.

[42] 王军利，陈夫山，刘忠. 瓜尔胶的应用研究. 天津造纸，2002（3）：10-12.

[43] 陈敏，蔡同一，阎红. β-环糊精的化学改性及其在食品工业中应用的前景. 食品与发酵工业，1998，24（5）：68-71.

第7章 阴离子型天然有机高分子改性絮凝剂

7.1 概述

当前我国水处理药剂的生产正面临着严峻的挑战，一是来自国外絮凝剂的竞争越来越激烈，二是人们对环境质量的客观要求也越来越严，新型絮凝剂的开发研究已显得十分重要。尤其是有机高分子絮凝剂，它的用量少，絮凝速度快，受共存盐类、pH值及温度影响小，生成污泥量少而易处理，对节约用水、强化废水处理和回用有重要的作用，天然有机高分子絮凝剂以其优良的絮凝性、不致病性、安全性及可生物降解性，正引起世人的高度重视[1,2]。

为了满足环保市场的需要，环境材料特别是污水治理材料，如无机絮凝剂和有机高分子絮凝剂等大量涌现出来，目前新型絮凝剂市场仍以非离子型和阳离子型絮凝剂为主。考虑到污水中悬浮物及胶体污染物的特性、阳离子污染物的清除以及天然有机高分子本身特有的优良性质，研制开发以高分子为基材的新型阴离子型天然有机高分子改性絮凝剂亦是大势所趋。

7.2 分类

阴离子型天然有机高分子改性絮凝剂根据原料来源的不同，可分为改性淀粉类絮凝剂、瓜尔胶/丙烯酸钠接枝共聚物、黄原胶及其改性产品、改性纤维素类絮凝剂、海藻酸钠、改性木质素类絮凝剂、改性植物单宁和F691粉改性产品等。

7.3 改性淀粉类絮凝剂的制备

改性淀粉类絮凝剂的制备方法很多，可归纳为磷酸酯化、黄原酸酯化、羧甲基化、接枝共聚以及共聚物的改性5种方式。

7.3.1 磷酸酯化

磷酸酯淀粉是一种含有活性基团的淀粉，是淀粉通过磷酸酯化与磷酸盐反应制备得到的，即使很低的取代度也能明显地改变原淀粉的性质。淀粉磷酸酯分子上的羟基和磷酸盐基团可对细煤粉产生吸附架桥和极性基表面吸附作用，形成絮团沉降。国内淀粉资源丰富，若能充分利用淀粉资源，可达到良好的经济效益。

磷酸为三价酸，能与淀粉分子中的三个羟基起反应成生磷酸单酯、二酯和三酯，其结构如下所示[2,3]：

$$\text{St—O—}\overset{\overset{\displaystyle O}{\|}}{\underset{\underset{\displaystyle OM}{|}}{P}}\text{—OM} \qquad \text{St—O—}\overset{\overset{\displaystyle O}{\|}}{\underset{\underset{\displaystyle OM}{|}}{P}}\text{—O—St} \qquad \text{St—O—}\overset{\overset{\displaystyle O}{\|}}{\underset{\underset{\displaystyle O—St}{|}}{P}}\text{—O—St}$$

淀粉磷酸单酯　　　　淀粉磷酸二酯　　　　淀粉磷酸三酯

式中，St＝淀粉；M＝H^+，Na^+，NH_4^+，K^+等。

7.3.1.1 淀粉磷酸单酯

淀粉磷酸单酯是工业上应用最广泛的磷酸酯淀粉，其制备方法主要有湿法、半干法、干法，制备通常用正磷酸盐与淀粉反应制得，反应式如下[2,3]：

$$\text{St—OH}+NaH_2PO_4/Na_2HPO_4 \longrightarrow \text{St—O—}\overset{\overset{\displaystyle O}{\|}}{\underset{\underset{\displaystyle OH}{|}}{P}}\text{—ONa}$$

制备工艺分湿法和干法两种。

(1) 湿法工艺

通常是将淀粉悬浮在磷酸盐溶液中，将混合物搅拌10～30min，过滤，滤饼采用空气干燥或在40～50℃下干燥至含水5%～10%，然后加热反应。使用带式连续干燥机生产效果较好，用这种设备在48～124℃下干燥，淀粉不会发生凝胶化。在淀粉和磷酸盐混合物湿度减少到20%以前，温度不应超过60～70℃，这样能防止凝胶化和副反应的发生，湿法制备淀粉磷酸单酯的代表性数据示于表7-1。湿法反应的优点是试剂与淀粉由于渗透作用，两者混合均匀度好；缺点是滤饼会产生“三废”问题，且由于滤饼湿度大，干燥的反应消耗时间长。

表7-1 湿法制备淀粉磷酸单酯的部分工艺参数[2]

NaH_2PO_4/Na_2HPO_4	(淀粉/水)/(g/mL)	温度/℃	时间/h	磷含量/%	取代度/%
A(2～3.2)/—	162/240	160	0.5	0.45	—
B 34.5/96	186/190	150	4.0	1.68	—
C 57.7～83.7	100/106	155	3.0	2.50	0.15
D 7.5～11.2	50/65	145	2.5	0.56	0.03

注：A采用$NaH_2PO_4 \cdot H_2O$；B采用$Na_2HPO_4 \cdot 12H_2O$；C采用$NaH_2PO_4 \cdot 7H_2O$。A、B、C、D的滤饼采用空气干燥，C的滤饼在强制通风风箱内，40～45℃下干燥，然后再于65℃下干燥90min；B和D用真空炉加热反应，A和C加热时不断搅拌。悬浮液pH值：A 5.5；B未测；C 6.1；D 6.5。

此外，淀粉和三聚磷酸钠反应，也可制备淀粉磷酸单酯，这种方法生产的淀粉磷酸单酯基本不发生降解，取代度（DS）较低（约0.02），反应式为[3,4]：

$$\text{St—OH} + \text{Na}_5\text{P}_3\text{O}_{10} \longrightarrow \text{St—O—P(=O)(OH)—ONa} + \text{Na}_3\text{HP}_2\text{O}_7$$

制备方法：一种方法是玉米淀粉与足量的三聚磷酸钠在 pH 值大约为 8.5 的水中搅拌，三聚磷酸钠的加入量应足以使过滤和干燥后的淀粉中保留 5%的盐含量；另一种方法是将三聚磷酸钠溶液喷雾到干淀粉上，要保证混合均匀，将湿的淀粉和三聚磷酸钠混合物干燥到含水量 5%～10%，然后在 100～120℃加热 1h 左右，将产物冷却、水洗、干燥。产物含磷约 0.46%，DS 为 0.02（以磷酸根计），部分工艺参数见表 7-2。

表 7-2　三聚磷酸钠制备淀粉磷酸单酯的部分工艺参数[3]

淀粉用量/g	水量/mL	STP 用量/g	残留盐量/g	盐残留率/%
180	215	15.5	9	58.1
180	400	30.0	6	20.0
180	400	15.0	3	20.0
180	400	7.5	1.5	20.0

注：STP 为三聚磷酸钠。

(2) 干法工艺

干法工艺与湿法工艺的根本区别在于干法反应使用的溶剂量少，将试剂直接用喷雾法喷到干淀粉上，然后混合、去湿、反应，其后的步骤与湿法类同。干法反应的优点是无“三废”、去湿时间短，但对喷雾混合设备要求高，其产物均匀度不如湿法。淀粉与磷酸氢盐和磷酸二氢盐的混合物（pH=5～6.5）反应可生成取代度达 0.2 的淀粉磷酸单酯，但淀粉也发生部分水解，产品具有很宽的流度范围，随反应的 pH 值、温度和时间的改变而改变。

薛世尧等[5]采用干法制备，将 NaH_2PO_3/Na_2HPO_3 混合磷酸盐作为酯化剂，30%过氧化氢溶液作为催化剂，所制得的淀粉磷酸单酯具有较高的取代度，可以安全用作食品添加剂。最佳制备工艺参数为：混合酯化剂用量 7.5%（对干基），反应温度 160℃，反应时间 4h，反应 pH=5.9，过氧化氢溶液（30%）用量 1.8%（对干基），所得淀粉磷酸单酯产品取代度（DS）可达 0.037。李光磊等[6]通过研究发现，高透明度淀粉磷酸单酯最佳制备工艺条件为：磷酸盐添加量（质量分数）4.76%（以玉米淀粉计），NaH_2PO_4/Na_2HPO_4=0.60，酯化反应温度 147℃，尿素添加量（质量分数）5.85%（以玉米淀粉计）。

7.3.1.2　淀粉磷酸二酯

淀粉磷酸二酯的制备主要通过淀粉与三氯氧磷或三偏磷酸钠反应而成，反应式为[3,4]：

$$\text{St—OH} + \text{POCl}_3 \xrightarrow{\text{NaOH}} \text{St—O—P(=O)(ONa)—O—St} + \text{NaCl}$$

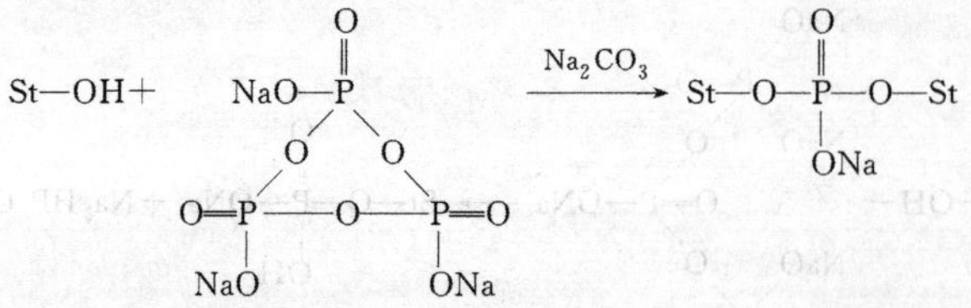

$$St-OH + NaO-P(=O)(-O-)...(\text{cyclic sodium trimetaphosphate}) \xrightarrow{Na_2CO_3} St-O-P(=O)(ONa)-O-St$$

(1) 与三氯氧磷反应的工艺

马铃薯淀粉200g（干基）与250mL水混合，用氢氧化钠溶液调pH值至11左右，加入1g氯化钠。保持缓慢搅拌加入三氯氧磷，在室温下搅拌反应2h。用质量分数为2%的盐酸溶液调pH值至5，停止反应，过滤、水洗、干燥，得淀粉磷酸二酯产品。其中，三氯氧磷用量为淀粉的0.015%～0.030%。

(2) 与三偏磷酸钠反应的工艺

1mol玉米淀粉（180g，水分含量10%）加入325mL三偏磷酸钠水溶液中（含三偏磷酸钠3.3g），用碳酸钠调pH值至10.2，将淀粉乳加热到50℃，进行反应。取样，样品经中和、过滤、水洗、干燥，测定黏度。结果表明，随反应进行，体系黏度逐渐增高，当反应进行到50min时达到最大值，以后逐渐降低，透明度降低。继续反应，得到淀粉磷酸二酯产品。

7.3.2 黄原酸酯化

黄原酸酯化首先应用于黏胶纤维的制备过程中，以后才将此法用于制备淀粉黄原酸酯，具体反应过程如下所示：

$$St-OH + S=C=S + NaOH \longrightarrow St-O-C(=S)-S-Na + H_2O$$

制备方法[4]：将氢氧化钠溶液、淀粉和二硫化碳按计量比例混合，加入连续螺旋挤压机中，在高剪切下混合反应，大约2min后挤出黏稠状物，干燥即得成品。杨梦凡等[7]以淀粉、二硫化碳和丙烯酰胺为原料，通过淀粉交联、黄原酸化、AM接枝三阶段反应将具有螯合功能的黄原酸基和酰胺基接枝到交联淀粉分子结构中，制备了高分子重金属螯合絮凝剂，与水体中带电粒子间不发生强烈的电中和作用，主要通过吸附架桥及网扫卷捕实现絮凝沉降的目的，在不同pH值下絮体沉降效果均良好。

7.3.3 羧甲基化

最早的羧甲基淀粉（carboxymethy starch，CMS）是1924年研制出来的，当时利用质量分数为40%的氢氧化钠溶液、一氯乙酸和淀粉反应制备而成，随着取代度的增加，产品胶化温度下降，在较高取代度时冷水可溶。絮凝剂用羧甲基淀粉主要为高取代度产品。

淀粉与一氯乙酸在氢氧化钠存在下的醚化反应为双分子亲核取代反应，反应式如下：

$$St-OH + NaOH \longrightarrow St-ONa + H_2O$$

$$St-ONa + ClCH_2COOH + NaOH \longrightarrow St-OCH_2COONa + NaCl + H_2O$$

羧甲基淀粉主要有4种生产工艺，即水媒法、干法、半干法和溶剂法。不同方法制得的羧甲基淀粉在性能和用途方面存在差异。

(1) 水媒法

在反应器中加入水作分散剂，在搅拌下加入工业淀粉，在15℃下搅拌15min加入NaOH进行活化，再在20℃下搅拌30min，加入适量的氯乙酸进行醚化反应，反应完成后，液固分离，滤出的固体用5%稀盐酸洗涤至pH=7，最后在50～80℃下进行干燥即得CMS成品。其工艺条件为：投料比为水：淀粉：氢氧化钠：氯乙酸=100：(25～40)：(0.6～0.8)：(1.3～1.6)，反应时间为5～6h，反应温度为65～75℃。

水媒法反应的优点是工艺简单，设备投资低；缺点是产品取代度低，溶解性能差，黏度低，而且一氯乙酸用量较大。

(2) 干法

其工艺过程为：将液碱按配方要求喷淋于工业淀粉中，在混拌机中混合均匀，2h后用粉碎机将颗粒状淀粉粉碎（过60目筛），得碱化淀粉。然后，将粉碎细的碱化淀粉与一氯乙酸按一定比例投入混拌机中，混合均匀后用滚轧机滚轧成薄片状。在混合及滚轧过程中即发生醚化反应。最后，将滚轧成片的产物送入烘房，控制烘房温度60～80℃，保持4h，使醚化反应充分，然后升温至100～120℃，烘干、粉碎，即得成品。该法在常温下进行，所得产物含水量低，烘干速度快，能耗低；同时生产中无废水排放，有利于环保，产品质量符合标准，生产成本低，经济效益显著。方松[8]以玉米淀粉为原料，一氯乙酸为醚化剂，NaOH为催化剂，采用微波辅助干法成功制得羧甲基淀粉，并进行交联复合改性，制得的成品羧甲基淀粉及交联羧甲基淀粉对阳离子染料均具有明显的絮凝效果，且取代度越高，絮凝效果越好。

干法制备工艺溶剂加入少、污染小、流程短、能耗低，并且干法生产大大提高了反应效率，可制备较高取代度的产品，在反应过程中不加其他反应介质。

(3) 半干法

经改进的半干法可制备冷水能溶解的CMS。具体做法：先用少量的水溶解氢氧化钠和一氯乙酸，搅拌下喷雾到淀粉上，在一定的温度下反应一定的时间，所得产品仍能保持原淀粉的颗粒结构，流动性好，易溶于冷水，不结块。例如：玉米淀粉100份，先通氮气，于室温喷入24.6份40%的氢氧化钠碱液，搅拌5min后，再喷16份75%的一氯乙酸液，在34℃反应4h后，温度升到48℃，在此期间保持通氮气，控制速度使反应物水分降低到约18.5%。在60～65℃反应1h，在70～75℃反应1h，在80～85℃反应2.5h，冷却到室温，得CMS含水分7%，pH值为9.7。

半干法反应的优点是反应效率高，操作简单，生产成本低，生产过程无废水排放，有利于环境保护；缺点是产品中含有杂质（如盐等），反应的装置要求高，产物的反应均匀度不如湿法等。

(4) 溶剂法

溶剂法是CMS制备中最常用的方法，一般以能与水相混溶的有机溶剂为介质，在少量水分存在的条件下进行醚化，能提高取代度和反应效率，产品仍保持颗粒状态。有机溶剂的作用是保持淀粉不溶解，常用的有机溶剂为甲醇、乙醇、丙酮、异丙醇等。在不同条件下比较甲醇、丙酮和异丙醇对取代度、产率、纯度和黏度的关系，结果表明，甲醇效果较差，丙酮和异丙醇较好，二者效果相同，但异丙醇不挥发，故更适用。溶剂法生产羧甲基淀粉受氢氧化钠用量、乙醇浓度、乙醇溶液体积、反应时间、一氯乙酸用量、反应温度等各方面的影响，因此选择合适的反应条件是非常重要的。

其制备过程一般是先将工业淀粉与一氯乙酸固体按比例加入反应器内，然后加入工业乙醇稀释［乙醇体积：反应物体积为(1.5～2.0)：1］，在搅拌下滴加氢氧化钠溶液进行反应。随着氢氧化钠加入，反应开始，整个反应需要16～20h完成，反应过程中温度缓慢升高，反应终温为40～50℃。反应完成后，将上述反应进行固液分离，分离的乙醇母液可再套用（作稀释剂）几次，后经蒸馏净化可再利用，分离出的固体物即为CMS粗品，再在搅拌下用乙醇洗涤，以除去NaCl等杂质。洗涤次数和洗涤剂用量可根据不同使用要求掌握，洗涤净化后的固体物经干燥得CMS产品。溶剂法开发较早，优点是反应效率高，产品质量好，操作方便，是各生产厂家普遍采用的生产工艺。但此工艺存在如下缺点：作为反应溶剂和洗涤溶剂的乙醇消耗量大，增加了生产成本；产品干燥前水分较多，需较长时间烘干，且常压干燥时CMS表层易结硬皮，改为真空虽可改善，但设备复杂、耗能多。

7.3.4 接枝共聚

接枝共聚法是制备阴离子型改性淀粉絮凝剂的主要方法之一。淀粉和羧甲基淀粉能否与丙烯酸类单体发生反应，除与单体的结构、性质有关外，还取决于淀粉大分子上是否存在活化的自由基，自由基可用物理或化学引发的方法产生。物理引发方法主要有^{60}Co的γ射线辐照、微波辐射和热引发等。化学引发法引发效率的高低取决于所选用的引发剂，常用的引发剂有Ce^{4+}、过硫酸钾（$K_2S_2O_8$）、$KMnO_4$、H_2O_2/Fe^{2+}、$K_2S_2O_8/KHSO_3$、$(NH_4)_2S_2O_8/NaHSO_3$ 和 $K_2S_2O_8/Na_2S_2O_3$ 等。阴离子型改性淀粉絮凝剂根据原材料的不同，可分为两类产品：淀粉接枝共聚物和羧甲基淀粉接枝共聚物。

7.3.4.1 淀粉接枝共聚物

淀粉通过引发剂的引发作用，产生活化的自由基，然后再与乙烯基类单体发生接枝共聚合，生成接枝共聚物，反应通式为：

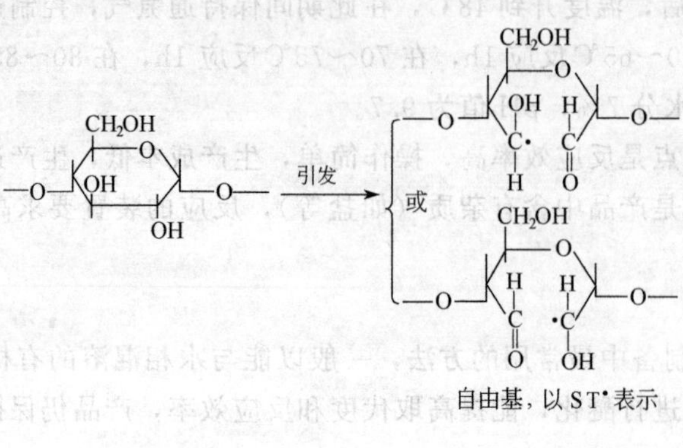

引发 → 或

自由基，以ST·表示

$$ST\cdot + nCH_2{=}CHX \xrightarrow{引发} ST\left[CH_2{-}\underset{\displaystyle X}{\underset{|}{CH}}\right]_n$$

式中，X=COOH、$CONH_2$、COONa、$-NH-\overset{\displaystyle CH_3}{\overset{|}{\underset{\displaystyle CH_3}{\underset{|}{C}}}}-CH_2SO_3Na$ 等。

(1) 淀粉与丙烯酸（钠）单体接枝共聚

淀粉/丙烯酸钠接枝共聚物的制备方法根据引发方式的不同，有物理引发和化学引发，其中物理引发包括辐射引发和热引发等，其反应式为：

$$ST\cdot + nCH_2{=}CH{-}COONa \xrightarrow{引发} ST\left[CH_2{-}\underset{\displaystyle \underset{\displaystyle ONa}{\underset{|}{C{=}O}}}{\underset{|}{CH}}\right]_n$$

淀粉 3g，初始加入蒸馏水 21mL，90℃下糊化 15min，丙烯酸中和度 80%，丙烯酸与淀粉的比例（V/W）为 3∶1，0.9%的 N,N-亚甲基双丙烯酰胺 0.5mL，辐照处理 3kGy，真空干燥温度 60℃。

① 热引发制备淀粉/丙烯酸钠接枝共聚物

方法[9]：反应在装有搅拌器、回流冷凝器、温度计和导气管的 0.5L 四口烧瓶中进行。首先，将烧瓶置于恒温水浴中，淀粉在水中打浆后加入，通氮搅拌，加热至 70℃糊化 30min，冷却到反应温度。在烧杯中加入一定量亚硫酸氢钠、过硫酸钾及尿素、去离子水，用玻璃棒搅拌，使其完全溶解。将烧杯中配好的混合液在搅拌速率 500r/min 下滴加到四口烧瓶中，向四口烧瓶中滴加单体，聚合后冷却，可得胶体状粗产物。产品经沉淀、洗涤，60℃真空干燥，得粗品。然后用乙二醇、冰醋酸的混合液抽提除去均聚物，干燥后得最终产品。

② 化学引发制备淀粉/丙烯酸钠接枝共聚物

方法[10]：在带有搅拌器和氮气导入管的三口反应瓶中加入定量马铃薯淀粉和蒸馏水，在 85℃下搅拌糊化 30min，降温至聚合反应温度 80℃，加入一定量的引发剂过硫酸铵，同时将丙烯酸置于锥形瓶中，在冷水浴条件下，用 25%～30% NaOH 溶液中和，随后将中和的丙烯酸加入反应瓶中，并加入定量的 N,N-亚甲基双丙烯酰胺，通氮排氧，反应 2h。冷却至室温，将产物挤入无水乙醇中。过滤分离，洗涤后在 60℃下进行真空干燥。

③ 化学引发制备淀粉/丙烯酸接枝共聚物

化学方法引发淀粉/丙烯酸接枝共聚是采用化学引发剂，化学引发剂包括高铈盐、过硫酸盐引发体系、过氧化氢引发体系和铬酸等。硝酸铈铵引发效率高，但价格昂贵；过硫酸盐引发体系和过氧化氢引发体系是性价比较高的引发剂，Fenton 试剂则是引发效率最高的引发剂。

(2) 淀粉与甲基丙烯酸接枝共聚

淀粉与甲基丙烯酸接枝共聚的反应式为：

$$ST^{\cdot} + nCH_2{=}\overset{\displaystyle CH_3}{\overset{|}{C}}{-}COOH \xrightarrow{引发} ST{-}\left[CH_2{-}\overset{\displaystyle CH_3}{\overset{|}{\underset{\underset{\displaystyle \underset{\displaystyle OH}{|}}{\underset{\displaystyle C{=}O}{|}}}{C}}}\right]_n$$

淀粉/甲基丙烯酸接枝共聚物的制备方法[11]：水和淀粉按照 6∶1 的比例加入 250mL 三口烧瓶中加热到 60℃，搅拌混合料使之糊化 45min，然后将硫酸铵、甲基丙烯酸分别掺入糊化后的淀粉液中，在适宜的温度下使之反应 2～7h，最后掺入浓度为 40% 的氢氧化钠溶液中和至 pH 值为 7，获得固含量约 20% 的接枝共聚物水溶液。

(3) 淀粉与 2-丙烯酰氨基-2-甲基丙磺酸钠接枝共聚

淀粉与 2-丙烯酰氨基-2-甲基丙磺酸钠接枝共聚的反应式为：

$$ST^{\cdot} + nCH_2{=}CH{-}\overset{\displaystyle O}{\overset{\|}{C}}{-}NH{-}\underset{\displaystyle CH_3}{\underset{|}{\overset{\displaystyle CH_3}{\overset{|}{C}}}}{-}CH_2SO_3Na \xrightarrow{引发} ST{-}\left[CH_2{-}\underset{\underset{\displaystyle HN{-}\underset{\displaystyle CH_3}{\underset{|}{\overset{\displaystyle CH_3}{\overset{|}{C}}}}{-}CH_2SO_3Na}{\underset{\displaystyle C{=}O}{|}}}{\underset{|}{CH}}\right]_n$$

淀粉/2-丙烯酰氨基-2-甲基丙磺酸钠接枝共聚物的制备方法：将带有电动搅拌器、温度计、氮气进出口管的四口玻璃反应瓶置于恒温水浴中，升至 80～95℃，然后加入准确称量的淀粉和反应介质，通氮气保护，搅拌 1.0h 后冷却至 20～45℃，加入 2-丙烯酰氨基-2-甲基丙磺酸钠溶液，搅拌 10～20min，缓慢滴加引发剂溶液（如过硫酸钾/亚硫酸氢钠、过硫酸钾/脲/亚硫酸氢钠或过硫酸钾/亚硫酸钠等），在 20～45℃下搅拌反应 2.0～3.0h，即得淀粉/2-丙烯酰氨基-2-甲基丙磺酸钠接枝共聚物。其中，淀粉与 2-丙烯酰氨基-2-甲基丙磺酸钠单体的质量比为 1∶(1～2)，过硫酸钾浓度为 $(1.0\sim1.8)\times10^{-3}$ mol/L，还原剂的浓度为 $(1.5\sim3.0)\times10^{-3}$ mol/L。在上述条件下，单体转化率为 60%～85%，接枝效率为 30%～50%，均聚物含量为 11%～17%。

(4) 淀粉与磺甲基丙烯酰胺接枝共聚

淀粉与磺甲基丙烯酰胺接枝共聚的反应式为：

磺甲基化反应：$CH_2{=}CH{-}CONH_2 + HCHO + NaHSO_3 \xrightarrow{OH^-} CH_2{=}CHCONHCH_2SO_3Na$

接枝共聚：$ST^{\cdot} + nCH_2{=}CHCONHCH_2SO_3Na \xrightarrow{引发} ST{-}\left[CH_2{-}\underset{\displaystyle CONHCH_2SO_3Na}{\underset{|}{CH}}\right]_n$

淀粉/磺甲基丙烯酰胺接枝共聚物的制备方法如下。

① 磺甲基丙烯酰胺单体的制备

于装有温度计、电磁搅拌器和 pH 电极的三口烧瓶内，加入 50g 去离子水和 36.1g 亚硫酸氢钠，通 N_2 驱氧，搅拌均匀后，控制温度低于 45℃，缓慢加入 27.8g 质量分数为 37% 的甲醛溶液，反应 2h 后，在 N_2 氛围下加入 47.3g 质量分数为 50% 的丙烯酰胺水溶液和适量催化剂，在 45～85℃下反应 2～3h，即得磺甲基丙烯酰胺单体。

② 接枝共聚反应

将 20g 玉米淀粉（含水率 11.7%）和蒸馏水放入反应器中，在 80℃下糊化 1h，冷却至 20～35℃，加入上述磺甲基丙烯酰胺单体溶液，通 N_2 驱氧 30min，加入过硫酸钾/亚硫酸钠氧化还原引发剂，升温至 35～50℃，反应 2～5h 后，冷却至室温，即得淀粉/磺甲基丙烯酰胺接枝共聚物。其中，过硫酸钾浓度为 $(0.7\sim1.5)\times10^{-3}$ mol/L，还原剂的浓度为 $(1.0\sim2.6)\times10^{-3}$ mol/L，单体用量为 m（玉米淀粉）∶m（磺甲基丙烯酰胺）＝1∶(1～2)。在上述条件下，单体的转化率为 86%～99.6%，接枝效率为 45%～70%。

(5) 淀粉与丙烯酰胺和丙烯酸（钠）接枝共聚

淀粉与丙烯酰胺和丙烯酸（钠）接枝共聚的反应式为：

$$ST^{\cdot} + mCH_2{=}CH{-}CONH_2 + nCH_2{=}CH{-}COONa \xrightarrow{\text{引发}} ST{-}\left[CH_2{-}\underset{\underset{NH_2}{|}}{\underset{C{=}O}{\underset{|}{CH}}}\right]_m\left[CH_2{-}\underset{\underset{ONa}{|}}{\underset{C{=}O}{\underset{|}{CH}}}\right]_n$$

淀粉/丙烯酰胺/丙烯酸（钠）接枝共聚物的制备方法有水溶液聚合和反相乳液聚合；根据引发方式的不同，有物理引发和化学引发，其中物理引发包括辐射引发和热引发等。

① 水溶液聚合制备淀粉/丙烯酰胺/丙烯酸接枝共聚物

机械活化法[12]：称取一定质量减压蒸馏后的丙烯酸（AA）于烧杯中，滴加氢氧化钠水溶液中和至所要求的中和度。然后与丙烯酰胺（AM）水溶液混合，为混合单体溶液，备用。乳化剂溶解在液体石蜡中加入装有搅拌器、氮气导管、温度计的三口烧瓶中，然后加入机械活化淀粉水溶液，通氮搅拌 30min，升至反应温度，加引发剂，将混合单体溶液加入。反应达一定时间，将产品冷却至室温，用乙醇沉淀，丙酮洗涤，60℃真空干燥至恒重。

② 水溶液聚合制备淀粉/丙烯酰胺/丙烯酸钠接枝共聚物

化学引发法[13]：称取 6g 可溶性淀粉，加入一定量的去离水配成 12% 的淀粉乳溶液后，加入装有温度计和冷凝管的四口烧瓶中，搅拌成悬浮液，于 85℃的恒温水浴中糊化至透明，冷却，待所得乳化液温度降至 50℃左右，加入一定量过硫酸钾，保持 50℃水浴温度搅拌 35min。将具有一定中和度的 AA 溶液、AM 按一定比例混合后加入滴液漏斗，在滴液漏斗中再加入 *N*,*N*-亚甲基双丙烯酰胺，混合均匀，混合液逐滴滴入四口烧瓶进行反应。待反应结束后，将产物置于 250mL 烧杯中，用无水乙醇沉淀，用丙酮洗涤，抽滤，剪碎，在 75℃干燥箱中干燥至恒重，用研钵研磨成粉末状。

③ 反相乳液聚合制备淀粉/丙烯酰胺/丙烯酸接枝共聚物

过硫酸钾引发法[14]：首先将 60mL 液体石蜡加入 250mL 三口烧瓶中，滴加一定量的司盘 80 和吐温 80 复配乳化剂（体积比 4.8∶1），在 60℃恒温水浴下搅拌 30min，然后逐次加入含 2g 淀粉的乳液、含 2g 过硫酸钾的溶液、一定中和度的丙烯酸溶液（在冰浴条件下，用氢氧化钠中和一定程度的丙烯酸溶液）、丙烯酰胺溶液（丙烯酸与丙烯酰胺的质量比为 10∶1）和交联剂 *N*-亚甲基双丙烯酰胺 0.06g。60℃恒温搅拌 2.5h，待反应结束冷却至室温，用无水乙醇沉淀，丙酮洗涤，产物在 70℃恒温干燥箱中烘至恒重。

④ 紫外光聚合法制备淀粉/丙烯酰胺/丙烯酸接枝共聚物

紫外光聚合法[15]：称取可溶性淀粉，加入一定量的蒸馏水，用电动搅拌器于50～60℃恒温水浴锅中搅拌糊化30min。量取丙烯酸，加入25%的NaOH溶液中进行中和，将部分中和的丙烯酸溶液加入糊化过的淀粉溶液中，然后依次加入交联剂和光引发剂，将混合均匀的溶液放入紫外光固化机中固化15min，待固化完成后，将产物取出放入烘箱中干燥，干燥后粉碎。

(6) 淀粉与丙烯酰胺和甲基丙烯酸接枝共聚

淀粉与丙烯酰胺和甲基丙烯酸接枝共聚的反应式为：

$$ST^{\cdot} + mCH_2{=}CH{-}CONH_2 + nCH_2{=}C(CH_3){-}COOH \xrightarrow{\text{引发}} ST{-}[CH_2{-}CH(C(=O)NH_2)]_m{-}[CH_2{-}C(CH_3)(C(=O)OH)]_n$$

淀粉/丙烯酰胺/甲基丙烯酸接枝共聚物的制备采用反相悬浮聚合法，具体工艺[16]：在装有搅拌器、滴液漏斗、温度计的250mL三口烧瓶中，氮气保护下，加入由60mL环己烷和体积分数为3%的司盘20组成的油相和由10g淀粉、50mL去离子水、3g丙烯酰胺（AM）和12g甲基丙烯酸（MAA）组成的水相，恒温条件下，滴加引发剂，反应数小时。产物经丙酮沉淀、乙醇洗涤后干燥，得到粗接枝物，在索氏抽提器中经冰醋酸和乙二醇（体积比为6∶4）的混合液抽提萃取至恒重，真空干燥得淀粉/丙烯酰胺/甲基丙烯酸纯接枝共聚物产品。其中，聚合反应温度以60℃为宜，反应时间3h，引发剂$K_2S_2O_8$的浓度为1.2×10^{-2}mol/L，司盘20的体积分数为3%，所制备的产品的共聚物特性黏数为1100mL/g，溶解速率小于4min。而且，淀粉的接枝率为146%，单体转化率为90%。

7.3.4.2 羧甲基淀粉接枝共聚物

羧甲基淀粉分子上的活性羟基通过引发剂的引发作用，产生活化的自由基，然后与乙烯基单体发生接枝共聚合，生成羧甲基淀粉接枝共聚物。

(1) 羧甲基淀粉与丙烯酰胺接枝共聚

$$NaO{-}C(=O)CH_2O{-}ST^{\cdot} + nCH_2{=}CH{-}CONH_2 \xrightarrow{\text{引发}} NaO{-}C(=O)CH_2O{-}ST{-}[CH_2{-}CH(C(=O)NH_2)]_n$$

羧甲基淀粉/丙烯酰胺接枝共聚物的制备方法：将25g羧甲基淀粉和蒸馏水放入反应器中，在60℃下搅拌20～30min，冷却至20～30℃，加入丙烯酰胺单体溶液，通N_2驱氧30min，加入过硫酸钾/亚硫酸氢钠氧化还原引发剂，升温至35～50℃，反应1～3h后，冷却至室温，即得羧甲基淀粉/丙烯酰胺接枝共聚物。

(2) 羧甲基淀粉与丙烯酸钠接枝共聚

$$NaO{-}C(=O)CH_2O{-}ST^{\cdot} + nCH_2{=}CH{-}COONa \xrightarrow{\text{引发}} NaO{-}C(=O)CH_2O{-}ST{-}[CH_2{-}CH(C(=O)ONa)]_n$$

羧甲基淀粉/丙烯酸钠接枝共聚物的制备方法：将25g羧甲基淀粉和蒸馏水放入反应器中，在60℃下搅拌20～30min，冷却至20～30℃，加入丙烯酰胺单体溶液，通N_2驱氧30min，加入过硫酸钾/亚硫酸氢钠氧化还原引发剂，升温至35～50℃，反应1～3h后，冷却至室温，即得羧甲基淀粉/丙烯酰胺接枝共聚物。

7.3.5 共聚物的改性

淀粉与乙烯基类单体的接枝共聚物可以利用乙烯基类单体自身的活性基团，通过进一步的化学改性，赋予共聚物新的物化特性。

7.3.5.1 淀粉/丙烯腈接枝共聚物的改性

淀粉/丙烯腈接枝共聚物可通过皂化反应制备出淀粉/丙烯酰胺/丙烯酸钠接枝共聚物，反应式为：

接枝共聚：$ST^{\cdot} + nCH_2{=}CHCN \xrightarrow{\text{引发}} ST{-}\left[CH_2{-}\underset{\displaystyle CN}{CH}\right]_n{-}$

水解皂化反应：$ST{-}\left[CH_2{-}\underset{\displaystyle CN}{CH}\right]_n{-} + NaOH \xrightarrow[\text{加热}]{H_2O} ST{-}\left[CH_2{-}\underset{\displaystyle \underset{NH_2}{C{=}O}}{CH}\right]_x\left[CH_2{-}\underset{\displaystyle \underset{ONa}{C{=}O}}{CH}\right]_y + NH_3$

制备：在带有搅拌器、导气管的三口烧瓶中加入适量的50g玉米淀粉（干基）和150g水，在75～95℃下糊化30～60min，冷却至室温，加入0.08～0.12g硝酸铈铵，在氮气保护下搅拌10～15min，然后加入25～100g丙烯腈，反应2～3h后，加入50%氢氧化钠溶液，加热升温至70～80℃，搅拌、水解、皂化反应2h，冷却至室温，用酸溶液中和至pH＝2～3，再沉淀、离心分离、洗涤，把产物用氢氧化钠溶液调至pH＝6～7，在(110±5)℃干燥，粉碎后得到淀粉/丙烯酰胺/丙烯酸钠接枝共聚物。

7.3.5.2 淀粉/丙烯酰胺接枝共聚物的改性

淀粉/丙烯酰胺接枝共聚物的改性主要是利用聚丙烯酰胺分子链上的活性基团——酰胺基，通过水解、磺甲基化等化学反应，制备出阴离子型淀粉/丙烯酰胺接枝共聚物，反应式为：

接枝共聚：$ST^{\cdot} + nCH_2{=}CH{-}CONH_2 \xrightarrow{\text{引发}} ST{-}\left[CH_2{-}\underset{\displaystyle CONH_2}{CH}\right]_n$

水解：$ST{-}\left[CH_2{-}\underset{\displaystyle CONH_2}{CH}\right]_n + mNaOH + H_2O \longrightarrow$

$$ST{-}\left[CH_2{-}\underset{\displaystyle CONH_2}{CH}\right]_{n-m}\left[CH_2{-}\underset{\displaystyle COONa}{CH}\right]_m + mNH_4OH$$

磺甲基化：$ST{-}\left[CH_2{-}\underset{\displaystyle CONH_2}{CH}\right]_n + mHCHO + mNaHSO_3 \xrightarrow[pH=10\sim13]{\text{催化剂}}$

$$\mathrm{ST}\!\left[\!\begin{array}{c}\mathrm{CH_2{-}CH}\\ |\\ \mathrm{CONH_2}\end{array}\!\right]_{n-m}\!\left[\!\begin{array}{c}\mathrm{CH_2{-}CH}\\ |\\ \mathrm{C{=}O}\\ |\\ \mathrm{NHCH_2SO_3Na}\end{array}\!\right]_{m}$$

(1) 淀粉/丙烯酰胺/丙烯酸钠接枝共聚物的制备

方法：将带有电动搅拌器、温度计、氮气进出口管的四口玻璃反应瓶置于恒温水浴中，升至一定温度，然后加入准确称量的淀粉和反应介质，通氮气保护，搅拌 1.0h 后冷却至 30℃，加入引发剂，反应 30min 后加入准确称量的丙烯酰胺单体，反应 3.0h，然后升温至 35～55℃，加碱水解反应 1～2h，冷却至室温，经粉碎、干燥得淀粉/丙烯酰胺/丙烯酸钠接枝共聚物絮凝剂。

(2) 淀粉/丙烯酰胺/磺甲基丙烯酰胺接枝共聚物的制备

方法：在 250mL 四口瓶中加入淀粉和水，通入 N_2，升温至 70～80℃，搅拌糊化 30min。冷至 35℃时，加入 4mL 4.75×10^{-3} mol/L 的硝酸铈铵的硝酸溶液，10min 后，加入一定量的丙烯酰胺水溶液和交联剂，在 35℃时反应 1～1.5h，得到淀粉/丙烯酰胺共聚物（CS-*g*-PAM），再将四口瓶中的 CS-*g*-PAM 加入一定量的水，用 NaOH 调 pH=12～13，加入多聚甲醛，升温至 50℃，通入 N_2，搅拌下加入偏重亚硫酸钠，升温至 80℃，反应 10～12h，得淀粉/丙烯酰胺/磺甲基丙烯酰胺接枝共聚物。其中，淀粉与丙烯酰胺单体的质量比为 1∶4，CS-*g*-PAM、多聚甲醛、偏重亚硫酸钠的摩尔比为 1∶1∶0.5。

7.4 黄原胶及其改性产品的制备

7.4.1 黄原胶的制备

黄原胶（xanthan gum）亦称汉生胶，是采用黄单胞菌属微生物对糖进行发酵作用后提炼成的一种生物高分子多聚糖。因其具有增黏性、悬浮性、耐酸碱、耐高温及抗钙盐等许多优异性能而广泛应用于食品、药品、化妆品、采矿、采油等行业[16]。

黄原胶为白色或米黄色微具甜橙臭的粉末，属碳水化合物多聚糖类物质。黄原胶的分子结构见图 7-1。由图 7-1 可以看出，它具有纤维素的主链和低聚糖的侧链，主链由 D-葡萄糖以 β-1,4 糖苷键相连，每隔一个葡萄糖的 C3 位连接一个侧链，侧链由甘露糖-葡萄糖醛酸-甘露糖相连组成。与主链相连的甘露糖 C6 位带一个乙酰基，末端的 D-甘露糖有一半数量的分子，其 C4 和 C6 位与一个丙酮酸以缩酮链相连接。黄原胶的分子量在 2×10^6～50×10^6 之间。研究者对黄原胶在水溶液中的构象进行了大量的研究，认为黄原胶在氯化钠水溶液中主要以多分子缔合状态存在，少量以单分子状态存在，且为蠕状链，缔合状态的分子呈分段的双股螺旋构象[17]。

黄原胶为一阴离子型聚电解质，既溶于冷水，也溶于热水，但不溶于大多数有机溶剂。黄原胶具有良好的增黏性和优良的流变学特性，低浓度时就显示出很好的黏度和很强的假塑性，其 10g/L 的水溶液在静置时几乎成凝胶状，黏度为 15000～20000mPa·s，且表观黏度与浓度和剪切速率有关，随着黄原胶浓度的增大，其黏度也增大。当黄原胶溶液受到剪切作用时，黏度迅速下降，易于流动，一旦停止剪切，黏度立即恢复原状，由于其黏滞性很低，所以黄原胶溶液很容易倾出和用泵输送。因此，黄原胶是稳定性优越的增稠剂和悬浮剂。

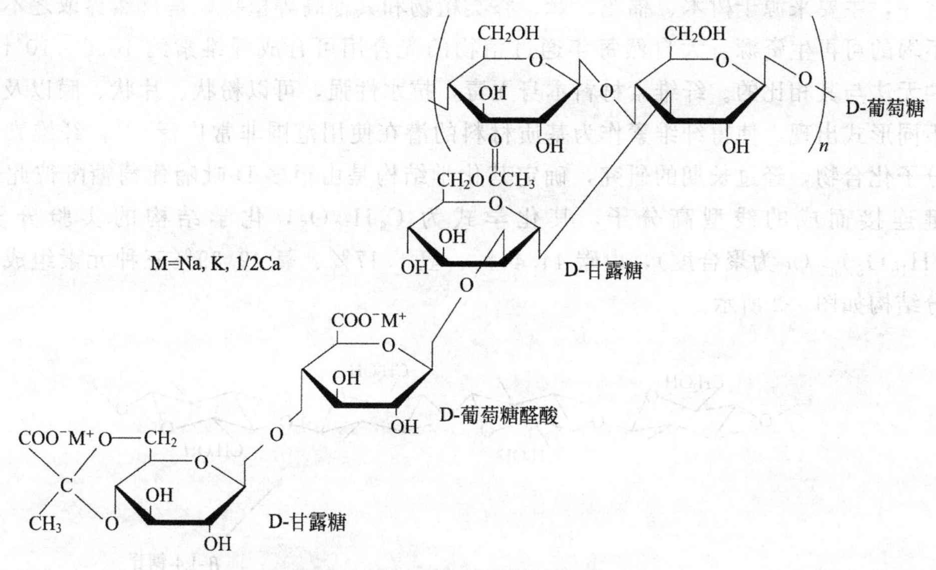

图 7-1　黄原胶分子结构示意图

黄原胶的制取由发酵和提取两道工序完成。

(1) 发酵

以玉米淀粉为原料，以甘蓝黑腐病黄单胞菌 N. K-01 菌株为产生菌，经培养、接种和发酵制成黄原胶浓度为 2%～5%的发酵液。一般发酵温度为 28～30℃，时间 72～96h，pH 值 6.5～7.0。发酵过程需不断通气和搅动。

(2) 提取

于黄原胶发酵液中加入异丙醇使之沉淀，然后再经分离、干燥、研磨和过筛处理，即可得到淡黄色粉末状产品。黄原胶在不同醇中产生的沉淀形体各异，在甲醇、乙醇中沉淀细且碎，而在异丙醇中得到的沉淀则长而齐，呈纤维状，易于回收分离，利于工业生产。

7.4.2　丙烯酰胺改性黄原胶产品的制备

黄原胶/丙烯酰胺接枝共聚物的制备方法：将黄原胶和水放入反应器中，搅拌溶解后，加入丙烯酰胺溶液，通 N_2 驱 O_2，随后加入硝酸铈铵的硝酸溶液，反应 1～2h 后，即得黄原胶/丙烯酰胺接枝共聚物。

黄原胶/丙烯酰胺/三羟甲基丙烷三缩水甘油醚接枝共聚物的制备方法：将黄原胶溶解在蒸馏水中，置于 25～30℃恒温水浴锅中恒温搅拌并通氮气保护，待黄原胶完全溶解后加入丙烯酰胺和三羟甲基丙烷三缩水甘油醚搅拌，待水浴温度达到 50～70℃在完全无氧条件下加入过硫酸钾并搅拌反应 3～5h，反应物经后续纯化处理得到改性黄原胶。

7.5 改性羧甲基纤维素絮凝剂的制备

纤维素是无色、无味的具有纤维状结构的物质，是地球上最古老和最丰富的天然高分子之一，主要来源于树木、棉花、麻、谷类植物和其他高等植物，是自然界取之不尽、用之不竭的可再生资源。大自然每年通过植物的光合用可合成纤维素约 1000×10^9t，这是石油无法与其相比的。纤维素材料本身无毒，抗水性强，可以粉状、片状、膜以及长短丝等不同形式出现，使得纤维素作为基质材料的潜在使用范围非常广泛[18]。纤维素是天然高分子化合物，经过长期的研究，确定其化学结构是由很多D-吡喃葡萄糖酐彼此以1,4-苷键连接而成的线型高分子，其化学式为 $C_6H_{10}O_5$，化学结构的实验分子式为 $(C_6H_{10}O_5)_n$（n 为聚合度），由碳44.44%、氢6.17%、氧49.39%三种元素组成。它的部分结构如图7-2所示。

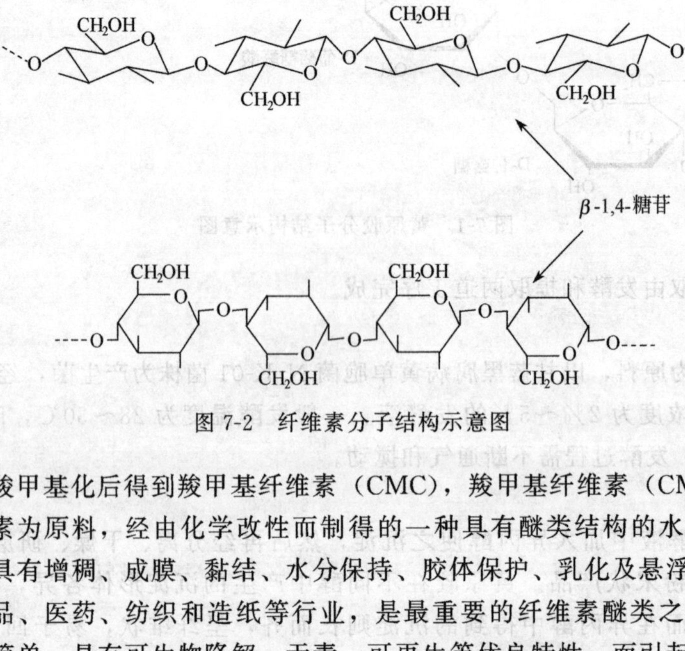
CH₂OH
CH₂OH
CH₂OH
CH₂OH
β-1,4-糖苷
CH₂OH
CH₂OH
CH₂OH
CH₂OH

图 7-2　纤维素分子结构示意图

纤维素经羧甲基化后得到羧甲基纤维素（CMC），羧甲基纤维素（CMC）是以天然有机高分子纤维素为原料，经由化学改性而制得的一种具有醚类结构的水溶性纤维素衍生物，其水溶液具有增稠、成膜、黏结、水分保持、胶体保护、乳化及悬浮等作用，广泛应用于石油、食品、医药、纺织和造纸等行业，是最重要的纤维素醚类之一。因其原料易得、制备工艺简单，具有可生物降解、无毒、可再生等优良特性，而引起国内外学者的广泛重视。

7.5.1 羧甲基纤维素的制备

羧甲基纤维素（CMC）的主要化学反应是纤维素和碱的碱化反应以及碱纤维素和一氯乙酸的醚化反应，具体反应式为：

碱化：

CH₂ONa
+ nClCH₂COONa
CH₂OCH₂COONa
+nNaCl

醚化：
$$\left[\text{H, OH, H, OH, H, H, O, CH}_2\text{ONa}\right]_n\text{–O–} + n\text{ClCH}_2\text{COONa} \longrightarrow \left[\text{H, OH, H, OH, H, H, O, CH}_2\text{OCH}_2\text{COONa}\right]_n\text{–O–} + n\text{NaCl}$$

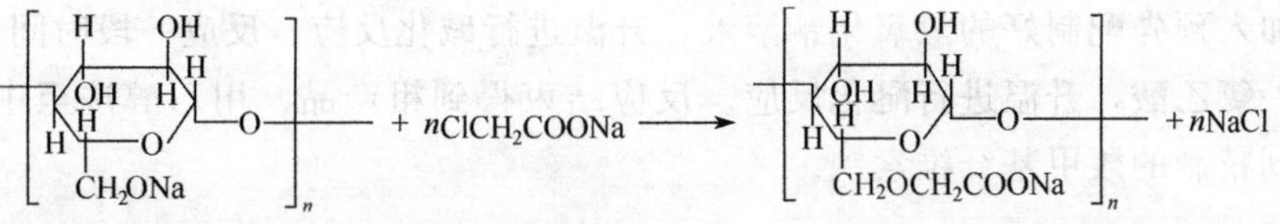

CMC 的制备方法可分为水媒法和溶剂法两类。水媒法是早期的一种以水为反应介质的工艺方法，它是碱纤维素与醚化剂在游离碱和水的条件下进行反应。本节介绍几种不同纤维素原材料制备 CMC 的方法。

7.5.1.1 用稻壳制备羧甲基纤维素[19]

(1) 稻壳纤维素的制备及脱色

将碎稻壳分别依次置于乙醇溶液（质量分数 80%）、稀硫酸（质量分数 5%）、氢氧化钠溶液（质量分数 10%）中处理 4h、4h、5h，以去除稻壳纤维素中的其他物质，得到稻壳纤维素。然后将稻壳纤维素置于过氧化氢溶液（质量分数 30%）中，搅拌回流，过滤所得残渣用蒸馏水反复洗涤并干燥，得到白色的稻壳纤维。

(2) 稻壳基羧甲基纤维素的制备

采用溶剂法制备稻壳基 CMC，分为碱化和醚化两个阶段。将 3g 白色稻壳纤维与 100mL 无水乙醇混合，设定碱化温度为 30℃，逐滴加入 25mL 氢氧化钠溶液（质量分数 10%），搅拌回流 1h 后碱化反应完成。继续升温达到设定的醚化温度 50～90℃时，逐滴加入 15mL 一氯乙酸钠溶液（质量分数 12.5%～62.5%），搅拌回流 3h 后醚化反应完成。将所得醚化产物用少量乙酸中和，过滤，用 70% 乙醇反复洗涤固体，得到稻壳基 CMC 产品。

7.5.1.2 用香蕉皮制备羧甲基纤维素[20]

(1) 纤维素提取

根据实验室前期工作确定纤维素的提取流程：把香蕉皮在水中煮沸 5min，取出后冷却到室温，切成 1cm^2 的小块后在 60℃下烘干，粉碎，过 60 目筛。取 1.0000g 香蕉皮粉末，在 NaOH 质量浓度为 7.2%、双氧水浓度为 0.7%、提取时间为 80min、提取温度为 75℃的条件下得到纤维素的提取率为 82.67%。

(2) 羧甲基纤维素的制备

制备羧甲基纤维素的最佳工艺参数为：m(纤维素)：m(NaOH)＝1：1.5、m(纤维素)：m(一氯乙酸)＝1：1.9、醚化温度 80℃。羧甲基纤维素取代度的平均值为 1.23。

7.5.1.3 用玉米秸秆制备羧甲基纤维素[21]

(1) 预处理

将干燥的玉米秸秆粉碎，配制 10% 的氢氧化钠溶液。按 1：20 的固液比例将玉米秸秆与氢氧化钠溶液混合，在 85℃下碱煮 3.5h。反应结束后用水洗涤至中性，移入烘箱干燥。利用硝酸乙醇法对秸秆处理前后纤维素含量进行测定，处理后原料中的纤维素质量分数可达 81%。

(2) 羧甲基纤维素的制备

在三口烧瓶中加入经碱处理的玉米秸秆粉末和异丙醇溶液，搅拌使纤维素在溶剂中分散均匀，加入预先配制好的氢氧化钠溶液，升温进行碱化反应。反应一段时间后加入溶于异丙醇的一氯乙酸，升温进行醚化反应。反应结束得到粗产品，用乙醇洗至中性。抽滤、烘干，得到精制的羧甲基纤维素钠。

7.5.1.4 用棉秆制备羧甲基纤维素[22]

(1) 预处理

将棉秆洗净晾干备用，用时将棉秆劈开，用粉碎机粉碎至 0.4mm，用水浸泡 2h，再用 15%氢氧化钠溶液煮沸 2h，风干后在烘箱中于 105℃干燥 2h。

(2) 羧甲基纤维素的制备

在 250mL 的三口烧瓶中放入 10g 经碱处理的碎棉秆和 75mL 氢氧化钠-乙醇溶液。在一定温度下搅拌碱化一定的时间，加入配制的一氯乙酸-乙醇溶液。加入少量碘酸钾-醋酸钠水溶液，搅拌 30min，升温，醚化。再加入 25mL 氢氧化钠-乙醇溶液，继续醚化 120～180min。取样检验试样溶于水，呈透明状，用 5%的盐酸调至中性，过滤。用 85%的乙醇洗涤 2 次，再用 95%的乙醇洗涤 1 次，烘干测黏度与样品取代度（DS）。

7.5.1.5 用小麦秸秆制备羧甲基纤维素[23]

主要工艺流程：小麦秸秆→预处理→40 目小麦秸秆粉末→NaOH 处理→H_2O_2 处理→小麦秸秆纤维素→冻融循环法和正交试验→小麦秸秆纤维素均相溶液→55℃条件下一氯乙酸钠醚化反应→羧甲基纤维素。

(1) 预处理

将小麦秸秆去叶，切成 1～2cm 长小段，用清水漂洗 3～5 次除去尘土等杂质。再用去离子水清洗 3～5 次，将蒸馏水煮沸后，加入上述已初步处理的小麦秸秆煮 1h，取出晾干。再在烘箱中烘干，用高速粉碎机粉碎，过 40 目筛，得到小麦秸秆粉末，放入干燥器中备用。

(2) 小麦秸秆纤维素的制备

分别配制不同质量分数的氢氧化钠溶液，按 1∶20(g/mL) 的固液比将过 40 目筛的小麦秸秆粉末加入氢氧化钠溶液中，搅拌，混合均匀后，在 85℃下回流加热 3.5h。反应结束后过滤，用水洗涤至中性，移入烘箱干燥。配制质量分数为 3%的过氧化氢溶液，将上述用氢氧化钠溶液处理过的小麦秸秆粉末按 1∶30(g/mL) 的固液比混合。加入少量硅酸钠作为稳定剂，在 85℃回流加热 3h，过滤，用水洗涤，移入烘箱干燥。将上述过氧化氢处理过干燥的小麦秸秆粉末用球磨机研磨 1.5h。

(3) 羧甲基纤维素的制备

分别将制得的小麦秸秆纤维素溶解在 100g 氢氧化钠/尿素/硫脲/氧化锌混合溶液中。取上清液，加入 5mL 10%的 NaOH 溶液碱化，设定温度 35℃，搅拌回流 1h 进行碱化反应，继续升温达到设定的醚化温度 55℃时，加入定量的一氯乙酸钠，使一氯乙酸钠与纤维素葡萄糖单元（anhydroglucose unit，AGU）的摩尔比分别为 3.5∶1、7∶1、10.5∶1，搅拌回流 5h。将所得醚化产物用少量乙酸中和，过滤，用无水乙醇反复洗涤固体 3～5 次。移入烘箱于 105℃干燥 2h，得到羧甲基纤维素产品。

7.5.2 羧甲基纤维素接枝共聚物的制备

羧甲基纤维素通过引发剂的引发作用，产生活化的自由基，然后再与乙烯基类单体发生接枝共聚，生成接枝共聚物，反应通式为：

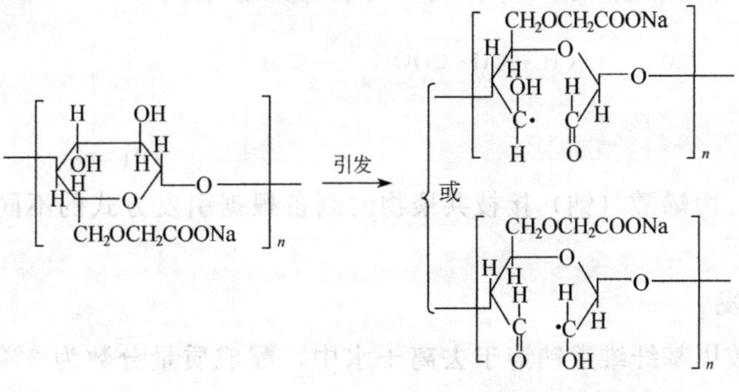

（结构式：羧甲基纤维素重复单元 $\left[\ \cdots\ \right]_n$，含 H、OH、$CH_2OCH_2COONa$，经"引发"生成两种自由基结构之一——"或"——分别在不同碳原子上带自由基 C·，含 CH_2OCH_2COONa、OH、C=O、H）

自由基，以CMC·表示

$$CMC^{\cdot} + nCH_2{=}CHX \xrightarrow{\text{引发}} CMC\left[CH_2-\underset{\displaystyle X}{\underset{|}{C}}H\right]_n$$

式中，X=COOH、$CONH_2$、COONa 等。

7.5.2.1 羧甲基纤维素/丙烯酰胺接枝共聚物

羧甲基纤维素/丙烯酰胺接枝共聚物的制备可采用化学引发法，反应式为：

$$CMC^{\cdot} + nCH_2{=}CH-CONH_2 \xrightarrow{\text{引发}} CMC\left[CH_2-\underset{\underset{\displaystyle NH_2}{|}}{\underset{\displaystyle C{=}O}{\underset{|}{C}}}H\right]_n$$

实例 1[24]：以羧甲基纤维素（CMC）为接枝底物，丙烯酰胺（AM）为接枝单体，过硫酸铵和亚硫酸氢钠为引发剂，N,N'-亚甲基双丙烯酰胺（MBAM）为交联剂，制备羧甲基纤维素/丙烯酰胺接枝共聚物。对 CMC/AM 质量比、MBAM 用量、引发剂用量、反应温度、反应时间等因素对反应的影响进行了探讨。结果表明，聚合的最佳条件是：CMC/AM 为 6/1～7/1，交联剂 MBAM 用量为 0.003g，引发剂用量为单体质量的 1%～2.5%，反应温度为 45℃，反应时间为 3～3.5h。

实例 2[25]：以一种性能优越的天然高分子材料羧甲基纤维素为基材，以丙烯酰胺为改性剂，制备了一系列不同接枝率的羧甲基纤维素/丙烯酰胺接枝共聚物，并将其作为絮凝剂应用于对一种阳离子型染料亚甲基蓝污水的处理中。pH 控制在弱碱性时，絮凝剂投加量在一定范围内具有最佳絮凝效果，该絮凝剂絮凝性能是由黏结架桥和电中和絮凝机制共同决定的。

实例 3[26]：在装有温度计、回流冷凝管、N_2 导管、搅拌器的 250mL 四口烧瓶中加入一定量的 CMC，然后加蒸馏水搅拌使 CMC 溶解，在搅拌的同时将 CMC 水溶液升温至 70℃。另取一定量 NaOH 中和过的丙烯酸、丙烯酰胺、N,N-亚甲基双丙烯酰胺的水溶液备用。当 CMC 水溶液升温至 70℃后，加入一定质量的 $K_2S_2O_8$ 水溶液，恒温搅拌 15min。再加入已准备好的单体水溶液，恒温搅拌 1h 即得高吸水树脂。将反应产物切碎，并用甲醇洗涤3次，再用乙醇洗去甲醇，然后在无水乙醇中浸泡6h除去小分子单体，抽滤后干燥、粉碎，即得白色颗粒状树脂。

7.5.2.2 羧甲基纤维素/丙烯酸（钠）接枝共聚物

羧甲基纤维素与丙烯酸（钠）单体接枝共聚的反应式为：

$$CMC^{\cdot} + nCH_2{=}CH{-}COOH \xrightarrow{\text{引发}} CMC{-}\!\left[CH_2{-}\underset{\underset{\underset{OH}{|}}{C=O}}{\underset{|}{CH}}\right]_n\!{-}$$

羧甲基纤维素/丙烯酸（钠）接枝共聚物的制备根据引发方式的不同，可分为辐射引发和化学引发。

（1）γ射线引发

实例[27]：将羧甲基纤维素钠溶于去离子水中，配成质量分数为3%的羧甲基纤维素钠水溶液，然后加入丙烯酸。按照不同羧甲基纤维素钠、丙烯酸质量比搅拌均匀。将样品依次用^{60}Co产生的γ射线辐照10～50kGy剂量，得到接枝共聚物并干燥后粉碎。当丙烯酸与羧甲基纤维素钠的质量比为2∶1、辐照剂量为10kGy时，吸去离子水的吸水倍率最大，可达到138.4；当丙烯酸与羧甲基纤维素钠的质量比为1∶1、辐照剂量为10kGy时，吸0.9% NaCl水溶液的吸水倍率最大，可以达到42.2。

（2）化学引发

实例[28]：25℃下，在反应瓶中依次加入5.0mL丙烯酸、6.0g质量分数为10%的羧甲基纤维素钠溶液、7.4g 25%的氢氧化钠水溶液，反应30min；调节温度至25℃，再加入150mg *N*,*N*-亚甲基双丙烯酸酰胺、17mg过硫酸钠、7mg亚硫酸钠，反应6h，得到无色透明的含水凝胶后在100℃烘箱中烘干恒重，粉碎、过筛得粒径为0.15～0.30mm的白色颗粒。

7.5.2.3 羧甲基纤维素/甲基丙烯酸接枝共聚物

羧甲基纤维素与甲基丙烯酸单体接枝共聚的反应式为：

$$CMC^{\cdot} + nCH_2{=}\overset{\overset{CH_3}{|}}{C}{-}COOH \xrightarrow{\text{引发}} CMC{-}\!\left[CH_2{-}\overset{\overset{CH_3}{|}}{\underset{\underset{\underset{OH}{|}}{C=O}}{\underset{|}{C}}}\right]_n\!{-}$$

制备实例[29]：将2g CMC溶于150mL水中，在N_2保护下搅拌30min，温度为15～45℃时加入引发剂CAN-EDTA（硝酸铈铵和乙二胺四乙酸），搅拌反应10min后加入单体甲基丙烯酸（MAA），一定时间后加入0.1g *N*-羟甲基丙烯酰胺（MAM），再反应15min。冷却后用乙醇和水（体积比50∶50）的混合溶剂对上述物质进行沉淀分离，干燥得粗接枝物，粗接枝物用丙酮在索氏抽提器中抽提10h以除去均聚物，真空干燥得纯接枝物。CMC与MAA接枝共聚反应的较佳条件为：单体甲基丙烯酸的浓度为0.7mol/L，反应温度30～35℃，引发剂硝酸铈铵的浓度为5.0×10^{-3}mol/L，乙二胺四乙酸（EDTA）的浓度为5.0×10^{-3}mol/L，反应时间为2h。

7.5.2.4 羧甲基纤维素接枝共聚物的改性

羧甲基纤维素接枝共聚物的改性主要是利用接枝共聚物中的活性基团，通过进一步的化学改性，赋予共聚物新的性质。羧甲基纤维素/丙烯腈接枝共聚物通过进一步的水解皂化，制备出羧甲基纤维素/丙烯酰胺/丙烯酸钠共聚物，具体反应式为：

接枝共聚：$CMC^{\cdot} + nCH_2{=}CHCN \xrightarrow{\text{引发}} CMC\!\left[CH_2-\underset{\displaystyle CN}{\underset{|}{C}}H\right]_n$

水解皂化反应：$CMC\!\left[CH_2-\underset{\displaystyle CN}{\underset{|}{C}}H\right]_n + NaOH \xrightarrow[\text{加热}]{H_2O} CMC\!\left[CH_2-\underset{\displaystyle NH_2}{\underset{|}{\underset{C=O}{\underset{|}{C}}}}H\right]_x\!\left[CH_2-\underset{\displaystyle ONa}{\underset{|}{\underset{C=O}{\underset{|}{C}}}}H\right]_y + NH_3$

羧甲基纤维素/丙烯腈接枝共聚物通过水解皂化，制备出羧甲基纤维素/丙烯酰胺/丙烯酸钠共聚物的具体工艺为：取10.0g CMC和40mL氢氧化钠水溶液混合，活化10min后，形成胶状物，加入H_2SO_4溶液中和，并将丙烯腈单体加入上述反应体系中，在50℃下搅拌反应1h，然后加入氢氧化钠溶液，并升温至87℃，搅拌反应3h，冷却至室温，用乙酸中和，脱水、真空干燥、粉碎得羧甲基纤维素/丙烯酰胺/丙烯酸钠共聚物产品。

7.5.3 羧甲基纤维素复合絮凝剂的制备

羧甲基纤维素钠与聚硅酸铝镁接枝在一起，羧甲基纤维素钠的引入延长了絮凝剂分子链，增加了吸附网捕能力，与铝盐、镁盐通过电中和协同作用，提高絮凝性能。羧甲基纤维素钠分子链上游离的活性基团可与聚硅酸铝镁盐复合，将无机、有机絮凝剂结合在一起，使产品兼具无机絮凝剂电中和能力强和有机絮凝剂吸附架桥能力强的优点，扩大了絮凝剂的使用范围，具有广阔的应用前景。

制备方法[30]：取0.15mol/L的硅酸钠溶液50mL，用质量分数31%的稀硫酸调节pH值至2，35℃下搅拌聚合2h，静置陈化24h，即得聚硅酸。取50mL质量分数2%的羧甲基纤维素钠溶液在60℃下糊化1h，备用。将0.4mol/L的$Al_2(SO_4)_3$和0.8mol/L的$MgSO_4$水溶液、糊化好的羧甲基纤维素钠水溶液按一定比例添加到50mL聚硅酸中，搅拌2h并静置熟化24h，即得聚硅酸铝镁/羧甲基纤维素钠（PSiAM/CMC）复合絮凝剂。适宜混凝条件为水温5～30℃、pH值为5.5～9.0、投加量为2.0mL/L，即该絮凝剂在低温低用量条件下除浊性能仍旧显著。色度、浊度去除率最高可达99.07%和98.16%，具有很好的经济效益和社会效益。

羧甲基纤维素钠溶液和聚丙烯酰胺溶液以及硅酸钠溶液按照一定比例混合可得到特殊絮凝剂成分及配方，该絮凝沉淀剂对含铅废水具有较好的絮凝沉淀性能[31]。新型絮凝剂中混凝过程中多核胶体以及产生的沉淀物对Pb^{2+}具有较强的吸附作用，CMC-Na剂量增加时，废水中多核胶体和沉淀物增加，Pb^{2+}去除率增大。除吸附作用外，混凝剂产生的沉淀对重金属离子还具有包裹、夹带、共晶作用。因此，废水中胶体粒子和悬浮物去除效果随CMC-Na剂量的增加而增大，废水浊度随CMC-Na剂量的增加而降低。复合絮凝剂剂量达到最佳配比时Pb^{2+}去除率为99.2%，处理后废水呈透明淡黄色。

7.6 改性海藻酸钠的制备

海藻酸钠（sodium alginate，NaAlg，AGS）是从褐藻类的海带或马尾藻中提取的一种多糖碳水化合物，是由 1,4-聚-β-D-甘露糖醛酸和 α-L-古罗糖醛酸组成的一种线型聚合物，是海藻酸衍生物中的一种，所以有时也称褐藻酸钠或海带胶和海藻胶，其分子式为 $(C_6H_7O_6Na)_n$，分子量在 32000～200000 之间[32]。具有药物制剂辅料所需的稳定性、溶解性、黏性和安全性。海藻酸钠已经在食品工业和医药领域得到了广泛应用。海藻酸钠为白色或淡黄色粉末，有吸湿性。溶于水，生成黏性胶乳。不溶于醇和醇含量大于 30%（质量分数）的醇水溶液，也不溶于乙醚、氯仿等有机溶剂和 pH<3 的酸水溶液。1%水溶液的 pH 值为 6～8。黏性在 pH＝6～9 时稳定，加热至 80℃以上则黏性降低。可与除镁之外的碱土金属离子结合，生成水不溶性盐。其水溶液与钙离子反应可形成凝胶。海藻酸钠的分子结构为：

海藻酸钠是由褐藻类植物海带加碱提取出来的。藻酸盐溶解时加入碳酸钠，温度控制在 60～80℃。

7.6.1 海藻酸钠-壳聚糖的制备

壳聚糖作为一种天然的弱阳离子絮凝剂，分子中含有大量的氨基、羟基，性质较活泼，可修饰、活化和偶联，所以壳聚糖及其衍生物具备絮凝剂和吸附剂的特性，对水体中的带负电荷的有机、无机微粒具有较好吸附作用。海藻酸钠是一种典型的阴离子多糖，其阴离子活性主要来自分子中含有的羧基。海藻酸作为一种多糖絮凝剂，用于水处理已有历史，其成本低、无毒副作用、脱水性能好。通过将壳聚糖与海藻酸钠两个大分子电解质复合，形成聚合物，增加其架桥和网捕作用，提高絮凝效果。

制备方法[33]：取一定量的海藻酸钠、壳聚糖，加入一定量的醋酸（1%）溶液，配成海藻酸钠溶液和壳聚糖溶液。静置过夜，然后在搅拌下向壳聚糖溶液中加入等体积的海藻酸钠溶液，持续搅拌 3h。再向混合溶液中加入丙酮，沉淀析出。用蒸馏水将得到的产物洗涤数次至中性，冷冻干燥，即得复合絮凝剂。

7.6.2 氨基硫脲-海藻酸钠的制备

引入具有螯合性能的氨基硫脲可以大大增强海藻酸钠对重金属离子的螯合作用及吸附性能，去除率高、絮凝速度快、沉淀分离容易、无二次污染，有潜在的工业化生产及应用价值。

制备方法[34]：在 500mL 三口瓶中加入 8g 海藻酸钠粉末，用蒸馏水配制成浓度为 2.5%的溶液，加入 10mL 正丙醇和适量的高碘酸钠溶液（0.3mol/L），4℃下避光反应

24h，再加入1mL乙二醇终止氧化反应。产物经无水乙醇沉淀、再次溶解沉淀，重复此过程3次，将产物在40℃真空干燥24h，即可制得部分氧化的海藻酸钠（OSA），收率为87%。取2g OSA溶于20mL磷酸缓冲液（pH=7）中，加入0.45mol/L TSC水溶液，于40℃搅拌反应4h，冷却至20℃后分批加入适量的$NaBH_4$，完全反应24h。产物用乙醇沉淀、抽滤，再用乙醇浸泡、抽滤，重复此过程4次，30℃真空干燥24h，得到淡黄色颗粒絮凝剂。

7.7 改性木质素类絮凝剂的制备

木质素是由三种醇单体（对香豆醇、松柏醇、芥子醇）形成的一种复杂酚类聚合物，因单体不同，可将木质素分为由紫丁香基丙烷结构单体聚合而成的紫丁香基木质素（syringyl lignin，S-木质素）、由愈创木基丙烷结构单体聚合而成的愈创木基木质素（guaiacyl lignin，G-木质素）和由对羟基苯基丙烷结构单体聚合而成的对羟基苯基木质素（para-hydroxy-phenyl lignin，H-木质素）3种类型；裸子植物主要为愈创木基木质素（G），双子叶植物主要含愈创木基-紫丁香基木质素（G-S），单子叶植物则为愈创木基-紫丁香基-对羟基苯基木质素（G-S-H）。作为地球上最丰富的可再生资源之一，木质素广泛存在于种子植物中，与纤维素和半纤维素构成植物的基本骨架，每年全世界由植物生长可产生1500亿吨木质素，其中制浆造纸工业的蒸煮废液中产生的工业木质素有3000万吨[35]。人类利用纤维素已有几千年的历史，而真正开始研究木质素则是1930年以后，而且至今木质素还没有得到很好的利用，我国仅约6%的木质素得到利用。

近年来随着人们环保意识以及利用可再生资源意识的增强，木质素的研究发展迅速，而且通过改性的方法来提高木质素系水处理剂的应用性能是科研工作者的一个主要研究方向。根据国内外目前已经取得的科研成果以及木质素自身的特点来看，未来一段时间内，木质素水处理剂的研究工作集中在两个方面：一方面，由于木质素是天然高分子混合物，成分复杂，组成不稳定，性能波动大，因此提高并稳定其水处理性能仍是木质素系水处理剂的研究重点之一；另一方面，将木质素水处理剂改性成多功能的水处理剂也是重要的研究方向之一。

木质素由于其具有巨大的网状空间结构，而且含有多种极性和非极性官能团，最多的是酚羟基和游离羟基，而这些官能团带负电性，因此是一种阴离子型的高分子絮凝剂，而其大分子的官能团在木质素絮凝过程中易形成化学键，从而促进对溶解状有机物的吸附和对胶体、悬浮颗粒的网捕。木质素分子中含有大量的活性基团，还可以发生氧化、还原、磺甲基化、烷基化等改性反应，来为木质素分子引进具有絮凝作用的官能团，改性后的木质素使用范围更广，而且对不同类型的废水具有独特的絮凝作用。

来源于造纸制浆工业蒸煮废水的工业木质素主要分为碱木素、木质素磺酸盐（LS）和其他木质素三类[36]。

(1) 碱木素

来自硫酸盐法、烧碱法、烧碱蒽醌法等制浆过程，可溶于碱性介质，具有较低的硫含量（<1.5%），平均分子量较低，有明显的分子量多分散性，大量的紫丁香基和少量的愈

创木基及羟苯基，含量较高的甲氧基、酚羟基和含量较低的醇羟基等，有较高的反应活性。

(2) 木质素磺酸盐 (LS)

主要来自传统的亚硫酸盐法制浆和其他改性的亚硫酸盐制浆过程，由于存在磺酸基团，其含硫量高达10%左右，有很好的水溶性和广泛的应用途径。

(3) 其他木质素

近年来，为了减少木质素与纤维素分离过程中的化学变化，大规模地利用这一资源，许多新型的制浆方法得到了研究和发展。如有机溶胶木质素（有机溶剂蒸煮而得）、ALCELL木质素（硬木有机可溶木质素，酒精/水蒸煮而得）、MILOX木质素（过甲酸蒸煮而得）、ACETOSOLOV木质素（乙酸蒸煮而得），还有酯类蒸煮而得的木质素和蒸汽爆破木质素等。

7.7.1 木质素磺酸盐的制备

木质素磺酸盐的制备有两种途径，即利用传统的亚硫酸盐法制浆和其他改性的亚硫酸盐制浆红液通过浓缩、发酵脱糖以及喷雾干燥等工序制备出木质素磺酸盐。根据制浆过程中使用的硫酸盐或亚硫酸盐原材料的不同，可分为木质素磺酸铵、木质素磺酸钠、木质素磺酸镁、木质素磺酸钙等；利用碱法制浆黑液，通过羟甲基化、磺化等化学改性，制备出木质素磺酸盐。

7.7.1.1 木质素的羟甲基化

碱木素可溶于碱性介质中，当pH值大于9时苯环上游离的酚羟基可以发生离子化，同时酚羟基邻、对位反应点被活化，可与甲醛反应，引入羟甲基。因碱木素苯环上的酚羟基对位有侧链，只能在邻位发生反应，但是草类碱木素中含有紫丁香基型木质素结构单元，两个邻位均有甲氧基存在，不能进行羟甲基化。经过羟甲基化改性，可以打破木质素原本的封闭结构，在水中能够更好地分散，增加了水溶性[37]。

甲基化的碱木素还可以进一步与Na_2SO_3、$NaHSO_3$或SO_2发生磺化反应（即二步磺化），磺化后的碱木素有很好的亲水性，可用作染料分散剂、石油钻井泥浆稀释剂、水处理剂、水泥减水剂或增强剂等。碱木素的磺化包括侧链的磺化和苯环的磺化。不加甲醛时，碱木素在一定的温度下和Na_2SO_3作用发生侧链的磺化。在甲醛和Na_2SO_3存在下发生苯环的磺化，即一步磺化，此时侧链的磺化很少发生。碱木素在60～70℃低温下，在氧化剂的作用下可以发生自由基磺化反应，在碱木素酚羟基的邻位引入磺酸基[38]。

7.7.1.2 木质素的磺化工艺

实例1[39]：笔者和课题组成员以四川某纸厂以竹子为原料，采用碱法制浆的制浆厂黑液为原料，利用亚硫酸盐和甲醛改性剂，通过羟甲基化和磺化反应制备出木质素磺酸钠。称取200g黑液加入高压反应锅中，搅拌升温至60℃，加入2g过氧化氢反应20min，升温到90℃加入37%甲醛10g，羟甲基化60min，继续升温到150℃加入亚硫酸钠20g磺化3h。

实例2[40]：第一步先从制浆黑液中提取木质素，在造纸黑液中加入一定量的98%的H_2SO_4，搅拌均匀，再用10% H_2SO_4调黑液pH值为3，静置分层，除去上清液，将下层浆液pH值调为0.5～1，放在电炉上蒸煮，冷却沉降，除去上清液，浆液倒进离心过滤机过滤，同时用自来水冲洗滤饼，至滤液呈中性，将滤渣放入烘箱，恒温、烘干的木质素置入研钵，研成粉末，粉末在60目网筛中过滤，将小于60目的木质素粉末放入广口瓶保存。第二步为木质素磺化，取20g已制得的木质素，加入Na_2SO_3于烧杯中，再加入10% NaOH溶液使木质素溶解，再用10% Na_2SO_3溶液调溶液pH值为7.8，用培养皿盖好，放入反应罐进行磺化。木质素磺化的最佳工艺条件为：木质素用量20g，Na_2SO_3用量15g，反应时间4h，工作压力0.6MPa。

7.7.2 木质素磺酸盐接枝共聚物的制备

木质素磺酸盐与乙烯基类单体发生接枝共聚的反应历程为：

$$\mathrm{LS} \xrightarrow{\text{引发}} \mathrm{LS}^{\cdot}$$

$$\mathrm{LS}^{\cdot} + \mathrm{CH_2{=}CHX} \longrightarrow \mathrm{LS}\left[\mathrm{CH_2{-}\underset{\displaystyle X}{\underset{|}{C}H}}\right]_n$$

式中，LS=木质素磺酸盐；X=COOH、COONa、$CONH_2$等。

(1) 木质素磺酸盐-丙烯酰胺接枝共聚物

实例1[41]：

① 木质素磺酸盐预处理：木质素磺酸盐在60℃干燥24h，粉碎，过50目筛，放置干燥器中备用。

② DA的反相乳液聚合：向四口烧瓶中加入液体石蜡和复合乳化剂司盘80、吐温80，通入N_2，升温至30℃，在600r/min下搅拌30min。滴入AM/DMDAAC溶液，搅拌均匀后，滴入10mL引发剂（过硫酸钾/亚硫酸氢钠，质量比为2∶1），待充分预聚后，滴入木质素磺酸盐溶液，将转速调至1000r/min，继续通$N_2$30min后撤除装置，反应2h，得到共聚物乳液。用无水乙醇破乳，经乙醇、丙酮依次抽滤洗涤，在60℃下真空干燥至恒重，得到粉末状粗产品。称量，计算反应产率。

③ 产品的纯化：将粗产品用经溶剂充分浸泡的滤纸包裹，置于索氏提取器中，以*N*,*N*-二甲基甲酰胺为溶剂，回流24h，除去其中均聚物和AM、DMDAAC共聚物。以丙酮为溶剂，继续回流萃取12h，除去*N*,*N*-二甲基甲酰胺，在65℃下真空干燥至恒重，得纯净共聚物。

实例2：按一定比例加入木质素磺酸盐和蒸馏水，搅拌均匀后，加入配比量的引发剂和丙烯酰胺单体，搅拌下控制一定的反应温度，反应一定时间，即得木质素磺酸钙-丙烯酰胺接枝共聚物。其中，木质素磺酸钙0.5g（7.35×10^{-4}mol/L），丙烯酰胺单体2.5g（0.7mol/L），引发剂为Fenton试剂，氯化亚铁18.5mg（2.95×10^{-3}mol/L），过氧化氢20mg（1.18×10^{-2}mol/L）；反应介质水50mL；反应温度50℃；反应时间2h。此外，不同的木质素磺酸盐原材料，其与丙烯酰胺接枝共聚的效果相差较大，结果见表7-3。

表 7-3 不同木质素磺酸盐原材料的接枝共聚反应效果

木质素磺酸盐	单体转化率/%	木质素磺酸盐反应度/%	特性黏数/(dL/g)
木质素磺酸钙	98.7	82.2	5.4
木质素磺酸钠	94.6	61.5	4.6
木质素磺酸铵	92.7	48.1	4.4

(2) 木质素磺酸盐-丙烯酸接枝共聚物

实例：按一定比例加入木质素磺酸钙和蒸馏水，搅拌均匀后，加入配比量的引发剂和丙烯酸单体，搅拌下控制一定的反应温度，反应一定时间，即得木质素磺酸钙-丙烯酸接枝共聚物。其中，木质素磺酸钙 0.5g（7.35×10^{-4}mol/L），丙烯酸单体 2.5mL（0.72mol/L），引发剂为 Fenton 试剂，氯化亚铁 18.5mg（2.95×10^{-3}mol/L），过氧化氢 20mg（1.18×10^{-2}mol/L）；反应介质水 50mL；反应温度 30℃；反应时间 2h。

7.8 植物单宁及其接枝共聚物的制备

植物单宁广泛地存在于自然界植物的叶、果实及树皮等部位中，除了幼嫩的分生组织外，几乎所有的植物组织中都含有单宁，如许多植物的叶、树皮、未成熟的果实、种皮和其他各种伤残部位都含有丰富的单宁[42]。其性状为淡黄色至浅棕色的无定形粉末或鳞片或海绵状固体，是一种由五倍子酸、间苯二酚、间苯三酚、焦棓酚和其他酚衍生物组成的复杂混合物，常与糖类共存。其结构式为：

CHOR
CHOR
O CHOR
CHOR
CH
CH_2OR

R= （HO、OH、OH 取代苯环）—CO—O—（OH、OH 取代苯环）—OC—

植物单宁有强烈的涩味，呈酸性，易溶于水、乙醇和丙酮，难溶于苯、氯仿、醚、石油醚、二硫化碳和四氯化碳等，在 210～215℃下可分解生成焦棓酚和二氧化碳。单宁为还原剂，能与白蛋白、淀粉、明胶和大多数生物碱反应生成不溶物沉淀[43]。在水溶液中，可以用强酸或盐（NaCl、Na_2SO_4、KCl）使之沉淀，易被空气氧化使溶液呈深蓝色。单宁暴露于空气和阳光下易氧化，色泽变暗并吸潮结块，因此应密封、避光保存。

7.8.1 植物单宁的提取

单宁属络合酚类物质，广泛存在于植物的生长部分，如芽、叶、根苗、树皮和果实，以及某些寄生于植物的昆虫所产生的虫瘿中，制备方法因原料不同也略有差异。不同种类的树皮单宁含量各异，一般在 5%～16%范围内。选用盘式或鼓式切碎机将原料破碎，切成 5～7mm 小块，然后进行水浸取。萃取器由木材、水泥、铜制成，分常压或加压萃取。萃取温度因树种而异，对于栎树树皮和云杉树皮，萃取温度为 90～105℃；柳树树皮为

60～70℃；茶树根为 70～80℃。萃取时间 6h。萃取后水中单宁浓度较低，一般只有5%～7.5%，需真空蒸发使之浓缩至 40%，最后再干燥、装袋。

(1) 以柠檬桉树皮为原料[43]

将新鲜的柠檬桉树皮放在恒温干燥箱中于 60℃烘干，将其粉碎过 60 目筛，得到干燥的柠檬桉树皮粉末原料。称取 100.0g 干燥柠檬桉树皮粉末，按 1∶4 的料液比加入石油醚，70℃油浴条件下对原料进行回流脱脂，干燥密封保存。取 5.0g 脱脂后的柠檬桉树皮粉末，料液比 1∶20(g/mL)，加入 60%的乙醇水溶液，超声功率 800W，60℃条件下提取 30min，离心过滤得到粗提液；另取 5.0g 脱脂后的柠檬桉树皮粉末，料液比 1∶20(g/mL)，加入 60%的乙醇水溶液，60℃条件下用溶剂法提取 30min。比较两者的单宁得率。

(2) 以核桃楸为原料[44]

称取核桃楸外果皮及叶粗粉各 2.00g，以 50%丙酮为提取剂，核桃楸外果皮及叶单宁提取率最高。核桃楸外果皮单宁的最佳提取条件为：丙酮体积分数 40%、超声温度 40℃、超声时间 40min、料液比 1∶15。核桃楸叶单宁的最佳提取条件为：丙酮体积分数 50%、超声温度 60℃、超声时间 30min、料液比 1∶20。

(3) 以格氏栲天然林凋落物为原料[45]

将约 500g 的格氏栲天然林凋落物用烘箱于 80℃烘干后粉碎过 100 目筛备用，称取粉碎样品 0.5～1.0g 于 50mL 离心管中，加入乙醇-水溶液，置于 80℃水浴锅中浸提 2 次（每次 1h）后，于离心机（8000r/min）离心 5min，过滤，定容于 50mL 容量瓶。乙醇浓度为 70%，提取温度为 80℃，乙醇-水溶液体积为 15mL，提取单宁量达 30.58mg/g。

(4) 以柞树为原料[46]

将采集回来的柞树叶先洗干净，自然风干，柞树枝条先剪成小段，然后按品种和类别放入恒温干燥箱中，在 70℃的恒温条件下烘干至恒重，最后分别进行粉碎，装袋备用。在料液比 1∶20、提取时间 1h、提取温度 55℃的条件下，精确称取适量上述制备的柞树叶（枝）粉末于锥形瓶中，加入一定比例的提取剂，混匀，置于恒温水浴锅中浸提，用纱布过滤，滤液备用。选用 80%乙醇（含 1%盐酸）作提取剂，在料液比 1∶15、提取时间 2.5h、提取温度 75℃条件下，单宁的提取量可达 206.74mg/g；麻栎的单宁含量较高，绿叶期可达 222.02mg/g，落叶期可达 177.30mg/g，枝条单宁含量可达 67.92mg/g，辽东栎、蒙古栎、锐齿槲栎及槲各有不同。五种柞树（蒙古栎、槲、辽东栎、锐齿槲栎和麻栎）的绿叶中单宁含量均明显高于落叶和枝条中的单宁含量，绿叶中的单宁含量从高到低为：麻栎＞辽东栎＞蒙古栎＞锐齿槲栎＞槲；落叶中的单宁含量从高到低为：麻栎＞蒙古栎＞槲＞辽东栎＞锐齿槲栎；枝条中的单宁含量从高到低为：麻栎＞槲＞锐齿槲栎＞蒙古栎＞辽东栎。

7.8.2 植物单宁接枝共聚物的制备

植物单宁分子上含有很多活性羟基，因此通过引发作用，容易产生自由基，进而与乙烯基类单体发生接枝共聚，反应式为：

$$T \xrightarrow{引发} T^{\cdot}$$

$$T\cdot + CH_2{=}CHX \longrightarrow T\!\left[\!-CH_2-\underset{X}{\underset{|}{CH}}-\!\right]_n$$

式中，T=单宁；X=COOH、COONa、$CONH_2$ 等。

本节主要介绍单宁-丙烯酸钠接枝共聚物的制备。

制备方法：称取相应质量的丙烯酸（AA）于反应器中，向反应器内滴加碱性溶液以中和丙烯酸，并保持体系温度 20～30℃，待中和反应完毕，向容器内加入荆树皮栲胶和适量水。搅拌均匀后，通氮气 30min，然后加入引发剂溶液（如 $K_2S_2O_8$、$K_2S_2O_8/NaHSO_3$、Fe^{2+}/H_2O_2 等），反应 1～3h，冷却至室温，即得植物单宁-丙烯酸钠接枝共聚物。其中，引发剂浓度为 $(1.0\sim5.0)\times10^{-3}$ mol/L；料液比为 1∶15；丙烯酸与植物单宁的质量比为 1∶(1～3)，聚合温度 20～50℃，反应时间 1～3h。

7.8.3 磺甲基化单宁的制备

制备方法 1：称取 100g 毛杨梅栲胶加入高压反应锅中，搅拌升温至 50℃，加入 5g 过氧化氢反应 30min，升温到 75℃加入 37%甲醛 15g，羟甲基化 60min，继续升温到 120～140℃加入亚硫酸钠 20g，在 120～140℃下磺化反应 3h，冷却至室温，即得磺甲基化单宁。

制备方法 2[47]：将 300g 22°Bé 的浓胶（干物约 200g）加入三口烧瓶中，在搅拌下升温至 75℃，缓慢滴加 100mL 浓度为 25%的羟甲基磺酸钠溶液。加毕升温至 85℃，总反应时间 4h，然后用萘甲醛缩合物和有机酸调 pH 值至 4.5～5.5。毛杨梅栲胶经过磺甲基化改性后，收敛性略微下降，水溶性良好，渗透速度增加，填充性及丰满度优良，成革粒面平细，总体性质略优于亚硫酸盐处理的栲胶。

7.9 F691 改性产品的制备

F691 改性旨在将纤维素通过反应接上活化基团点，增加其水溶性和分子链上的活性基团点，达到增强药剂絮凝净化效果的目的。由于 F691 中的多聚糖和纤维素是由许多单糖分子组成的，在每一个单糖分子中含有羟基，能在一定的条件下通过酯化或者醚化反应生成新的衍生物。酯化反应通常在强酸介质中进行，酸性会使 F691 中的多聚糖迅速水解，破坏原有的絮凝作用。因此，根据选用原料的具体情况，选择在碱性介质下的醚化反应制取 F691 衍生物。在碱性介质下，醚化剂与多聚糖、纤维素等进行亲和取代反应：

$$[RCell(OH)_3]_n + nClCH_2COOH + 2nNaOH \longrightarrow [RCell(OH)_2CH_2COONa]_n + nNaCl + 2nH_2O$$

除主反应外，一氯乙酸还与氢氧化钠进行如下副反应：

$$ClCH_2COOH + NaOH \longrightarrow CH_2(OH)COONa + NaCl$$

根据上述基本原理，在制取改性絮凝剂时，着重控制羟基的取代作用和高分子化合物分子链的降解作用两个主要反应因素，使产品达到尽可能高的絮凝性能。

7.9.1 F691 的羧甲基化

对植物胶粉 F691 进行羧甲基化改性，可以提高其水溶性，促进其在水处理工业的应用。羧甲基化 F691 衍生物在处理油田废水时具有良好的絮凝净水和抑制管道设备点蚀的效果。但是这些研究均是基于传统的加热方式，衍生化反应需要长达几小时，在反应条件下不可避免地造成植物胶粉的分子降解，因此其综合性能不能得到很好的发挥。随着研究人员对生物质资源的合理利用的重视，以植物胶粉为原料，通过先进的合成技术制备多功能水处理剂越来越具有广阔的发展前景。

(1) 水热法羧甲基化 F691[48]

称取定量的 F691 粉，加入一定体积的乙醇溶剂将其均匀分散湿润，然后加入定量碱液碱化 30min，再加入定量的一氯乙酸，进行醚化反应后得到羧甲基化中间产物。反应条件确定为 F961∶NaOH∶$ClCH_2COOH$＝1∶0.40∶0.42，反应温度 50℃，反应时间 2h。

(2) 微波法羧甲基化 F691

微波辐射可以使大量的物质在短时间内加热，且受热均匀，有利于提高反应的速度和均匀度，尤其是针对刨花楠粉和一氯乙酸这种固液非均相体系，一定功率的微波照射能促进反应物分子的充分接触，且能活化刨花楠粉中可以参与反应的纤维素和半纤维素分子，增大其反应活性。和传统加热法相比，微波法可以在更短的时间内制备取代度更高的衍生物。具体方法[49]：称取 3.0g 刨花楠粉于反应器中，再加入 20mL 异丙醇，将 0.3g NaOH 溶解于 2mL 水中，再移入反应器中，碱化 30min，之后加入一定量的一氯乙酸溶液和 NaOH 水溶液，设置微波反应条件后开始反应。

7.9.2 羧甲基化 F691 的改性

当 F691 粉经过羧甲基化后，其水溶性得到明显提高，但分子量又远远低于水溶性淀粉、糊化淀粉和羧甲基纤维素，和 AM 的接枝共聚反应可以制备高分子量共聚物 CC-Na-GPAM，从而能够提高其利用率。以改性植物胶粉 F691(CC-Na) 为原料，司盘 80 和 OP 10 为乳化剂，采用反相乳液聚合工艺可以高效制备稳定的植物胶粉/丙烯酰胺接枝共聚物，最佳反应条件[50]为：时间 6h，温度 45℃，引发剂浓度为 1mmol/L，单体质量 10g，单体与胶粉质量比为 5。在此条件下接枝共聚物的接枝率最优，转化率、接枝效率也较好。

7.10 阴离子型天然有机高分子改性絮凝剂的应用

7.10.1 工业废水处理中的应用

7.10.1.1 改性淀粉类絮凝剂

磷酸酯淀粉不仅可以用来处理鱼类加工厂废水、屠宰场废水、发酵工厂废水、蔬菜水果浸泡水和纸浆废水等，还可用作泥浆的絮凝剂。庄云龙等[51]用实验室自制的磷酸酯淀粉处理废纸脱墨污水和某些化工厂的工业废水，处理废纸脱墨污水时，加入量为污水的1%，污水的 pH 值应调节为 5 左右，絮凝时间 24h。

羧甲基化改性淀粉是由淀粉和羧甲基化试剂在酸性条件下反应制得的。羧甲基淀粉具有离子交换、螯合、絮凝等功能[52]，可用于造纸、电镀和氧化铝生产等行业的废水处理过程中。Zhu 等[53]使用席夫碱，先用氧化剂将纤维素羟基氧化为醛基，再用 NaOH-尿素溶液促进纤维素二醛转化为二羧基，绿色合成无害化二羧基纤维素絮凝剂，在较宽 pH 值范围（4～10）内表现出较好的絮凝效果。与淀粉氧化改性相比，羧甲基化改性后淀粉分子量不变，有利于絮凝效果的提高[54]。

廖益强等[55]以玉米淀粉和丙烯酰胺为单体、硝酸铈铵为引发剂，采用化学接枝法对淀粉进行改性制备淀粉/丙烯酰胺接枝共聚物（SAM）。SAM 处理造纸废水的最佳条件为：絮凝剂用量 12mg/L，废水温度 30℃，废水 pH＝7～9。在此条件下处理后废水透光率 93.3%，浊度去除率 91.2%，COD_{Cr} 去除率 88.4%；处理后废水 BOD_5 为 54mg/L，其去除率为 85.5%。

宋辉等[56]分别利用淀粉/丙烯腈改性产品（SAH）和市售的水解聚丙烯酰胺（HPAM）处理针织厂印染废水和造纸厂污水，结果如表 7-4 所示。由表 7-4 可知，SAH 对印染废水和造纸污水的处理效果要远远好于 HPAM 的处理效果。因为淀粉的刚性主链配以强阴离子的柔性支链，形成一种刚柔相济的大分子，具有较高的分子量和较好的絮凝效果。其絮体形成快，颗粒大，密实程度较高，沉降速度较快，浊度和 COD 去除率高，应用于工业废水处理。

表 7-4 絮凝效果对比表

水样	絮凝剂	沉降速度/(cm/min)	浊度去除率/%	COD 去除率/%
印染废水	SAH	6.5	91.2	90.1
	HPAM	2.6	63	72.7
造纸污水	SAH	5.8	80.4	94.6
	HPAM	4.6	64.3	83

注：印染废水的浊度为 500mg/L，造纸污水的浊度为 2300mg/L，印染废水的 COD 为 464mg/L，造纸污水的 COD 为 685mg/L。

马希晨等[57]利用淀粉/丙烯酰胺/甲基丙烯酸接枝共聚物处理金舟印染厂废水，结果见表 7-5。利用淀粉/丙烯酰胺/甲基丙烯酸接枝共聚物处理印染废水，产生的絮体大而密实，沉降速度快，沉降物固液界面清晰，COD_{Cr} 去除率达 81.2%，SS 去除率达 97.2%，色度去除率达 72%，浊度去除率达 99.8%，处理效果较理想。

表 7-5 对金舟印染厂废水的处理结果

检测项目	原废水	处理后废水	去除率/%
COD_{Cr}/(mg/L)	4046	759	81.2
SS/(mg/L)	284	8	97.2
吸光度	9.5	2.66	72
浊度/NTU	59.0	0.09	99.8
pH 值	13.7	9.2	—

7.10.1.2 改性羧甲基纤维素絮凝剂

经过改性后的 CMC 絮凝剂具有良好的环境可接受性，被称为“绿色絮凝剂”。近年来，有关改性 CMC 絮凝剂的研究已在国内外广泛开展，改性 CMC 絮凝剂作为一种新型高效、环保的水处理剂已被广泛地应用于生活污水、造纸废水、染料废水、氨氮废水、油田废水及重金属离子废水等废水处理中[58]。

郭红玲等[59]以CMC为主要原料，异丙基丙烯酰胺（NIPAM）为改性单体，在引发剂和催化剂的共同作用下，对CMC进行接枝共聚，合成了改性CMC絮凝剂。并将较佳的反应条件下制备的改性CMC絮凝剂用于生活废水处理，结论是在投药量为25mg/L、pH值为9时，废水处理效果最好，处理工艺简单、实用性强，可以满足城市生活废水处理要求。

刘志宏等[60]以丙烯酸为改性单体，在引发剂和催化剂的共同作用下，与CMC进行化学引发接枝共聚，制备了改性CMC天然有机高分子絮凝剂，并将在较佳的反应条件下得到的产品对造纸废水进行处理。结果发现：废水的浊度去除率达97.8%，COD去除率达80.9%，表明改性产物能比较好地满足造纸废水处理要求。

孙玉等[61]以聚合硫酸铁为絮凝剂，以羧甲基纤维素钠（CMC）和壳聚糖为助凝剂，处理味精生产废水，结果见表7-6。单一地使用一种絮凝剂所形成的絮体小、疏松、易破碎，絮体沉降速度较慢。当加入羧甲基纤维素钠后，可形成一个网状泥层将细小的悬浮物和胶体卷扫下来，加快沉降速度，显著提高聚合硫酸铁絮凝处理废水的效果。

表7-6　羧甲基纤维素钠作为助凝剂对味精生产废水絮凝处理效果

处理前废水COD浓度/(mg/L)	22360	22360	22360	22360	22360	22360
pH值	5	6	7	8	9	10
聚合硫酸铁(5mL)+CMC(3mL)	8	8	8	8	8	8
处理后废水COD浓度/(mg/L)	14112	12455	11736	12643	13126	14189
COD去除率/%	34.4	42.1	45.4	43.5	39.0	34.0

注：当废水的pH值为8.0时，单独使用聚合硫酸铁处理味精生产废水，COD的去除率为30%。

7.10.1.3　改性木质素类絮凝剂

在制浆造纸过程中，植物原料中的木质素经过化学药品的作用，发生降解而溶于蒸煮液，从而变成具有阴离子性质的大分子物质。如木质素磺酸盐具有磺酸基、羟基等活性基团，这些基团可以“捕集”废水中的一些阳离子基团和重金属离子，因此可直接利用木质素磺酸盐溶液处理一些电镀废水、季铵盐废水等[62]。多次分离提纯后的低分子量木质素磺酸盐可与蛋白质反应，生成在酸性溶液中不溶解的复合体，具有沉淀蛋白质的效果[63]。

李爱阳等[64]采用改性木质素磺酸盐絮凝剂处理含镍电镀废水。实验表明，在室温条件下，单体浓度1.5mol/L、反应时间48h时，可得到分子量较大、絮凝效果较好的改性木质素磺酸盐，在室温的条件下，此絮凝剂可使含镍电镀废水中的Ni^{2+}、COD去除率分别达到98.0%和80.0%以上。

7.10.1.4　其他阴离子型改性絮凝剂

改性淀粉类絮凝剂反应产物F691（FN-Al）是阴离子型絮凝剂，小批量生产的胶状产品有效成分含量12%，易溶于水，取代度大于0.5，相对黏度4.0～5.0。该产品絮凝性能比较好，而且用量小。对硫酸废水、造纸白水和黑液、盐泥、电石渣等几种废水废渣，通过酸碱中和，吸附除砷、除氟，用FN-Al絮凝沉淀，使一次处理后排出的废水pH≈8.5～9，砷去除率达98%～99%以上，氟去除率为80%～85%，使有害物质达到排放标准，悬浮沉降速度提高1～3倍（絮凝剂添加量为3～6mg/L），上清液澄清度高，由灰褐色变为淡黄色，悬浮杂质清除率达85%以上。

7.10.2 工业生产中的应用

7.10.2.1 改性淀粉类絮凝剂

磷酸酯淀粉可以作为浮游选矿的沉降剂，回收铝矿石中的铝，沉降煤矿洗煤废水中的煤粉。此外，磷酸酯淀粉应用于牛皮纸系列产品生产中，可以提高产品的耐破度和撕裂度等主要物理性能指标。

羧甲基淀粉是变性淀粉的一种，属醚化淀粉，是淀粉在碱性条件下与一氯乙酸作用的产物。淀粉经羧甲基化后，许多性质发生了变化，具有亲水性强、易糊化、透光度高、冻融稳定性好等优点，而且无毒无味，因此在医药、食品、纺织、造纸、石油钻探等领域均有广泛的应用，尤其在食品工业中可作为增稠剂、稳定剂和保水剂等以改进产品性能，提高产品质量，还能部分代替价格较高的食用明胶、琼脂等，降低成本。此外，羧甲基淀粉钠在洗涤行业也是一种新的增稠剂、品种改良剂和代磷洗涤助剂。

在石油工业，淀粉/丙烯酰胺共聚物改性产品可用作流体输送的减阻剂，石油开发中固井、防钻井液漏失添加剂，二次采油、三次采油的驱油材料等。淀粉接枝磺化甲基化聚丙烯酰胺，在淡水、盐水、饱和盐水钻井液中150℃下有较好的降失水能力。淀粉与AMPS、AM接枝共聚得到的淀粉/AMPS/AM接枝共聚物降失水剂的抗温、抗盐能力为优。

7.10.2.2 黄原胶及其改性产品

(1) 石油工业

用于油井的三次采油，黄原胶是多聚物驱动法采油的首选多聚物。因为它不仅是表面活性物质，能洗提多孔岩石中的原油，更重要的是，在采油过程中，由于地层水的黏度低于原油黏度，常造成水超越油流动，使大量油带成为死油区。为了提高水的波及能力，减少死油区，用黄原胶调配成适当浓度的稠化水溶液，使其流动力低于地层油。将这种稠化水溶液注入井内，压进油层驱油，可提高采油率10%以上。

在钻探过程中需要用大量的化学改性泥浆，以平衡地压，防止井喷，保护井壁，防止卡钻等。国外广泛使用黄原胶作为泥浆滤失剂和泥浆增稠剂，其使用量仅次于聚丙烯酰胺。这是因为黄原胶和纤维衍生物、变性淀粉及磺化改性产品比较，具有良好的抗盐、耐热及耐剪切的显著流变性。因而在海上、高含盐层、高石膏层钻井以及钻深井时尤其需要它。用黄原胶调制的泥浆，在含NaCl高达30%、温度90℃条件下仍能正常工作，保证钻井。

我国近年来在一些高含盐油田也开始使用黄原胶，如中原油田、河南油田、渤海油田等。但由于我国生产黄原胶的成本较高，售价昂贵，在油田用量不大，如果能设法改进工艺，降低生产成本，在油田中应用的潜在市场很大。

(2) 食品工业

在食品工业中，黄原胶用作多目的稳定剂、稠化剂和加工助剂，广泛用于罐装、瓶装食品，面包、奶制品、冷冻食品、饮料、酿造、糖果、糕点、汤料、肉食产品等中。

在冷冻食品中，使用黄原胶能明显地改进以淀粉为增稠剂的许多食品的冻融稳定性。在液体饮料中使用黄原胶可以保持风味和口感，使果汁有良好的灌注性，口感滑爽；在固体食品中，可制作稳定性好、外观光滑的风味食品，这类食品在口中因咀嚼及舌头转动所形成的剪切力使黏度下降，感觉清爽细腻，利于风味释放。在罐头食品中，用0.5%～1%的黄原胶代替部分淀粉，可以更好地改善食品的质量和外形，且出品率提高10%以上。

(3) 其他行业

在化妆品及洗涤工业，黄原胶主要用来配制牙膏、洗发香波、发型定型剂、染发剂等；在涂料行业，主要利用黄原胶的流变特性，用于喷涂式涂料中有着十分理想的防流挂效应；在消防行业，利用黄原胶的耐热性和低浓度高增黏性，用其制成的凝胶型抗溶泡沫灭火剂是消防事业的重大突破，黄原胶与其他阻燃物质也可配成阻燃剂；在纺织印染行业，主要用作增黏剂、上胶剂、上光剂、分散剂；在农业领域，用作化肥、农药的悬浮剂和稳定剂。由于其流变特性，易于倒进流出，很适合喷洒；在胶黏剂行业，用作胶黏剂、密封剂的增稠剂和增黏剂；在陶瓷行业，以黄原胶作增稠剂，可使陶瓷表面涂膜均匀。

此外，黄原胶还在地矿、搪玻璃、医药、造纸、照相、录像带、建筑、重力选矿、湿法冶金、炸药、金属表面处理、照相制版、烟草等方面得以广泛应用。

7.10.2.3 改性纤维素类絮凝剂

羧甲基纤维素（CMC）具有许多优良性质，如化学稳定性好，不易腐蚀变质，对生理完全无害，具有悬浮作用和稳定的乳化作用，良好的黏结性和抗盐能力，形成的膜光滑、坚韧、透明以及对油和有机溶剂稳定性好等。因此，除了在造纸行业水处理过程中作絮凝剂外，羧甲基纤维素（CMC）在纸张生产中作表面施胶剂，纤维助滤、助留剂；在涂布纸中作分散剂、胶黏剂，可使颜料及纤维充分分散；还可以用作食品增稠剂、稳定剂、降失水剂、成膜剂、固形剂和增量剂等。被广泛应用于纺织、食品、医药、石油、印染工业、日用化学品工业及其他工业等。

在建筑行业，冯爱丽等[65]研究不同品种的絮凝剂对水下不分散混凝土性能的影响，发现从水下不分散混凝土的抗分散性及对砂浆和新拌水下不分散混凝土流动度损失的影响看，掺纤维素类絮凝剂比掺聚丙烯酰胺类絮凝剂的性能好；但从强度看，掺纤维素类絮凝剂的水下不分散混凝土早期强度较低，28d强度仍不如掺聚丙烯酰胺类絮凝剂的混凝土，到60d时两者强度基本相同。在石油工业中，以磺丙基化的纤维素粉末为原料，用硝酸铈铵为引发剂接枝聚丙烯酰胺，可增加纤维素的水溶性，可作黏度变性剂，用于石油工业增产。

此外，羧甲基纤维素接枝共聚物如羧甲基纤维素/*N*-羟甲基丙烯酰胺/丙烯酸钠接枝共聚物，作为钻井液助剂有良好的综合性能，增黏和降滤失能力明显优于聚阴离子纤维素。由于降解后的产物具有足够的分子量，在淡水钻井液中经165℃高温后仍保持良好的降滤失性能。羧甲基纤维素/丙烯腈接枝共聚物在一定条件下水解、磺化，制得新型降滤失剂LS-2。室内及现场试验均表明，LS-2热稳定性好，对钻井液的黏切性能影响小，抗电解质能力强，适用于各种类型钻井液。

7.10.2.4 海藻酸钠

海藻酸钠在水处理、食品、纺织、医药、饲料和石油开采中有广泛用途。在水处理中用作絮凝剂；在食品中用作增稠剂和稳定剂；在冰淇淋中加入本品可以稳定冰淇淋形态，防止容积收缩或出现结冰现象；在软饮料中用作悬浮剂；在纺织印染过程中用作上浆剂；在饲料中用作黏合剂，其营养价值与黏合力均较好；在石油开采中用作钻井泥浆的添加剂；在医药中用作血浆代用品，止血剂，胶囊、药品包衣和牙齿压痕剂。此外，在临床医学方面可用作创伤恢复材料、治疗返流性食管炎以及恢复血容量等。

7.10.2.5 改性木质素类絮凝剂

木质素的应用领域主要在土质稳定剂、水泥的粉碎助剂、混凝土减水剂、黏结剂，石油钻井泥浆的分散剂、油井水泥缓凝剂、沥青乳汁液等的乳化稳定剂及轻工业中用作染料、颜料、涂料、油墨、皮革鞣剂和橡胶制品的添加剂等。以木质素为基础原料的水处理剂，如絮凝剂、分散剂、阻垢剂、防锈剂、缓蚀剂等，也是木质素综合利用的一个重要方面。

木质素磺酸盐已在建筑行业的混凝土外加剂方面得以广泛应用。而且，木质素磺酸盐减水剂与萘系、三聚氰胺系等高效减水剂复配，可提高减水剂的缓凝、减水等功能，进而减少商品混凝土坍落度的损失。木质素磺酸盐在水煤浆添加剂领域亦得以广泛应用，利用木质素磺酸盐与高效水煤浆添加剂复配使用，可大大提高水煤浆的稳定性能。海藻酸钠在水处理、食品、纺织、医药、饲料和石油开采中有广泛用途。

7.10.2.6 植物单宁及其改性产品

植物单宁及其改性产品在水处理过程中具有絮凝、脱氧、缓蚀、阻垢和杀菌作用；在冷却水中，可使用单宁抑制硫酸盐还原菌，是良好的杀菌剂；在医药中，用于制造收敛剂，具有止血作用；治疗上用作中毒时内服解毒药，胃出血的止血药和止泻药；外用于皮肤溃疡、褥疮、湿疹等，一般配成软膏敷用；在墨水工业中，用作蓝黑墨水的配料组分，与硫酸铁反应生成单宁酸铁，经空气氧化生成暗青色不溶性单宁酸高铁沉淀色素；在印染中，用作媒染剂，可提高织物的水洗和皂洗牢度；在皮革生产中，用作皮革鞣剂，提高皮革的柔软性；在冶金工业中，主要用于金属锗的提炼；在橡胶制造中用作混凝固化剂。在石油行业，植物单宁及其改性产品主要用作钻井液降黏剂。例如，磺甲基化单宁由单宁与甲醛和亚硫酸氢钠进行磺甲基化反应而得，水溶性好，抗温可达180℃，有降失水效果。

7.10.2.7 F691 改性产品

反应产物 F691（FN-Al）是阴离子型絮凝剂，用 FN-Al 对氯碱厂粗盐水进行澄清实验，对 Mg^{2+}/Ca^{2+} 之比为（0.7～4.2）：1 的五种不同盐水进行实验。实验结果表明，FN-Al 对各种 Mg^{2+}/Ca^{2+} 之比的盐水都适用。沉降速度快，盐水的澄清度高，Mg^{2+}、Ca^{2+} 含量降低。

FN-Al 对糖厂亚硫酸法蔗糖汁进行澄清试验，分别对正常生产情况下的亚硫酸法蔗糖汁进行实验。实验结果表明，对质地较好的蔗糖汁，在添加少量絮凝剂后，絮凝沉降速度明显加快，投加 1mg/L 时加快 1～1.5 倍。絮凝后的上层液澄清度令人满意。对脱出蔗糖汁中的钙、镁无机非糖分和胶体有较好的效果。

参考文献

[1] 余伟，黄牧，李爱民，等. 多功能型天然高分子水处理剂的研究. 环境化学，2018，37 (06)：1293-1310.

[2] 谭洋，冯丽颖，严伟嘉，等. 有机高分子污泥脱水絮凝剂研究. 土木建筑与环境工程，2015，37 (S1)：46-50.

[3] Wurzburg O B. Modified starches：Properties and uses. International Conference on Thermoelectrics，1986，311 (1517)：334-337.

[4] 严瑞. 水溶性高分子. 北京：化学工业出版社，2010.

[5] 薛世尧，毕阳，吴隆民，等. 磷酸酯单酯变性淀粉的制备工艺研究. 甘肃科技，2012，28 (23)：38-41.

[6] 李光磊，庞玲玲，曾洁. 高透明度玉米淀粉磷酸单酯制备工艺优化. 食品工业，2013 (07)：81-83.

[7] 杨梦凡，程建华，齐亮，等. 淀粉改性重金属螯合絮凝剂 ISXA 的制备及性能研究. 工业用水与废水，2015，46 (03)：39-45.

[8] 方松. 微波辅助干法制备羧甲基淀粉及其性能的研究 [D]. 泰安：山东农业大学，2014.

[9] 曹文仲，田伟威，钟宏. 淀粉接枝丙烯酸钠聚合物的水溶液合成. 有色金属，2010，62 (04)：42-44.

[10] 张爱平，张军燚，段鹏真，等. 聚丙烯酸钠/淀粉复合糊料的制备工艺探究. 现代纺织技术，2016，24 (02)：12-17.

[11] 张艳飞. 甲基丙烯酸接枝淀粉共聚物用作减水剂的研究. 中小企业管理与科技 (上旬刊)，2015 (03)：324-325.

[12] 谢新玲，童张法，李丽琴，等. 机械活化淀粉接枝丙烯酰胺/丙烯酸反相乳液聚合动力学. 功能材料，2014，45 (14)：14026-14030.

[13] 吴景梅，张毅，陶冬平. 淀粉接枝丙烯酸-丙烯酰胺三元共聚物的制备与性能研究. 商丘师范学院学报，2018，34 (03)：26-29.

[14] 申艳敏，刘文举，朱春山，等. 反相乳液法芋头淀粉/丙烯酸/丙烯酰胺接枝共聚. 热固性树脂，2014，29 (01)：21-24.

[15] 咎丽娜. 淀粉-丙烯酸-丙烯酰胺高吸水性树脂的紫外光聚合及性能研究. 化工中间体，2014，10 (04)：55-60.

[16] Siwik A，Pensini E，Elsayed A，et al. Natural guar，xanthan and carboxymethyl-cellulose-based fluids：potential use to trap and treat hexavalent chromium in the subsurface. Journal of Environmental Chemical Engineering，2018，7 (01)：102807.

[17] 熊晓兰，郑媛媛. 黄原胶的性质及其在医药领域的研究. 化工管理，2017 (32)：171-175.

[18] 李逸，王可鑫，郑卓辉，等. 纳米纤维素复合材料的应用进展. 纸和造纸，2016 (12)：26-28.

[19] 李赢，姜帅，靳璇，等. 稻壳基羧甲基纤维素的制备与其制膜性能研究. 中国食品学报，2015，15 (12)：55-59.

[20] 刘宁，戴瑞，刘涛. 香蕉皮制备羧甲基纤维素. 食品工业科技，2018，39 (09)：201-206.

[21] 谭凤芝，丛日昕，李沅，等. 利用玉米秸秆制备羧甲基纤维素. 大连工业大学学报，2011，30 (2)：137-140.

[22] 周婷婷，张宏喜，李楠，等. 棉杆基羧甲基纤维素的制备研究. 安徽农业科学，2014 (30)：10676-10678.

[23] 杨全刚，诸葛玉平，曲扬，等. 小麦秸秆纤维素均相醚化制备羧甲基纤维素工艺优化. 农业工程学报，2017，33 (20)：307-314.

[24] 董雪，尚成新. 羧甲基纤维素-丙烯酰胺接枝共聚的工艺条件研究. 当代化工，2018，47 (06)：1115-1118.

[25] 蔡涛，杨朕，杨琥，等. 羧甲基纤维素接枝聚丙烯酰胺的制备及其絮凝性能研究. 南京大学学报 (自然科学版)，2013，49 (4)：500-505.

[26] 刘书林，康海，赵坤，等. 羧甲基纤维素钠接枝聚丙烯酸-丙烯酰胺高吸水树脂的合成. 西安航空学院学报，2015 (3)：46-49.

[27] 陈晓宇. γ 射线辐射制备纤维素吸水材料. 江苏农业科学，2017，45 (23)：267-270.

[28] 唐清华，宋明超，张娜，等. 羧甲基纤维素接枝丙烯酸钠的合成与性能. 实验室研究与探索，2016，35 (12)：13-17.

[29] 贺常付，江国健，沈晴昳，等. 羧甲基纤维素-甲基丙烯酸甲酯接枝共聚物体系凝胶注模成型氧化铝陶瓷研究.

陶瓷学报，2016，37（05）：482-488.

[30] 王润楠，张浩，连丽丽，等．聚硅酸铝镁-羧甲基纤维素钠复合絮凝剂的制备及应用．精细化工，2017，34（09）：1044-1050.

[31] 薛兴福．基于羧甲基纤维素钠的新型复合絮凝沉淀剂对含铅废水处理实验研究．四川有色金属，2017（02）：55-57.

[32] 王孝华．海藻酸钠的提取及应用．重庆工学院学报（自然科学版），2007（05）：124-128.

[33] 张婧．壳聚糖与海藻酸钠复合絮凝剂的效果研究．化工设计通讯，2017，43（03）：125-126.

[34] 孟朵，倪才华，朱昌平，等．改性海藻酸钠絮凝剂的合成及其对重金属离子的吸附性能．环境化学，2013，32（02）：249-252.

[35] 邱卫华，陈洪章．木质素的结构、功能及高值化利用．纤维素科学与技术，2006（01）：52-59.

[36] 李忠正，乔维川．工业木素资源利用的现状与发展．中国造纸，2003（05）：49-53.

[37] 郭睿，王宁，张瑶，等．木质素磺酸盐的羟甲基化研究．石油化工，2018，47（05）：437-442.

[38] 邱学青，王素雅，周明松．磺化碱木质素和磺化碱木质素聚氧乙烯醚的溶液行为研究．高分子学报，2016（04）：477-485.

[39] 郑雪琴，黄建辉，刘明华，等．碱木素磺化改性制备减水剂及其性能的研究．造纸科学与技术，2004，23（5）：29-32.

[40] 喻真英．造纸黑液制取木质素磺酸盐研究．生物质化学工程，2003，37（4）：6-8.

[41] 袁竣一，张玉苍，尹鹏．响应曲面法优化木质素磺酸盐改性絮凝剂的制备工艺．应用化工，2017，46（08）：1501-1504.

[42] 张亮亮，汪咏梅，徐曼，等．植物单宁化学结构分析方法研究进展．林产化学与工业，2012，32（3）：107-116.

[43] 尚俊，冯秀云，王鑫，等．柠檬桉树皮单宁的提取纯化及抗氧化活性．食品工业科技，2018，(1)：62-69.

[44] 昝志惠，高艳梅，孙墨珑．核桃楸单宁提取及其抗氧化性．植物研究，2015，35（03）：431-435.

[45] 冯雪萍，刘金福，许森平，等．格氏栲天然林凋落物单宁提取工艺研究．西南林业大学学报（自然科学），2017，37（03）：216-220.

[46] 张娜，王斌赫，张超，等．柞树单宁的提取及柞树品种间单宁含量的比较．北方蚕业，2014，35（02）：18-22.

[47] 梁发星，颜秀珍，王明吉，等．毛杨梅栲胶磺甲基化改性及其产物的应用研究．皮革科学与工程，2004（05）：12-15.

[48] 肖锦．天然高分子改性制两性絮凝剂及其性能研究//中国化学会第八届水处理化学大会暨学术研讨会，呼和浩特，2006.

[49] 林胜任，李友明，万小芳，等．微波辐射法刨花楠粉F691的羧甲基化研究．林产化学与工业，2009，29（05）：119-121.

[50] 张贤贤，李友明，万小芳，等．反相乳液法制备植物胶粉/丙烯酰胺共聚物及其增强性能．造纸科学与技术，2010，29（05）：30-33.

[51] 庄云龙，石荣莹，原义光．磷酸酯淀粉絮凝剂在废水处理中的应用试验．上海造纸，2001（01）：42-44.

[52] 谢新玲，熊海武，童张法，等．5种改性淀粉吸附 Cu^{2+} 性能及动力学研究．功能材料，2017，48（02）：2009-2012.

[53] Zhu H，Zhang Y，Yang X，et al. One-step green synthesis of non-hazardous dicarboxyl cellulose flocculant and its flocculation activity evaluation. Journal of Hazardous Materials，2015，296（72）：1-8.

[54] 刘伟，马金菊，姚新鼎，等．淀粉絮凝剂在水处理中的研究进展．化工环保，2018，38（02）：141-147.

[55] 廖益强，卢泽湘，郑德勇，等．改性淀粉絮凝剂的制备及其在造纸废水处理中的应用．中国造纸学报，2015，30（02）：34-38.

[56] 宋辉，马希晨．SAH阴离子天然高分子改性絮凝剂的合成及应用．皮革化工，2003（03）：17-21.

[57] 马希晨，聂新卫，刘宪军，等．反相悬浮共聚法制备速溶型阴离子淀粉接枝絮凝剂及其应用于印染废水处理．大连轻工业学院学报，2004，23（03）：157-159.

[58] 李振华，王宗舞，方瑞娜. 改性羧甲基纤维素絮凝剂在水处理中的应用研究. 河南科技，2015 (04)：114-116.
[59] 郭红玲，李新宝. 改性羧甲基纤维素絮凝剂的制备与应用. 人民黄河，2010，32 (9)：46-47.
[60] 刘志宏，张洪林，李靖平，等. 改性羧甲基纤维素絮凝剂的制备与应用. 化学与粘合，2009，31 (2)：71-74.
[61] 孙玉，许凤斌，蒋克旭. 味精生产废水絮凝沉淀实验研究. 环境保护与循环经济，2003 (2)：13-17.
[62] 刘千钧，詹怀宇，刘明华. 木质素类絮凝剂的研究进展. 造纸科学与技术，2002，21 (3)：24-26.
[63] 郭建欣，朱虹. 改性木质素水处理剂的合成及应用. 化学工业与工程技术，2011，32 (02)：31-34.
[64] 李爱阳，彭晖冰，唐有根. 改性木质素磺酸盐絮凝剂处理含镍废水的研究. 环境科学与技术，2008 (11)：106-108.
[65] 冯爱丽，覃维祖，王宗玉. 絮凝剂品种对水下不分散混凝土性能影响的比较. 石油工程建设，2002，28 (4)：6-10.

第8章 阳离子型天然有机高分子改性絮凝剂

8.1 概述

大多数废水的胶体呈现负电性，对这类废水的胶体悬浮物处理采用阳离子絮凝剂一般能直接起到固液分离的效果。国外阳离子絮凝剂研究在近年来发展很快，且正朝着开拓它在水处理领域应用范围的方向发展。我国在此方面的研究虽然近年来也取得了一定的进展，但还远远不能满足实际需要。

碳水化合物类物质广泛存在于植物中，自然界中天然碳水化合物年产量达5000亿吨，包括淀粉、纤维素、半纤维素、木质素和单宁等。这类天然高分子化合物含有各种活性基团，表现出较活泼的化学性质，通过羟基的酯化、醚化、氧化、交联、接枝共聚等化学改性，其功能基团的活性大大增加。聚合物呈枝化结构，分散絮凝基团对悬浮体系中颗粒物有更强的捕捉与促沉作用。

近年来随着石油产品价格不断上涨，天然有机高分子改性絮凝剂因其原料来源广泛、价格低廉、易于生物降解等特点显示了良好的应用前景。此外，实验证明，阳离子型天然有机高分子改性絮凝剂不仅具有絮凝功能，而且还具有其他水质处理性能，能满足复杂水质情况下多种水质要求的需要。天然高分子资源在我国极为丰富，今后我们应充分利用这些天然高分子资源，从开发天然改性阳离子絮凝剂方面找到一条创新的道路，开发出更多高效、无毒、价廉的天然高分子改性阳离子絮凝剂，并加强阳离子高分子的结构与应用性能关系的研究，如阳离子度、分子量等对应用性能的影响规律，稳定产品质量，促进产品的工业化。

8.2 分类

阳离子型天然有机高分子改性絮凝剂根据原料来源的不同，可分为改性淀粉类絮凝剂、改性木质素类絮凝剂、改性纤维素类絮凝剂、壳聚糖及其改性产品以及F691粉改性产品等。

8.3 改性淀粉类絮凝剂的制备

十多年来，在聚丙烯酰胺研究基础上，我国已开展了化学改性天然有机高分子化合物的研究工作。在众多研究方向中，淀粉接枝产品的研究开发引人注目。淀粉分子具有多个羟基，通过羟基的酯化、醚化、氧化、交联等反应改变淀粉的性质，工业上便是利用这些化学反应生产改性淀粉。淀粉还能与丙烯腈、丙烯酸、丙烯酰胺等人工合成高分子单体起接枝共聚反应，淀粉分子链上接有人工合成高分子链，使共聚物具有天然高分子和人工合成高分子两者的性质，为制备新型化工材料开辟途径。综合开发淀粉资源，生产多种用途的改性淀粉已成为我国现代工业系统的重要方面[1]。

在改性淀粉产品中，改性淀粉絮凝剂占有一席之地。改性淀粉絮凝剂具有天然有机高分子改性絮凝剂的特点，包括无毒、可以完全被生物分解，可在自然界形成良性循环等特点。

阳离子型改性淀粉类絮凝剂根据其制备方式的不同，可归纳为：季铵化改性、接枝共聚以及接枝共聚物的改性 3 种方式。

8.3.1 季铵化改性

季铵型强阳离子絮凝剂不仅具有优异的絮凝效果，而且还有一定的杀菌能力。通过对淀粉进行季铵化改性，使研制出的产品兼具絮凝和脱色等功能[2]。

与叔胺淀粉醚相比，季铵淀粉醚阳离子性较强，且在广泛的 pH 值范围内均可使用，因此季铵淀粉醚得到迅速发展。特别是由带环氧的阳离子试剂制备的阳离子淀粉，由于其工艺简单，成本较低，发展更为普遍和迅速，值得我们充分重视。在造纸工业中，特别是已成为世界发展趋势的中性抄纸生产中，季铵化淀粉是应用最广的品种之一[3]。

季铵型阳离子淀粉是具有环氧基团的胺类化合物与淀粉分子中的羟基在碱催化作用下反应生成的醚类衍生物。它是叔胺或叔胺盐与环氧丙烷反应生成的具有环氧结构的季铵盐，再与淀粉发生醚化反应生成季铵型阳离子淀粉。反应式如下：

$$R_3N + Cl{-}CH_2{-}\underset{\diagdown O \diagup}{CH{-}CH_2} \longrightarrow \underset{\diagdown O \diagup}{H_2C{-}CH}CH_2N^+R_3Cl^- \xrightarrow[NaOH]{ST-OH} ST{-}O{-}CH_2{-}\underset{|\atop OH}{CH}{-}CH_2N^+R_3Cl^-$$

具有环氧结构的季铵型阳离子醚化剂，由于其环氧基具有较强的反应活性，用其制备阳离子淀粉比较容易，制备方法有湿法、干法和半干法三种[4]。

(1) 湿法制备

通常使用的制备方法是在碱性条件下（催化剂 NaOH 存在下）添加硫酸钠以防止淀粉膨胀，制备取代度 0.01～0.07 的产品，氢氧化钠与试剂的摩尔比为 2.6∶1。试剂与淀粉摩尔比是（0.05～1.35）∶1 的淀粉悬浮液在 50℃左右反应 4h，转化率约为 84%。较低的温度需要较长的反应时间，试剂与淀粉的浓度均影响转化率。该工艺的反应条件温和，生产设备简单，反应转化率高，但阳离子剂中的杂质会影响产品的质量，必须提纯处理。反应必须加入碱和盐等以加速反应及防止淀粉膨胀。湿法制备工艺后处理困难，用水量大、耗能高、废水污染问题突出。

(2) 干法制备

干法工艺与湿法制备工艺相比工艺简单；反应周期短；对阳离子试剂纯度要求不高，无需使用催化剂与抗胶凝剂；基本无三废，不必进行后处理。干法制备是固相反应，对设备工艺要求比较高，同时反应温度高，淀粉容易解聚，反应转化率低。将淀粉与阳离子试剂充分混合，60℃左右干燥至基本无水（<1%），于120～150℃反应约1h得产品。反应转化率40%～50%。

干法制备中，必须严格控制淀粉中水溶剂的含量。水有助于阳离子化试剂和碱催化剂很好地在淀粉中扩散并反应。但水量过多会引起两个副反应：一是阳离子化试剂的水解反应，水解后生成的副产物没有阳离子化能力，从而使反应体系中阳离子化试剂的有效浓度降低；二是水溶剂使生成的阳离子淀粉分解，生成淀粉和阳离子化试剂水解产物，同样导致反应效率的下降，因此水量过多不利于反应的进行，且给后处理带来麻烦。

(3) 半干法制备工艺

该工艺是继湿法及干法工艺后出现的。此法利用碱催化剂与阳离子剂一起和淀粉均匀混合，在70～80℃反应1～2h，反应转化率达75%～100%。该工艺的优点很突出，除干法反应的优点外，反应条件缓和，转化率高。甚至利用本法将阳离子试剂、碱催化剂与淀粉按一定比例混合后，即使在室温放置一段时间，也能取得反应转化率相当高的产品。因此，这是一种很值得推广使用的方法。

阳离子淀粉合成技术在不断改进，如由间歇式生产改为连续化生产；利用特制的电磁合成仪采用干法制备；近年来还研究了用微波加速反应的方法，即将碱和阳离子化试剂的水溶液喷在淀粉上（含水量40%），在50～70℃用微波处理20～30min，可得到含水量小于17%的阳离子淀粉。

8.3.1.1 湿法制备

(1) 水溶液法

实例1[5]：以玉米淀粉为原料，加入无水硫酸钠，在碱的催化下混合3-氯-2-羟丙基三甲基氯化铵（CHPTMAC）合成季铵型阳离子淀粉，采用电泳分析产品中的带电性质，并测定了浆液和浆膜性能，得到制备的最佳条件：反应温度60℃，反应时间50min，m(淀粉)∶m(水)∶m(乙醇)∶m(碱)=1∶20∶8∶0.4。反应分为季铵阳离子淀粉的制备和中低温水溶季铵阳离子淀粉的合成。

① 季铵阳离子淀粉的制备。水浴保持60℃，加入635mL水、300g玉米淀粉（干基），混合均匀后加入预先配制好的20mL盐酸溶液，保温1.5h制得酸解淀粉。水浴保持50℃，加入266g H_2O，162g酸解淀粉（干基），100g无水 Na_2SO_4，混合均匀后加入5.6g NaOH，搅拌5min，加入6.7g CHPTMAC，保温4h，淀粉的取代度为0.03。

② 中低温水溶季铵阳离子淀粉的合成。水浴保持60℃，配制368g质量比为1∶1的乙醇-水溶液，取300mL溶液与81g季铵阳离子淀粉（干基）形成淀粉乳。将8g NaOH溶解于剩余的68mL溶液中，并用20min滴加至淀粉乳中，继续保温30min。将反应完成后的淀粉乳中和至溶液呈中性，用乙醇冲洗，抽滤、烘干、研磨、过筛。

实例2[6]：在碱性催化剂NaOH作用条件下，利用2,3-环氧氯丙烷三甲基氯化铵（ETA）与淀粉进行季铵化反应，具有较高的取代度。往三口烧瓶中加入葡萄糖∶ETA∶碱=1∶4∶0.2025进行搅拌，搅拌温度控制在60℃下反应6h，然后干燥至水分<14%，得无序结构的阳离子淀粉。

实例3[7]：取一定量经烘箱105℃加热脱水的玉米、木薯及土豆原淀粉，加入水和氢氧化钠，配制成浓混合液 1，同时将醚化剂（CTA）与氢氧化钠预先混合活化，制成混合液 2。然后将混合液 1 和混合液 2 在恒温水浴锅中 40℃条件下恒温进行反应 4～24h。反应完毕后，利用无水乙醇对反应后样品抽滤冲洗处理 3～5 次，在烘箱中 105℃条件下加热脱水至恒重，从而制备得到阳离子淀粉。

实例 4[8]：蜡质玉米淀粉 7500g，水 8250mL，在搅拌的条件下，加热至 37℃，同时用 4%的氢氧化钠调 pH 值至 11.2～11.5，加入 600g 50%的二乙基胺乙基氯，同时保持 pH 值为 11.0～11.5，恒温反应 17.5h，反应结束后 pH 值为 11.3，然后利用 10%的盐酸调节 pH 值至 7.0 并过滤，滤饼用 16500mL 的水洗涤并在室温下干燥。最后经检测阳离子取代度为 0.038。

(2) 溶剂法

1996 年 Kweon 和 Bhirud 开发了一种更有效的阳离子化的方法。他们研究了抗絮凝剂，溶剂的类型、浓度、淀粉与水的比例，醚化剂的溶解度对反应速率和取代度的影响。提出了乙醇-氢氧化钠作为溶剂是一种有效的方法。

实例 1[3]：在 250mL 的烧瓶中放入 30.9g NaOH 和 50g 淀粉。准备氢氧化钠-乙醇溶液，1.7g NaOH 溶于 82mL 100%的乙醇中，将这种氢氧化钠-乙醇溶液倒入瓶中，在 50℃下搅拌 10min 加入 4.2mL 阳离子试剂，50℃搅拌 6h，此时淀粉浓度为 35%。反应完毕用 3mol/L HCl 中和过滤，用 95%乙醇洗 3 次，用显微镜检测，空气烘干，结果表明，35%～75%的乙醇或丙醛是最有效的溶剂。淀粉与水的比例为 1∶1 时的效率最高，在 45～55℃时获得高取代度和高效率，絮凝现象在较高温度下出现。随着 3-氯-2-羟丙基三甲基氯化铵（CHPTMAC）浓度的增高，DS 值增高。但 CHPTMAC 最高时浓度会影响反应效率。最优条件是采用 35%～75%的乙醇或丙酮作溶剂，反应温度是 50～55℃，淀粉与水的比为 1∶1。CHPTMAC 的浓度为 0.05～0.2mol/L，与带有低沸点的溶剂能用蒸馏法分离，花费较低，过量的 CHPTMAC 在液相中也方便回收。

实例 2[9]：在用可控温电加热水浴锅加热的条件下向装有电动搅拌和回流冷凝的 500mL 三口烧瓶中加入糯玉米淀粉，用乙醇溶液将其配制成一定浓度的淀粉乳。在一烧杯中加入 10mL 蒸馏水，加入 1.2～2.2g NaOH，搅拌溶解并冷却至 25℃，10min 后加入淀粉乳中，将 pH 值调至碱性，然后开始向淀粉乳中滴加 3-氯-2-羟丙基三甲基氯化铵，并以该浓度氢氧化钠溶液保持乳液 pH 值恒定。反应结束后，用稀盐酸将乳液 pH 值中和至 6～7 后抽滤、洗涤、干燥、粉碎、筛分得到产品。

8.3.1.2 干法制备

实例 1[10]：将阳离子醚化剂与 NaOH 水溶液按一定比例在冰浴中混合，在反应体系中水的质量分数为 35%，阳离子醚化剂与淀粉的摩尔比为 0.35∶1，NaOH 与阳离子醚化剂的摩尔比为 1∶4，迅速搅拌使散热均匀，并使阳离子醚化剂与 NaOH 混合的温度低于 10℃。迅速将混合物喷洒到淀粉上，充分混匀，风干（含水量小于 5%），放入烘箱中，在 90℃下反应 4h。反应完成后，即得季铵盐型阳离子淀粉絮凝剂。反应温度 90℃，反应时间 4h。在此条件下合成的阳离子淀粉相对黏度为 2.0。

反应机理：在催化剂氢氧化钠的存在下，淀粉与阳离子醚化剂（环氧丙基三甲基氯化铵）起醚化反应而制得阳离子改性淀粉絮凝剂。氢氧化钠不仅是使淀粉活化的催化剂，也是反应的参与试剂。反应中，氢氧化钠作为催化剂使淀粉羟基活化，与阳离子醚化剂反应生成季铵盐型阳离子淀粉，其反应过程如下：

$$\underset{\diagdown O \diagup}{H_2C\text{—}CHCH_2N^+}(CH_3)_3Cl^- + ST\text{—}OH \xrightarrow{OH^-} ST\text{—}O\text{—}CH_2\underset{OH}{\underset{|}{CH}}CH_2N^+(CH_3)_3Cl^-$$

$$\underset{\diagdown O \diagup}{CH_2\text{—}CHCH_2N^+}(CH_3)_3Cl^- + H_2O \xrightarrow{OH^-} \underset{OH}{\underset{|}{CH_2}}\text{—}\underset{OH}{\underset{|}{CH}}CH_2N^+(CH_3)_3Cl^-$$

$$ST\text{—}O\text{—}CH_2\underset{OH}{\underset{|}{CH}}CH_2N^+(CH_3)_3Cl^- + H_2O \longrightarrow ST\text{—}OH + \underset{OH}{\underset{|}{CH_2}}\text{—}\underset{OH}{\underset{|}{CH}}CH_2N^+(CH_3)_3Cl^-$$

实例 2[11]：马铃薯淀粉在干法制备条件下与 3-氯-2-羟丙基三甲基氯化铵进行季铵化反应。

① 往盛有 7.2575g 3-氯-2-羟丙基三甲基氯化铵（CHPTMAC）溶液（0.0246mol，63.75%）的塑料搅拌杯中缓慢加入 3.88g 的氢氧化钠溶液（0.0252mol），将该塑料杯置于搅拌条件下，经过 10min 后，CHPTMAC 转化为 2,3-环氧氯丙烷三甲基氯化铵。

② 称量 94.48g 的马铃薯淀粉（含有 14.1626%的水分，淀粉为 0.4953mol）置于一个搅拌容器中，在另外的容器中称量 5.6147g（0.2mol）的干燥 CaO 和 7.7977g（0.03mol）的高岭土。

③ 缓慢搅拌容器内的马铃薯淀粉，慢慢加入氧化钙和高岭土混合物（添加时间控制在 5min 以上），然后将上述步骤中的环氧化物缓慢加入容器（添加时间控制在 10min 以上），随后提高搅拌速率搅拌 5min，将产物转入塑料容器中在室温下静置 2d。

实例 3[12]：以玉米淀粉和 2,3-环氧丙基三甲基氯化铵（GTA）为原料，先准确称取 0.5g 氢氧化钠并将其溶于 2mL 水中，再称取一定量 GTA 溶于氢氧化钠溶液中，最后称取 10g 淀粉置于三口烧瓶中，将上述两份混合液加入其中并搅拌，静置 30min。置于微波炉中在一定温度和时间下加热，反应完成后用一定体积的乙醇水溶液洗涤，干燥至恒重即得白色粉末状阳离子淀粉絮凝剂，可将其应用于污水处理。

结果表明：淀粉量 10g，当醚化剂用量 1g、辐射时间 9min 和反应温度 75℃时，可制得取代度为 0.24 的阳离子淀粉，该种阳离子淀粉在污水处理中具有优良的絮凝效果。

实例 4[13]：在装有搅拌器的二口烧瓶中加入玉米原淀粉、适量的碱催化剂，室温下搅拌 15min 后，加入阳离子醚化剂，室温下再搅拌 15min，然后在 60～70℃下反应 4h，得到干的白色固体粗产品。再用乙醇溶液浸泡，过滤，洗涤，真空干燥，得到白色粉末状精制的高取代度季铵型阳离子淀粉。

一般在干法制备阳离子淀粉过程中，可用无机碱，如氢氧化钠、氢氧化锂、氢氧化钾、氢氧化钙、氢氧化镁等，也可用有机碱，如二甲胺、氢氧化二甲基苄基铵等作为催化剂，该试验采用的碱催化剂为氢氧化钠。由于碱催化剂的存在，将大大增强淀粉中羟基的亲核能力，从而显著提高反应的效率和速率。

一般来说，随着加入碱量的增加，反应效率、含氮量、取代度都有不同程度的提高。但加入量超过一定程度后，反应效率、取代度将逐渐下降。主要原因是碱过量时增多了阳离子化试剂中的环氧基团数，同时碱量也将加速阳离子淀粉的分解反应。温度也是影响反应效率的因素，过低将使反应速率变慢，反应时间延长；而温度过高又将加速阳离子化试剂和阳离子淀粉的分解，而使产物的取代度降低。为了能得到较高的反应效率和高取代度阳离子淀粉，表 8-1 列出了不同条件对阳离子淀粉取代度（DS）和反应效率（RS）的影响。

表 8-1 反应温度、反应时间对取代度（DS）、反应效率（RS）的影响 单位：%

温度/℃	含水率/%	取代度/反应效率				
		2h	3h	4h	5h	6h
60	25	0.391/66.47	0.474/80.58	0.500/85.00	0.494/83.98	0.483/82.11
	30	0.397/67.49	0.480/81.60	0.506/86.02	0.493/83.81	0.481/81.77
70	25	0.441/73.44	0.478/81.26	0.523/88.91	0.537/91.29	0.501/85.77
	30	0.375/74.97	0.490/81.26	0.523/88.91	0.539/91.63	0.511/86.87
80	25	0.341/57.97	0.420/71.40	0.490/83.30	0.521/88.57	0.460/78.20
	30	0.375/63.75	0.440/74.80	0.527/89.59	0.501/85.17	0.474/80.58

实例 5[14]：通过干法制备高取代度阳离子淀粉，原料是玉米淀粉和土豆淀粉。用甲醇把淀粉润湿后加入三口烧瓶，再加入适量的醚化剂。用质量分数为 40% 的 NaOH 溶液调 pH 值至 8～9，温度控制在 60～70℃，连续加热搅拌 4h。反应后的产物经过抽滤后自然干燥得粉状产品。通过化学分析，证明所得产品为高取代度阳离子淀粉，并对增干强性能进行了检测。阳离子玉米淀粉和阳离子土豆淀粉都能比较明显地提高纸张的增干强度，当用量为 1% 时，增干强度分别提高 21.0% 和 18.4%。

本工艺分为醚化剂的制备和阳离子淀粉的制备两个步骤。

① 醚化剂的制备。分别把等物质的量的二甲胺和环氧氯丙烷放入三口烧瓶，pH 值控制在 6 左右，温度控制在 70℃左右连续搅拌加热 2h，浓缩结晶干燥后得产品。

② 阳离子淀粉的制备。用甲醇把淀粉润湿后加入三口烧瓶，再加入适量的醚化剂。用质量分数为 40% 的 NaOH 溶液调溶液的 pH 值到 8～9，温度控制在 60～70℃，连续加热搅拌 4h。反应后的产物经过抽滤后自然干燥得粉状阳离子淀粉产品。

实例 6[15]：以不同酸降解程度的玉米淀粉为原料，2,3-环氧丙基三甲基氯化铵（GTA）为阳离子化试剂，在 GTA 与酸解淀粉的投料比为 0.6∶1（摩尔比）时的最佳反应条件下：反应温度 80℃，反应时间 1.5h，n(NaOH)∶n(HS) 为 0.07∶1，体系中含水量为 18% 时，取代度为 0.49，反应效率为 81.7%。并以高岭土模拟水样为絮凝对象，最佳投入量随分子量的降低呈现先减小后增大的趋势，且当投入量相同时，以 0.5mol/L 的盐酸溶液中的质量浓度 ρ=0.4kg/L，50℃下酸解 2h 后的酸解淀粉为原料所得阳离子酸解淀粉的絮凝效果最好。

最近有报道用微波法合成阳离子淀粉，微波法由于少量溶剂分子的介入，最大限度地抑制了副反应，另外造成了反应部位的局部高浓度，可大大缩短反应时间，并且具有反应效率高、操作步骤简单的优点。

实例 7[16]：准确称取一定量的氢氧化钠和 2,3-环氧丙基三甲基氯化铵，用少量蒸馏水溶解，将所得溶液均匀地分散到 20g 淀粉上，搅拌均匀后静置 30min，使淀粉均匀浸透。然后置于微波炉中以一定的温度和功率加热一定时间后将产物冷却至室温，用 70% 乙醇水溶液洗涤多次，干燥至恒重即得白色粉末状季铵型阳离子淀粉。

实例 8[17]：将干基淀粉 200g 放入捏合机，NaOH 采用 2 步加入方式（喷加一部分于搅拌的淀粉中；另一部分预先与醚化剂混合，反应生成带有环氧官能团的 2,3-环氧丙基三甲基氯化铵，再将该溶液快速喷入碱活化的淀粉中）。混合物微波加热 2min，得到白色固体粗产品，过筛，中和至 pH=6～8，再经洗涤、干燥、粉碎，即得季铵型阳离子木薯淀粉。

8.3.1.3 半干法制备

实例 1[18]：将碱（质量分数为 1.0%）溶解在适量的水（质量分数为 26%）中，喷入淀粉（质量分数为 18%）后搅拌 10min，再将阳离子醚化剂（质量分数为 55%）加入淀粉中搅拌 10min，放入烘箱，加入适量催化剂（质量分数为 10%），在 70℃下反应 4h，得白色固体粗产品，粗产品用含有适量乙酸的质量分数为 80%的乙醇溶液浸泡，过滤，洗涤，真空干燥得取代度为 0.510、反应效率达 88.7%的白色粉末状季铵型高取代度阳离子淀粉。

实例 2[19]：有研究发现，以玉米淀粉为原料，采用阳离子醚化剂 3-氯-2-羟丙基三甲基氯化铵（CHPTMAC）和阴离子醚化剂氯乙酸在碱的催化作用下使用半干法生产可以得到羧基型两性淀粉。当醚化剂（69%）加入量为淀粉的 5.5%，氯乙酸（98%）加入量为淀粉的 1.5%，前段碱用量与醚化剂的摩尔比为 2.0，后段碱用量与氯乙酸的摩尔比为 1.0，加水量为淀粉量的 10%，反应温度为 65～70℃，反应时间 6h 时条件最优。阳离子取代度的测定采用凯氏定氮法，阴离子取代度的测定采用酸洗法。

实例 3[20]：研究表明，淀粉与 *N*-(2,3-环氧丙基) 三甲基氯化铵在碱催化剂存在下的半干法反应中，由于少量溶剂分子的介入，最大限度地抑制了副反应，同时使反应体系的微环境不同于液相反应，造成了反应部位的局部高浓度，提高了反应效率。而加入少量有机溶剂，抑制了水对淀粉的糊化，同时使阳离子化试剂和碱催化剂均匀地分布在反应体系中，得到取代基分布均匀的产品。该方法反应效率高，操作简便，污染小。实验结果表明，当淀粉和 GTA 的质量比为 11∶6 时，最佳反应条件为：反应时间 2.5h，反应温度 90℃。介质条件为：用氢氧化钠控制 pH 值在 8～11，异丙醇∶水为 3∶7（体积比），取代度可达 0.55 以上，反应效率大于 94%。

(1) 阳离子试剂（GTA）的制备

制备方法：在 500mL 三口烧瓶中加入环氧氯丙烷，冷却至 0℃，在搅拌条件下通入二甲胺气体（在二甲胺水溶液中滴加 40%的氢氧化钠溶液即得）1h，常温下搅拌反应 4h。然后过滤，用 DMF、丙酮洗涤，真空干燥，得到白色固体产品，即为 GTA。具体反应过程如下：

$$R_3N+ClCH_2CH{=}CH_2 \longrightarrow [H_2C{=}CHCH_2NR_3]^+Cl^- \xrightarrow[\text{(或 }Cl_2)]{HOCl}$$

$$[H_2\underset{Cl}{C}—\underset{OH}{C}HCH_2NR_3]^+\ Cl^- + [H_2\underset{OH}{C}—\underset{Cl}{C}HCH_2NR_3]^+\ Cl^-$$

$$[H_2C\underset{O}{\diagdown\!\diagup}CHCH_2NR_3]^+\ Cl^- + Starch—OH \xrightarrow{OH^-} [Starch—OCH_2\underset{OH}{CH}(CH_2)_nNR_3]^+\ Cl^-$$

式中，Starch 指淀粉。

(2) 阳离子淀粉的制备

反应原理：为提高反应效率与速率，本文用半干法制备环氧季铵型阳离子试剂。即在反应体系中加入碱催化剂和少量有机或无机溶剂，在60～90℃反应1～3h，该反应转化率为75%～95%。该反应如下：

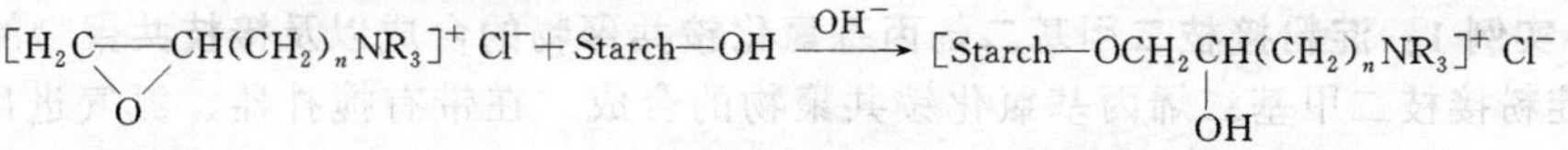

$$[H_2C\overset{O}{—}CH(CH_2)_nNR_3]^+Cl^- + Starch—OH \xrightarrow{OH^-} [Starch—OCH_2CH(OH)(CH_2)_nNR_3]^+Cl^-$$

制备方法：在烧杯中加入少量氢氧化钠和适量水，待氢氧化钠溶解后加入适量淀粉搅拌10min后，加入1～3mL异丙醇，接着加入GTA搅拌1h。然后在70～90℃下反应2.5h，得到基本干的固体粗产品。粗产品用少量乙酸和质量分数为80%的乙醇水溶液浸泡，过滤，洗涤，干燥，即得季铵型阳离子淀粉。

8.3.2 接枝共聚

接枝共聚法是制备阳离子型改性淀粉絮凝剂的主要方法之一。淀粉能否与乙烯基类单体发生反应，除与单体的结构、性质有关外，还取决于淀粉大分子上是否存在活化的自由基，自由基可用物理或化学激发的方法产生。物理引发方法主要有^{60}Co的γ射线辐照和微波辐射引发等。化学引发法引发效率的高低，取决于所选用的引发剂，常用的引发剂有Ce^{4+}、过硫酸钾（$K_2S_2O_8$）、$KMnO_4$、H_2O_2/Fe^{2+}、$K_2S_2O_8/KHSO_3$、$NH_4S_2O_8/NaHSO_3$和$K_2S_2O_8/Na_2S_2O_3$等。

淀粉通过引发剂的引发作用，产生淀粉自由基，然后再与乙烯基类单体发生接枝共聚合，生成接枝共聚物，反应通式为：

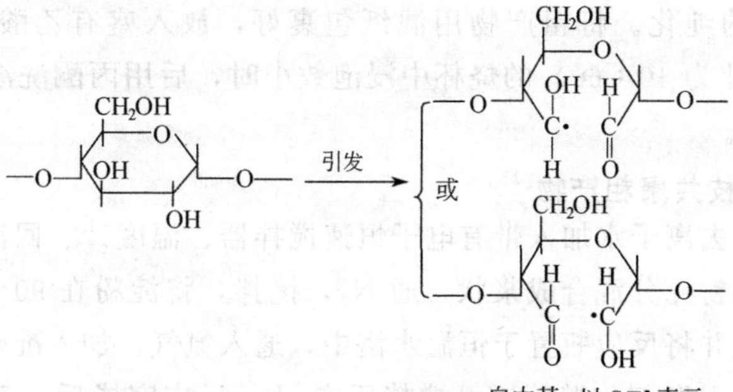

—O—[葡萄糖单元（CH_2OH，OH，OH）]—O— $\xrightarrow{引发}$ 淀粉自由基（C·位于葡萄糖单元上）或 淀粉自由基（另一种形式）

自由基，以ST·表示

$$ST\cdot + nCH_2{=}CHX \xrightarrow{引发} ST{-}\!\!\left[CH_2{-}\underset{X}{CH}\right]_n\!\!-$$

式中，X为阳离子基团。

8.3.2.1 淀粉/二甲基二烯丙基氯化铵接枝共聚物

淀粉与二甲基二烯丙基氯化铵单体发生接枝共聚的反应式为：

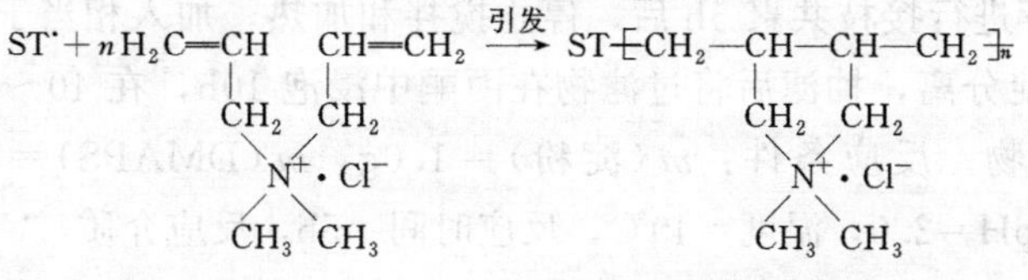

$$ST\cdot + nH_2C{=}CH\quad CH{=}CH_2 \xrightarrow{引发} ST{+}CH_2{-}CH{-}CH{-}CH_2{+}_n$$

（单体及产物中：CH_2、CH_2 连接于 $N^+\cdot Cl^-$，N 上连有 CH_3、CH_3）

淀粉/二甲基二烯丙基氯化铵接枝共聚物的制备方法根据引发方式的不同，有物理引发和化学引发，其中化学引发则根据引发剂种类的不同，可分为 Ce^{4+}、过硫酸钾（$K_2S_2O_8$）、$KMnO_4$、H_2O_2/Fe^{2+}、$K_2S_2O_8/KHSO_3$、$NH_4S_2O_8/NaHSO_3$ 和 $K_2S_2O_8/Na_2S_2O_3$ 等引发方式。

(1) 实例 1：淀粉接枝二甲基二烯丙基氯化铵共聚物的合成以及接枝共聚物的纯化[21]

① 淀粉接枝二甲基二烯丙基氯化铵共聚物的合成。在带有搅拌器、氮气进出口的三口烧瓶中，加入 95mL 去离子水，逐渐加入 5.0g 预糊化淀粉后均匀搅拌 1h。在氮气氛围中加入引发剂，均匀搅拌 15min，滴加 25mL DMDAAC 溶液（预糊化淀粉：DMDAAC=1：3），搅拌并用水浴加热反应数小时。反应结束后，产物用无水乙醇沉淀，洗涤，分离，60℃干燥得粗产品。所得产品的接枝率达 35.90%。

② 接枝共聚物的纯化。阳离子单体二甲基二烯丙基氯化铵为工业产品，为了消除其中的杂质对引发剂的毒化，以及消除阻聚剂对接枝共聚反应的影响，故将粗产品置于索式抽提器中，丙酮抽提 24h，去除均聚物，过滤，60℃真空干燥得到纯化产品。

(2) 实例 2：淀粉接枝二甲基二烯丙基氯化铵共聚物的合成及接枝共聚物的纯化[22]

① 淀粉接枝二甲基二烯丙基氯化铵共聚物的合成。称取定量淀粉（W_0）溶于适量 85℃的蒸馏水中，溶解后降至室温并放入三口烧瓶，加入 40mL 去离子水，搅拌均匀。用水浴锅加热糊化淀粉 30min 后降温至 60℃，量取 10mL 浓度为 2.0×10^{-2} mol/L 的过硫酸铵溶液和 50mL 浓度为 2.5mol/L 的二甲基二烯丙基氯化铵单体溶液。通氮气、搅拌一定时间反应完后，将三口烧瓶中的液体倾倒入预先准备好的盛有 200mL 丙酮的大烧杯中，用玻璃棒搅拌直到出现白色沉淀，接枝率可达 90.2%。

② 接枝共聚物的纯化。将粗产物用滤纸包裹好，放入盛有乙酸和乙二醇混合溶剂（乙酸与乙二醇体积比为 40：60）的烧杯中浸泡数小时，后用丙酮洗涤，放到真空干燥箱干燥（约 60℃）24h。

(3) 实例 3：接枝共聚粗产物[23]

取定量的淀粉和去离子水加入带有电子恒速搅拌器、温度计、回流冷凝管及氮气导气管的反应瓶中，使淀粉充分混合成浆状，通 N_2，搅拌，将淀粉在 90～95℃预处理 30min 后降温至预定温度，并将反应瓶置于恒温水浴中，通入氮气，加入准确称量的二甲基二烯丙基氯化铵水溶液和引发剂，继续通氮搅拌反应 4h。反应完毕后，产物用乙醇沉淀、过滤，最后在低于 50℃的真空干燥箱中干燥至恒重，得淡黄色颗粒状接枝共聚粗产物。

8.3.2.2 淀粉/二甲基丙烯酸酯乙基季铵丙磺酸内盐接枝共聚物

制备方法[24]：将质量为 W_0 的淀粉和水加到三口烧瓶中，N_2 气氛保护下，85℃以上糊化 30min，电动搅拌使之分散均匀。控温在 20～60℃，用酸调节 pH 值，加入一定量的硝酸铈铵，作用 10min 后，加入质量为 W_1 的单体二甲基丙烯酸酯乙基季铵丙磺酸内盐（DMAPS），定温下进行接枝共聚 5h 后，停止搅拌和加热，加入相当于反应体系体积 3～4 倍的丙酮使其沉淀分离，抽滤后将过滤物在丙酮中浸泡 10h，在 40～50℃烘箱中烘干至恒重，得到粗接枝物。反应条件：m(淀粉)=1.0g，m(DMAPS)=3.0g，c(CAV)=5.0×10^{-3}mol/L，pH=2.0，温度=40℃，反应时间=5h，反应介质：$V(H_2O)$=50mL。

8.3.2.3　淀粉/二甲基二烯丙基氯化铵/丙烯酰胺接枝共聚物

淀粉与二甲基二烯丙基氯化铵和丙烯酰胺的接枝共聚反应式为：

$$ST^{\cdot}+mCH_2{=}CH{-}CONH_2+nH_2C{=}CH\ \ CH{=}CH_2\ (\text{两个}CH_2\text{经}N^+(CH_3)_2\cdot Cl^-\text{成环})\xrightarrow{\text{引发}}ST{+}CH_2{-}CH{-}CH{-}CH_2{+}_n{+}CH_2{-}CH(C{=}O)(NH_2){+}_m$$

淀粉/二甲基二烯丙基氯化铵/丙烯酰胺接枝共聚物的制备可采用反相乳液聚合法和水溶液聚合法。

(1) 反相乳液聚合

实例1[25]：反应在带有搅拌的四口烧瓶中进行，预先加入定量的液体石蜡作为分散相，以司盘80和吐温80为乳化剂，通氮搅拌，采用分批加料法，按计算比例加入AM单体水溶液和DMDAAC单体，常温乳化30min后，再加入预先配制好的亚硫酸氢钠水溶液，继续乳化20min，最后加入过硫酸钾溶液，乳化30min后，水浴加热到40℃，再缓慢倒入丙酮进行脱乳处理，洗涤干燥后得到PDA产物。用于去除水中的DMP，在絮凝剂PDA的投加量为0.60mg/L、pH值为10时，去除率可达到98.31%。

实例2[26]：以司盘60、吐温80为复合乳化剂，在三口烧瓶中加入一定量的乳化剂和邻二甲苯，在氮气的保护下乳化20min。加入淀粉乳，搅拌10min；将配制好的单体水溶液以2～3滴/s的速度滴加到四口烧瓶中；最后将引发剂滴加到四口烧瓶中，滴加完引发剂之后续通氮气引发10min，之后停止通氮气，保持烧瓶的密封。加热并调节水浴温度至45℃，开始计时，保持恒温反应4h。反应结束后冷却至室温，之后转移至V(丙酮)/V(乙醇)=1∶1的烧杯内破乳，沉淀10min。抽滤，并用丙酮洗涤，将所得固体放入真空干燥箱烘干至恒重。其中，引发体系为过硫酸铵/过硫酸钾。

实例3[27]：玉米淀粉在水中打浆后加入，乳化剂司盘20溶解在连续相煤油中加入装有搅拌装置的三口烧瓶中，在氮气的保护下，加入复合引发剂过硫酸铵/尿素，将丙烯酰胺与二甲基二烯丙基氯化铵配成一定浓度的溶液滴入，进行接枝聚合反应。产品用无水乙醇破乳，丙酮洗涤，真空干燥得粗品。再用乙二醇、冰醋酸的混合液索氏抽提24h除去均聚物，再用丙酮抽提10h，干燥得到产物。

(2) 水溶液聚合

实例4[28]：在N_2气氛保护下，将一定量的淀粉加到干燥的三口烧瓶中，85℃以上糊化30min，电动搅拌使之均匀，控温30～60℃，加入一定量的改性纳米SiO_2醇溶液，再依次加入引发剂和单体，在一定温下进行接枝共聚，3h后，停止搅拌和加热；加入相当于反应体系体积3～4倍的无水乙醇使其沉淀分离，抽滤后得白色块状固体，粉碎后真空干燥得到粗产品；然后用体积比为4∶6的无水乙醇与冰醋酸的混合溶液在索氏提取器中提取24h，除去粗产品中未反应的单体和均聚物等杂质。其中反应条件：$n(AM)∶n(DMDAAC)∶n(C16DMN^+)=84.5∶15∶0.5$，$V(H_2O)$为50mL。

8.3.2.4　淀粉/甲基丙烯酸二甲氨基乙酯/丙烯酰胺接枝共聚物

淀粉与甲基丙烯酸二甲氨基乙酯和丙烯酰胺单体发生接枝共聚的反应过程如下：

$$ST^{\cdot}+mCH_2{=}CH{-}CONH_2+nCH_2{=}\underset{CH_3}{\underset{|}{C}}{-}COOCH_2CH_2N(CH_3)_2 \xrightarrow{\text{引发}}$$

$$ST{-}\left[CH_2{-}\overset{CH_3}{\overset{|}{\underset{\underset{O}{\|}}{\underset{C-OCH_2CH_2N(CH_3)_2}{\underset{|}{C}}}}}\right]_n\left[CH_2{-}\underset{\underset{NH_2}{\underset{|}{C=O}}}{\underset{|}{CH}}\right]_m$$

淀粉/甲基丙烯酸二甲氨基乙酯/丙烯酰胺接枝共聚物的制备可采用反相乳液聚合法。方法[29]是：在装有搅拌的四口烧瓶中加入淀粉乳，乳化剂溶解在油中加入，通氮气搅拌至所需温度后加引发剂，将聚合单体配成一定浓度的溶液滴入，进行接枝聚合反应。产品用乙醇沉淀，丙酮洗涤，40～60℃真空干燥，得淀粉/甲基丙烯酸二甲氨基乙酯/丙烯酰胺接枝共聚物。其中，以过硫酸铵/尿素为引发体系，司盘20与OP 4以40∶60的质量比配制成的复配物为乳化剂，其质量分数为7%，反应体系pH＝8，淀粉与单体的质量比为1∶1.4，接枝率可达135.4%，产品特性黏数可达1080L/g。此外，加入甲酸钠产品特性黏数降低；加入乙酸钠和丙酸钠产品特性黏数增加，其中乙酸钠用量为0.3%时，产品特性黏数为1230mL/g。

8.3.3 接枝共聚物的改性

淀粉接枝共聚物的改性主要是利用共聚物分子上的活性基团，通过进一步的化学改性，赋予原共聚物新的特性。

8.3.3.1 淀粉/丙烯酰胺接枝共聚物的Mannich反应

在阳离子型改性淀粉类絮凝剂中，淀粉/丙烯酰胺接枝共聚物的Mannich反应产品是淀粉接枝共聚物改性的主要产品，反应式为：

接枝共聚：
$$ST^{\cdot}+nCH_2{=}CHCONH_2 \longrightarrow ST{-}\left[CH_2{-}\underset{\underset{NH_2}{\underset{|}{C=O}}}{\underset{|}{CH}}\right]_n$$

Mannich反应：
$$ST{-}\left[CH_2{-}\underset{\underset{NH_2}{\underset{|}{C=O}}}{\underset{|}{CH}}\right]_n+HCHO+HN(CH_3)_2 \longrightarrow$$

$$ST{-}\left[CH_2{-}\underset{\underset{NH_2}{\underset{|}{C=O}}}{\underset{|}{CH}}\right]_x\left[CH_2{-}\underset{\underset{NHCH_2N(CH_3)_2}{\underset{|}{C=O}}}{\underset{|}{CH}}\right]_y$$

实例1[30]：以淀粉为原料，采用γ射线辐射法合成淀粉的接枝共聚物，然后以接枝共聚物为母体，通过Mannich反应进一步胺甲基化改性，合成阳离子型淀粉改性絮凝剂。该制备工艺分为接枝共聚物的制备和接枝共聚物的阳离子化两个步骤。称取一定量淀粉置于三口烧瓶中，加入定量蒸馏水，搅拌通氮气，随后加入丙烯酰胺水溶液，在预定的温度下保温 0.5h。将上述样品置于^{60}Co辐照场中，在一定的剂量下，控制辐照时间，得到接枝共聚物。然后在接枝共聚物中加入定量的甲醛和二甲胺，控制反应温度，搅拌反应一定时间，得到阳离子化产物。

淀粉接枝共聚物和接枝共聚物阳离子化产物的 SEM 图见图 8-1 和图 8-2。从图中可以清楚地看出，淀粉呈圆球状颗粒，其聚集态呈密集的堆砌结构，接枝共聚物阳离子化产物呈紧密的包埋状态，在接枝物骨架的淀粉附近，结合了大量的聚丙烯酰胺支链，形成柔性聚丙烯酰胺支链和刚性淀粉互相渗透的结构，正是这种刚柔相济的紧密包埋结构赋予淀粉/丙烯酰胺接枝共聚物阳离子化改性产品比聚丙烯酰胺更优异的性能。

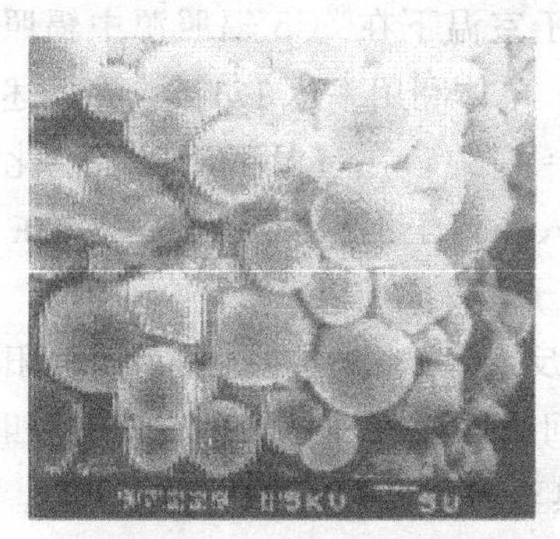

图 8-1 淀粉的 SEM 图

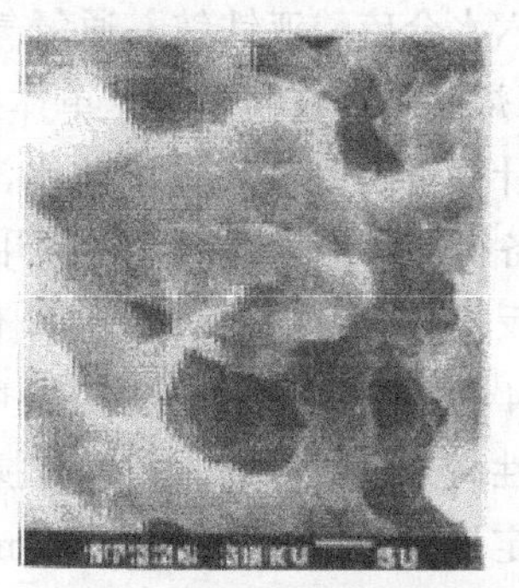

图 8-2 接枝共聚物阳离子化后的 SEM 图

实例 2[31]：以玉米淀粉与丙烯酰胺为原料，通过接枝共聚反应制备出淀粉/丙烯酰胺接枝共聚物，然后对共聚物进一步阳离子化，制备出 DJG-1 阳离子絮凝剂。其合成步骤分为 4 步：淀粉/丙烯酰胺接枝共聚物的制备；Mannich 反应；叔胺化反应；季铵化反应。

① 淀粉/丙烯酰胺接枝共聚物的制备：将 25g 玉米淀粉、20g 丙烯酰胺和 100mL 去离子水放入反应器中，然后加入 500～600mg 的硝酸铈铵 $(NH_4)_2Ce(NO_3)_6$，接枝共聚反应 60min，得淀粉接枝共聚物 A。

② Mannich 反应：为了更进一步地发生 Mannich 反应（提供具有活泼氢原子的化合物）和对废水有更好的絮凝性，接枝产物 A 先进行酯化反应得 B。酯化反应条件为：A 和甲醇的摩尔比为 1∶5，pH 值为 3，反应温度为 60～65℃，反应时间为 4h。甲醛与二甲胺的亲电加成反应生成 C，将甲醛与二甲胺以 1∶1（摩尔比）混合，振荡，在室温下即发生剧烈反应，放出大量热量，温度随之上升（达 85℃以上），数分钟后，甲醛和二甲胺的刺激性气味减弱，生成油状物质 C，C 可经久保存而不起变化。此时体系的 pH 值为 8.5。为防止在碱性条件下发生副反应（如皂化），可先在容器中加入适量冰醋酸，再向其中加入甲醛和二甲胺，直至无烟后即得 pH 值为 4～5 的 *N*-羟甲基胺。在这里用冰醋酸的好处在于：一是防止发生皂化反应而分解；二是在酸性条件下 C[(*N*-羟甲基胺) $R_2N—CH_2OH$] 转化为具有弱阳离子的二甲基胺 C′。

③ 叔胺化反应：在 C′中加入 B，调节反应温度及 pH 值，反应一段时间后得产品 D（叔胺盐）。在此反应步骤中，影响反应的因素有原料配比、pH 值、溶剂用量、反应温度和反应时间。将在研制过程中得到的接枝产物 A 和溶剂的量固定，甲醛和二甲胺的摩尔

比为 1∶1，B∶C′（摩尔比）为 1∶4，pH 值为 4，反应温度为 60℃左右，反应时间为 4～5h。

④ 季铵化反应：在快速搅拌下，从冷凝管顶部注入适量的碘乙烷，D 与碘乙烷的配料比为 1∶2（摩尔比），温度控制在 50℃左右，pH 值为 4～5，反应时间为 5～6h，得到一种浅红棕色液体 E。E 遇四苯硼钠后有白色沉淀生成。取适量产品 E 用无水乙醇洗涤、抽滤，滤饼用无水乙醇洗 3 次，再抽干，烘干至恒重即得 DJG-1 阳离子絮凝剂。

实例 3[32]：利用 ^{60}Co γ 辐射，使淀粉跟丙烯酰胺接枝共聚，以共辐照接枝技术制备出淀粉/丙烯酰胺接枝共聚物，AM 的均聚物 PAM 本身可作为絮凝剂使用。用预甲基化试剂将产物阳离子化。称取可溶性淀粉加入蒸馏水中，70℃糊化 30min 后加入丙烯酰胺和阻聚剂六水合硫酸亚铁铵，通氮气 15min 密封后，于室温下在 ^{60}Co 辐照源中辐照，即得淀粉/丙烯酰胺接枝共聚物，单体接枝率可达 244%，单体利用率达 171%。在上述接枝物中加入计算量的甲醛和二甲胺水溶液（摩尔比为 1∶1.5），在室温下用弱酸催化反应 20min 制备得预甲基化试剂，将预甲基化试剂逐滴加入非离子淀粉丙烯酰胺中，在 45℃水浴搅拌反应 3h 后冷却，调节 pH 值至 6～7，得阳离子化产物 CSPAM。

实例 4[33]：以硝酸铈铵为引发剂，通过 Mannich 反应，合成了同时具有阴、阳离子基团的两性高分子絮凝剂。在装有搅拌器、温度计、回流冷凝管和导管的 500mL 四口烧瓶中加入定量的 2g 玉米淀粉和 100mL 去离子水，加热至 90℃，使淀粉糊化 30min。淀粉糊化完毕后，通入 N_2，降温至 35℃，加入 0.9mL 1.0×10^{-3} mol/L 的引发剂，搅拌 15min 后滴加 6g 用少量去离子水溶解的丙烯酰胺，在 60℃的水浴锅内加热 2h，得到淀粉/丙烯酰胺接枝共聚物粗产品。在上述接枝共聚物中加入甲醛和二甲胺，三者最佳比例为 1∶1.2∶3，充分搅匀后在反应温度为 60℃的水浴内反应 2h。将上述有机絮凝剂与硅酸钠和铝酸钠等按一定比例进行复配即得有机-无机复合絮凝剂。

8.3.3.2 两亲型淀粉/丙烯酰胺接枝共聚物的制备

笔者曾以淀粉、丙烯酰胺、甲醇氨基氰基脲以及甲醛等原料来制备分子链上含有两亲基团（如亲水基团酰氨基和季铵基以及亲油基团氰乙基）的淀粉/丙烯酰胺接枝共聚物[34]。两亲型接枝共聚物的制备分为淀粉/丙烯酰胺接枝共聚物的制备和接枝共聚物的改性两个步骤。

(1) 淀粉/丙烯酰胺接枝共聚物的制备

方法：将带有电动搅拌器、温度计、氮气进出口管的四口烧瓶置于恒温水浴中，升至一定温度，然后加入准确称量的淀粉和反应介质，通氮气保护，搅拌 1h 后冷却至 30℃，加入引发剂，反应 30min 后加入准确称量的丙烯酰胺单体，反应 3h。产物用甲醇、丙酮、乙醚洗涤，并用体积比为 1∶1 的 *N*,*N*-二甲基甲酰胺和冰醋酸混合液抽提除去均聚物，真空干燥至恒定质量。具体的制备条件见第 6 章（6.3.1.2 接枝反应的影响因素）。在淀粉/丙烯酰胺接枝共聚物的制备过程中，综合研究了影响接枝效果的因素，得出淀粉/PAM 共聚物制备的最佳条件为：淀粉用量 10.0g（干重），丙烯酰胺用量 10g，引发剂 $Fe^{2+}/CH_3(CO)OOH$ 的浓度 1.0×10^{-3} mol/L，反应温度 25℃，反应时间 3h。在上述条件下，单体转化率可达 99.6%，接枝效率为 62.3%。

(2) 接枝共聚物的改性

改性方法：将带有电动搅拌器、温度计的三口烧瓶置于恒温水浴中，并将温度升至75℃，然后加入10.0g淀粉/PAM共聚物和100mL蒸馏水，混合均匀后加入准确称量的甲醇氨基氰基脲，并逐渐滴加稀酸溶液和添加剂，反应4h后加入稳定剂即得两亲型淀粉改性脱色絮凝剂CSDF。在接枝共聚物的改性工艺中，影响CSDF制备的因素主要有淀粉的种类、甲醇氨基氰基脲的用量、反应温度、反应时间以及液比等。

① 淀粉种类。以玉米淀粉、面粉、米粉、大豆粉以及支链淀粉和可溶性淀粉为对象来研究不同的淀粉对CSDF絮凝脱色效果的影响，试验结果见表8-2。从表中可看出：以玉米淀粉为原料制备的CSDF，其脱色效果明显优于其他淀粉，因此拟用玉米淀粉作为制备CSDF的原料。

表 8-2　淀粉种类对 CSDF 絮凝脱色效果的影响

淀粉种类	玉米淀粉	面粉	米粉	大豆粉	支链淀粉	可溶性淀粉
FD/(mg/mg)	2.25	2.06	1.99	2.12	2.17	2.19

注：甲醇氨基氰基脲用量10.0g，温度75℃，反应时间4h，液比1∶10；FD指脱色絮凝剂的絮凝剂脱色量。

② CSDF制备的正交试验。在CSDF制备过程中，甲醇氨基氰基脲的用量、反应温度、反应时间和液比对CSDF的絮凝脱色效果影响很大。本文设计了四因素三水平的正交试验，选用$L_9(3^4)$正交设计表，以CSDF的絮凝脱色量（FD）为指标，探讨以上四个因素的影响。表8-3为正交试验的因素水平表，实验结果见表8-4。由于$L_9(3^4)$正交设计表是饱和正交表，没有空列的试验（即4个因素全部占满），没有误差列，不能做方差分析，因此仅进行了极差分析，分析结果见表8-5。

表 8-3　正交试验的因素水平表

因素	水平		
	1	2	3
A:甲醇氨基氰基脲的用量/g	5.0	10.0	15.0
B:反应温度/℃	65	75	85
C:反应时间/h	2	4	6
D:液比	1∶5	1∶10	1∶20

表 8-4　正交试验结果

试验号	A:甲醇氨基氰基脲的用量/g	B:反应温度/℃	C:反应时间/h	D:液比	絮凝脱色量FD/(mg/mg)
1	5.0	65	2	1∶5	1.01
2	5.0	75	4	1∶10	1.35
3	5.0	85	6	1∶20	1.27
4	10.0	65	4	1∶20	2.01
5	10.0	75	6	1∶5	2.18
6	10.0	85	2	1∶10	1.90
7	15.0	65	6	1∶10	2.31
8	15.0	75	2	1∶20	2.06
9	15.0	85	4	1∶5	2.24

表 8-5 正交试验极差分析结果

项目	因素			
	A	B	C	D
K_1	1.21	1.78	1.66	1.81
K_2	2.03	1.86	1.87	1.85
K_3	2.20	1.80	1.92	1.78
极差 R	0.99	0.08	0.26	0.07

由正交试验的结果和极差分析可知 $R_A > R_C > R_B > R_D$，因此因素的主次顺序为 A→C→B→D，最优方案是 A3、C3、B2、D2，4 个因素对 CSDF 的絮凝脱色效果均有较大的影响。为了进一步优选出最佳的制备条件，本文用因素试验作进一步的证实。

③ CSDF 制备的单因素试验。从正交试验的结果看出，增大甲醇氨基氰基脲的用量、延长反应时间、提高反应温度有利于提高 CSDF 的絮凝脱色量，为了确定最佳的制备条件，本文进行了单因素试验，试验结果如图 8-3～图 8-5 所示。从图中可看出：CSDF 的絮凝脱色量均随着甲醇氨基氰基脲的用量的升高、反应时间的延长以及反应温度的升高而增大，但当甲醇氨基氰基脲的用量达到 10.0g，反应时间达到 4h，反应温度达到 75℃时，CSDF 絮凝脱色量 FD 的增大变得缓慢。因此，CSDF 的制备条件为：甲醇氨基氰基脲的用量 10.0g，反应时间 4h，反应温度 75℃，液比 1∶10。

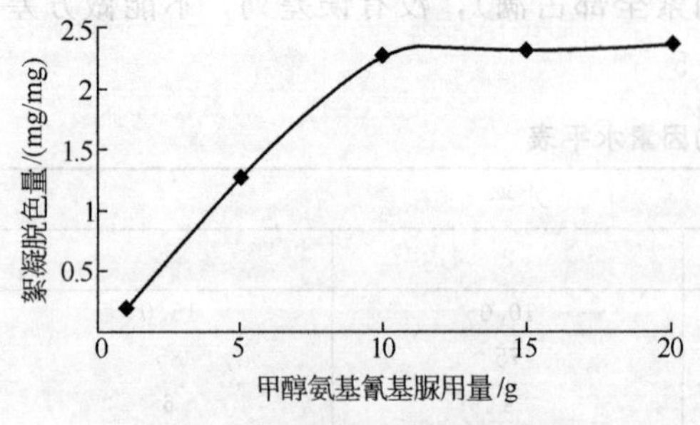

图 8-3 甲醇氨基氰基脲用量对 CSDF 絮凝脱色量 FD 的影响

反应时间 4h；反应温度 75℃；液比 1∶10

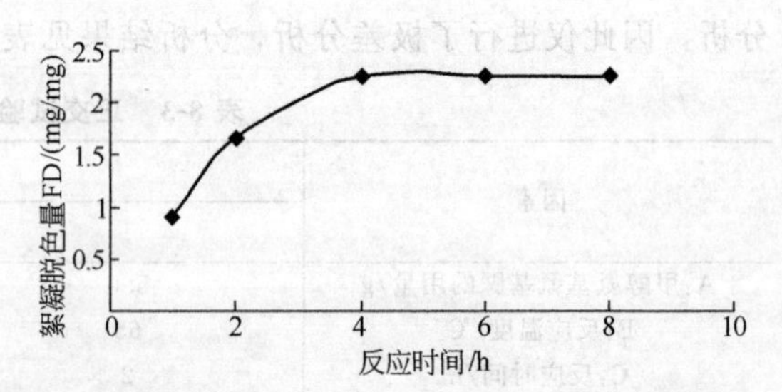

图 8-4 反应时间对 CSDF 絮凝脱色量 FD 的影响

甲醇氨基氰基脲用量 10g；反应温度 75℃；液比 1∶10

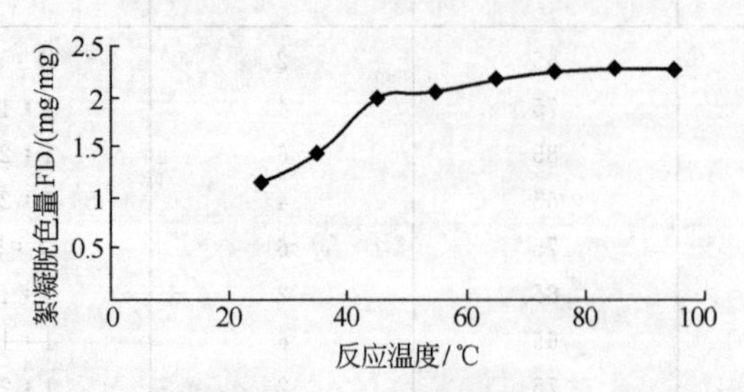

图 8-5 反应温度对 CSDF 絮凝脱色量 FD 的影响

甲醇氨基氰基脲用量 10g；反应时间 4h；液比 1∶10

8.4 改性木质素类絮凝剂

木质素分子上的酚羟基及其 α 碳原子具有较强的反应活性。木质素与脂肪胺及其衍生物能发生 Mannich 反应，这为木质素的改性开拓了新领域。通过化学改性，把仲胺、叔胺基团接枝到木质素的大分子上，随着大分子中氨基量的增多，改性木质素絮凝剂表现出阳离子特性。改性木质素阳离子絮凝剂的制备方法有季铵化改性、木质素的 Mannich 反应、接枝共聚、接枝共聚改性以及缩聚反应等。木质素分子通过阳离子化制备出阳离子型高分子絮凝剂，同时克服了单纯的木质素作为絮凝剂使用时存在的平均分子量偏低以及活性吸附点少等问题，进而提高改性木质素絮凝沉降性能。

8.4.1 季铵化改性

木质素的季铵化改性一般以 3-氯-2-羟丙基三甲基氯化铵（CHPTMAC）为季铵化试剂，在碱催化下，通过醚化反应制备出木质素季铵盐。反应式为：

CHPTMAC 的制备：$(CH_3)_3N + \underset{\diagdown O \diagup}{CH_2—CH}CH_2Cl \longrightarrow (CH_3)_3\overset{+}{N}CH_2\underset{|\atop OH}{CH}CH_2Cl$

季铵化反应：$\text{Lignin—OH} + (CH_3)_3\overset{+}{N}CH_2\underset{|\atop OH}{CH}CH_2Cl \longrightarrow \text{Lignin—O—}CH_2\underset{|\atop OH}{CH}CH_2N^+(CH_3)_3$

实例 1：利用硫酸盐法制浆得来的木质素、三甲胺和环氧氯丙烷等为原料合成了木质素阳离子絮凝剂。其具体步骤如下所述。

① 木质素提取。先用体积配比为 1∶2 的 1,2-二氯乙烷和乙醇的混合溶剂溶解木质素，过滤得到上清液；再将上清液缓慢加入乙醚溶剂中，得到絮状物，离心分离絮状物；然后将离心后的固体真空干燥，得到干燥的纯木质素。

② 季铵盐单体的合成。季铵盐单体用 33% 的三甲胺溶液和环氧氯丙烷在低温下合成。方法如下：将低温恒温回流器温度预置为 −5℃，安装三口烧瓶反应装置；达到 −5℃ 后，按摩尔比 1∶0.7 称取一定量的三甲胺溶液和环氧氯丙烷于三口烧瓶中开始搅拌；反应 1h 后，取少量溶液滴加硝酸银试剂检验，如果有白色沉淀，说明有单体合成，若还有棕色浑浊，说明还有较多的三甲胺存在，可继续反应一段时间。

③ 木质素接枝季铵盐单体。把称好的木质素（木质素与单体的质量比为 1∶2.5，木质素与水的质量比为 1∶1）放入三口烧瓶中，置于 70℃ 恒温水浴中，装好回流冷凝管，加入 0.3%～0.9% 催化剂过硫酸铵使木质素分子活化（活化时间一般为 3min），短时间搅拌后加入单体，继续搅拌反应 3～4h，即制成木质素季铵盐絮凝剂。此产物为棕黑色黏稠液体，pH 值为 10～11，固体含量为 47%～50%，密度为 1.19～1.25kg/L。

实例 2[35]：首先称取一定量的木质素放入四口烧瓶中，将烧瓶置于 70℃ 恒温水浴中回流。当木质素加热到 70℃ 时，加入一定量的引发剂（2% 的硝酸铈铵）的水溶液活化木质素，搅拌使木质素充分接触引发剂。1min 后，加入一定量的季铵盐单体，继续搅拌反应 3～5h。反应结束时，继续搅拌使产物冷却至室温，关闭冷凝水，取出产物。此产物为棕黑色黏稠液体，固体含量约为 30%。

实例3[36]：将硫酸盐木质素及碱木素中的羟基改性，生成木质素的阳离子醚衍生物(包括季铵醚衍生物)，这种衍生物具有一定的水溶性，可以从废水中有效沉淀无机胶体，在工业化固液分离及水处理方面得到广泛应用。

实例4[37]：方桂珍等合成得到的季铵盐阳离子木质素絮凝剂，对ATT酸性黑染料废水的脱色率可以达到94.02%，废水pH值控制在2～3之间，絮凝剂用量为2～3g/L。

实例5：针对木质素在碱性条件下结构中含有酚羟基的特点，朱建华[38]采用两种方法制备了阳离子改性木质素，具体反应如下列方程式所示：

$$\text{Lignin-C}_6\text{H}_3(\text{OCH}_3)\text{-OH} + \text{ClCH}_2\text{CH(OH)CH}_2\text{N}^+(\text{C}_2\text{H}_5)_3\text{Cl}^- \xrightarrow{\text{OH}^-} \text{Lignin-C}_6\text{H}_3(\text{OCH}_3)\text{-OCH}_2\text{CH(OH)CH}_2\text{N}^+(\text{C}_2\text{H}_5)_3\text{Cl}^-$$

$$\text{Lignin-C}_6\text{H}_3(\text{OCH}_3)\text{-OH} + \text{ClCH}_2\text{CH}\overset{\text{O}}{—}\text{CH}_2 \xrightarrow{76℃} \text{Lignin-C}_6\text{H}_3(\text{OCH}_3)\text{-OCH}_2\text{CH}\overset{\text{O}}{—}\text{CH}_2 \xrightarrow{\text{N(C}_2\text{H}_5)_3} \text{Lignin-C}_6\text{H}_3(\text{OCH}_3)\text{-OCH}_2\text{CH(OH)CH}_2\text{N}^+(\text{C}_2\text{H}_5)_3$$

(Lignin表示木质素。)

8.4.2 Mannich反应

可利用木质素自身的活性羟基，通过Mannich反应，合成Mannich碱，再通过烷基化进一步改性，生成含有正电荷的季铵盐，其反应原理可表示如下：

方法1：

$$\text{Lignin} + \text{HCHO} + \text{NR}_2\text{H} \xrightarrow{\text{H}^+} \text{Lignin—CH}_2\text{—NR}_2$$

$$\text{Lignin—CH}_2\text{—NR}_2 + \text{烷基化试剂} \longrightarrow \text{木质素季铵盐}$$

方法2：

$$2\text{R}_2\text{NH} + \text{CH}_2\text{O} \longrightarrow \text{R}_2\text{NCH}_2\text{NR}_2$$

$$\text{R}_2\text{NCH}_2\text{NR}_2 + \text{Lignin} \xrightarrow{\text{H}^+} \text{Lignin—CH}_2\text{—NR}_2$$

$$\text{Lignin—CH}_2\text{—NR}_2 + \text{烷基化试剂} \longrightarrow \text{木质素季铵盐}$$

实例[39]：以水为溶剂，按照m(纯化木质素)：m(甲醛)：m(乙胺水溶液)＝1：1.2：1的比例加入上述物料（木质素溶液浓度为1g/mL)，混合均匀后60℃反应2h；结束反应，将溶液导入蒸馏水中，用10% NaOH溶液调节pH值至12左右，静置2h后用砂芯漏斗抽滤；将滤液置于60℃水浴中，用10% HCl溶液调节pH值至2.5左右，静置过夜后抽滤；过滤后产物经酸洗、水洗至中性和50℃干燥等工序处理，即得胺化木质素。

8.4.3 接枝共聚

木质素通过引发剂的引发作用，产生活化的自由基，然后再与阳离子型乙烯基类单体发生接枝共聚合，生成接枝共聚物，反应通式为：

$$\text{Lignin} \xrightarrow{\text{引发}} \text{Lignin}^{\cdot}$$

$$\text{Lignin}^{\cdot} + n\text{CH}_2\text{=CHX} \xrightarrow{\text{引发}} \text{Lignin}-\left[\text{CH}_2-\underset{\text{X}}{\underset{|}{\text{CH}}}\right]_n-$$

式中，X为阳离子基团。

8.4.3.1 木质素/二甲基二烯丙基氯化铵接枝共聚物

木质素/二甲基二烯丙基氯化铵接枝共聚物的制备反应式为：

$$\text{Lignin}^{\cdot} + n\,\text{H}_2\text{C=CH}\quad\text{CH=CH}_2\ (\text{两个 CH}_2\text{ 连接于 } \text{N}^+(\text{CH}_3)_2\cdot\text{Cl}^-) \xrightarrow{\text{引发}} \text{Lignin}-[\text{CH}_2-\text{CH}-\text{CH}-\text{CH}_2]_n-\ (\text{CH}-\text{CH}_2-\text{N}^+(\text{CH}_3)_2\text{Cl}^-\text{-CH}_2-\text{CH})$$

制备方法：在带有搅拌器、氮气进出口的三口烧瓶中，加入马尾松硫酸盐浆木质素和蒸馏水，木质素与DMDAAC单体的质量比为1∶(3～6)，木质素与DMDAAC的总质量分数为30%，通氮气搅拌并用水浴加热到40℃，在30min内逐渐滴加已处理好的二甲基二烯丙基氯化铵单体，搅拌均匀后，加入引发剂（如Fe^{2+}/H_2O_2、过硫酸钾/脲、过硫酸铵/亚硫酸氢钠等）和乙二胺四乙酸二钠，引发剂浓度为0.7mmol/L。在氮气保护下反应3～6h后即得木质素/二甲基二烯丙基氯化铵接枝共聚物。

8.4.3.2 木质素/丙烯酰胺/二甲基二烯丙基氯化铵接枝共聚物

木质素与丙烯酰胺和二甲基二烯丙基氯化铵单体在引发剂的作用下，发生接枝共聚的反应式为：

$$\text{Lignin}^{\cdot} + m\text{CH}_2\text{=CH-CONH}_2 + n\,\text{H}_2\text{C=CH}\quad\text{CH=CH}_2\ (\text{两个 CH}_2\text{ 连接于 } \text{N}^+(\text{CH}_3)_2\cdot\text{Cl}^-) \xrightarrow{\text{引发}}$$

$$\text{Lignin}-[\text{CH}_2-\text{CH}-\text{CH}-\text{CH}_2]_n-[\text{CH}_2-\underset{\text{C(=O)NH}_2}{\text{CH}}]_m-\ (\text{CH}-\text{CH}_2-\text{N}^+(\text{CH}_3)_2\text{Cl}^-\text{-CH}_2-\text{CH})$$

制备方法：在N_2气氛保护下，将一定量的马尾松硫酸盐浆木质素和水加到干燥的三口烧瓶中，搅拌均匀后，控温30～50℃，依次加入引发剂和单体，在一定温度下进行接枝共聚，5～6h后，停止搅拌和加热，得到木质素/丙烯酰胺/二甲基二烯丙基氯化铵接枝共聚物。其中反应条件：m(木质素)=2.0g，m(AM)=5.0g，m(DMDAAC)=0.6g，$K_2S_2O_4$的浓度为8.0×10^{-3}mol/L，尿素的浓度为1.0×10^{-2}mol/L，反应温度为40℃，反应时间为5h。

8.4.4 木质素/丙烯酰胺接枝共聚物的改性

木质素/丙烯酰胺接枝共聚物的改性主要是利用聚丙烯酰胺分子上的活性酰胺基团，通过Mannich反应制备而成，反应式如下：

接枝共聚：

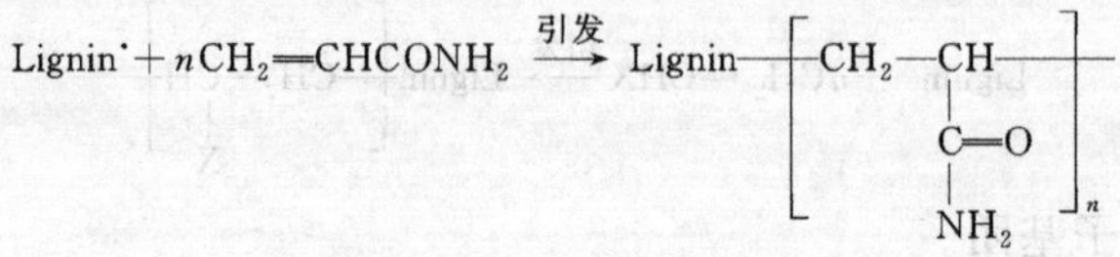

$$\text{Lignin}^{\cdot} + n\,CH_2{=}CHCONH_2 \xrightarrow{\text{引发}} \text{Lignin}{-}\!\left[CH_2{-}\underset{\substack{|\\ C{=}O\\ |\\ NH_2}}{CH}\right]_n\!{-}$$

Mannich反应：

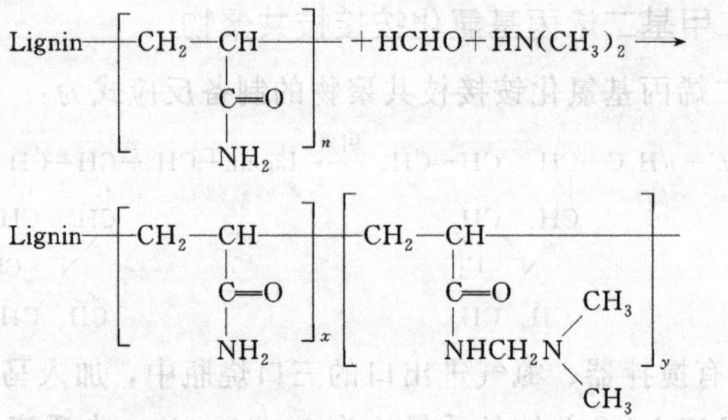

$$\text{Lignin}{-}\!\left[CH_2{-}\underset{\substack{|\\ C{=}O\\ |\\ NH_2}}{CH}\right]_n\!{-} + HCHO + HN(CH_3)_2 \longrightarrow$$

$$\text{Lignin}{-}\!\left[CH_2{-}\underset{\substack{|\\ C{=}O\\ |\\ NH_2}}{CH}\right]_x\!\left[CH_2{-}\underset{\substack{|\\ C{=}O\\ |\\ NHCH_2N(CH_3)_2}}{CH}\right]_y\!{-}$$

木质素/丙烯酰胺接枝共聚物的改性分为以下两个步骤[40]：

(1) 木质素/丙烯酰胺接枝共聚物的制备

以过硫酸铵为引发剂，亚硫酸氢钠为链转移剂，木质素磺酸钠（SL）、丙烯酸（AA）、丙烯酰胺（AM）、烯丙基聚乙二醇（APEG）为单体合成共聚物SL/AA/AM/APEG。考察了不同工艺条件下SL/AA/AM/APEG对水性油墨颜料分散性能的影响。SL/AA/AM/APEG最优工艺条件为：$m(SL):m(AA):m(AM):m(APEG)=1:4:4:1$；过硫酸铵用量为单体总质量的3.5%；反应温度为90℃；反应时间为4.5h。

(2) 接枝共聚物的Mannich反应

将接枝共聚物溶液用10%氢氧化钠溶液调节至一定的pH值（9～11），加入甲醛，在45～55℃下羟甲基化反应1～2h，再加入二甲胺在50～65℃胺甲基化反应2～3h，得到木质素/丙烯酰胺接枝共聚物的Mannich反应产物。

8.4.5 缩聚反应

木质素亦可通过缩聚反应制备出阳离子型的改性木质素絮凝剂。马洪杰[41]对以木质素、双氰胺和甲醛为主要原料合成木质素基絮凝剂（LDH）进行了研究，采用正交试验法优化得出LDH的最佳合成条件为：37%甲醛用量60mL，木质素用量20g，氯化铵用量20g，反应温度80℃，反应时间2h。

8.5 改性纤维素类絮凝剂的制备

阳离子型改性纤维素是一类重要的功能性聚合物，在工业生产中起着重要的作用。阳离子型改性纤维素的应用范围非常广泛。当前制备阳离子型改性纤维素的方法主要有两种：一是用纤维素类阳离子型单体为原料通过聚合反应制得；二是用阳离子化试剂与纤维素类高分子链上的基团进行化学反应而制得。前者由于制备工艺复杂、价格高等因素，在工业上受到了一定的限制，而后者由于制备工艺简单、优选余地大等特点，受到人们的青睐。本节主要介绍阳离子型改性纤维素类絮凝剂的3种制备方式：阳离子化改性、接枝共聚、接枝共聚物的改性。

8.5.1 阳离子化改性

阳离子型改性纤维素的制备方式有以下几种：直接利用阳离子化试剂进行醚化反应；先羧甲基化，再酯化，最后进行阳离子化反应。

方法1[42]：改性剂3-氯-2-羟基丙基三烷基氯化铵是含有氯醇基的阳离子化合物，它在碱性条件下能脱去氯化氢，形成带环氧基团的季铵盐改性剂。活泼的环氧基与纤维素葡萄糖残基上第六位碳原子上的羟基发生反应，以共价键的形式结合，形成阳离子化纤维素。

方法2[43]：称取一定量的CMC和单体AM、MAETAC，三者质量比为1∶13∶7，加入带有搅拌器、导管、氮气导管和温度计的250mL四口烧瓶中，加入适量蒸馏水，溶解CMC及单体；用盐酸调节pH值至4，通入氮气驱氧。将四口烧瓶放入60℃的恒温水浴中直至温度稳定；加入一定量的交联剂、引发剂，反应1.5h之后取出凝胶产物，切片，用无水乙醇洗涤2～3次，并浸泡过夜，在60℃真空干燥10h，粉碎后得到SCAM产品(纤维素改性阳离子型高吸水树脂)。

方法3[44]：以羧甲基纤维素（CMC）为原料，在酸催化作用下酯化，酯化产物再与碘乙烷反应生成阳离子化的季铵盐聚合物。具体合成步骤为：在三口烧瓶内先放入CMC水溶液（取3g溶于150mL水中），取CMC与甲醇摩尔比为1∶5的混合溶液，置于恒温水浴槽内密封，搅拌，滴加几滴硫酸，在温度60～65℃反应6h，得产物A；在另一玻璃杯中装适量冰醋酸，向其中加摩尔比为1∶1的甲醛和二甲胺。混合液振荡，在恒温下反应，生成油状的产物B；在第一步反应装置中，加入第二步酸化产品B，在B与A的摩尔比为1∶4条件下，调节pH=4，温度为60℃左右，反应4～5h，得产物叔胺盐C；将产物C在快速搅拌下从冷凝管顶部注入适量的碘乙烷（注意避光），其配比关系为C∶碘乙烷=1∶2(摩尔比)。温度为50℃，pH值为4～5及反应时间5～6h，即得最后产品浅红棕色液体季铵盐D。

上述工艺的合成原理如下所述。

第一步：CMC中含有羧酸根离子（$—COO^-$），用它作絮凝剂处理污水效果不好，原因是$—COO^-$对污水中的污泥有保护作用[45]，故先酯化屏蔽羧酸根离子（$—COO^-$），反应式为：

$$R—CH_2OCH_2—\overset{\overset{O}{\|}}{C}—OH + HOCH_3 \xrightarrow{H_2SO_4} R—CH_2OCH_2COOCH_3 \qquad (A)$$

其中R为：

第二步：制备 N-羧甲基胺 B，反应式为：

$$(CH_3)_2N—H + H—\overset{O}{\overset{\|}{C}}—H \xrightarrow{H^+} (CH_3)_2N—CH_2OH \xrightarrow{H^+} (CH_3)_2\overset{+}{N}{=}CH_2 + H_2O \tag{B}$$

第三步：A 与 B 发生 Mannich 反应。因 CMC 上的甲酯中甲基上的氢与羧基相连的—CH_2—上的氢较活泼，能提供活泼氢，为发生 Mannich 反应提供了条件，反应式为：

$$R—CH_2—O—CH_2—\overset{O}{\overset{\|}{C}}—OCH_3 + (CH_3)_2\overset{+}{N}{=}CH_2 \xrightarrow{1} R—CH_2—O—CH_2—\overset{O}{\overset{\|}{C}}—OCH_2CH_2—N(CH_3)_2 + H^+$$

$$R—CH_2—O—CH_2—\overset{O}{\overset{\|}{C}}—OCH_3 + (CH_3)_2\overset{+}{N}{=}CH_2 \xrightarrow{2} R—CH_2—O—\underset{CH_2—N(CH_3)_2}{CH}—\overset{O}{\overset{\|}{C}}—OCH_3 + H^+ \tag{C}$$

产品 C 有上述 1 和 2 两种可能。

第四步：因产物 C 只有在酸性条件下才具有阳离子化性能，故在叔胺盐的基础之上，进一步再烷基化，使其彻底阳离子化[46,47]：

$$R—CH_2—O—CH_2—\overset{O}{\overset{\|}{C}}—O—CH_2—CH_2—N(CH_3)_2 + C_2H_5I \longrightarrow R—CH_2—O—CH_2—\overset{O}{\overset{\|}{C}}—O—CH_2—CH_2—\overset{+}{N}(CH_3)(C_2H_5)—C_2H_5I \tag{D}$$

阳离子型纤维素还可以利用其他醚化剂制备而成，如表 8-6 所列。

表 8-6 其他制备阳离子型纤维素的方法[48]

纤维素种类	醚化试剂	阳离子类型
纤维素	$ClCH_2CH_2NH_2$	伯胺型
纤维素	$ClCH_2—C_6H_4—NH_2$	伯胺型
乙基纤维素	$ClCH_2CH_2N(C_2H_5)_2$	叔胺型
羟乙基纤维素	$ClCH_2CH_2N(C_2H_5)_2$	叔胺型
纤维素	$ClCH_2CH_2N^+(C_2H_5)_2Cl^-$ (N 上连 CH_3)	季铵盐型
羟乙基纤维素	$ClCH_2CH(OH)CH_2N^+(C_2H_5)_2Cl^-$ (N 上连 $CH_2—C_6H_5$)	季铵盐型

续表

纤维素种类	醚化试剂	阳离子类型
微晶纤维素	$HOCH_2NHC(=O)CH_2CH_2N(C_2H_5)_2$	叔胺型
羟丙基纤维素	$ClCH_2C(=O)NHN^+(CH_3)_3Cl^-$	季铵盐型

8.5.2 接枝共聚

部分可溶性纤维素及其衍生物可通过引发剂的引发作用，产生活化的自由基，然后再与阳离子型乙烯基类单体发生接枝共聚合，生成接枝共聚物，反应通式为：

$$\text{Cell} \xrightarrow{\text{引发}} \text{Cell}^{\cdot}$$

$$\text{Cell}^{\cdot} + n\text{CH}_2\text{=CHX} \xrightarrow{\text{引发}} \text{Cell}-\left[\text{CH}_2-\underset{\text{X}}{\underset{|}{\text{CH}}}\right]_n$$

式中，X为阳离子基团；Cell˙代表纤维素自由基。

8.5.2.1 纤维素/甲基丙烯酸二甲氨基乙酯接枝共聚物的制备

部分可溶性纸浆可与甲基丙烯酸二甲氨基乙酯在引发剂的作用下，生成纤维素/甲基丙烯酸二甲氨基乙酯接枝共聚物，反应式为：

$$\text{Cell}^{\cdot} + n\text{CH}_2\text{=}\underset{\text{CH}_3}{\underset{|}{\text{C}}}\text{—COOCH}_2\text{CH}_2\text{N(CH}_3)_2 \xrightarrow{\text{引发}} \text{Cell}-\left[\text{CH}_2-\overset{\text{CH}_3}{\overset{|}{\underset{\text{C(=O)—OCH}_2\text{CH}_2\text{N(CH}_3)_2}{\underset{|}{\text{C}}}}}\right]_n$$

制备方法[49]：在100mL的圆底烧瓶中加入30mL无水甲醇，然后依次加入$CuBr_2$（3.6mg，0.016mmol）、PMDETA（0.017mL，0.080mmol）、维生素C（2.82mg，0.016mmol）和引发剂EBi B（2-溴异丁酰溴，12.4mg，63.5μmol），搅拌均匀后加入DMAEMA（6.75g，42.9mmol）和预先制备好的大分子引发剂，充入氮气15min，密封后于40℃恒温振荡反应4h。反应结束后，将反应溶液暴露于空气并加入甲醇稀释，取出BC膜（细菌纤维素膜）用丙酮抽提72h，真空冷冻干燥至质量恒定。反应后溶液经旋转蒸发除去溶剂，所得胶状物质用丙酮溶解，在−5～0℃的正己烷中沉淀，收集沉淀，冷冻干燥得到本体聚合物（PDMAEMA）。

8.5.2.2 羟乙基纤维素/*N*-二甲氨基甲基丙烯酰胺接枝共聚物的制备

制备方法：将一定量的羟乙基纤维素溶于蒸馏水中，完全溶解后加入一定量的*N*-二甲氨基甲基丙烯酰胺，继续搅拌至溶解完全。通N_2驱O_2 30min，将溶解好的单体溶液升温至40～50℃，加入一定量的引发剂，反应2～5h后，得到羟乙基纤维素/*N*-二甲氨基甲基丙烯酰胺接枝共聚物。

8.5.3 接枝共聚物的改性

利用纤维素及其衍生物与乙烯基类单体发生接枝共聚反应，生成接枝共聚物，然后利用接枝共聚物上的活性基团进一步化学改性，制备出阳离子型的接枝共聚物。

8.5.3.1 羟乙基纤维素/丙烯酰胺接枝共聚物的改性

羟乙基纤维素/丙烯酰胺接枝共聚物的改性包括接枝共聚物的制备和共聚物的改性两个步骤。

(1) 接枝共聚物的制备

方法[50]：将一定量的羟乙基纤维素溶于一定量去离子水中，在 N_2 的保护下搅拌溶解，体系加热至反应所需温度，调节 pH 值到固定值，之后加入丙烯酰胺和引发剂，反应一定时间后停止。

用丙酮沉淀反应产物，反复洗涤，60℃烘干至恒重，得到粗产品，将所得的粗产品用甲醇/水（体积比为 6：4）的混合液在索氏提取器中进行抽提，除去丙烯酰胺均聚物，60℃干燥至恒重得到纯的接枝聚合物。

(2) 共聚物的改性

将接枝共聚物溶液用 10%氢氧化钠溶液调节至一定的 pH 值（9～11），加入甲醛，在 45～55℃下羟甲基化反应 1～3h，再加入二甲胺在 50～65℃胺甲基化反应 1～2h，得到羟乙基纤维素/丙烯酰胺接枝共聚物的 Mannich 反应产物。

8.5.3.2 纤维素/丙烯腈接枝共聚物的阳离子化

制备方法[51]：以氰乙基纤维素为原料，通过还原反应制备出伯胺型的阳离子纤维素，反应式如下：

$$\mathrm{CellOCH_2CH_2CN} \xrightarrow[\mathrm{THF}]{\mathrm{BH_3\text{-}Me_2S}} \mathrm{Cell{-}OCH_2CH_2CH_2NH_2}$$

8.6 壳聚糖及其季铵化产品

甲壳素是仅次于纤维素的第二大生物质资源，是人类开展生物质加工利用的重要主题之一[52]。甲壳素（chitin）又名甲壳质、几丁质、壳多糖等，化学名为 β-(1,4)-2-乙酰氨基-2-脱氧-D-葡萄糖，是一种由 2-乙酰胺-2-脱氧葡萄糖通过 β-1,4-糖苷联结起来的直链多糖，学名为 (1,4)-2-乙酰胺-2-脱氧-β-D-葡聚糖。其结构为：

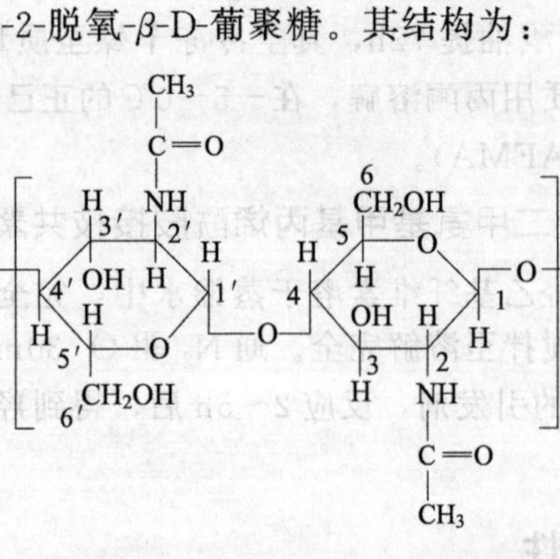

其中 m 链节在链中占 80%以上，由于 O⋯H—O—O 型及 O⋯H—N—型氢键的作用，使甲壳素大分子间存在着有序结构，由于晶态结构的不同，存在 α、β、γ 三种晶形物。在

虾、蟹甲壳中的甲壳素，相邻分子链的方向是逆向的，为α型，这种结晶比较稳定。当甲壳素糖基上的*N*-乙酰基大部分被去除时，就转化为甲壳素最重要的衍生物——壳聚糖。

壳聚糖（chitosan）属含氨基的均态直链多糖衍生物，是甲壳素的脱乙酰化产物，又名脱乙酰甲壳素、可溶性甲壳素等，学名为（1,4)-2-氨基-2-脱氧-D-葡聚糖，结构为：

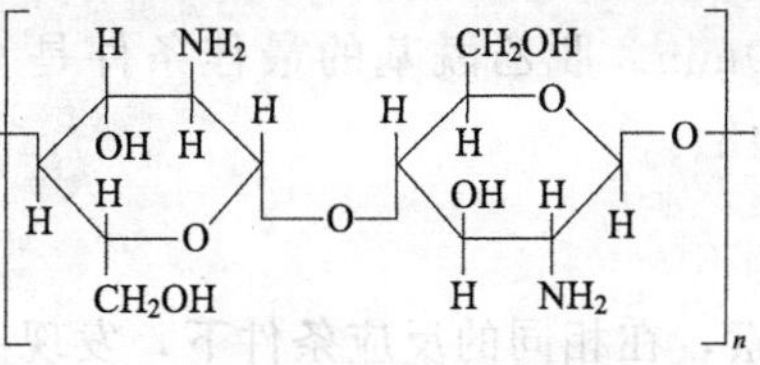

其中*n*链节在链中占80%以上。壳聚糖同样也有α、β、γ三种晶形物，是天然多糖中唯一的碱性多糖，也是少数具有荷电性的天然产物之一。它具有许多特殊的物理、化学性质和生理功能，其分子链中通常含有2-乙酰氨基葡聚糖和2-氨基葡聚糖两种结构单元，两者的比例随脱乙酰化程度的不同而不同。正由于壳聚糖分子结构中含有丰富的羟基和氨基，使之易于进行化学修饰和改性。其应用领域也大为广泛。

由于这类物质分子中均含有酰氨基及氨基、羟基，因此具有絮凝、吸附等功能。下面就将甲壳素及壳聚糖改性为絮凝剂的制备工艺、应用情况以及发展前景做介绍。

8.6.1 甲壳素和壳聚糖的制备

8.6.1.1 化学方法

(1) 甲壳素的制备

实例1[53]：以乙醚连续回流4h脱脂，再用8% NaOH以固液比1∶10的比例在90℃下超声脱蛋白1h，最后以固液比1∶15的比例加入0.1mol/L EDTA-二钠溶液常温脱钙36h。

实例2[54]：向虾壳中加入*V*(HCl)∶*V*(虾壳)＝1∶1的1mol/L盐酸溶液，室温浸泡，每隔0.5h换盐酸溶液1次，如此操作至浸泡液呈弱酸性，过滤后水洗至中性；再加入1.0mol/L NaOH溶液室温浸泡6h，过滤水洗后，加入盐酸浸泡3h，过滤水洗，得白色甲壳素，60℃烘干。

(2) 壳聚糖的制备

实例1[55]：由制备的甲壳素再经脱乙酰化得到壳聚糖。生产壳聚糖的过程可简称为“三脱”，现在由甲壳素制备壳聚糖主要有化学法和酶法。化学法中又主要是碱脱乙酰法，它有两种方法，一种是甲壳素和固体烧碱加热共熔，另一种是甲壳素与40%以上的NaOH水溶液在110℃下加热。

实例2[56]：称取一定量按优化的工艺提取得到的甲壳素，加入一定浓度的NaOH溶液，煮沸一段时间，使甲壳素在强碱作用下脱去乙酰基，反应一定时间后，水洗至中性，干燥得到壳聚糖。

实例3[57]：称取一定质量的虾壳，在不同温度下的稀盐酸溶液中搅拌1.5h，取出后在氢氧化钠水溶液中加热搅拌2h，制得甲壳素，最后在不同浓度的氢氧化钠水溶液中反应20h，制得壳聚糖。

8.6.1.2 酸溶法[58]

这种方法的主要生产工序是将收集来的虾、蟹壳洗净、干燥后，以4% HCl溶液进行脱钙，脱钙时间为10h，常温下进行脱钙。以5% NaOH溶液进行脱蛋白，在70℃的水浴中搅拌4h脱蛋白。脱色条件是用0.1%溶液（加入3滴4%稀HCl）浸泡30min，再用1% $NaHSO_3$ 溶液浸泡30min。脱乙酰基的最佳条件是0.5g甲壳素用50mL 38%的NaOH溶液在85℃下恒温14h。

8.6.1.3 微波法[59]

先制备不同粒度的甲壳素，在相同的反应条件下，发现不同粒度的原料对产品壳聚糖脱乙酰度有明显的差异，脱乙酰度随颗粒变小而变大，分子量随颗粒变小而变小。按固液比为1∶15的条件与已配好的45% NaOH溶液混合，搅拌均匀，再用微波加热（功率为480W），加热时间为15min最佳，进行脱乙酰化处理，即得壳聚糖。

8.6.1.4 酶制备法[60]

酶法降解可以具有选择性，能通过控制加酶量、酶解时间等因素控制降解产物的分子量，酶解法能完全克服化学和物理法的缺点，因此酶解法是一种较为理想的降解方法。酶解法分为专一性酶和非专一性酶两种，其中专一性酶包含溶菌酶、几丁质酶、壳聚糖酶等。

8.6.2 壳聚糖季铵盐的制备

壳聚糖季铵盐是一种水溶性阳离子聚合物，具有良好的吸附絮凝性、保湿性、成膜性、杀菌抑菌性、生物相容性等优点，已广泛应用废水处理、化妆品、食品加工、制药等领域[61]。

用缩水甘油三甲基氯化铵对壳聚糖进行化学结构修饰，可在壳聚糖分子中引入季铵盐基团，制得壳聚糖季铵盐，反应式为：

$$\left[\begin{matrix} CH_2OH \\ H \quad O \\ H \\ OH \quad H \qquad -O- \\ H \quad NH_2 \end{matrix}\right]_n + \overset{O}{CH_2-CH}CH_2N(CH_3)_3^+Cl^- \longrightarrow \left[\begin{matrix} CH_2OH \\ H \quad O \\ H \\ OH \quad H \qquad -O- \\ H \quad NH \end{matrix}\right]_n$$

$$Cl^-(CH_3)_3\overset{+}{N}CH_2\underset{OH}{C}CH_3$$

制备方法[62]：将一定量的壳聚糖与*N*-甲基吡咯烷酮置于四口烧瓶中，室温分散12h，然后加入一定量的碘甲烷和NaOH的混合溶液，反应过程中用氮气保护。反应完后将产物在搅拌下缓慢加入丙酮溶液中，经过滤、洗涤、真空干燥得粗产品。在乙醇溶液中索氏提取，过滤，真空干燥得精产品。此外，用环氧类季铵盐的反应活性向壳聚糖的氨基上引入亲水性强的季铵盐基团，制备*N*-羧丙基三甲基季铵化壳聚糖[63]。

8.7 F691改性产品

近几十年来，植物胶粉F691作为制备絮凝剂和多功能水处理剂的原料，通过化学改性被赋予优异的应用性能，已经得到人们的关注[64]。其中起絮凝作用的成分主要是皮、茎、叶等细胞中的黏胶状多聚糖（主要是阿拉伯半乳聚糖），它约占干木料的20%，是一种非离子型高分子絮凝剂，分子量为15万～30万。F691原料本身为具有一定的支链的线型高分子，在水中有一定的溶解性，分子中含有—$CONH_2$、—O等活性基团，用作非离子型天然高分子絮凝剂具有一定的絮凝能力，但是其水溶性和絮凝能力还不够，仍需进行改性。华南理工大学化工所在此方面做了大量工作，先后开发出CG系列、FIQ系列、FNQ系列和SFC系列等，它们被广泛应用于城市污水、循环冷却水、油田污水、有机废水、高岭土悬浊液、造纸污泥脱水、造纸抄纸白水和表面活性剂废水等的处理中。

(1) FP-C的制备

将F691胶借助于季铵化试剂同喹啉反应可制得FP-C，用与制备FQ-C同样的步骤和吡啶反应可制得聚氮杂环季铵盐药剂，其结构式如图8-6(a)所示。

(2) FA-C的制备

将F691胶借助于季铵化试剂同吖啶反应可制得FA-C。而吖啶同盐酸的反应产物吖啶盐酸盐为水不溶物，因此制备季铵盐醚化剂时，须先将吖啶与环氧氯丙烷在少量醇类溶剂中在50℃下先制成溶液，再加入HCl溶液，从而制得吖啶的季铵盐醚化剂。该醚化剂在碱性条件下同F691胶反应，首次制得吖啶的聚氮杂环季铵盐，其结构式如图8-6(b)所示。

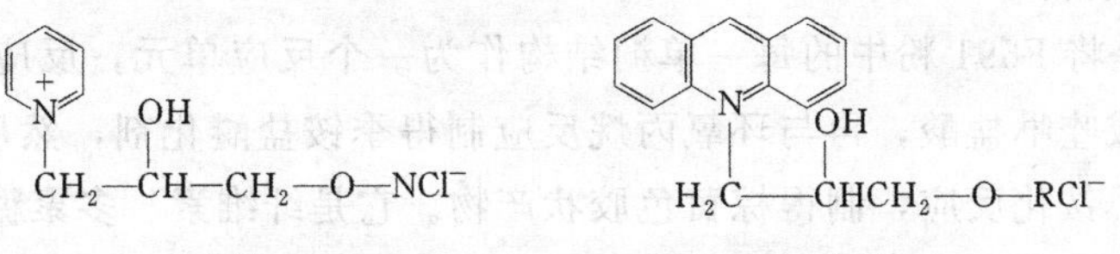

(a) 产品FP-C　　(b) 产品FA-C

图8-6　产品FP-C和FA-C的结构式

(3) FI-C的制备[65]

将F691胶借助于季铵化试剂同咪唑反应可制得FI-C，用与制备FQ-C同样步骤可制得吡啶的聚氮杂环季铵盐药剂，其结构式如下：

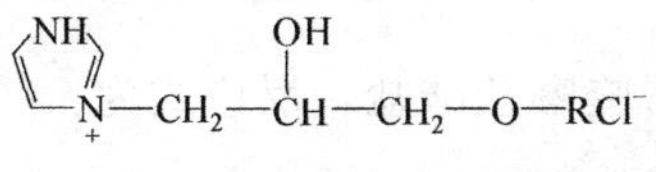

(4) FBI-C的制备

将F691胶借助于季铵化试剂同苯并咪唑反应可制得FBI-C，用与制备FQ-C同样步骤可制得吡啶的聚氮杂环季铵盐药剂，其结构式如下：

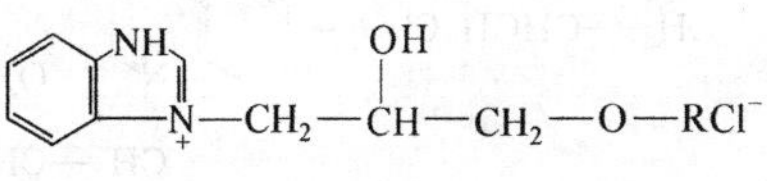

(5) FNP-C的制备

药剂FNP-C的制备分两步进行，首先合成季铵盐醚试剂；然后用合成的季铵盐醚试剂与F691粉发生醚化反应，生成多功能水处理剂FNP-C。

根据制备反应的化学原理，首先将吡啶酸化，制得吡啶盐。即将吡啶缓慢地加入等物质的量的盐酸中，因为该过程为强烈放热反应，在制备中应控制反应速率，并同时冷却反应产物。

控制适当的反应温度，在制得的吡啶盐中缓慢滴加等物质的量的环氧氯丙烷，并不断搅拌，反应熟化 24h 后，即制得吡啶季铵盐醚试剂。

在反应器中首先放入定量的 F691 粉，然后再加入分散剂（如乙醇），使 F691 粉分散及湿润，不然 F691 粉在后续反应中很容易产生不参加反应的粉团（鱼眼）。F691 粉湿润分散后，加入适量的 25%的氢氧化钠，不断搅拌反应物料，对其进行碱化处理半小时。F691 粉碱化处理后，即加入吡啶季铵盐醚试剂及少量催化剂，进行醚化反应，控制适宜的醚化反应时间及反应温度，并不断搅拌反应物料。反应完毕后，加入大量的水及稳定剂，调节产品的有效浓度为 10%（以 F691 粉计），并在一定的温度下进行熟化反应，即可制得 FNP-C 的产品。为了增强药剂的杀菌能力，在加入大量水及稳定剂的同时，复配加入适量的杀菌剂 1227，即得具有较强杀菌作用的产品 FNP-CC。

综合考虑产品的黏度与产品取代度这两项性能，通过正交实验可得其最佳的反应条件为：反应温度为 50℃，反应时间为 2h，醚化剂的投料摩尔比为 2，醚化催化剂氢氧化钠对 F691 粉的投加摩尔比为 1.2，碱化时间 30min，熟化反应时间大于 2h，熟化反应温度为 50～60℃。

（6）FQ-C 的制备

制备 FQ-C 是将 F691 粉中的每一单糖结构作为一个反应单元，反应分两步进行，首先是将喹啉转化成喹啉盐酸，再与环氧丙烷反应制得季铵盐醚化剂，然后 F691 粉再与季铵盐醚化剂进行季铵化反应，制得棕黄色胶状产物。它是纤维素、多聚糖、葡萄糖等组分的季铵盐衍生物，平均分子量为 8×10^5。

将 F691 胶借助于季铵化试剂同吡啶反应可制得 FQ-C[66]。制备时以 F691 为主要原料，反应过程如下：喹啉为碱性物质，可同盐酸在常温常压下反应，反应产物再同 3-氯-1,2-环氧丙烷在常温常压下反应得到季铵盐醚化剂。将 F691 粉同上述产物以 1∶1（摩尔比）在碱性条件（加入 NaOH，使 pH＞7.2）下，于 55℃进行醚化反应，即得产品 FQ-C。具体过程如下[67]：

① 碱性的喹啉同盐酸反应得喹啉盐酸盐，反应式为：

$$\text{喹啉} + HCl \longrightarrow \underset{HCl}{\text{喹啉}} + \text{放热}$$

② 喹啉盐酸盐同季铵化试剂 3-氯-1,2-环氧丙烷反应得季铵盐醚化剂，反应式如下：

$$\underset{HCl}{\text{喹啉}} + \overset{\ \ O\ \ }{CH_2—CHCH_2Cl} \longrightarrow \text{喹啉}N^{+}—CH_2—\overset{OH}{CH}—CH_2Cl_2^{-}$$

③ F691 胶同季铵盐醚化剂在碱性条件下进行醚化反应制得产品 FQ-C，反应式为：

$$\text{喹啉}N^{+}—CH_2—\overset{OH}{CH}—CH_2Cl_2^{-} + R—OH \longrightarrow \underset{\text{（产品 FQ-C）}}{\text{喹啉}N^{+}—CH_2—\overset{OH}{CH}CH_2—O—RCl^{-}}$$

以上反应式中的 R—OH 为 F 胶所含纤维素、多聚糖等。

(7) FIQ-C 的制备

以 F691 粉为原料，与异喹啉进行化学改性，制备成阳离子型季铵盐絮凝剂。其改性过程可如下所示[68]：

$$\text{异喹啉} + HCl \rightleftharpoons \text{异喹啉}\cdot HCl$$

$$\text{异喹啉}\cdot HCl + CH_2\overset{O}{—}CH—CH_2Cl \rightleftharpoons \text{异喹啉}N^+—H_2C—\underset{H}{\overset{OH}{C}}—CH_2Cl^-_2$$

$$\text{异喹啉}N^+—H_2C—\underset{H}{\overset{OHCl}{C}}—CH_2Cl^-_2 + RCell(OH)_3 \rightleftharpoons \text{异喹啉}N^+—H_2C—\underset{H}{\overset{OH}{C}}—\overset{H_2}{C}—O—RCell(OH)_3$$

$RCell(OH)_3$ 为 F691 粉高分子链的结构单元。

在一定量 F691 粉中，加入 95%乙醇润湿分散，在搅拌下加入 30%的 NaOH 碱化 30min，然后加入季铵盐醚化剂，在水浴 50℃下反应 3h，即可制得阳离子絮凝剂 FIQ-C，其平均分子量约为 10^6。其最佳制备条件为：氢氧化钠(30%)/F691(质量比)=0.8，醚化剂/F691(摩尔比)=1.2，反应温度 50℃，反应时间 3h。

(8) FNQD 的制备[69]

定量的 F691 粉加入 95%乙醇润湿分散，继而加入定量 20%NaOH 于反应器中碱化 30min，然后加入季铵盐醚化剂（由一定体积的浓盐酸、相应体积的喹啉溶液以及一定体积的环氧氯丙烷反应而成），在 50℃下反应 3h，反应完毕降温、洗涤，用蒸馏水调节至有效成分含量为 10%（以 F691 粉计），制得胶状 FNQD，其平均分子量约为 8×10^5。合成天然高分子改性阳离子絮凝剂 FNQD 的最佳反应条件为：NaOH(20%，质量分数)/F691=1(质量比)，醚化剂/F691=1.5(质量比)，反应温度 50℃，反应时间 3h。

8.8 阴离子型天然有机高分子改性絮凝剂的应用

8.8.1 改性淀粉类絮凝剂的应用

絮凝技术无论在原水供给，还是工业废水、污水处理中以及工业生产当中都有着相当重要的作用。随着经济的不断发展，针对我国水资源危机的形势日益严峻、水污染有增无减的局面，发展絮凝剂进行水处理，无论对节约用水、排放水回用，还是废水处理都有着极为重要的意义。

8.8.1.1 污泥脱水中的应用

絮凝技术是目前国内外普遍用来提高水质处理效果的一种既经济又简便的水质处理方法。在工业废水、生活废水的处理过程中，最后产生大量污泥，需要进一步处理。同时，希望它具有进一步絮凝的性质。在许多情况下，活性污泥能够加强它的絮凝作用；活性污泥本身带有负电荷，它由阴离子生物高分子组成。所以，它的絮凝性质、机理、作用都与阴离子有机高分子絮凝剂相类似。加入阳离子型絮凝剂能使带负电荷的颗粒的 ξ 电位正值变得更大，以便用阴离子生物高分子来捕获固体颗粒，效果好，絮凝作用也进行得更完全[66]。因此，研究和开发适宜的阳离子型絮凝剂来处理活性污泥，成为污水处理中的一个重要课题。

李玉江和吴涛[67]通过对淀粉和丙烯酰胺的共聚产物进行胺甲基化反应，制备胺甲基度较高的阳离子有机絮凝剂 CPMA，并用于污泥的絮凝脱水，发现 CPMA 可使污泥的含水率由 99.3%下降为 69%，絮凝脱水性能优于阳离子聚丙烯酰胺（PAM-C）和非离子型聚丙烯酰胺（PAM）。三种有机高分子絮凝剂处理活性污泥的试验结果分别见图 8-7、表 8-7 和表 8-8。

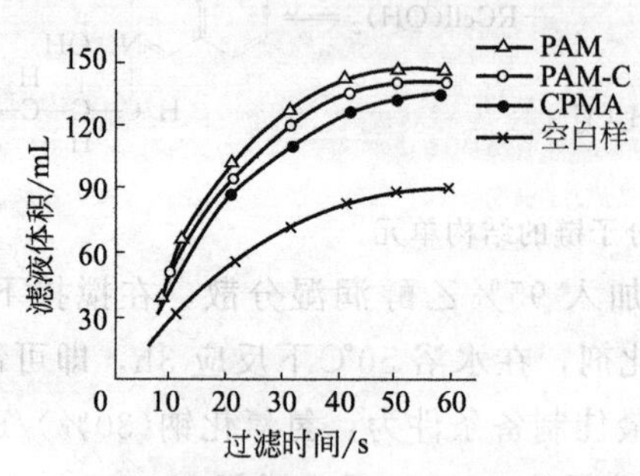

图 8-7　滤液体积与过滤时间的关系

表 8-7　滤液的透光率[67]

絮凝剂	CPMA	PAM-C	PAM	空白样
投加量/%	0.8	0.8	0.8	
	0.8	1.3	1.7	
透光率/%	98	91	87	11
	98	96	92	

表 8-8　滤饼最低含水率[67]

絮凝剂	CPMA	PAM-C	PAM	空白样
投加量/%	0.8	0.8	0.8	
	0.8	1.3	1.7	
滤饼最低含水率/%	69	77	80	93
	69	72	74	

（1）CPMA 的脱水性能

污泥脱水实验是在同等操作条件下进行的，因此在一定时间内过滤滤液的体积是比较污泥脱水效果的直观指标，滤液越多则污泥滤饼的含水率越低，絮凝剂的脱水效果越好。图 8-7 反映三种絮凝剂投加量均为 0.8%时，滤液体积与过滤时间的关系。由图 8-7 可知：同等投加量条件下 CPMA 的脱水性能最好[67]。

（2）滤液澄清情况

一种好的脱水絮凝剂不仅要有好的脱水性能，而且要求滤液有较高的澄清度，滤液的澄清度可以用透光率来表示，透光率说明了絮凝剂对污泥中胶粒、微细粒子和杂质成分的脱除性能。表 8-7 是反复测试后选择最大吸收波长 650nm，以 751 分光光度计测出的滤液透光率。由表 8-7 看出，以 CPMA 为絮凝脱水剂污泥的滤液透光性好，澄清度高。

CPMA 脱水性能好，滤液透光率高，可以认为与其本身的性质有着直接的关系。污泥中的胶体颗粒及微生物残体带有负电荷，而 CPMA 胺甲基度高，具有很高的正电荷密度，它不仅可以起到对污泥颗粒的电中和作用，使污泥细粒脱稳聚集，而且依靠分子内正电荷的相互排斥作用使 CPMA 的主链得到最大限度的伸展，从而大大增强了吸附架桥能力。

(3) 污泥脱水前后的含水率与燃烧热值

随着过滤时间的延续，滤液体积会逐渐增加，而污泥滤饼的含水率会逐渐降低，直至真空度最终破坏，此时，滤饼含水率为真空脱水过程中所能达到的最低滤饼含水率，试验结果见表 8-8。由表 8-8 看出，CPMA 的投加量最小，滤饼含水率最低。

杨波和赵榆林[68]利用淀粉/丙烯酰胺接枝共聚物的 Mannich 反应产品处理城市污水的活性污泥，发现：a. 选择分子量为 500 万左右的絮凝剂比较理想，此时絮凝剂的最佳用量为 30mg/L；b. 随着胺化度增加，脱水率提高，当胺化度为 33%时，脱水率最好，继续提高胺化度，脱水率反而下降。这是由于分子量高、电荷密度高的有机高分子絮凝剂比分子量高、电荷密度低的有机高分子絮凝剂被固体颗粒吸附得更多，能够桥连的立体环式和尾式结构减少，这样影响桥连，絮凝作用降低。

杨波等[69]还利用阳离子型淀粉/丙烯酰胺接枝共聚物对活性污泥进行了脱水处理，并考察了处理效果。发现：

① 絮凝剂用量达到某峰值，脱水污泥含水率最低。再增加用量时，絮凝剂效果反而下降，这是由于投加量继续增大，因架桥作用所必需的离子表面吸附活性点被絮凝剂所包裹，使得架桥变得困难，处理效率降低。另外，絮凝剂的最佳用量随特性黏数增加而降低，但由于在聚合时要防止特性黏数过大而产生交联，因此，控制特性黏数为 12.5dL/g 比较好，此时，絮凝剂的最佳用量为 40mg/L。

② 由于阳离子型改性天然高分子絮凝剂是通过 Mannich 反应最终得到叔胺化产物，所以阳离子度与絮凝剂的电荷密度呈线性关系，随着阳离子度增加，含水率降低，当阳离子度为 40%时，脱水污泥含水率最低；继续提高阳离子度，脱水污泥含水率反而上升，这是由于分子量高、电荷密度高的有机高分子絮凝剂比分子量高、电荷密度低的有机高分子絮凝剂被固体颗粒吸附得更多，能够桥连的立体环式和尾式结构减少，这样影响桥连，絮凝作用降低。

③ 接枝率高的共聚物比接枝率低的共聚物絮凝效果好，这是因为接枝聚合物比均聚物体积庞大，形成刚柔相济的网状大分子，桥连作用更为显著。但是，随着接枝率的提高，接枝共聚物的交联程度增加，可溶性下降，接枝率超过 60%后接枝共聚物的交联程度难以控制，往往不溶，因此接枝率达到 60%比较理想。

8.8.1.2 工业废水处理中的应用

(1) 在生活污水处理中的应用

高分子絮凝剂的作用机理主要是电荷中和和吸附架桥交联，阳离子淀粉浆在水处理中可同时起到这两种作用，是一种很好的阳离子絮凝剂。它能使水中有机和无机颗粒物凝聚、沉淀，对高浊度、高色度废水有着高效处理能力，对生活污水和合成洗涤剂有极好的絮凝处理效果。

应用实例1[70]：当聚合氯化铝（PAC）助凝剂投加量为3mg/L、阳离子淀粉絮凝剂的投加量为4mg/L、PAM投加量为4mg/L时，用阳离子淀粉絮凝剂/PAC和PAM/PAC分别处理兴庆湖水（主要是生活污水和工业废水），结果见表8-9。从表8-9看出，阳离子淀粉絮凝剂/PAC对兴庆湖水具有较好的处理效果。

表8-9　兴庆湖水的处理效果[70]

项目	阳离子淀粉絮凝剂/PAC	PAM/PAC
浊度去除率/%	59.2	60.7
COD去除率/%	68.2	56.4

应用实例2[71]：阳离子淀粉絮凝剂复配PAC处理矿井废水，在最佳投加量（阳离子淀粉絮凝剂投加量为15mg/L、PAC投加量为60mg/L）、pH值、温度条件下，测试了矿井废水的各项指标，处理效果见表8-10。从表中数据可知：处理后各项指标达到《煤炭工业污染物排放标准》（GB 20426—2006）的要求，阳离子淀粉絮凝剂复配PAC比PAC复配PAM处理矿井废水的除浊效果更好更快，除浊率可达97.61%，絮体含水率由原来的83.45%下降到68.96%。

表8-10　最佳条件下废水处理效果[71]

项目	pH值	ρ(Fe)/(mg/L)	ρ(Mn)/(mg/L)	$\rho(COD_{Cr})$/(mg/L)	ρ(SS)/(mg/L)	透光率/%
原水	8.48	8.98	7.75	85.00	1057.00	3.43
PAC+PAM处理出水	8.42	0.80	0.15	24.00	12.00	95.73
阳离子淀粉絮凝剂+PAC处理出水	8.39	0.70	0.13	21.00	10.00	96.89

(2) 在合成洗涤剂工业废水处理中的应用[72]

在合成洗涤剂工业废水中，表面活性物质的存在给废水处理造成一定的困难，较好地处理水中表面活性物质已成为一个迫切需要解决的问题。据国外报道，絮凝法可以去除废水中烷基苯磺酸钠（LA）等表面活性物质，故用实验室研制的阳离子淀粉浆处理含有大量烷基苯磺酸钠和少量烷基苯的综合废水，试验结果见表8-11。试验结果表明，当阳离子淀粉浆的投加量在150mg/L时，COD去除率可达90.67%，LAS去除率可达85.00%。形成的絮凝体大，沉降快，去除废水中COD和表面活性物——烷基苯磺酸钠的效果明显。

表8-11　合成洗涤剂工业废水的处理

投药量/(mg/L)	COD_{Cr}			LAS		
	进水/(mg/L)	出水/(mg/L)	去除率/%	进水/(mg/L)	出水/(mg/L)	去除率/%
50	2025	392.8	80.60	48.7	16.2	66.70
100	2025	290.3	85.66	48.7	11.8	75.77
150	2025	189.2	90.67	48.7	7.3	85.00
200	2025	224.0	88.94	48.7	9.6	80.29

(3) 在油田废水处理中的应用

应用实例3[72]：油田废水中含10μm以下的乳化油，通常占含油量的10%。它是一种带负电荷水化膜包含着油珠的乳化液，要水油分离，必须破乳。以阳离子型淀粉/丙烯酰胺接枝共聚物（SCAM）为主的混凝技术，则是这种废水的良好破乳处理剂。

利用SCAM对含油污水进行了澄清试验、沉降试验，考察了含油污水处理前后的COD值、浊度等，并对用SCAM处理含油污水（乳化油水混合体系）的机理进行了探讨，比较了SCAM系列产品及分子量为600万的聚丙烯酰胺（PAM600万）用于含油污水的处理情况，试验结果见表8-12。从表中可知，SCAM对石油污水的澄清效果优于常用的分子量为600万的聚丙烯酰胺絮凝剂。

表8-12　含油污水澄清试验结果[72]

絮体性状	用量					
	3×10^{-6}g/L		5×10^{-6}g/L		7×10^{-6}g/L	
	PAM 600万	SCAM	PAM 600万	SCAM	PAM 600万	SCAM
絮体形成速度	较快	快	较快	快	较快	快
絮体密实程度	松散	密实	松散	密实	松散	密实
絮体颗粒大小	小	大	小	大	小	大
剩余浊度/NTU	174	76	132	104	276	174
浊度去除率/%	84.9	93.4	88.5	90.9	76.0	84.9

此外，还可以利用SCAM作为主要絮凝剂，与$FeSO_4$、$Al_2(SO_4)_3$等混合，共同对油田废水进行破乳絮凝。由于$FeSO_4$、$Al_2(SO_4)_3$在水中可发生水解，生成带正电荷的$Fe(OH)_2$和$Al(OH)_3$胶体，而SCAM的支链上含有大量的—OH、—$CONH_2$、—$NHCH_2OH$、—$NHCH_2N^+R_2$、—$NHCH_2N^+R_2R'X^-$等多种活性基团，特别是电正性极强的叔胺和季铵盐基团，它们和$Fe(OH)_2$、$Al(OH)_3$协效，在彻底破坏水合膜的同时，又可把携带的油珠、机械杂质的$Fe(OH)_2$、$Al(OH)_3$胶体粗粒一起絮凝而沉降，迅速地达到油水分离而使污水澄清的目的。同时，季铵盐又是一种良好的高分子杀菌剂，可防止硫酸还原菌在整个系统内滋生繁殖，保证了处理的废水上清液循环再使用[72]。

(4) 在印染废水处理中的应用[34]

笔者曾用两亲型高效阳离子淀粉脱色絮凝剂CSDF（阳离子型改性淀粉絮凝剂）处理印染废水，其中印染废水来源为：印染废水1#由四川温江特种产品厂提供；印染废水2#由广东南海某印染厂提供；印染废水3#和4#由山东青岛某印染厂提供。两亲型高效阳离子淀粉脱色絮凝剂CSDF处理印染废水的效果见表8-13和表8-14。从这两表中可看出，CSDF能有效降低其他印染废水中的色度、SS、COD_{Cr}和TOC。

表8-13　CSDF处理印染废水的效果

印染废水	色度			SS			COD_{Cr}		
	处理前/倍	处理后/倍	去除率/%	处理前/(mg/L)	处理后/(mg/L)	去除率/%	处理前/(mg/L)	处理后/(mg/L)	去除率/%
印染废水1#	42300	85	99.8	2938	73.5	97.5	1730	174.7	89.9
印染废水2#	2500	25	99.0	2187	85.3	96.1	2260	264.4	88.3
印染废水3#	6820	5	99.9	1673	21.3	98.7	1246	79.7	93.6
印染废水4#	1380	35	97.5	3276	167.1	94.9	8965	1604	82.1

注：处理前先将上述印染废水的pH值调至6～9之间。处理印染废水2#和印染废水4#，CSDF的用量为50mg/L，处理印染废水1#和印染废水3#，CSDF的用量分别为800mg/L和350mg/L。

表 8-14　CSDF 对印染废水中 TOC 的去除效果

印染废水	TOC		
	处理前/(mg/L)	处理后/(mg/L)	去除率/%
印染废水 1#	2365	444.6	81.2
印染废水 2#	3786	783.7	79.3
印染废水 3#	1673	266.0	84.1
印染废水 4#	9120	2380	73.9

注：处理前先将上述印染废水的 pH 值调至 6～9 之间。处理印染废水 2# 和印染废水 4#，CSDF 的用量为 50mg/L；处理印染废水 1# 和印染废水 3#，CSDF 的用量分别为 800mg/L 和 350mg/L。

(5) 在制浆造纸废水中的应用

制浆造纸废水排放量大，污染负荷严重，废水中含有大量的硫化木质素、氯化木质素、木质素磺酸盐、碱化木质素、纤维素及其降解产物以及有机硫化物、有机氯化物、酸、碱、盐等污染物。据统计，我国造纸企业每生产一吨成品纸，耗水 50～200t，最高可达到 300t，年排放量占全国污水排放总量的 10%～12%，排名第三。排放污水中的化学耗氧量占全国排放总量的 40%～45%，居第一位。

在高浓度、难降解漂白废水的处理过程中，因其成分复杂并含有影响降解菌种活性的有毒物质，故采用生化处理未能达到预期目标。因此，笔者曾采用阳离子淀粉脱色絮凝剂 CSDF 来降低高浓度、难降解漂白废水中的各成分，尤其是有毒污染物的含量，便于提高后续处理工段生化处理的效果。

笔者利用阳离子淀粉脱色絮凝剂（CSDF）处理制浆混合废水、脱墨废水和造纸混合废水，试验结果见表 8-15。从表中数据可知，CSDF 絮凝剂对制浆混合废水有很好的处理效果，能有效降低制浆混合废水中的色度、SS 和 COD_{Cr}，色度、SS 和 COD_{Cr} 的去除率分别达到 98.5%、92.3%和 77.9%。此外，CSDF 絮凝剂还能有效降低造纸混合废水和脱墨废水中的色度、SS 和 COD_{Cr}（表 8-15）。

表 8-15　CSDF 絮凝剂在其他废水中的应用情况

废水水样	色度			SS			COD_{Cr}		
	处理前/CU	处理后/CU	去除率/%	处理前/(mg/L)	处理后/(mg/L)	去除率/%	处理前/(mg/L)	处理后/(mg/L)	去除率/%
制浆混合废水	2012	30.2	98.5	476	36.7	92.3	1698	375.3	77.9
造纸混合废水	1376	7.0	99.5	516	14.4	97.2	1522	315.1	79.3
脱墨废水	1562	28.0	98.2	612	30.0	95.1	2234	853.0	61.8

注：絮凝剂用量为 100mg/L；水温为 25℃；制浆混合废水的 pH 值为 3.31。

8.8.1.3　在工业生产中的应用

(1) 在造纸工业上的应用

应用实例 1[73]：阳离子淀粉因其带正电荷，并且所带正电荷的高低可以通过制备过程中的取代度来调整，这就决定了阳离子淀粉在造纸工业中具有很广泛的用途和给造纸工业带来举足轻重的作用。

阳离子淀粉用作造纸干强剂是目前发展的主要趋势。因为淀粉资源丰富，且为可再生资源，导致价格低廉，且不会像石油产品的价格那样不稳定；同时，由于商品浆价格的上涨，只能使用价格相对较低的商品浆来给纸产品创造利润，但这无外乎给纸产品强度带来了负面影响。所以，目前几乎所有的纸机都不同程度地使用阳离子淀粉作干强剂来提高纸张的干强度。表 8-16 是太阳纸业大型文化纸机生产高档涂布原纸时使用阳离子淀粉作干强剂后部分强度指标提高的情况，表中数据以定量为 81g/m^2 高档涂布原纸为样本；阳离子淀粉用量为 8.0kg/t（纸）；阳离子淀粉取代度（DS）为 0.028；强度指标均采用国家标准检测。

表 8-16 阳离子淀粉在高档涂布原纸中用作干强剂时部分强度指标提高的幅度

强度指标	提高幅度/%	强度指标	提高幅度/%
横向内结合强度/(J/m^2)	25.1	横向耐折度/次	11.2
纵向耐折度/次	16.7	撕裂度(纵横向平均)/mN	6.8

应用实例 2[74]：造纸上所用阳离子淀粉取代度一般为 0.01～0.07。尽管取代度不高，但原淀粉的性质已大大改变，主要表现在：胶化温度大大下降；Zeta 电位升为阳性；随着取代度的提高，糊液的黏度、透明度和稳定性明显提高。阳离子淀粉在造纸工业中应用主要优点有：能改善纸的耐破度、抗张力、耐折度、抗掉毛性等物理性质；提高松香、矾土的施胶效果；提高纸浆滤水性能和抄造速度；能提高各种染料和填料的保留率，从而降低造纸成本；作为乳胶、合成树脂等的固定剂和乳化剂，以及中性施胶剂的分散剂，也同样显出良好的效果；减少废水污染的程度，有益于降低污染。

(2) 在油田开发中的应用

有关资料表明，油田化学品的研究有从过去的非离子型、阴离子型向具有阳离子的复合离子型转化过渡的趋势；分子间的作用方式由分子间力、氢键转化到静电作用。因此，含有阳离子或复合离子基团的油田化学品是目前研究的重要方向之一。淀粉季铵盐（ETA）可以与具有富电性的多种天然高分子及合成高分子反应而进行阳离子季铵化改性，从而赋予它们新的性能和应用领域，在钻井泥浆、采油用剂、油田污水处理等方面都可找到 ETA 的痕迹[75]。

国外报道，阳离子淀粉作为钻井液处理剂适用于高盐含量和高钙含量的泥浆体系，并具有以下特点：良好的降失水功能，良好的防塌性，良好的抗发酵和抗高价金属离子污染的能力，具有较好的抗高温性，可达 149℃。阳离子淀粉的功能与分子量的大小以及取代度的高低有关，一般具有一剂多效的功能。目前还未见国内在此方面的试验报道。张春晓和朱维群[75]用实验室制备的水溶性高取代度阳离子淀粉（HCS）（DS=0.32）在钻井泥浆中的防塌效果方面与羧甲基淀粉（CMS）(DS=0.96）进行了对比，试验结果见表 8-17。从表中数据可知：阳离子淀粉的防塌能力明显优于 CMS。阳离子淀粉之所以具有较高的防塌性是因为其分子链中的阳离子基团与钻井液中黏土之间的强烈静电吸附作用，有效地抑制了黏土和钻屑的水化膨胀与分散。

表 8-17 防塌效果比较[75]

处理剂	含量/%	一次回收率 R_1/%	二次回收率 R_2/%	相对回收率(R_1/R_2)/%
HCS	0.1	86.5	80.7	93.3
	0.5	96.2	94.3	98.0

续表

处理剂	含量/%	一次回收率 R_1/%	二次回收率 R_2/%	相对回收率(R_1/R_2)/%
CMS	0.5	66.5	53.0	79.7
清水	—	49.0	—	—

此外，水溶性天然改性阳离子高分子絮凝剂在油田开发中有着十分广泛的应用，除上述功能外，在钻井泥浆中还可作为多功能降黏剂、页岩水化抑制剂及固井水泥外加剂等；在采油过程中阳离子高分子可作为注水井调剖剂、酸化液添加剂、防砂桥接剂和原油破乳剂等，在油田水处理中还可作为除油剂及杀菌剂等。

(3) 在选矿中的应用

从阳离子淀粉絮凝剂CAS对不同铜精矿、脱铜精矿、尾矿等的沉降、助滤脱水探索性应用实验可以看出，CAS絮凝剂用于选矿脱水作业具有如下特点[76]：

① 应用CAS絮凝剂适宜的矿浆 pH 值范围为 8～10，与多数矿浆 pH 值范围吻合，使用时无需重新调整矿浆 pH 值。

② CAS适宜的添加量为 0.8～1.5kg/m^3，增大用量对矿浆沉降速度无明显提高。

③ 与聚丙烯酰胺絮凝剂 PAM 对比的实验可初步看出，CAS的沉降、助滤性能稍优于（至少不低于）固体粉末状的絮凝剂 PAM。

④ 由大冶铁矿选矿实验室应用 CAS沉降该矿脱铜精矿实验结果可以看出，添加 CAS 矿浆沉降速度在前 6min 比未加 CAS 的快 5 倍；在前 10min 快 3 倍；在前 20min 快 1.8 倍；前 30min 快 1.25 倍。证明 CAS 对该类矿浆有良好的沉降性能。

⑤ CAS用作助滤剂，可提高矿浆过滤脱水速度，降低滤饼含水量。与未加 CAS 的过滤实验对比，滤饼水分可降低 18.7%，过滤速度可提高 35%左右。

CAS用于矿浆脱水作业有较好的絮凝沉降、聚团助滤作用。这是由于该絮凝剂的大分子结构中，既含有非离子型官能团，如羟基、醚氧基、羰基、酰氨基等，也兼有阳离子型官能团，如季铵离子。这些官能团广泛嵌布在大分子的各链节内，使它既可靠官能团氧、氮原子上孤电子对的配位络合力、官能团的氢键缔合力及其范德华力在连续分散在水相中的固体微粒间"架桥"，使之絮凝；又可靠阳离子官能团所带的正电荷，破坏微细颗粒的双电层电位，使固体微粒"凝聚"。因而它兼有有机高分子絮凝剂和无机电解质类凝聚剂的双重性能，表现出较为优良的沉降与助滤作用。

8.8.1.4 其他方面的应用

以 PAM 絮凝剂做对比试验，当 PAC 助凝剂投加量为 3mg/L，阳离子淀粉絮凝剂投加量为 4mg/L 时，处理城市公共游泳池水，测定上清液细菌总数，计算杀菌率，结果见表 8-18。由表 8-18 可知，阳离子淀粉絮凝剂有一定的杀菌作用，处理后的上清液杀菌率为 95.4%，而相同条件下，1227 杀菌率为 90.1%[77]。

表 8-18 阳离子淀粉絮凝剂和 1227 的杀菌性能[77]

絮凝剂	杀菌率/%
阳离子淀粉絮凝剂/PAC	95.4
PAM/PAC(1227)	90.1

8.8.2 改性木质素类絮凝剂的应用

阳离子型木质素类絮凝剂的发展始于20世纪70年代中后期，当时Rachor和Dilling分别以木质素为原料合成了季铵型阳离子表面剂[78]，且其絮凝效果明显。Mckague报道了硫酸盐木质素进行Mannich反应，与二甲胺和甲醛作用，进行甲基化和氯甲基化后，生成的木质素季铵盐衍生物可用作硫酸盐浆厂漂白废水的絮凝剂，效果显著。王文利[79]通过在木质素磺酸盐分子中引入聚氧乙烯醚亲水长链制备木质素磺酸钠聚氧乙烯醚，制备产物同时含有长链疏水基和聚氧乙烯醚亲水长链，属于一种新型阴-阳离子高分子表面活性剂，具有良好的表面活性和界面吸附性能，在农药SC制剂中可以作为一种木质素基高效分散剂。张琼[80]以造纸黑液中木质素为原料，通过交联反应，合成了二甲基烯丙基木质素季铵盐（DL）絮凝剂。该改性天然高分子是一种性能良好的染料废水的絮凝剂。蒋玲[81]利用造纸污泥回收木质素，经接枝季铵基团制备木质素季铵盐絮凝剂，由于引入季铵阳离子基团，提高了木质素的絮凝效果，用于处理模拟染料废水，脱色率大于90%。Slacke[82]等将不同来源的木质素与乙二胺、聚亚乙基亚胺进行Mannich反应，该Mannich反应产物甲基化可制得阳离子絮凝剂。有报道[83]将硫酸盐木质素及碱木素中的羟基改性，生成木质素的阳离子醚衍生物（包括季铵醚衍生物），其也具有絮凝效果且在工业化固液分离及水处理中是一种很有前景的絮凝剂。将脱硅后的稻草黑液调节至酸性沉淀出木质素，该木质素经醚化后，分别与氯代乙酸和丙烯腈反应得到羧乙基木质素和氰乙基木质素。再分别用NaOH皂化及Na还原后制得羧乙基木质素和氨丙基木质素，据称这些衍生物可用作纸张成型剂、高岭土絮凝剂[84]。

阳离子型木质素絮凝剂广泛应用于处理染料废水、印染废水、硫酸盐浆厂漂白废水等多种难以处理的废水，而且跟目前应用的多数絮凝剂相比，脱色率和去除率均达到较高水平，且投药量少，成本低。絮凝剂投加量是决定絮凝脱色效果的重要因素之一。

(1) 在印染废水中的应用

应用实例[85]：以酶解木质素、甲醛、二甲胺及阳离子化试剂为原料，制备了木质素基阳离子絮凝剂，利用最优条件制备的木质素阳离子絮凝剂对三种不同种类阴离子染料废水进行了絮凝脱色处理。结果表明：原料的摩尔比（甲醛/二甲胺/阳离子化试剂）为1.2∶1∶1.2时，在70℃缩合反应2h，得到的木质素阳离子絮凝剂具有最高的阳离子度。该絮凝剂对酸性黑10B、直接红2B、活性红X-3B三种阴离子染料废水的絮凝脱色效果明显，当染料初始浓度为100mg/L、初始pH值为6.5～7时，最佳的絮凝剂投加量分别为35mg/L、35mg/L、50mg/L，脱色率均超过95%。

(2) 在城市生活污水中的应用

应用实例[86]：木质素季铵盐絮凝剂可用于处理生活污水（浊度为50NTU），通过絮凝沉降速度和对污水的除浊效果来确定合成该絮凝剂的较佳工艺条件。合成的木质素季铵盐絮凝剂处理污水沉降速度快，除浊效果最好（表8-19）。

表 8-19 絮凝处理效果[86]

因素	速度	剩余浊度/NTU	除浊率/%
催化剂浓度(4mol/L)和用量(10mL)	快	2	96
活化时间(1min)	快	2	96
投料比(1∶2.5)	快	2	96

而且通过研究发现，该木质素季铵盐絮凝剂分子中含有大量羟基、羰基等反应活性基团，从而使其在絮凝过程中易形成化学键，这在促进溶解状有机物吸附和胶体及悬浮物的网捕方面起重要作用。另外还发现，由于在聚合过程中接枝了季铵阳离子，因而增加了絮凝剂分子的电荷密度，使其电中和作用增强，促进了它的吸附架桥功能，从而使其具有较好的絮凝作用。

(3) 处理重革废水

重革废水的色度一般都很高，有时会达到千倍以上，这是由水溶性极强的植物鞣剂的流失造成的，是很难处理的一种废水。虽然这些植物鞣剂在废水中表现为阴离子，但这又绝对不能用铝系、铁系无机阳离子絮凝剂直接进行处理，因为它们会首先与铁、铝等金属离子形成络合物，从而加重废水的色度与稳定性，不利于脱色及后续处理。以往主要采用有机复合脱色剂进行脱色，但运行成本较高。利用脲醛预聚体改性木质素合成的絮凝剂处理重革废水，从表 8-20 中的试验数据发现，合成的改性木质素产品具有优异的脱色效果，改性的成本也很低，从水处理系统中回收的大量废渣可直接用于农业[87]。

表 8-20 重革废水处理效果[87]

项目	处理前	处理后	去除率
COD	2300mg/L	345mg/L	85%
色度	650 倍	65 倍	90%

而且通过实验也发现脲醛改性的木质素絮凝剂与废水中植物鞣剂形成的絮凝颗粒，要比木质素与植物鞣剂的颗粒大得多，并且颗粒也密实得多。在沉降性能上也明显表现出：改性木质素絮凝剂形成絮体的速度快，界面分层快，压缩沉降区占的体积要比木质素-植物鞣剂絮体占的体积小得多[87]。

8.8.3 改性纤维素类絮凝剂的应用

钻井废水由于其含油量高、COD 大等特点，也已成为一污染程度大而又难处理的污水来源之一。冯琳[88]利用阳离子化的羧甲基纤维素处理钻井废水取得了明显的成效。

应用实例 1：从川中矿区处理厂的钻井队取现场循环钻井液进行稀释，并模拟现场钻井废水，稀释一倍以后，取 250mL 置于有刻度的容器中，用 H_2SO_4 调节废水 pH 值到 4 左右。向各容器中加入不同浓度的十八水合硫酸铝混凝剂，搅拌使其混匀，5min 后，加入不同浓度、不同种类的絮凝剂（聚丙烯酰胺或改性 CMC 产品），再缓慢地搅拌 10～15min，静置沉淀 60min 测定：a. 沉降体积比（在 60min 内沉降距离 H 与溶液总高度 H_0 之比）；b. 取上层清液测透光率；c. 有代表性的絮凝剂用量配比。实验均在混凝剂十八水合硫酸铝为 100mg/L 条件下进行，加同量的改性产品 CMC 或 PAM 及二者复配使用，60min 后测得体积沉降率与上层清液透光率的关系。结果表明，在同样加量的十八水合硫酸铝的条件下，相同加量的改性产品 CMC 的 60min 体积沉降率和上层清液透光率均比加单纯的聚丙烯酰胺高，如果改性产品 CMC 和聚丙烯酰胺以相同比例复配，其相对应的值更高，在复配产品加量均为 2mg/L、5mg/L、10mg/L 时，上层清液透光率值达到 62%、84%、86%。

应用实例 2：处理川中矿区钻井废水，川中矿区的磨 120 井和磨 128 井主要采用聚合物磺化钻井液。从现场取回沉淀池中的钻井废水（已经过隔油池除去浮油，大的悬浮物颗粒也在沉淀池中得到沉淀），等待进入间歇混凝装置进行絮凝沉淀，这正好与实验室的处理条件相吻合，其处理情况见表 8-21。

从表 8-21 可看出，使用阳离子化的 CMC 处理钻井废水效果均较未加阳离子化的 CMC 时（只用硫酸铝和聚丙烯酰胺复配）好，计算结果比较见表 8-22。阳离子化 CMC 的使用，不仅能使钻井废水处理效果提高，而且也大大节约成本。在废水处理过程中，阳离子化 CMC 的使用，使硫酸铝和聚丙烯酰胺用量大大减少。尽管阳离子化 CMC 成本（约 22000 元/吨）比聚丙烯酰胺（18000 元/吨）成本高，但因用量少，从总的经济效益来看，使用阳离子化 CMC 产品与硫酸铝和聚丙烯酰胺复配，可降低成本费用 50%～70%。

实验结果说明，阳离子化的 CMC 产品与少量硫酸铝和聚丙烯酰胺复配使用，能有效地除去钻井废水中的 COD 色度及悬浮物。

表 8-21　絮凝效果[88]

井位	处理情况	絮凝剂用量			水质情况				
		硫酸铝/(mg/L)	阳离子化 CMC/(mg/L)	PAM/(mg/L)	外观	pH 值	色度/倍	悬浮物/(mg/L)	COD_{Cr}/(mg/L)
磨 120	处理前	—	—	—	黑色	11.5	2650	1850	15672
	处理后	2000	—	25	上层清液澄清	6.5	160	35	611
		1000	1.4	10	上层清液澄清	6.0	20	13	204
磨 128	处理前	—	—	—	褐黑色	9.5	1000	950	8350
	处理后	1600	—	30	上层清液澄清	7.5	120	—	267
		800	1.5	20	上层清液澄清	5.0	16	—	150

表 8-22　絮凝处理效果[88]

井位	絮凝剂	脱色率/%	悬浮物去除率/%	COD_{Cr} 去除率/%
磨 120	未加阳离子化 CMC	94.0	98.1	96.11
	加阳离子化 CMC	99.2	99.3	98.7
磨 128	未加阳离子化 CMC	88.0		96.8
	加阳离子化 CMC	98.4		98.2

8.8.4　壳聚糖的应用

甲壳素和壳聚糖成本低廉、资源丰富、无毒无副作用，从结构和氨基多糖的特点出发，具有比纤维素更广泛的用途，而其各种经化学修饰或降解后的产物具有极好的水溶性，因此备受青睐。

8.8.4.1 在医药领域的应用

甲壳素和壳聚糖[89]具有良好的生物活性、相容性与可降解性，以及抗菌、防腐、止血和促进伤口愈合等作用，广泛用于医用材料和药物制剂。如：酶的固定化技术、药物控释载体、中药药液的絮凝剂、吸附剂、人工透析膜、外科手术缝合线、伤口涂敷料、人造皮肤、抗凝血剂、疗伤用药等。甲壳素可以活化淋巴细胞，使其处于活跃状态，起到抗癌的作用。另外甲壳素还可以通过对接着分子的附着，封锁癌细胞，使癌细胞不会与其他细胞结合，从而抑制癌细胞的转移[90]。1999 年，暨南大学成功研制开发了甲壳素/天然胶乳复合膜作为皮肤创伤敷膜[91,92]。

季铵化壳聚糖[93]具有浓缩 DNA 和有效地进行基因传递的作用。三甲基化的壳聚糖（TMO）能够浓缩 DNA，并与 RSV-α_3 荧光素酶质粒 DNA 自动形成大小在 200～500nm 的壳聚糖复合物。DOTAP{*N*-[1-(2,3-二油酰)丙基]-*N*,*N*,*N*-三甲基硫酸铵} 脂复合物可转染 COS-1 细胞，但比 DOTAP-DNA 脂复合物范围小。季铵盐壳聚糖低聚体衍生物比低聚体壳聚糖转染 COS-1 细胞效果好。胎牛血清（FCS）的存在不影响壳聚糖复合物的转染性，但降低 DOTAP-DNA 复合物的转染性。在壳聚糖低聚体存在的时候，细胞 100%存活，而经 DOTAP 处理过的细胞的生存率在 COS-1 和 Caco-2 两种细胞系中降低到大约 50%。DOTAP-DNA 脂复合物和壳聚糖复合物在 Caco-2 细胞培养基中转染效能降低，然而季铵化壳聚糖低聚体优于 DOTAP。二者在 Caco-2 细胞的生存能力与 COS-1 相似。因此，三甲基化壳聚糖 DNA 复合物可作为一种基因传递带菌者。

8.8.4.2 在水处理方面的应用

(1) 净化饮用水

用传统处理方法——氯气或漂白粉处理过的自来水，往往含有三氯甲烷、四氯化碳等卤代物，这类物质具有变异性与致癌性，尤其在氯气或漂白粉用量大时，自来水中还有呛鼻的氯气味，影响人体健康。壳聚糖中的氨基具有较高的结合水中卤代物的能力，用壳聚糖和甲壳素制成的净水材料具有很好的吸附作用，不但无毒，而且有抑菌、杀菌作用，能有效地去除自来水中的容易引起变异的物质。例如：壳聚糖可以有效去除用无机絮凝剂净化水后所残留的 Al^{3+}，具有一定的杀菌作用；可以吸附饮用水中的藻类物质和重金属离子；还可以使 COD 含量减少，降低毒副产物的产生[94]；与纯壳聚糖相比，镧离子改性后的壳聚糖对氟离子的吸附效果非常明显，可用于饮用水的脱氟处理[95]。

应用实例[96]：羧甲基壳聚糖分别与三种常用无机絮凝剂（$AlCl_3$、$FeCl_3$ 和聚合铝铁）的复合絮凝效果表明，$FeCl_3$ 与羧甲基壳聚糖对海水的复合絮凝效果较好。通过正交试验考察了羧甲基壳聚糖与 $FeCl_3$ 的复配比例及应用条件，结果表明，羧甲基壳聚糖氯化铁复合絮凝剂具有投加量少、絮凝效果好、有效去除海水中的污染物等特点。

(2) 处理工业废水

甲壳素和壳聚糖作为絮凝剂或吸附剂，在废水处理中的应用研究取得了很大进展，其原因主要是常规使用的无机或有机絮凝剂尽管有效，但用量大，操作烦琐，处理成本高。而壳聚糖分子结构上含有大量的伯氨基，通过配位键结合，形成极好的高分子螯合剂，它既可凝集废水中的染料，无毒，不产生二次污染，又可捕集铜、铬、锌等重金属离子，因此，在处理工业废水方面应用前景广阔。

黄剑明等[97]把活性炭和壳聚糖混合后，应用到印染工业废水中进行絮凝脱色处理。当壳聚糖与活性炭的质量比为1∶9时，处理后的色度、水浊度、氨氮去除率都很高，但COD去除率只有44.66%。为了提高COD去除率，黄剑明等在壳聚糖与活性炭的复配物中加入0.12g/L硝酸镧稀土溶液，COD去除率达到68.38%，而且浊度、色度的去除率均在95%以上，处理效果更好。

(3) 油田污水和炼油废水处理

油田污水和炼油废水中往往含有大量的悬浮物、胶体、乳化油珠及细菌。孙刚正等[98]采用羧甲基油酰壳聚糖对含油废水进行处理，取得较好的效果。羧甲基油酰壳聚糖带有油酰基团上18个C的长碳链，这样可以去吸附同样是长碳链的石油有机产品，达到净化含油水质的效果。

苯酚是一种重要的工业化学试剂，具有挥发性，可造成空气污染。当含有*p*-甲酚的蒸气与涂有酪氨酸酶的壳聚糖膜接触，可发现蒸气中无甲酚，并且紫外吸收发生明显的变化。因而，酪氨酸酶壳聚糖膜可用于检测和除去苯酚蒸气[99]。

应用实例[100]：炼油废水取自炼油厂水处理车间的调节池中，主要来自重柴油脱水、各个车间的循环用水（由于管道的跑冒滴漏而含有一定量的油污）、设备容器清洗水以及凉水塔和锅炉排污、蒸汽凝结水。废水呈蓝黑色，含油，并有H_2S的臭味，其主要性质见表8-23。

表8-23 炼油废水的性质[100]

pH值	浊度/(mg/L)	含油量/(mg/L)
8.6～10	140～200	55.4～60.5

由试验可知，壳聚糖季铵盐在皂土的助凝作用下，仅加入5mg/L的壳聚糖季铵盐溶液即可达到极好的絮凝效果，剩余浊度可低达2mg/L以下，浊度去除率为99.1%，且絮体粗大，沉速极快，絮体含水率极低，并测得除浊率最高的水样的剩余含油量仅为1.4mg/L，含油去除率可达97.4%。下面利用PAC和壳聚糖分别对炼油废水进行絮凝实验，结果见表8-24，通过对比进一步证明了壳聚糖季铵盐对炼油废水具有极好的絮凝效果。

表8-24 不同絮凝剂处理炼油废水的效果[100]

絮凝剂	最佳用量/(mg/L)	pH值范围	剩余浊度/(mg/L)	浊度去除率/%	剩余油量/(mg/L)	含油去除率/%	絮体情况
PAC	250	8～10	5.6	96.7	4.4	91.9	絮体较大,沉速中等,含水率高
壳聚糖	100	6～9	7.6	95.5	5.7	89.5	絮体较大,沉速慢,含水率高
壳聚糖季铵盐	5	6～11	1.5	99.1	1.4	97.4	絮体粗大,沉速快,含水率低

注：实验用的炼油废水浊度为170mg/L，含油量为54.4mg/L；以壳聚糖季铵盐为絮凝剂时加入皂土为助凝剂；但PAC、壳聚糖为絮凝剂时加皂土为助凝剂并无助凝效果，反而使投药量增加。

壳聚糖季铵盐属于阳离子型有机高分子化合物，絮凝中主要起吸附架桥作用。同时，季铵盐类物质属阳离子型表面活性剂，有一定的破乳功能，有利于油水分离。但是这些作用都不十分强烈，絮体较小。因此，单纯用壳聚糖季铵盐进行絮凝处理的效果并不十分好，处理后有细小颗粒悬浮。

在炼油废水中加入皂土后再进行絮凝其效果显著提高，原因为：第一，皂土具有很强的吸附性能，有利于其对水体中油的大量吸附；第二，皂土在水体中呈负电性，而壳聚糖季铵盐为阳离子型絮凝剂，二者接触时由于静电吸引和电性中和作用而脱稳凝聚，并形成较大的絮体而沉降；第三，壳聚糖季铵盐在絮凝皂土时形成的沉降絮体呈蜂窝网状结构，在下沉过程中起沉淀网捕作用。

(4) 造纸废水处理

近几年，壳聚糖应用技术日益发展，范瑞泉等[101]的研究表明，将壳聚糖用于处理造纸废水时，COD去除率都在91%以上，明显优于聚铝、明矾等净水剂，在去除水中悬浮物的同时，可去除水中对人体有害的重金属离子。李艳等[102]研究认为，改性壳聚糖磁性微粒絮凝剂对造纸废水的COD去除率可达56.52%，且具有投入量少、pH值应用范围广、絮凝时间和沉降时间短的优点。杨宁[103]研究表明，在100mL兄弟造纸厂废水中，用0.4mL质量分数为0.5%的壳聚糖和14mg的CPAM复合絮凝剂处理废水时，COD_{Cr}达到8mg/L，透光率达到98%。

(5) 食品废水的处理

王永杰、张亚静[104,105]等做了壳聚糖絮凝剂絮凝味精废水的研究，发现COD_{Cr}去除率达到70%～80%。吕新等[106]在脱脂乳中分别添加0.01%、0.02%、0.03%的壳聚糖，试验结果表明，添加壳聚糖后凝块的水分含量显著降低，蛋白质含量及回收率显著提高。其中壳聚糖添加量为0.03%时，凝块蛋白回收率为80.77%，产率为8.77%，显著高于对照组。

(6) 在污泥脱水中的应用

近年来研究发现，壳聚糖是一种很好的污泥调理剂，壳聚糖能很好地对污泥进行预调理，使其易机械脱水，其调理效果好于无机的PAC[107]。顿咪娜等[108]研究表明，用壳聚糖絮凝剂调理活性污泥和消化污泥，在温度为30℃，pH值为4～6，快速搅拌时间为1min，絮凝剂投加量为18.72mg/g干污泥时活性污泥的脱水效果最佳，其脱水性能大大提高，脱水率提高了5%。杜丽英等通过对壳聚糖接枝共聚物研究发现，阳离子型壳聚糖接枝共聚物与壳聚糖的脱水性能相比较，其脱水性能明显好于壳聚糖，且其为水溶性的，弥补了壳聚糖水溶性差的缺点。

应用实例[109]：泥样为沙湖污水处理厂的浓缩污泥，这个污水厂处理的主要为生活污水，污泥的pH值为6.8。一次污泥用量为100mL，其含水率为93%～95%。试验温度为16～18℃，投药后立即人工快速搅拌1min，然后慢速搅拌5min，试验压力为53.32×10^6Pa，间隔10s记录一次滤液体积，4min以后改为30s一次。每次加入絮凝剂溶液的量为10mL。

壳聚糖用1%质量分数的醋酸来溶解，按表8-25中的质量浓度加入污泥中，加入时进行搅拌。5min后倒入布氏漏斗中，然后抽真空。壳聚糖投加量对污泥脱水性能的影响结果如表8-25所示。

表 8-25 壳聚糖投加量对污泥脱水性能的影响[108]

ρ(壳聚糖)/(g/L)	0.25	0.75	2	4	6	8	10	12	15	20
$r/(10^8 s^2/g)$	2.14	1.42	1.31	1.22	1.08	0.72	0.69	0.76	0.81	0.84

从表 8-25 可以发现，投加壳聚糖的最小比阻值与前两种絮凝剂相比是最小的，这可能是由于壳聚糖为弱阳性高分子聚合物，其具有电中和与吸附架桥的作用，由于壳聚糖分子量为 2×10^6，并不很大，因此形成的絮体较小，且能形成较坚固的结构[110]。如此使经其处理后的污泥比阻值达到最小。在实验过程中，发现该泥饼具有多孔性，而且泥饼结实，成形很好。随着壳聚糖剂量的增加，当达到最佳点后，比阻值逐渐增大，同时也发现滤饼有粘滤纸的现象。

(7) 印染废水处理

以海洋渔业废弃物虾壳为原料制备壳聚糖，通过聚合氯化铝、聚合氯化铁和五水硫酸铜对壳聚糖进行改性，得到 3 种改性壳聚糖：聚铝-壳聚糖、聚铁-壳聚糖及硫酸铜-壳聚糖。以模拟印染废水为研究对象，在适宜条件下对改性壳聚糖加以应用。研究表明：3 种类型的改性壳聚糖中，聚铝-壳聚糖处理印染废水的效果最好，废水的 COD 去除率和脱色率最高；对聚铝-壳聚糖处理印染废水的 pH 值、改性壳聚糖质量配比及投加量进行优化，可知，聚铝-壳聚糖对印染废水的处理效果受 pH 值的影响较小，在聚铝与壳聚糖质量配比为 3∶1 及投加量为 1.6g/L 的条件下，pH 值为 5.5 时，模拟印染废水的 COD 去除率和脱色率分别达到 90.5%和 97.3%，pH 值升高至 9.5 时，模拟印染废水的 COD 去除率和脱色率仍能高达 85.1%和 94.2%。在最佳条件下，采用聚铝-壳聚糖处理实际印染废水，其 COD 去除率及脱色率分别为 88.7%及 96.9%[111]。

应用实例[112]：通过对壳聚糖进行改性制备出壳聚糖-TiO_2 复合絮凝剂来处理印染废水。表 8-26 说明壳聚糖与壳聚糖-TiO_2 复合絮凝剂都能够显著去除模拟废水中的 COD，但壳聚糖-TiO_2 复合絮凝剂的 COD 去除率明显高于壳聚糖，壳聚糖对印染废水中的有机废物分子的吸附主要是螯合作用，而经过改性的壳聚糖-TiO_2 复合絮凝剂除具有壳聚糖本身对有机废物分子的吸附作用外，由于二氧化钛的存在，在降解过程中废水中还有—OH 生成，能有效去除溶液中没有被吸附的有机污染物，从而使壳聚糖-TiO_2 复合絮凝剂的 COD 去除率高于壳聚糖。实验表明，壳聚糖-TiO_2 复合絮凝剂是处理难降解废水的有效方法之一。

表 8-26 COD 去除率的测定

模拟废水	$(NH_4)_2Fe(SO_4)_2$/mL	COD 值/(mg/L)	去除率/%
蒸馏水(空白)	46.5	0	
模拟废水	43.1	68	
经壳聚糖降解过的废水	45.8	14	79.4
经壳聚糖-TiO_2 复合絮凝剂降解的废水	46.1	8	88.2

(8) 去除无机悬浮固体和有机物

壳聚糖分子链上存在大量的氨基、羟基和 *N*-乙酰氨基，使其可借助氢键、盐键形成网状结构的笼形分子，从而吸附各种无机金属离子和有机化合物。壳聚糖对不同物质的吸附有所差异，一般分为化学吸附、物理吸附和离子交换吸附。化学吸附是单层吸附，有选择性；物理吸附是多层吸附，通过静电引力、疏水作用力、范德华力等吸附；离子交换吸附是与某些离子进行离子交换反应，属等摩尔交换吸附。此外，壳聚糖中的游离氨基能与质子结合形成阳离子高聚物，具有阳离子型聚电解质性质，可作为一种优良的絮凝剂[113]。

应用实例[114]：壳聚糖对蛋白质有很强的凝聚作用，不需要助凝剂就可以从液体中较快地分离出蛋白质。用它处理含水溶性丝胶蛋白的煮碱废液与碱式氯化铝处理该废水做对比试验，结果表明，壳聚糖在最适 pH 值为 7～10 条件下，对 COD_{Cr} 的去除率可达 85％以上，远远高于碱式氯化铝，实验数据见表 8-27。壳聚糖对工业发酵液中蛋白质的絮凝作用研究结果表明，在发酵液中含有大量无机离子和有机物质情况下，壳聚糖对其中的蛋白质、菌丝体具有极强的絮凝作用。

表 8-27　壳聚糖对蛋白质的絮凝试验结果

样品编号	COD_{Cr}/(mg/L)	加壳聚糖处理后		加碱式氯化铝处理后	
		COD_{Cr}/(mg/L)	去除率/％	COD_{Cr}/(mg/L)	去除率/％
1	1420	162	88.6	853	39.9
2	876	95	89.2	397	54.7
3	1810	270	85.1	1040	42.5
4	2730	415	84.8	1740	36.3
5	4410	648	85.3	2200	50.1

(9) 回收重金属离子

在壳聚糖的众多特异性能中，吸附性能是最令人瞩目的特性之一。它可以吸附金属离子、染料、蛋白质等，可用于金属收集、回收、分离、污水处理等。对铜、银、锌、铅等多种金属离子有很强的吸附作用，能有效地从工业废水中吸附各种金属离子。在处理废水的同时回收贵重金属，如对工业废水中铜的回收已达工业化。

应用实例 1[114]：将纤维粉末、壳聚糖盐酸水溶液和粉末活性炭按一定的比例制成三元复合吸附剂，对 Pb^{2+} 的去除率达到 90％以上。此外，以甲壳素、壳聚糖为原料制备的吸附剂还能吸附、富集放射性核素，可用作放射性废液的去污剂。例如：蟹壳甲壳素 CSC 对 Mo(Ⅵ) 具有很高的吸附选择性，Mo(Ⅵ) 的最大吸附量可达到 252.27mg/g，符合 Langmuir 等温线模型[115]。宋庆平等[116]用壳聚糖及其衍生物对 4 种重金属离子进行吸附，发现以质量计算，吸附量大小依次为 $Pb^{2+} > Cd^{2+} > Ni^{2+} > Co^{2+}$。蒋鑫萍等[117]研究了在 Cu^{2+} 量较大的情况下壳聚糖对铀的吸附性能。在铀含量很低的情况下，铀的吸附率仍能够达到 93％；而在铀含量较高的情况下，壳聚糖对铀的吸附率还在 80％以上。王湖坤等[118]和 Salam 等[119]发现复合颗粒吸附材料吸附重金属离子时，Cu^{2+} 吸附量较大，可能是由于泰勒效应，Cu^{2+} 的离子半径、有效水合离子半径比 Zn^{2+}、Pb^{2+} 小，较易发生离子交换吸附反应。

应用实例 2[120]：电镀行业中重金属离子对环境会造成严重污染。壳聚糖作为絮凝剂或吸附剂，能够有效地分离出工业废水中的这些重金属离子。下面对电镀废水中的 Cr^{6+}、Ni^{2+}、Cu^{2+}、Zn^{2+} 这几种重金属离子进行絮凝试验。结果见表 8-28。由表 8-28 表明，壳聚糖具有很强的从水溶液中分离出重金属离子的能力。试验还表明，当重金属离子浓度较高时，壳聚糖与电解质 K_2SO_4 的质量比为 1.2∶1 时，会达到最佳效果。

表 8-28 壳聚糖对电镀废水的絮凝试验结果

金属离子	初始浓度/(mg/L)	加壳聚糖处理后浓度/(mg/L)	去除率/%
Cr^{6+}	17.9	0.098	99.45
	21.3	0.083	99.61
	70.2	0.176	99.75
	3.98	0.023	99.42
Ni^{2+}	10.8	0.150	98.61
	46.9	1.64	96.50
	2.68	0.007	99.75
Cu^{2+}	26.4	0.087	99.67
	60.7	0.103	99.83
	12.5	0.029	99.77
Zn^{2+}	87.9	0.501	99.43
	24.8	1.58	99.36

8.8.4.3 在食品工业上的应用

(1) 食品的絮凝剂和食品加工助剂[121]

利用壳聚糖和有机酸生成盐的能力，壳聚糖作为絮凝剂应用于工业有其独特的优越性。目前工业上应用的阳离子型工业絮凝剂绝大多数是合成高聚物，对人体危害较大，所以不能用于食品行业。壳聚糖则弥补了会产生毒副作用这一缺陷，并且其不污染环境，可利用生物手段化解掉，可以食用。此外它还有一个特殊功能，就是在果汁饮料中加入此元素会消除悬浮固体，保持纯净，而不会有额外的不良味道产生。改性壳聚糖具有增稠、稳定等功能，能使食品质地细腻、均匀、柔软可口、稳定性提高，可用于蛋黄酱、花生酱、芝麻酱、玉米糊罐头、奶油代用品及酸性奶油制作等。增稠效果明显并可使产品长期贮存不变质，延长货架期。利用壳聚糖的凝聚作用，可使食用酵母提高得率，且这种酵母粉发酵出的馒头、面包等风味独特。

(2) 水果保鲜作用

壳聚糖具有良好的成膜性，可在水果表面形成一层无色透明的半透膜，进而调节水果采后的生理代谢过程，如抑制呼吸、延缓衰老等。壳聚糖还具有使水果表面伤口木栓化、堵塞皮孔和增强 HMP 途径等作用，从而提高果实的抗病能力。壳聚糖在一定程度上可改变钙在细胞内存在的状态，使结合态钙增多，可溶性钙减少，因而可以增强细胞壁和细胞膜的稳定性，缓解促熟作用。此外，壳聚糖能够对真菌孢子产生直接的抑制作用，使菌体变粗扭曲，甚至发生质壁分离。壳聚糖没食子酸衍生物（CTS-GA）能够有效抑制底物酚类物质氧化褐变，又能抑制引起酚类物质氧化的酶活性，从而实现延缓鲜切苹果褐变的效果[122]。

陈天等[123]对壳聚糖常温保鲜猕猴桃的研究结果显示，采用壳聚糖涂膜能显著提高果实的保鲜期。A. E. Ghaouth 等[124]的试验表明，将壳聚糖浓度从 10g/L 提高到 15g/L，甜椒和黄瓜的重量保持率都显著提高。此外，壳聚糖对黄瓜和甜椒的呼吸速率、色泽损失、枯萎病和真菌侵染均有一定的抑制作用，壳聚糖包衣延缓甜椒和黄瓜衰老的机理主要是其具有缓解水分胁迫的作用。Ghaouth 等[125,126]用壳聚糖处理草莓，相较于 Rovral 处理的草莓腐烂速度更慢。韦明肯等[127]研究指出，二氧化氯和壳聚糖单独作用时均能显著降低樱桃番茄的腐烂率，并在一定程度上降低失重率。Ghaouth 等[128]以及李红叶[129]的试验结果还表明，用壳聚糖处理的苹果比未涂膜的发病率低，且对灰霉病菌、软腐病菌和褐腐病菌有直接的抑制作用。

(3) 在果汁澄清上的应用

于淑兰等[130]以壳聚糖为澄清剂，对芦荟、葡萄、姜、大枣复合汁进行了澄清试验，研究了壳聚糖用量、澄清时间、温度、pH 值等工艺条件与复合果蔬汁透光率的关系。通过正交试验得出壳聚糖澄清该复合汁的最佳工艺条件为：壳聚糖用量 0.3g/L、pH 值为 6、温度 40℃、处理时间 30min。澄清后，果汁透光率可达 98%。这一结论与梁灵等的研究结论一致。

罗威等[131]研究了壳聚糖对荔枝果醋的澄清效果，确定了最佳工艺条件为：壳聚糖用量为 5g/L、pH 值为 3.5、澄清处理时间为 8h、澄清处理温度 30℃。在此工艺条件下荔枝果醋有很好的澄清效果，有效地改善了其贮存稳定性。吴国卿等[132]以天然沸石、皂土、活性炭分别负载壳聚糖制成壳聚糖固体澄清剂对野木瓜果汁进行澄清处理，实验结果表明：在皂土负载壳聚糖澄清剂的添加量为 0.50g/100mL、搅拌时间 1min 的条件下，野木瓜果汁的透光率最高，为 89.78%，在此工艺条件下，对野木瓜果汁的澄清效果最好。

谢晶等[133]研究发现，采用明胶、膨润土和壳聚糖复合作为澄清剂澄清果酒，当质量浓度分别为 0.02g/L、1.2g/L 和 0.4g/L 时，其透光率由 78.1%增加至 96.5%，与传统方法中使用单一澄清剂相比，澄清度提升了 6.1%。姜燕等[134]的研究表明，壳聚糖作为一种絮凝剂应用在中药和果酒的澄清中有显著效果。另外，通过新型技术（如高压均质降解、超声波降解）处理壳聚糖后，可以将澄清率提高 10%左右，增强处理效果，是具有一定潜力的可持续资源。

(4) 食物防腐剂[135]

壳聚糖分子中含有大量游离氨基和羟基，使其溶于酸性、高黏度的胶体溶液中，可涂抹在新鲜产品和食品表面，形成透明的壳聚糖膜。壳聚糖涂层具有透气性，使其对 O_2 和 CO_2 具有一定的选择性。在食品保鲜中，对控制微生物的生长，延长产品的保质期具有十分重要的意义。壳聚糖通过在新鲜产品表面形成一层涂层来调节食物的生理代谢，并表现出对微生物的抑制作用。壳聚糖本身具有一定的抑菌作用，可以降低食品腐烂率。此外，壳聚糖包衣后，食品表皮将处于轻微的酸性环境中，具有较强的抗菌作用。

8.8.4.4 在农业上的应用[136]

甲壳素及壳聚糖由于具有很好的生物相容性、生物官能团性和广谱抗菌性等多种功能以及无色无味，安全无毒，在农业上有广泛的用途。在小麦、玉米、大豆等农作物方面，可被用于土壤改良剂、植物病害抑制剂、植物生长调节剂以及农药载体和种衣剂；在香蕉、苹果、橘子、桃、黄瓜等瓜果蔬菜方面，可被用于抗旱剂、果蔬保鲜剂；在猪、鸡、鱼等家畜家禽方面，可被用于饲料添加剂。

8.8.4.5 在造纸工业上的应用

在造纸工业中，利用甲壳素和壳聚糖的优良特性作造纸工业的抗溶剂、纸张改性剂等，改善造纸工艺，研制开发特种用纸。如将壳聚糖和纸浆混合制成扩音器纸材，则能改善音质。由于甲壳素不怕水，可制成防水纸等。

应用实例[137]：造纸中段白水取自陕西省咸阳市造纸厂，用 CAM_{65} 和 CAM_{80} 作为絮凝剂处理该废水的结果见表 8-29，从表中数据可看出，以含 80%（质量分数）AM（丙烯酰胺）的 CAM 处理造纸中段白水，絮凝效果最为显著，在 CAM 的质量浓度为 5mg/L 时，造纸白水中固形物（SS）含量和化学耗氧量（COD_{Cr}）的去除率分别达 87%和 88%。

表 8-29 造纸白水处理前后固形物质量浓度和化学耗氧量的变化（CAM_{80} 的质量浓度为 5mg/L）

项目	SS	COD_{Cr}
处理前/(mg/L)	1314	1536
处理后/(mg/L)	159	182
去除率/%	87	88

8.8.4.6 在轻纺工业上的应用[138]

棉织物经壳聚糖处理后进行染色，可以大量减少用盐量，有利于环境保护。用壳聚糖处理的棉织物，皂洗前后的 K/S（Kubelka-Munk）值差别较小，色泽稳定、鲜艳，匀染性好，固色性能良好，染料利用率高，染色浮色少，摩擦牢度和皂洗牢度较高；选用 CGF 或 6520 柔软剂，用 $MgCl_2$ 作为催化剂时，可大大改善棉织物的抗皱性能，壳聚糖可作为优质的绿色无醛树脂整理剂；壳聚糖与丙烯酰胺接枝共聚物作为絮凝剂对印染废水的絮凝处理在 pH 值为 6～7，PAC 的浓度为 400mg/L，用量分别为 50mg/L 和 100mg/L 的条件下达到了最佳效果。壳聚糖与丙烯酰胺接枝共聚物的絮凝效果明显好于壳聚糖，其 COD_{Cr} 去除率和脱色率都好于后者。

8.8.4.7 在化妆品行业的应用

甲壳素有高度的防辐射性以及消毒杀菌和抗氧化性作用，是理想的天然护肤、化妆品的原料。甲壳素有活化细胞、成膜性和保湿性的功能，可用来制造高级护肤、健肤化妆品，保持皮肤有光泽、湿润和弹性，能增强皮肤细胞的代谢功能，抑制自由基氧化，消除老年斑、脂褐质，抑制螨虫和维护皮肤损伤等，防止皮肤粗糙，修复 DNA 损伤，保持皮肤年轻，增进皮肤血流速率和血流量，有其他化妆品原料所不具备的优势[139]。

8.8.5 F691 改性产品的应用

8.8.5.1 在污泥脱水中的应用

废水和污水在处理过程中产生的污泥，特别是活性污泥，颗粒微细，含水率高达 99%以上，脱水性能差，若处置不当，还会引起二次污染问题。对此污泥直接用一般的固液分离方法及脱水机械往往达不到满意的脱水效果。因此必须对污泥进行物理、化学处理，从而改善污泥的脱水性能。

用 FNP-C 处理某大型化妆品厂的污泥，污泥初始浓度 $C_0=1.2\%$，pH 值为 6.8，温度为25℃。对此污泥，分别用聚丙烯酰胺（PAM）、阳离子改性聚丙烯酰胺（PAM-C）以及药剂FNP-C进行污泥脱水实验，发现三种高分子絮凝剂都能起到一定的降低比阻抗的作用。其中药剂FNP-C的效果最好，PAM-C的效果次之，而PAM的效果最差，且抽滤出的滤液是乳浊的。这可能是因为PAM-C的阳离子取代度不高，而阴离子高分子絮凝剂PAM不能中和污泥中的胶体负电荷。三种药剂都有最佳投加量，药剂过量后，因为高分子絮凝剂过量后增加过滤液的黏度，阻滞污泥滤层，故比阻抗又会重新增加。

8.8.5.2 高岭土悬浮液絮凝实验应用

刘四清等[140]使用FQ-C对高岭土悬浮液进行絮凝实验，并以此同阳离子型聚丙烯酰胺PAM-C的絮凝性能做比较。实验发现，采用PAM-C絮凝时产生的絮团较密实，且效果优于前者。这与FQ-C药剂分子链上阳离子取代度高有关，因而此类药剂絮凝优势在于电性中和能力强，易通过库仑引力加快吸附桥连速度，使之形成絮团。当pH值升高时，因高岭土颗粒表面负电性增加，PAM-C的絮凝效果降低，此时PAM-C的电性中和能力进一步降低，絮凝主要靠桥连进行。当pH值降低后，因高岭土颗粒表面负电性减弱，PAM-C絮凝效果得到改善，可形成粗大絮团。说明当颗粒部分脱稳后，不利于FQ-C的絮凝。在较低用量时，PAM-C的絮凝效果优于FQ-C。

药剂FNP-C及FNP-CC具有良好的絮凝沉降性能，用它处理高岭土悬浮液，在药剂最佳投加量为4mg/L的情况下，处理后水的剩余浊度为2.5mg/L。进一步的研究表明，药剂FNP-C具有比其他阳离子高分子絮凝剂PAM-C更宽的药剂投加量范围，以及更宽的pH值适应范围。这主要因为药剂FNP-C与FNP-CC具有以葡萄糖结构单元为骨架的半刚性高分子结构，以及高达60%的阳离子季铵盐取代度。

使用FIQ-C处理含高岭土的悬浊水样：浊度为45NTU，pH值为7.0，并与阳离子型聚丙烯酰胺PAM-C进行比较，结果如图8-8所示。由图8-8可以看出，FIQ-C的絮凝效果优于PAM-C，投加量为3mg/L时，悬浊液的剩余浊度就可降到1.5NTU以下，从图8-8还可看出，当PAM投加量超过4mg/L时，悬浮液剩余浊度反而升高，即发生絮凝恶化现象，显然FIQ-C的絮凝恶化现象没有PAM-C的显著。

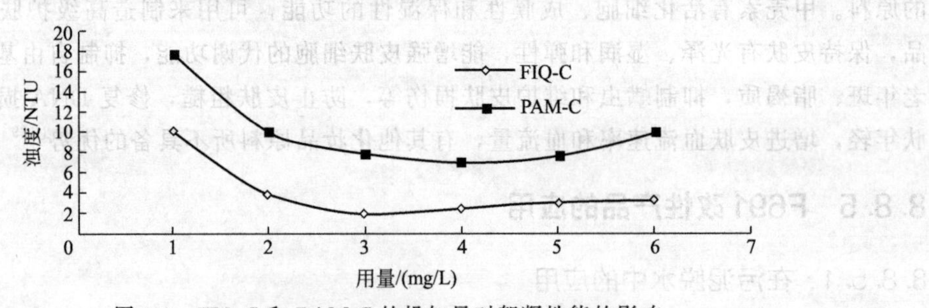

图8-8 FIQ-C和PAM-C的投加量对絮凝性能的影响

阳离子F691粉絮凝剂FNQD处理含高岭土200mg/L的悬浊水样，水样的浊度为46.3NTU，pH值为7.0[141]。其中投加量对絮凝效果的影响见图8-9。由图8-9可知，FNQD的絮凝效果优于PAM-C，投加量为3mg/L时高岭土悬浊液的剩余浊度就可降至最少2.0NTU。即用FNQD处理高岭土悬浊液时，药剂不仅具有桥连作用，而且因电荷中和能力强，使得颗粒间产生广泛的局部接触凝聚，从而导致絮凝沉降速度快，絮体密实。同时，由于投加FNQD时产生的“不可逆接触凝聚”能力强，因而脱稳颗粒再分散稳定的趋势减少，故在多投加药剂时FNQD的絮凝恶化现象没有PAM-C的严重。

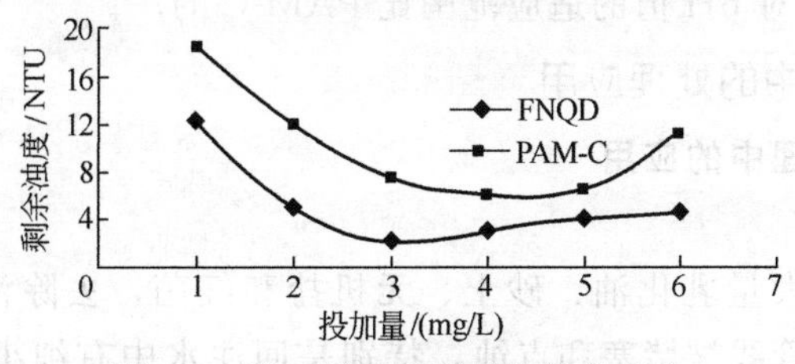

图 8-9　投加量对絮凝剂性能的影响

通过试验进一步研究了不同沉降时间下处理水的剩余浊度来比较FNQD与PAM-C的沉降性能，二者的投加量均为3mg/L，结果如图8-10所示。从图8-10中可以看出，在相同的沉降时间下，加FNQD时粒子的沉降性能比加PAM-C时的好，这表明虽然FNQD的分子量比PAM-C低，但由于其分子链上阳离子取代度高，因而能充分发挥电性中和能力强这一优势，使胶体粒子易于脱稳，脱稳粒子再通过高分子的特殊网状架桥作用形成絮团而沉淀，从而弥补了分子量稍低而导致的桥连作用稍弱的不足。因此，在相同的沉降时间下，加FNQD时粒子的沉降性能比加PAM-C时的好。

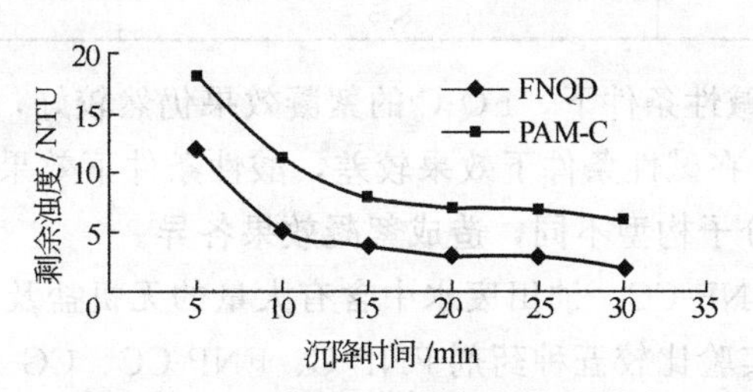

图 8-10　沉降时间对絮凝性能的影响

研究者还研究了pH值对FNQD处理高岭土悬浊液絮凝性能的影响，同时选择PAM-C进行对比实验，二者的投加量均为3mg/L，结果见表8-30。

表 8-30　不同 pH 值时 FNQD 与 PAM-C 絮凝效果比较[140]

pH值	FNQD/NTU	PAM-C/NTU
9.0	5.2	15.3
7.0	2.0	5.8
6.0	1.1	5.4
5.0	0.8	4.9

由表8-30可知，FNQD在中性及偏酸性条件下絮凝性能很好，且处理效果相差不大，在偏碱性条件下絮凝效果有所下降，但下降率很小；而PAM-C在偏碱性条件下絮凝能力差，在中性及偏酸性条件下性能转好但仍不及FNQD。这一实验结果表明FNQD的絮凝效果受pH值变化的影响较小，因而水处理过程中它的适应性较强。

FNQD絮凝能力强的另一主要原因是FNQD中多聚糖和纤维素的高分子链是半刚性的[142]，在这个半刚性分子链的链节上接上柔性的喹啉季铵基团，形成刚柔相济的具一定支链的线型高分子，这样的分子结构对捕获悬浮粒子有更大的能力，这已为本文前面的实验结果所证实。同时，由于FNQD半刚性的主链使整个大分子撑开形成以支链为辅、直链为主的类似网状的结构，分子形态相对比较稳定，分子链上的阳离子离解度不易受pH值的影响，因此FNQD对pH值的适应范围比PAM-C的广。

8.8.5.3 在工业废水中的处理应用

(1) 在油田废水处理中的应用

① 采用FQ-C

通常油田废水含有大量乳化油、砂土、无机盐和细菌，去除油田废水中的悬浮物颗粒，净化水质，可减少管线被堵塞和点蚀，特别是回注水中有细小颗粒时，易堵塞油层，造成产油率下降。提高药剂的絮凝效果，对净化油田废水十分重要。

由于油田废水中含有大量无机盐，胶体颗粒表面双电层的厚度可被明显压缩，因此对油田废水的絮凝相对容易。表8-31为药剂用量为2mg/L时，不同pH值下絮凝沉降5min后的絮凝效果。

表8-31 2mg/L药剂用量下絮凝效果对比

pH值	FQ-C/NTU	PAM-C/NTU
9.0	5.8	18.2
6.9	8.0	8.2
5.1	8.5	6.7

由表8-31可知，在碱性条件下，FQ-C的絮凝效果仍然较好，在中性和酸性条件下效果相差不大；而PAM-C在碱性条件下效果较差，酸性条件下效果最佳。说明两种药剂因阳离子电荷密度不同，分子构型不同，造成絮凝效果各异。

② 采用FNP-C及FNP-CC。油田废水中含有大量的无机盐及SRB菌等，具有较强的腐蚀性。汪晓军等通过实验比较五种药剂FNP-C、FNP-CC、CG-A、CG-C及EDTMP的缓蚀性能，试验结果见表8-32。

表8-32 五种药剂的点蚀率与时间的关系

时间/d	5	10	15	20	25	30
CG-A/%	无	无	0.31	0.54	0.73	0.86
CG-C/%	无	无	0.23	0.45	0.58	0.71
FNP-C/%	无	无	无	无	0.25	0.36
FNP-CC/%	无	无	无	无	无	0.18
EDTMP/%	0.15	0.26	0.47	0.69	0.82	0.93
空白/%	0.38	0.57	0.76	0.95	1.23	1.56

从表8-32中可以看出：FNP-C及FNP-CC的缓蚀能力最强。药剂在水中的投加量只要4mg/L，在40～60℃的范围内，平均腐蚀缓蚀率即可达50%～60%。40℃时，20d无点蚀的效果。

油田也含有微生物，其中以SRB为主，SRB新陈代谢过程中产生的硫化氢气体将加速管道及设备的腐蚀，生成黑色的沉淀物。另外，SRB消耗阴极形成的氢，使钢铁表面失去极化作用而加深腐蚀[15]。季铵盐是常用的杀菌剂，而多功能水处理剂FNP-CC高分子链上带有吡啶季铵盐基团，且含有为了增强药剂的杀菌效果在药剂中复配加入的杀菌剂

1227，具有良好的杀菌性能。药剂的投加量只要5mg/L，杀菌停留时间1h，即可以取得99.99%的杀菌效果。

③ 药剂FIQ-C与PAC复配使用，能达到较好的处理效果，结果如表8-33所示。

表8-33　油田废水处理结果

絮凝剂	PAC	PAM-C+PAC	FIQ-C+PAC
用量/(mg/L)	100	40+60	40+60
浊度/NTU	12	8	2
COD_{Cr}/(mg/L)	187.6	144.3	101
COD_{Cr} 去除率/%	61	70	79

注：原水COD_{Cr}为481mg/L，pH值为6.9，浊度为43NTU。

由表8-33可见，无论是浊度还是COD_{Cr}去除率，都是FIQ-C与PAC复配使用的去除能力最强。

(2) 在造纸废水处理中的应用

采用FIQ-C：取某造纸厂中段废水及排放口综合废水处理，结果如表8-34和表8-35所示。

表8-34　中段废水处理结果

絮凝剂	PAC	PAM-C+PAC	FIQ-C+PAC
用量/(mg/L)	200	50+150	50+150
絮体形成及沉降情况	絮体细小,沉降慢	絮体较大,沉降较快	絮体粗大,沉降快
水色	清,微透明	清,透明	清,透明
COD_{Cr}/(mg/L)	224.8	180	118
COD_{Cr} 去除率/%	60	68	79

注：原水COD_{Cr}为562mg/L，pH值为7.2。

表8-35　排放口废水处理结果

絮凝剂	PAC	PAM-C+PAC	FIQ-C+PAC
用量/(mg/L)	100	50+50	50+50
絮体形成及沉降情况	絮体稍大,沉降慢	絮体较大,沉降较快	絮体粗大,沉降快
水色	淡黄,透明	淡黄,透明	微黄,透明
COD_{Cr}/(mg/L)	308.2	260.3	191.8
COD_{Cr} 去除率/%	55	62	72

注：原水COD_{Cr}为685mg/L，pH值为7.5。

由表8-34和表8-35可知，处理造纸废水时采用絮凝剂FIQ-C与PAC复配使用对造纸废水处理效果最好，处理后废水可达标排放。

(3) 在印染废水处理中的应用

采用FIQ-C：取自某印染厂生化处理后的废水，实验结果如表8-36所示。

表8-36　印染废水处理结果

絮凝剂	PAC	PAM-C+PAC	FIQ-C+PAC
用量/(mg/L)	80	30+50	30+50
絮体形成及沉降情况	絮体稍大,沉降慢	絮体较大,沉降较快	絮体粗大,沉降快
水色	淡黄,透明	淡黄,透明	微黄,透明
COD_{Cr}/(mg/L)	123.2	102.7	86.9
COD_{Cr} 去除率/%	22	35	45

注：原水COD_{Cr}为158mg/L，pH值为7.1。

从表 8-36 可以得出，FIQ-C 对印染废水具有较好的处理效果，与 PAC 复配使用效果更佳。

(4) 在城市污水处理中的应用

为考察天然高分子改性药剂 FIQ-C 对城市污水的处理能力，选择了华南理工大学东湖水为试验对象，取 FIQ-C 为混凝剂，并与 PAM-C 进行比较，试验结果见表 8-37。

表 8-37　FIQ-C 与 PAM-C 对城市污水处理能力的比较

药剂	FIQ-C	PAM-C
用量/(mg/L)	10	10
浊度去除率/%	85	70
COD 去除率/%	65	45
NH_3-N 去除率/%	33	28

注：PAC 用量为 5mg/L。

由表 8-37 的结果表明，药剂 FIQ-C 不仅对浊度去除效果好，同时对 COD 及 NH_3-N 都有一定的去除效果。

(5) 在循环冷却水中的应用

循环冷却水水质的控制，主要是为了降低浊度，减少污垢的沉积，避免腐蚀和黏泥的产生，因而药剂对循环冷却水的预处理是非常重要的。实验采用 FIQ-C 模拟工业循环冷却水，在 pH 值为 7.0、絮凝剂用量为 3mg/L 的条件下，研究了絮凝剂 FIQ-C 的絮凝效果，同时与絮凝剂 PAM-C 进行比较，试验结果见表 8-38。

表 8-38　FIQ-C 与 PAM-C 的絮凝性能比较

沉降时间/min	FIQ-C/NTU	PAM-C/NTU
5	13.5	18.0
10	5.5	12.5
15	5.0	8.0
20	4.5	7.0
25	3.0	6.8
30	2.3	6.5

表 8-38 表明，FIQ-C 絮凝体具有良好的沉降性能，且 FIQ-C 絮凝体的沉降性能优于 PAM-C。实验发现，FIQ-C 絮凝体较 PAM-C 絮凝体密实，下沉速度快。这是由于 FIQ-C 分子链上阳离子取代度高、电中和能力强，易使胶体粒子脱稳，再通过高分子的特殊网状架桥作用形成絮团而沉降。

参 考 文 献

[1] 刘敬发. 离子化改性淀粉絮凝剂的研究进展. 中国石油和化工标准与质量，2013 (6)：20.

[2] 孔令晓，崔波. 阳离子改性淀粉絮凝剂的制备及应用. 化工技术与开发，2009，38 (11)：4-7.

[3] 邓宇. 淀粉化学品及其应用. 北京：化学工业出版社，2002：146-148.

[4] 邓艳，韦国柱，柳春，等. 阳离子淀粉研究进展. 大众科技，2015 (5)：46-49.

[5] 沈艳琴，武海良，熊锐，等. 中低温水溶季铵阳离子淀粉浆料的合成及其浆纱性能. 纺织学报，2017，38 (11)：73-78.

[6] Wu X L，Guo Y C，Wang P X. Preparation and characterization of high-substituted cationic starches in aqueous

solutions. Applied Mechanics & Materials，2013，268-270：555-558.
[7] 王俊明. 阳离子淀粉的制备及其在纸张增强中的应用研究 [D]. 杭州：浙江大学，2015.
[8] Solarek D B，Dirscherl T A，Hernandez H R. Amphoteric starches and process for their preparation：US，4876336. 1987.
[9] 唐洪波，吴虹阳，李长春. 高取代度阳离子糯玉米淀粉的制备及脱色性能研究. 粮油加工，2010 (12)：101-105.
[10] 邓宇，李兰青子. 干法合成阳离子淀粉絮凝剂的初步研究. 化学工业与工程技术，2005，26 (1)：9-13.
[11] Roerden D L，Wessels C D. Process for the dry cationization of starch：US，5241061. 1993.
[12] 刘军海，李志洲，黄晓洲. 微波干法制备阳离子淀粉及其絮凝性能的研究. 粮食与饲料工业，2008 (6)：21-23.
[13] 陈夫山，陈启杰，王高升. 干法阳离子淀粉作电荷中和剂提高填料留着率. 中国造纸学报，2003，18 (2)：126-128.
[14] 沈一丁，李勇进. 高取代度阳离子淀粉的制备与应用. 造纸化学品，2002 (3)：9-13.
[15] 彭飞飞. 季铵型阳离子降解淀粉的干法制备及絮凝性能的研究 [D]. 大连：大连理工大学，2014.
[16] 刘军海，李志洲，付蕾. 响应曲面分析法优化微波干法制备阳离子淀粉工艺条件. 贵州农业科学，2010，38 (4)：191-193.
[17] 玉琼广，冯琳，刘洁，等. 微波辅助干法制备阳离子木薯淀粉. 造纸化学品，2011 (4)：13-16.
[18] 陈启杰，陈夫山，王高升，等. 半干法制备高取代度阳离子淀粉. 造纸化学品，2004 (1)：24-27.
[19] 张鹏，季清荣，金贞玉，等. 半干法制备羧基型两性淀粉及其应用. 纸和造纸，2014，33 (11)：56-57.
[20] 卢珍仙. 高取代度阳离子淀粉的研究. 天津化工，2003，17 (3)：10-12.
[21] 张学金，袁新兵，夏雨，等. 预糊化玉米淀粉接枝共聚工艺研究. 纸和造纸，2015，34 (1)：45-49.
[22] 蒋兴荣. 淀粉接枝型阳离子聚合物合成工艺条件研究. 纸和造纸，2015，34 (7)：46-48.
[23] 陈卓，范宏，洪涤. Fe^{2+}-H_2O_2 引发淀粉-二甲基二烯丙基氯化铵接枝共聚的研究. 高分子材料科学与工程，2002，18 (2)：81-84.
[24] 胡子恒，张黎明. 水溶性接枝聚多糖的研究Ⅱ. 淀粉二甲基丙烯酸酯乙基季铵丙磺酸内盐接枝的影响. 中山大学学报，2002，41 (1)：53-56.
[25] 郑怀礼，王晶晶，邓晓莉，等. PDA 的制备及其对水体中邻苯二甲酸二甲酯的去除性能. 环境工程学报，2012，6 (7)：2113-2117.
[26] 蒋巍，李瑞军，常晶，等. 天然高分子絮凝剂的制备. 吉林化工学院学报，2013，30 (9)：45-49.
[27] 王倩云，潘亚东，曹亚峰，等. 煤油介质中制备淀粉基阳离子絮凝剂. 大连工业大学学报，2014 (3).
[28] 郭晓丹，诸林，焦文超. 疏水缔合阳离子改性淀粉-纳米 SiO_2 絮凝剂 CSSADD 的制备和性能测试. 精细化工，2015，32 (12)：1402-1407.
[29] 曹亚峰，杨锦宗，刘兆丽，等. 反相乳液法合成淀粉接枝 AM、DM 共聚物研究. 大连理工大学学报，2003，43 (6)：743-746.
[30] 杨通在，刘亦农，杨君. 阳离子型改性絮凝剂的结构及其性能. 塑料工业，1998，26 (2)：116-118.
[31] 徐赋海，陈铁龙，陈集，等. DJG-1 阳离子絮凝剂合成的影响因素. 钻井液与完井液，2003，20 (2)：13-18.
[32] 吴瑶，陈群，汪永辉，等. 淀粉改性絮凝剂制备及其对污泥絮凝性能研究. 环境科学与技术，2012，35 (5)：112-115.
[33] 崔慧贞，钟慧妙，翁方芳. 有机/无机复合絮凝剂的研制与应用. 轻工科技，2010，26 (6)：88-92.
[34] 刘明华. 两亲型高效阳离子淀粉脱色絮凝剂 CSDF 的研制及其絮凝性能和应用研究 [D]. 广州：华南理工大学轻工技术与工程博士后流动站，2002.
[35] 叶菊娣，洪建国. 木质素季铵盐絮凝剂的制备. 南京：江苏省造纸学会学术年会，2011.
[36] Pulkkinen E，Makeia A，Mikkonen H. Preparation and testing of cationic flocculant from kraft lignin. ACS Symp Ser，1989，397 (lignin)：284-293.
[37] 张琼，方桂珍. 二甲基烯丙基木质素季铵盐的制备及絮凝性能. 福州：中国林业学术大会，2013.

[38] 朱建华. 木质素阳离子表面活性剂的合成及应用. 精细化工，1992，9（4）：1-3.
[39] 魏美燕，陈润铭. 木质素胺脱色絮凝剂的合成研究. 精细与专用化学品，2006，14（10）：14-16.
[40] 孙秋波，蒋平平，张萍波，等. 木质素接枝改性共聚物的制备及分散性能. 精细化工，2014，31（12）：1431-1437.
[41] 马洪杰. 木质素改性脱色絮凝剂的合成及应用研究［D］. 大连：大连工业大学，2010.
[42] 李保梅，赵雅琴. 棉纤维阳离子化改性工艺研究. 染整技术，2011（0）：18-21.
[43] 冯琳. 阳离子化羧甲基纤维素研制及评价. 钻采工艺，1999，22（2）：57-62.
[44] 王丹，商士斌，宋湛谦，等. 纤维素改性高吸水树脂性能研究. 武汉：2007年中国科学技术协会年会论文集，2007：334-338.
[45] 陈巍. 脱硫灰改善污泥脱水性能的机理及用于水泥掺料的研究［D］. 北京：北京科技大学，2017.
[46] 朱巧云，蒋惠亮. 一种双长链酯基季铵盐的合成方法：CN 101575299 A. 2009.
[47] 胡惟孝，杨忠愚. 有机化合物制备手册. 天津：天津科学翻译出版公司，1995.
[48] 谭亚邦，张黎明，李卓美. 用高分子化学反应法制备阳离子聚合物. 精细石油化工，1998（4）：41-46.
[49] 刘新华，李永，储兆洋，等. 细菌纤维素气凝胶接枝甲基丙烯酸二甲氨乙酯的制备. 纺织学报，2018（3）：1-6.
[50] 易俊霞，李瑞海. 羟乙基纤维素接枝丙烯酰胺共聚物的合成及表征. 天津：全国高分子学术论文报告会，2009：32-34.
[51] Daly W H，Munir A. J Polym Sci Polym Chem Edn，1984，22（4）：975-984.
[52] 丁振中，张超，曾哲灵，等. 羧甲基壳聚糖的制备工艺研究. 当代化工研究，2017（4）：88-89.
[53] 包淑云，吴少云，李朝品，等. 蚕蛹甲壳素的制备工艺研究. 时珍国医国药，2012，23（3）：697-698.
[54] 季锦林，汤立新，钱清华. 间歇法提取虾甲壳素和制备壳聚糖的工艺优化. 食品科技，2013（4）：200-204.
[55] 苏广宇，刘四新，李从发. 甲壳素/壳聚糖的研究与应用概况. 广东农业科学，2008（2）：07-111.
[56] 蔚鑫鑫，刘艳，吴光旭. 小龙虾壳中甲壳素的提取及壳聚糖的制备. 湖北农业科学，2013，52（13）：3120-3123.
[57] 何立坚. 废弃虾、蟹壳制备壳聚糖工艺探讨. 厦门科技，2014（2）：38-45.
[58] 严丽平. 微波法制备壳聚糖的实验研究［D］. 上海：东华大学，2004.
[59] 邱志慧. 酶法制备甲壳低聚糖［D］. 广州：华南师范大学，2012.
[60] 付宁，杨俊玲，倪磊. 壳聚糖制备条件的研究和结构表征. 天津工业大学学报，2009，28（2）：63-66.
[61] 刘振儒，赵江霞. 壳聚糖季铵盐的制备及其抗菌性. 青岛科技大学学报（自然科学版），2006，27（6）：509-511.
[62] 孙多先，徐正义，张晓行. 季铵盐改性壳聚糖的制备及其对红花水提液的澄清效果. 石油化工，2003，32（10）：892-895.
[63] 林胜任，李友明，万小芳，等. 微波辐射法刨花楠粉F691的羧甲基化研究. 林产化学与工业，2009，29（5）：119-121.
[64] 潘碌亭，顾国维，等. 天然高分子改性阳离子絮凝剂的合成及对工业废水的处理. 环境污染与防治，2002，24（3）：159-161.
[65] 尹华，彭辉，肖锦. 天然高分子改性阳离子絮凝剂的合成及其性能与机理的研究. 重庆环境科学，1999，21（6）：30-32.
[66] 曾俊峰，黄宏惠，马超群，等. 阳离子淀粉的制备及其在油田的应用. 石油化工应用，2011，30（5）：7-10.
[67] 李玉江，吴涛. 絮凝剂CPMA在污泥脱水应用中的研究. 山东科学，1996，9（4）：21-25.
[68] 杨波，赵榆林. 阳离子型改性天然高分子絮凝剂对活性污泥脱水处理. 工业水处理，1999，19（5）：26-28.
[69] 杨波，王槐三，赵榆林，等. 天然改性高分子絮凝剂在污水处理中的应用. 昆明理工大学学报，2000，25（3）：85-88.
[70] 王深，李硕文，王惠丰，等. 阳离子淀粉絮凝剂的合成及应用. 精细石油化工进展，2001，2（8）：13-16.
[71] 马亚锋，王玉琪，郑岚，等. 阳离子淀粉絮凝剂合成及处理煤矿井废水性能研究. 工业用水与废水，2013，44

(1)：58-62.
[72] 马希晨，曹亚峰，崔励，等. SCAM絮凝剂的合成及其在石油废水处理中的应用. 大连轻工业学院学报，1998，17 (2)：6-9.
[73] 危志斌，张瑞杰. 阳离子淀粉在造纸工业中的主要用途及其重要作用. 造纸化学品，2012 (4)：28-33.
[74] 黄鸿，戴拓. 淀粉在造纸工业中的应用及淀粉蒸汽喷射蒸煮工艺与设备的进展. 湖南造纸，2013 (1)：22-26.
[75] 张春晓，朱维群. ETA及其反应产物阳离子淀粉在油田化学品中的开发应用. 精细与专用化学品，2005，13 (1)：23-26.
[76] 马文展，胡建刚，典臣，等. 絮凝剂CAS在选矿中的应用研究. 化工矿山技术，1998，27 (3)：21-24.
[77] 王深，李硕文，王惠丰，等. 阳离子淀粉絮凝剂的合成及应用. 精细石油化工进展，2001，2 (8)：13-16.
[78] Dilling P，Prazak G. Process for making sulfonated lignin surfactants：US 4001202. 1977.
[79] 王文利. 木质素基阴-阳离子表面活性剂的研制及在农药水悬浮剂中的应用 [D]. 广州：华南师范大学，2015.
[80] 张琼，任世学，马艳丽，等. 二甲基烯丙基木质素季铵盐的制备及絮凝性能. 功能材料，2014，45 (sl)：138-141.
[81] 蒋玲，李淑勉，孟君，等. 从造纸污泥制备木质素季铵盐脱色絮凝剂的研究. 安全与环境学报，2010，10 (5)：42-45.
[82] Slacke M P，Riedl B，Stevanovic Janezic T. Advances in lignocellusosics chemistry for ecologically friendly pulping and bleaching technologies. 5th European Workshop of Lignocelluloses and Pulp，1998：325-327.
[83] Pulkkinen E，Makeia A，Mikkonen H. Preparation and testing of cationic flocculant from kraft lignin. ACS Symp Ser，1989，397 (lignin)：284-293.
[84] El-Tarabouls M A，Nassar M M. Lignin derivatives from desilicated rice straw soda black liquor. Cellul Chem Technol，1980，14 (1)：29-36.
[85] 许小蓉，程贤甦. 木质素阳离子絮凝剂的合成及其絮凝性能研究. 广州化学，2011，36 (1)：11-16.
[86] 代军，侯曼玲，马莉莉. 利用木质素制备木素季铵盐絮凝剂. 精细化工中间体，2002，32 (6)：38-39.
[87] 刘德启. 尿醛预聚体改性木质素絮凝剂对重革废水的脱色效果. 中国皮革，2004，33 (5)：27-29.
[88] 冯琳. 阳离子化羧甲基纤维素研制及评价. 钻采工艺，1999，22 (2)：57-62.
[89] 程志，杜娜. 壳聚糖在医药领域应用研究进展. 人民军医，2013 (2)：223-224.
[90] 王霞，李建勇，王奕，等. 甲壳质的应用研究现状. 广东化工，2012，39 (4)：47-48.
[91] 刘长岚，李成彬，崔文新. 壳聚糖在医药领域的应用. 山东科学，2003，16 (3)：68-71.
[92] 胡志鹏. 壳聚糖的研究进展. 中国生化药物杂志，2003，24 (4)：210-212.
[93] Thanou M，Florea B I，Geldof M，et al. Quaternized chitosanoligomers as novel gene delivery vectors in epithelial cell lines. Biomaterials，2002，23 (1)：153.
[94] 陈夕. 壳聚糖在水处理中的应用研究进展. 贵州化工，2010，35 (4)：33-36.
[95] 魏红，李克斌，史京转. 壳聚糖改性去除饮用水中氟离子的研究. 西北农林科技大学学报 (自然科学版)，2010，38 (11)：209-213.
[96] 寇希元，张雨山，王静，等. 羧甲基壳聚糖复合絮凝剂净化海水的试验研究. 海洋环境科学，2011，30 (4)：496-498.
[97] 黄剑明，叶挺进，陈忻，等. 壳聚糖包裹活性炭/稀土对印染废水的处理研究. 环境科学与技术，2010 (sl)：362-366.
[98] 孙刚正. 羧甲基油酰壳聚糖的制备、性质及其对含油废水絮凝机理的研究 [D]. 青岛：中国海洋大学，2010.
[99] Wu L Q，Chen T，Wallace K K，et al. Enzymatic coupling of phenolvapors onto chitosan. Biotechnol Bioeng，2001，76 (4)：325.
[100] 叶筠，蔡伟民，沈雄飞. 壳聚糖季铵盐的合成及其对炼油废水的絮凝和灭菌性能. 福州大学学报 (自然科学版)，2000，28 (4)：108-111.
[101] 范瑞泉，刘英. 甲壳糖的制备和絮凝作用. 福州大学学报 (自然科学版)，1995，23 (1)：71-75.
[102] 李艳，龙柱，江华，等. 磁性羧甲基壳聚糖微粒结构及性能表征及其用于造纸废水处理研究. 中国生物工程

杂志，2010，30（6）：65-69.

［103］ 杨宁．壳聚糖的改性及其在造纸废水中的应用［D］．西安：陕西科技大学，2012.

［104］ 王永杰．高效絮凝剂壳聚糖对味精废水的絮凝效果研究．中国沼气，1998，16（4）：12-14.

［105］ 张亚静，朱瑞芬，童兴龙．壳聚糖季铵盐对味精废水絮凝作用．水处理技术，2001，27（5）：281-283.

［106］ 吕新，吴建平，王芳，等．壳聚糖对低脂牛乳凝块流变特性与蛋白回收率的影响．中国食品学报，2016，16（1）：154-160.

［107］ 李永明，唐玉霖．壳聚糖絮凝剂在水处理中的应用研究进展．水处理技术，2011，37（9）：11-14.

［108］ 顿咪娜，胡文容，裴海燕，等．壳聚糖在活性污泥和消化污泥调理中的应用．武汉理工大学学报，2009（6）：86-91.

［109］ 邹鹏，宋碧玉，王琼．壳聚糖絮凝剂的投加量对污泥脱水性能的影响．工业水处理，2005，25（5）：35-37.

［110］ Lee C H，Liu L C. Sludge dewaterbility and floc structure in dual polymer conditionging. J Envion Eng，1993，ASCE119：159-171.

［111］ 朱巨建，周衍波，张永利，等．壳聚糖的改性及在印染废水处理中的应用．生态环境学报，2016，25（1）：112-117.

［112］ 尚玉婷，陈莉．壳聚糖-TiO_2复合絮凝剂的制备及其在印染废水处理中的应用．天津工业大学学报，2013，32（3）：56-60.

［113］ 冯辉霞，张娟，陈娜丽，等．壳聚糖基复合材料在水处理中的应用研究进展．化学与生物工程，2012，29（4）：1-4.

［114］ 易琼，叶菊招．壳聚糖吸附剂的制备及其性能．离子交换与吸附，1996，12（1）：19-20.

［115］ 李叶霞．天然壳聚糖磁性复合材料的构筑及吸附钼铼研究［D］．沈阳：辽宁大学，2014.

［116］ 宋庆平，王崇侠，高建纲．*N*-羧甲基壳聚糖的制备及其对重金属离子吸附研究．离子交换与吸附，2010，26（6）：559-564.

［117］ 蒋鑫萍，程舸，王韶，等．壳聚糖与壳寡糖结构及其对放射性核素铀吸附性能．应用化学，2010，27（4）：462-465.

［118］ 王湖坤，贺倩，韩木先．粉煤灰/壳聚糖复合材料制备及处理含重金属工业废水的研究．离子交换与吸附，2010，26（4）：362-369.

［119］ Salam M A，Makki M S I，Abdelaal M Y A. Preparation and characterization of multi-walled carbon nanotubes/chitosan nanocomposite and its application for the removal of heavy metals from aqueous solution. Journal of Alloys & Compounds，2011，509（5）：2582-2587.

［120］ 方忻兰．高效絮凝剂壳聚糖螯合剂的研制及其絮凝效果的研究．环境污染与防治，1996，18（2）：5-6.

［121］ 包东东．浅谈壳聚糖在食品工业中的应用．科技创新与应用，2012（13）：38.

［122］ 吴昊．壳聚糖衍生物的制备及对果蔬保鲜作用研究［D］．青岛：中国海洋大学，2011.

［123］ 陈天，张皓冰．壳聚糖常温保鲜猕猴桃的研究．食品科学，1991（142）：37-40.

［124］ Ghaouth A E，Arul J，Ponnampalam R，et al. Use of chitosan coating to reduce water loss and maintain quality of cucumber and bell pepper fruits. Journal of Food Processing & Preservation，2010，15（5）：359-368.

［125］ Ghaouth A E，Arul J，Ponnampalam R，et al. Chitosan coating effect on storability and quality of fresh strawberries. Journal of Food Science，2010，56（6）：1618-1620.

［126］ 段丹萍，乔勇进，鲁莉莎，等．不同壳聚糖涂膜复合物对草莓贮藏品质的研究．上海农业学报，2010，26（1）：50-54.

［127］ 韦明肯，赖洁玲，钟武，等．壳聚糖和二氧化氯对樱桃番茄联合保鲜效果研究．广东农业科学，2012，39（5）：80-84.

［128］ EI Ghaouth A. et al. Antifungla activity of chitosan on two postharvest pathogens of strawberry fruits. Phytopathology，1992，82（4）：398-402.

［129］ 李红叶．脱乙酰壳多糖对桃软腐、褐腐病菌的抑制和采后软腐病的防治研究．浙江农业学报，1997，9（2）：87-92.

[130] 于淑兰，赵东风，王文政．壳聚糖澄清芦荟、葡萄、枣、姜复合汁．食品研究与开发，2010，31（3）：98-101.
[131] 罗威，罗立新．壳聚糖澄清荔枝果醋的研究．饮料工业，2010，13（5）：6-9.
[132] 吴国卿，王文平，田亮，等．不同载体负载壳聚糖对野木瓜果汁的澄清研究．食品科技，2010（10）：116-120.
[133] 谢晶，陈跃进，Wanna，等．不同澄清剂对金樱子发酵果酒澄清效果的影响．食品工业科技，2013（4）：220-223.
[134] 姜燕，尤婷婷，柳佳齐，等．壳聚糖絮凝作用在中药和果酒澄清中的应用．食品工业，2015（2）：228-231.
[135] Qin R R，Xu W C，Li D L，et al．Study on chitosan food preservatives technology．Advanced Materials Research，2011（380）：222-225.
[136] 蒋小姝，莫海涛，苏海佳，等．甲壳素及壳聚糖在农业领域方面的应用．中国农学通报，2013，29（6）：170-174.
[137] 张光华，谢曙辉．一类新型壳聚糖改性聚合物絮凝剂的制备与性能．西安交通大学学报，2002，36（5）：541-544.
[138] 刘宏喜．蚝壳甲壳素的提取及其衍生物在印染中的应用［D］．苏州：苏州大学，2010.
[139] 秦丽芳，刘德明．甲壳素与壳聚糖的应用．山西化工，2017，37（5）：76-78.
[140] 刘四清，黄少斌．新型絮凝剂FQ-C制备及其对高岭土悬浮液等的絮凝效果研究．非金属矿，1996（112）：21-23.
[141] 潘碌亭，肖锦．天然高分子改性药剂FIQ-C的絮凝性能及作用机理研究．水处理技术，2001，2（27）：84-86.
[142] 永泽满．高分子水处理剂．下卷．北京：化学工业出版社，1985.

第 9 章 两性型天然有机高分子改性絮凝剂

9.1 概述

水溶性两性高分子（water soluble amphoteric polymer）是指在高分子链节上同时含有正、负两种电荷基团的水溶性高分子，与仅含有一种电荷的水溶性阴离子或阳离子聚合物相比，它的性能较为独特[1]。例如，用作絮凝剂的两性高分子因具有适用于阴、阳离子共存的污染体系、pH 值适用范围宽及抗盐性好等应用特点而成为国内外的研究热点。因为分子链带有正负两种电荷，故它可同时吸附水中的阴、阳离子和胶团，加之较长的分子链能形成架桥、网捕的作用，可使水中的杂质微粒迅速团聚沉降，并具有较高的滤水量和较低的滤饼含水率[2]。近年来，水溶性两性高分子用于废水处理的研究很多，由于两性絮凝剂在同一大分子上具有阴离子和阳离子基团，因此用于处理复杂工业废水，以去除废水悬浮液中带有正电荷和负电荷的污染物颗粒[3]。

目前，国外对两性高分子水处理剂研究较多的是美国、德国、法国和日本。我国两性高分子絮凝剂的合成工艺大多停留在实验室阶段，与国外相比仍有很大差距。世界各国研制的两性高分子水处理剂按其原料来源可分为天然高分子改性和化学合成两大类。天然改性类两性高分子水处理剂大体可分为两性淀粉、两性纤维素、两性植物胶等类别。日、美、德等国两性絮凝剂的合成技术已较为成熟，有相当规模的工业化生产并建立起稳定的市场体系。应进一步研究掌握先进的工业化聚合工艺，如反相微乳液聚合、水包水乳液聚合，开发相关的自动化生产控制设备，并以此提高产品的性能指标，增强竞争力，为产品的推广打好基础[4]。

近年来，国内外许多文献报道了两性高分子水处理剂的制备、性能及初步应用。但是，两性高分子水处理剂的研究还很不完善，主要存在着以下一些问题[5]：

① 就两性高分子水处理剂的制备而言，国内与国外发展差别悬殊。国外偏重合成类产品的开发，如对两性聚丙烯酰胺和 PAN-DCD 型两性高分子的研究较多，也较为成熟，已有工业化产品供应市场；我国虽然对天然高分子改性和化学合成两类产品均有报道，但仅限于实验室合成和对性能的初步研究，并没有成熟的、性能完善的产品供应市场。

② 对两性高分子水处理剂的应用性能和作用机理研究得还不够深入。从所收集的文献可总结出两性高分子水处理剂具有絮凝、螯合等多种功能，但对其作用机理的研究，除少数文献用红外光谱对 PAN-DCD 与染料分子的结合做了定性研究外，大部分文献对两性

型高分子水处理剂的应用效果的解释都处于推测之中。

随着人们生活水平的提高和环保意识的增强，以及对水的质量需求的提高，国内外各种新型水处理剂的研究和开发均朝着高效、低毒、无公害方向发展，合成两性有机高分子絮凝剂将是今后研究开发的重点；同时加强两性高分子的结构与应用性能关系的研究，如阴阳离子度、分子量等对应用性能的影响规律，有助于稳定产品质量，促进产品的工业化[6]。

我们应该针对我国天然高分子资源比较丰富的国情，从开发天然改性类两性高分子水处理剂方面找到一条创新的道路。此外，还应拓展两性高分子在水处理行业其他方面的应用研究，如用于阻垢和缓蚀等方面。最后，还应加强对两性高分子的应用性能与作用机理之间关系的研究，为产品的应用提供理论指导。

9.2 分类

两性型天然有机高分子改性絮凝剂根据其原材料来源的不同，可分为改性淀粉类絮凝剂、改性木质素类絮凝剂、改性纤维素类絮凝剂、改性壳聚糖类絮凝剂和F691改性絮凝剂等。

9.3 改性淀粉类絮凝剂的制备

两性淀粉是多元改性淀粉系列中的重要类型，是指在改性淀粉分子中同时含有阴离子基团和阳离子基团，它是在阴离子型、阳离子型、非离子型等普通变性淀粉基础上发展起来的新型淀粉衍生物。因其分子中同时含有阴离子和阳离子基团，故比单一改性产品有更优越的使用性能[5]。两性淀粉能增强淀粉胶层-纤维界面上的静电吸引力，提高淀粉浆料对带负电纤维的黏附力，改善淀粉的使用性能，减少合成浆料的使用以减少环境污染；同时在淀粉大分子上引入阴离子基团，使变性淀粉仍保持接近电中性的状态，能够避免阳离子淀粉浆液产生沉淀[7]。在处理污水时，可以利用淀粉的半刚性链和柔性支链将污水中悬浮的颗粒通过架桥作用絮凝沉降下来，絮体较大、沉降速度较快、絮体密实，而且因其带有极性基团，可以通过化学和物理作用降低污水中的COD、BOD负荷。其阳离子可以捕捉水中的有机悬浮杂质，阴离子可以促进无机悬浮物的沉降。在处理一些絮凝剂难以处理的水质时，尤其是在污泥脱水、消化污泥处理上有很好的应用效果，有较好的发展前景[2]。两性及多功能淀粉衍生物类絮凝剂是以淀粉为原料合成各种改性聚合物，除了通过单一的接枝共聚、交联等反应外，还可以通过多个反应共同作用制取多功能水处理絮凝剂。两性淀粉类絮凝剂的制备归纳起来，主要有三类：一般的化学改性方法，即利用淀粉分子中葡萄糖单元上的活性羟基，通过酯化和醚化反应，赋予改性淀粉阴、阳离子基团；接枝共聚，淀粉及其衍生物通过物理或化学激发的方法产生活化的自由基，再与乙烯基单体发生接枝共聚，进而制备出两性型淀粉改性絮凝剂；淀粉接枝共聚物的改性，主要是利用接枝共聚物上的活性基团，通过进一步的化学改性，合成出两性型淀粉改性絮凝剂。

9.3.1 一般的化学改性方法

两性淀粉的制备主要有湿法、干法和半干法三种。

(1) 湿法工艺

湿法工艺又可分为水法和溶剂法，都是制备两性淀粉的传统工艺，比干法、半干法工艺成熟。目前国内两性淀粉生产企业也多采用湿法工艺进行生产。

① 溶剂法的成本相对较高，溶剂有毒易燃，且存在溶剂回收问题。

② 水法按淀粉存在形式又包括糊法和浆法，糊法中淀粉以糊化状态反应，反应物料黏度大，反应试剂较难渗入淀粉内部，目前此法应用较少；浆法中淀粉以悬浮形式存在，为避免其糊化，需加入抗凝剂及低于糊化温度反应，从而导致后处理复杂。

(2) 干法工艺

干法工艺是将淀粉、氢氧化钠、氯乙酸按比例投入干粉混合器中混匀加热，并向干粉中喷适量的水，反应始终保持粉末状，故名干法。干法的特点是淀粉的羧甲基化无需醇/水作介质，醚化反应均匀、反应效率高、可得到较高取代度的产品。干法工艺加入溶剂量少，污染小，设备简单，流程短，能耗低，但反应体系中含水量少（通常在20%左右），淀粉与化学试剂很难均匀混合[8]。

(3) 半干法

半干法工艺是介于湿法和干法工艺之间的工艺方法，兼具二者的优点，工艺简单，成本低，环境污染小，适合制备不同取代度的产品，具有广阔的工业化前景。半干法工艺没有湿法工艺成熟，但是更有效、更环保，逐步完善后将会逐渐取代湿法工艺。

上述三种方法的比较见表9-1。

表 9-1 两性淀粉合成方法比较[9]

方法	湿法	干法	半干法
$w(H_2O)/\%$	>40	<20	20～40
优点	反应均匀，条件温和，设备简单	工艺简单，无需后续处理，不需加抗凝剂，反应效率高	兼有干法、湿法的优点
缺点	效率低，需加抗凝剂，后续处理复杂，且三废严重	反应不均匀，对设备要求高（需加防爆装置）	操作步骤多
适合条件	适于制备低取代度产品	适于制备高取代度产品	高、低取代度产品均适宜

9.3.1.1 磷酸型两性淀粉的制备

磷酸型两性淀粉应用于造纸工业比阳离子淀粉具有更优越的性能，关于它的研究、生产与应用已经受到广泛重视。磷酸型两性淀粉的制备有两种方式：分步法，即先阳离子化反应后磷酸化反应，或先磷酸化反应后阳离子化反应；一步法，即阳离子化反应和磷酸化反应同步进行。分步法合成两性淀粉的工艺简单，技术成熟，在工业生产中得到了广泛应用，但这种工艺存在生产周期长、能耗高等缺点；而在水-醇反应介质及较低温度下，用三聚磷酸钠作为阴离子反应试剂，阴离子化反应与阳离子化反应同时进行的一步合成工艺具有生产周期短、能耗低等优势，应用前景广阔。

(1) 分步法合成工艺

实例1[10,11]：先阳离子化反应，在反应器中将7500g蜡质玉米淀粉（10%含水率）和8250mL水混合均匀后，升温至37℃，并用氢氧化钠溶液将体系pH值调至11.2～11.5，搅拌下加入600g质量分数为50%的二乙基氨基乙基盐酸盐。在37℃下反应17.5h后，反应体系的最终pH值为11.3。反应结束后，用质量分数为10%的稀盐酸调pH值至7.0，过滤，将滤饼用16500mL水洗涤，在室温下自然晾干。季铵化产品的含氮量为0.33%，产品的阳离子度为0.038。再磷酸化反应，将1200g阳离子淀粉和1500mL水混匀后，加入60g三聚磷酸钠（STP），用质量分数为10%的盐酸调pH值至5.0～7.4，配制成料浆。将料浆过滤后，在82～99℃下干燥至含水率为5.0%～7.0%，经检测，淀粉中大约含有35g三聚磷酸钠。采用干法磷酸化反应制备两性型季铵淀粉醚磷酸酯，将上述经三聚磷酸钠处理后的淀粉放入油浴反应器中，慢慢搅拌下将淀粉的反应温度升至133℃，反应13～15min，冷却至室温，即得磷酸型两性淀粉。

实例2[12]：采用半干法合成阳离子淀粉。将催化剂与醚化剂一起和适量水混匀后，加入淀粉，然后在60～90℃下反应2～5h，再用质量分数为80%的乙醇溶液洗涤。用此法合成的季铵化阳离子淀粉的阳离子取代度为0.4。称取上述产物100g，在摩尔比n($50\%\ NaH_2PO_4 \cdot 2H_2O$)：$n$($Na_2HPO_4 \cdot 12H_2O$)= 0.87：1的200mL溶液中成浆，搅拌均匀，过滤，50℃下干燥，使水质量分数小于15%。干饼在155℃下反应3h，冷却，用水和无水乙醇洗涤，再在50℃下干燥，所得产品即为两性淀粉QAP。

实例3[13]：将1000g阳离子蜡质玉米淀粉（绝干），即支链淀粉/2-羟基-3-(三甲氨)丙基醚氯化物，用20g质量分数为2%的三聚磷酸钠浸渍。将淀粉用2500g水混合，并将体系的pH值调至6.0，搅拌30min后，配成浆料。将浆料用布氏漏斗进行减压过滤，并将154g质量分数为13%的三聚磷酸钠溶液浇注在滤饼上，这种处理方法使得浸渍淀粉含有质量分数为0.51%的无机磷。将浸渍淀粉在25℃下自然晾干至含水率为10%左右，然后粉碎。

淀粉的热处理直接影响淀粉的磷酸化效果，首先将浸渍淀粉在104℃下干燥至含水率小于1%，然后将体系温度升至126℃，热处理20min。冷却至室温，即得季铵淀粉醚磷酸酯产品。两性产品的磷含量为0.19%，磷酸化反应效率为38%。

实例4[14]：

① 阳离子醚化剂的制备。精确计量环氧氯丙烷、三甲胺，将环氧氯丙烷加入装有搅拌器、温度计、冷凝器、滴液漏斗的反应器中，用一定量的水作为稀释剂，在搅拌下滴加三甲胺。滴加完毕后，在室温下反应1～2h，而后加入一定量的稳定剂，在1.33～5.33kPa下进行减压蒸馏，得到淡黄色液体，固含量约40%。反应式为：

$$(CH_3)_3N + Cl{-}CH_2{-}\overset{O}{\overbrace{CH{-}CH_2}} \longrightarrow \left[H_2\overset{O}{\overbrace{C{-}CH}}CH_2\overset{+}{N}(CH_3)_3\right] + Cl^- \xrightarrow{HCl}$$

$$\left[\begin{matrix}H_2C{-}CHCH_2\overset{+}{N}(CH_3)_3\\ \quad| \qquad |\\ \quad Cl \quad OH\end{matrix}\right]Cl^-$$

② 阴离子、非离子剂的制备。精确计量尿素、磷酸，在40℃下搅拌制得阴离子、非离子剂混合液，于室温下贮存待用。

③ 阳离子淀粉醚的制备。精确计量玉米淀粉、阳离子醚化剂、催化剂 NaOH，将玉米淀粉投入一个带有搅拌器和温度计，通风良好，淀粉可均匀分散的自制不锈钢反应器中。在搅拌下，将阳离子醚化剂和 NaOH 的混合液均匀喷雾到淀粉上，喷完后在常温下搅拌捏合 30min，然后油浴升温，在 70～80℃下反应 1～2h，冷却，用 HCl 水溶液调节 pH 值到 7 左右，含水率为 13%～14%，得率达 105%，阳离子醚化剂的转化率为 97%以上。

④ 多元变性淀粉的制备。精确计量阴离子、非离子剂用量，在常温下将其喷雾到以上所得阳离子醚化淀粉中，捏合 30min，用油浴升温（1℃/min），在 110～130℃下反应 30～120min，冷却至室温，得两性变性淀粉。反应式为：

$$\text{淀粉}-OH+[H_2\overset{O}{\widehat{C-\!-\!-CH}}CH_2NR_3]^+Cl^- \longrightarrow [\text{淀粉}-O-CH_2-\underset{}{\overset{OH}{\overset{|}{C}}}HCH_2NR_3]^+Cl^-$$

（R 为烷基，且至少有两个甲基与 N 直接连接）

实例 5[15]：在水醇反应介质中加入玉米原淀粉（0#）和一定用量的碱，再加入 3-氯-2-羟丙基三甲基氯化铵，在 50℃下反应 3～4h，中和，过滤，用去离子水洗滤数次，烘干，得阳离子淀粉；将阳离子淀粉与三聚磷酸钠在水醇混合碱溶液中于 50℃下反应 3～4h 后，分别用去离子水和无水乙醇洗滤数次，烘干，得磷酸型两性淀粉。

(2) 一步法合成工艺

结合用季铵基阳离子醚化剂在淀粉中引入阳离子的阳离子化反应机理[21]，磷酸型两性淀粉一步合成的反应历程推理如下[19,20]：

$$ST-OH+OH^- \longrightarrow ST-O^- + H_2O$$

$$Cl-CH_2\underset{OH}{\underset{|}{C}}H-CH_2\overset{+}{N}(CH_3)_3Cl^- + NaOH \longrightarrow H_2\underset{O}{\underbrace{C-\!-\!-CH}}CH_2\overset{+}{N}(CH_3)_3Cl^- + NaCl + H_2O$$

$$ST-O^- + H_2\underset{O}{\underbrace{C-\!-\!-CH}}CH_2\overset{+}{N}(CH_3)_3Cl^- \longrightarrow ST-O-CH_2-\underset{O^-}{\underset{|}{C}}HCH_2\overset{+}{N}(CH_3)_3Cl^-$$

$$ST-O-CH_2-\underset{O^-}{\underset{|}{C}}HCH_2\overset{+}{N}(CH_3)_3Cl^- + \text{(环状三偏磷酸钠: } O=P(ONa)(NaO)-O-P(=O)(ONa)-O-P(=O)(ONa)(NaO)\text{)} + H_2O$$

$$\longrightarrow ST-O-CH_2-\underset{\underset{NaO-\underset{ONa}{\underset{|}{P}}=O}{\underset{|}{O}}}{\underset{|}{C}}HCH_2\overset{+}{N}(CH_3)_3Cl + Na_3HP_2O_7 + OH^-$$

$$
\mathrm{ST{-}O{-}CH_2{-}\underset{\displaystyle O^-}{\underset{|}{C}}HCH_2\overset{+}{N}(CH_3)_3Cl^- + O{\left\langle \begin{matrix} P(=O)(ONa)(OH) \\ P(=O)(ONa)(ONa) \end{matrix}\right.} + H_2O}
$$

$$
\longrightarrow \mathrm{ST{-}O{-}CH_2{-}\underset{\displaystyle O{-}P(=O)(ONa)(ONa)}{\underset{|}{C}}HCH_2\overset{+}{N}(CH_3)_3Cl^- + NaH_2PO_4 + OH^-}
$$

对上述历程分析如下：在碱的作用下，淀粉中羟基生成负氧离子，作为亲核反应试剂，同时阳离子醚化剂生成活性较强的环氧结构，发生亲核取代反应，环氧结构环打开，环首端通过 C—O—C 键以醚结合形式生成具有阳离子基团的淀粉衍生物。环被打开的同时，在碱性环境中，开环另一端继续保持负氧离子状态，仍然具有较强的反应活性，与具有酸酐结构的三聚磷酸钠或焦磷酸钠进行亲核反应，三聚磷酸钠或焦磷酸钠酸酐结构分解，生成磷酸酯阴离子衍生物[19]。

实例 1[16]：将等量的磷酸二氢钠和磷酸氢二钠溶解于水中，加入淀粉质量 2%的尿素，用 5%的稀磷酸调节磷酸盐溶液的 pH 值为 5.5～6.0，搅拌下加入上述制得的阳离子淀粉，室温条件下搅拌 1h 后抽滤，滤饼在 45°C 条件下预烘干至含水量在 10%左右，研碎后在 150℃条件下反应 1～2h，用乙醇-水溶液（乙醇/蒸馏水=50/50，体积比）将产物充分洗涤、过滤，最后将产物于 45°C 条件下烘干，研碎并通过 100 目/25.4mm 分样筛，即制得磷酸型两性淀粉。

实例 2[17]：将 1.7g NaOH 加入含 3.5g 三聚磷酸钠的水溶液中，混合后加入含 50g 淀粉的乙醇溶液中，50℃下加热 10min，然后将 4.2mL 的 3-氯-2-羟丙基三甲基氯化铵（CHPTMAC）加入淀粉浆料中，在 50℃下搅拌反应 3h，产物用 3mol/L 盐酸中和，并在 8000r/min 的转速下离心 15min，再用蒸馏水洗涤 2 次，用 95%乙醇洗涤一次，自然晾干，得磷酸型两性淀粉。

实例 3[18]：将 36g *N*-2-氯乙基乙胺盐酸盐加入含 41.5g 磷酸的水溶液中，缓慢加入 59g 质量分数为 37%的盐酸，待回流恒定后，滴加 81g 质量分数为 37%的甲醛，回流 3h，冷却至 24℃，将所得溶液 12.4g 加入含 50g 玉米淀粉的水浆中，调节 pH 值为 11.8，在 34℃下反应 6h，用质量分数为 9.5%的盐酸调 pH 值至 3，过滤，水洗，干燥得产品。

实例 4[19]：在水醇反应介质中，加入玉米原淀粉及三聚磷酸钠碱溶液，50℃下活化 10～30min，再加入 3-氯-2-羟丙基三甲氯化铵，50℃下反应 3h，过滤后分别用去离子水和无水乙醇洗滤数次，烘干，得到两性淀粉。其中，三聚磷酸钠（STP）用量为 7%，3-氯-2-羟丙基三甲基氯化铵（CHPTMAC）用量为 7%，硫酸钠（Na_2SO_4）用量为 20%，Na_2HPO_4/NaH_2PO_4 为与 STP 水解成正磷酸盐时相当的用量，氢氧化钠用量为 3.0%（以上均指以淀粉干基为基的质量分数）；水醇体积比为 1.0，淀粉乳质量分数为 30%，反应温度 50℃，反应时间 3h。

9.3.1.2 磺基丙酸型两性淀粉的制备

制备方法[22]：将干燥的3-氯-2-磺丙酸碱金属盐加入淀粉水浆中，调节pH值为9.5～12.0，搅拌，40～80℃反应0.5～10.0h（或者将中和过的此试剂溶液喷到干粉，干热反应），保持碱性条件下加3-氯-2-羟丙基三甲基氯化铵（CHPTMAC），在30～40℃下反应，过滤、洗涤及干燥后可得产品。

9.3.1.3 羧酸型两性淀粉的制备

实例1[23]：在室温下，将5g阳离子淀粉溶于过氧化氢水溶液，搅拌均匀后，得到黏稠溶液。然后一次性加入0.5mL质量分数为40%的氢溴酸，搅拌反应5h后，往淡黄色黏稠溶液中加入250mL甲醇，过滤沉析物，干燥，得到含羧基和季铵盐基团的两性淀粉。

实例2[24]：

① 淀粉的阴离子化。将交联淀粉50g、水110～180g、40%氢氧化钠溶液50～80mL、一氯乙酸20～30g置于三口烧瓶中，在30～60℃下搅拌反应2～5h，中和至pH=6.5，过滤、干燥，得羧甲基化交联淀粉（CAS）。

② 交联淀粉阳离子化。将交联淀粉50g、水110～180mL、40%氢氧化钠溶液50～80mL、3-氯-2-羟丙基三甲基氯化铵25～40g置于三口烧瓶中，在40～60℃下搅拌反应3～8h后，中和至pH=6.5，过滤、洗涤、干燥，得阳离子化交联淀粉（CCS）。

9.3.1.4 其他两性淀粉衍生物的制备

李泰华等[25]用淀粉100份、有机酸及酸酐0.5～10份、具有氢键的胺类或醇类化合物0.5～10份、吸水剂0.1～5份、无机填充剂2～10份、多元醇脂肪酸衍生物0.4～10份、有机填充剂0.35～10份、偶联剂0.25～10份制备了两性淀粉，该淀粉由于添加了多种添加剂，易于生物降解，还增入了酸处理剂、解缔合剂等，不仅有利于降解，还可增大降解塑料中的淀粉含量。

9.3.2 接枝共聚

接枝共聚法是制备两性型改性淀粉类絮凝剂的主要方法之一。淀粉和羧甲基淀粉能否与乙烯基单体发生反应，除与单体的结构、性质有关外，还取决于淀粉大分子上是否存在活化的自由基，自由基可用物理或化学激发的方法产生。物理引发方法主要有^{60}Co的γ射线辐照、微波辐射、热引发和紫外线引发等。化学引发法引发效率的高低，取决于所选用的引发剂，常用的引发剂有Ce^{4+}、过硫酸钾（$K_2S_2O_8$）、$KMnO_4$、H_2O_2/Fe^{2+}和$K_2S_2O_8/KHSO_3$等。两性型改性淀粉类絮凝剂根据原材料的不同，可分为两类产品：淀粉接枝共聚物、羧甲基淀粉接枝共聚物和阳离子淀粉接枝共聚物。

9.3.2.1 淀粉接枝共聚物的制备

淀粉通过引发剂的引发作用，产生活化的自由基，然后再与乙烯基单体发生接枝共聚合，生成接枝共聚物，反应通式为：

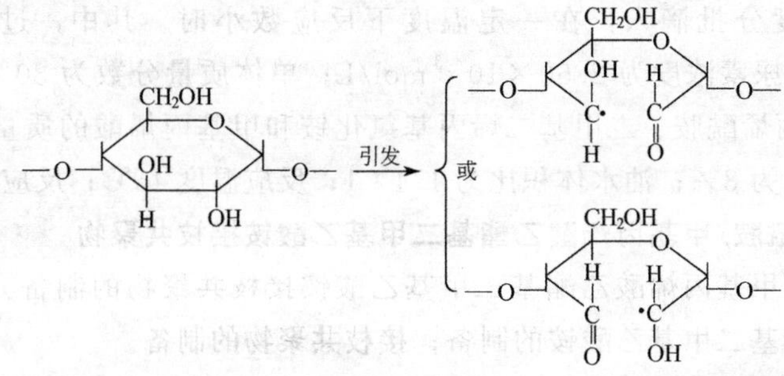

引发 → 或

自由基，以ST·表示

$$ST^{\cdot}+nCH_2=CHX+mCH_2=CHY \xrightarrow{引发} ST\!\left[CH_2-\underset{X}{CH}\right]_n\!\left[CH_2-\underset{Y}{CH}\right]_m$$

式中，X=COOH、$CONH_2$、COONa、$-NH-C(CH_3)_2-CH_2SO_3Na$ 等；Y为阳离子基团。

（1）淀粉/丙烯酰胺/2-丙烯酰氨基-2-甲基丙磺酸钾/二乙基二烯丙基氯化铵接枝共聚物

制备方法[26]：将20g小麦淀粉用适量的水调和均匀，于60～80℃下糊化1.0～1.5h，降温至室温，加入56g丙烯酰胺（AM）、45g 2-丙烯酰氨基-2-甲基丙磺酸钾（K-AMPS）和12g二乙基二烯丙基氯化铵（DEDAAC），并用氢氧化钾溶液将反应混合物的pH值调至7～9。然后在不断搅拌下升温至60℃，加入适量的除氧剂，5min后加入占单体质量0.5%～1.0%的引发剂，搅拌均匀后，于60℃下反应0.5～10h，得凝胶状产品，其1%水溶液表观黏度≥20mPa·s。

（2）淀粉/丙烯酰胺/丙烯酸钾/3-甲基丙烯酰氨基丙基三甲基氯化铵接枝共聚物

制备方法[28]：将玉米淀粉用适量水调和均匀，于60～80℃下糊化1.0～1.5h，降温至室温，加入丙烯酰胺（AM）、丙烯酸钾（K-AA）和3-甲基丙烯酰氨基丙基三甲基氯化铵（MPTMA），搅拌均匀，并用氢氧化钾溶液调节反应混合物的pH值至10～11。然后在不断搅拌下升温至60℃，加入适量的除氧剂，5min后加入引发剂，搅拌均匀后，于60℃下反应0.5～2h，得凝胶状产物，其1%水溶液表观黏度≥20mPa·s，1.0%水溶液pH值为7.5～8.5。其中，丙烯酸钾、丙烯酰胺和3-甲基丙烯酰氨基丙基三甲基氯化铵的摩尔比为30∶55∶15；引发剂用量为单体总质量的0.75%；淀粉用量占淀粉和单体总质量的40%。

（3）淀粉/二甲基二烯丙基氯化铵/丙烯酰胺/甲基丙烯酸接枝共聚物的制备

以淀粉为基材，二甲基二烯丙基氯化铵（DMDAAC）、丙烯酰胺、甲基丙烯酸等为原料，利用反相乳液聚合技术，采用四元聚合的方法，制备出淀粉/二甲基二烯丙基氯化铵/丙烯酰胺/甲基丙烯酸接枝共聚物乳液。

方法[29]：在250mL三口烧瓶中安装搅拌器、滴液漏斗、导气管，置于恒温水浴中。再加入定量的液体石蜡和乳化剂司盘20。通入高纯氮驱氧30min充分乳化。加入定量的淀粉乳，搅拌10min。再加入适量的过硫酸铵/尿素氧化还原引发剂，引发10min。将配制好的丙烯酰胺、二甲基二烯丙基氯化铵及预先处理好的甲基丙烯酸单体水溶液盛在滴液漏斗中，以一定速度分批滴入，在一定温度下反应数小时。其中，过硫酸铵浓度为 3.30×10^{-4} mol/L；尿素浓度为 2.50×10^{-3} mol/L；单体质量分数为30%；单体与淀粉质量比为1.5∶1；丙烯酰胺、二甲基二烯丙基氯化铵和甲基丙烯酸的质量比为70∶20∶10；乳化剂质量分数为8%；油水体积比为1.4∶1；反应温度45℃；反应时间4h。

(4) 淀粉/丙烯酰胺/甲基丙烯酸乙酯基二甲基乙酸铵接枝共聚物

淀粉/丙烯酰胺/甲基丙烯酸乙酯基二甲基乙酸铵接枝共聚物的制备方法分为2个步骤：甲基丙烯酸乙酯基二甲基乙酸铵的制备；接枝共聚物的制备。

① 甲基丙烯酸乙酯基二甲基乙酸铵单体的制备。甲基丙烯酸乙酯基二甲基乙酸铵单体主要以甲基丙烯酸二甲氨基乙酯、氯乙酸和碳酸钠为原料制备而成，反应式为：

主反应：

$$CH_2{=}C(CH_3){-}C({=}O){-}OCH_2CH_2N(CH_3)_2 + ClCH_2COONa \xrightarrow{OH^-} CH_2{=}C(CH_3){-}C({=}O){-}OCH_2CH_2N^+(CH_3)_2{-}CH_2COO^- + NaCl$$

副反应：

$$2CH_2{=}C(CH_3){-}C({=}O){-}OCH_2CH_2N(CH_3)_2 + Na_2CO_3 + H_2O \xrightarrow{OH^-} 3CH_2{=}C(CH_3){-}C({=}O){-}ONa + 2HOCH_2CH_2N(CH_3)_2 + CO_2$$

方法[30]：取一定量的氯乙酸，用碳酸钠调至pH值为8～9，然后加入20%（摩尔分数）的甲基丙烯酸二甲氨基乙酯（DM）中，用碳酸钠调pH值，升温反应一定时间，得两性单体。两性单体的制备工艺条件为：反应体系的pH值为9～10；反应温度85℃左右；反应时间5h。

② 接枝共聚物的制备。淀粉/丙烯酰胺/甲基丙烯酸乙酯基二甲基乙酸铵接枝共聚物的制备反应式为：

$$ST^{\cdot} + nCH_2{=}C(CH_3){-}C({=}O){-}OCH_2CH_2N^+(CH_3)_2{-}CH_2COO^- + mCH_2{=}CH{-}CONH_2 \xrightarrow{\text{引发}} ST{-}\left[CH_2{-}C(CH_3)(C({=}O){-}O{-}CH_2CH_2N^+(CH_3)_2{-}CH_2COO^-)\right]_n\left[CH_2{-}CH(C({=}O){-}NH_2)\right]_m$$

方法[30]：将淀粉悬浮于纯净水中，在搅拌下通氮20min，并加热至一定温度，加入引发剂，10min后加入两性单体和丙烯酰胺混合物，其中两性单体和丙烯酰胺的质量比为2∶3，反应一定时间后降温出料，得产物淀粉接枝两性絮凝剂（SGDA）。上述接枝共聚物的制备工艺中，水溶性引发剂过硫酸铵的浓度为 2.2×10^{-3} mol/L；聚合反应温度为48℃；单体与淀粉的质量比为1.8∶1；聚合反应时间4h。

(5) 淀粉/聚丙烯酰胺接枝共聚物

淀粉/聚丙烯酰胺接枝共聚物的制备方法分为反相乳液聚合、水解和反应 3 个步骤[27]。

① 反相乳液聚合。反应在带有搅拌器、温度计、氮气入口和冷凝管的四口圆底烧瓶中进行。加入约 70mL 的液体石蜡和乳化剂（司盘 20 和 OP 10 的混合液），司盘 20 和 OP 10 在连续相中混合液质量分数均为 3%，搅拌混合物直至乳化液溶解在油相中。在搅拌中将 0.64mol AGU/L 淀粉浆和 2.12mol/L 丙烯酰胺加入油相中，最终水/油比例为 1∶1.4。通氮气 40min 后将 0.15g 过硫酸铵和 0.3g 尿素加入油-水系统。通过加入氨水调节 pH 值，搅拌速率为 300r/min，调节水浴温度为 45℃，4h 后完成反应。

② 水解。采用碱性水解法制备阴离子淀粉接枝聚丙烯酰胺（S-*g*-PAM），在淀粉接枝聚丙烯酰胺乳液中加入水解剂（碳酸钠和氢氧化钠的混合物），水解浓度为 2.12mol/L，碳酸钠和氢氧化钠的摩尔比为 1∶1，反应持续 3h。

③ 反应。通过 Mannich 反应制备两性淀粉接枝聚丙烯酰胺，制备了一种以醛胺加合物为中间体的两性淀粉接枝聚丙烯酰胺。首先，将二甲胺水溶液［33%（质量分数）］加入烧瓶中，然后加入甲醛溶液［36%（质量分数）］，在 25℃反应 1h。将形成的甲醛-二甲胺加合物加入阴离子淀粉接枝聚丙烯酰胺乳液，将温度调节为 50℃，反应 2.5h。反应结束后，对产品进行清洗、干燥。

9.3.2.2 羧甲基淀粉接枝共聚物的制备

羧甲基淀粉接枝共聚物的制备方法有 2 种：a. 直接用羧甲基淀粉与阴、阳离子单体进行接枝共聚反应；b. 先将淀粉羧甲基化，再与阴、阳离子发生接枝共聚反应。

(1) 羧甲基淀粉/二甲基二烯丙基氯化铵接枝共聚物的制备

羧甲基淀粉与二甲基二烯丙基氯化铵单体发生接枝共聚的反应式为：

$$\mathrm{ST{-}O{-}CH_2\overset{\overset{\displaystyle O}{\|}}{C}{-}ONa \xrightarrow{\text{引发}} NaO{-}\overset{\overset{\displaystyle O}{\|}}{C}CH_2O{-}ST^{\bullet}}$$

$$\mathrm{NaO{-}\overset{\overset{\displaystyle O}{\|}}{C}CH_2O{-}ST^{\bullet} + \mathit{n}\,H_2C{=}CH\quad CH{=}CH_2\ (CH_2,\ CH_2;\ N^{+}\cdot Cl^{-};\ CH_3,\ CH_3) \xrightarrow{\text{引发}} NaO{-}\overset{\overset{\displaystyle O}{\|}}{C}CH_2O{-}ST{-}\!\!\left[CH_2{-}CH{-}CH{-}CH_2\right]_{\mathit{n}}\ (CH_2,\ CH_2;\ N^{+}\cdot Cl^{-};\ CH_3,\ CH_3)}$$

制备方法：将 15g 羧甲基淀粉用适量的水溶解后，加入 15～30g 二甲基二烯丙基氯化铵（DMDAAC），将反应体系的 pH 值控制在 7.0～8.5，通 N_2 驱 O_2 30min，在不断搅拌下升温至 30～60℃，加入适量的除氧剂和 EDTA-2Na，10min 后加入占单体质量 0.5%～1.2%的引发剂，搅拌均匀后，于 30～60℃下反应 1.0～3.0h，得凝胶状接枝共聚物产品。

(2) 羧甲基淀粉/丙烯酰胺/甲基丙烯酸二甲氨基乙酯接枝共聚物

羧甲基淀粉/丙烯酰胺/甲基丙烯酸二甲氨基乙酯接枝共聚物的制备采用第二种方法，即先将淀粉羧甲基化，再与阴、阳离子发生接枝共聚反应，反应式为：

$$\mathrm{St{-}OH + NaOH \longrightarrow St{-}ONa + H_2O}$$

$$\mathrm{St{-}ONa + ClCH_2COOH + NaOH \longrightarrow St{-}OCH_2COONa + NaCl + H_2O}$$

$$\mathrm{ST{-}O{-}CH_2{-}\overset{\displaystyle O}{\overset{\|}{C}}{-}ONa \xrightarrow{\text{引发}} NaO{-}\overset{\displaystyle O}{\overset{\|}{C}}CH_2O{-}ST^{\cdot}}$$

接枝共聚：

$$\mathrm{NaO{-}\overset{\displaystyle O}{\overset{\|}{C}}CH_2O{-}ST^{\cdot} + \mathit{m}CH_2{=}\overset{\displaystyle CH_3}{\overset{|}{C}}{-}\underset{\displaystyle O}{\underset{\|}{C}}{-}OCH_2CH_2N\begin{matrix}CH_3\\ CH_3\end{matrix} + \mathit{n}CH_2{=}CH{-}CONH_2 \xrightarrow{\text{引发}}}$$

$$\mathrm{NaO{-}\overset{\displaystyle O}{\overset{\|}{C}}CH_2O{-}ST{-}\left[CH_2{-}\overset{\displaystyle CH_3}{\overset{|}{C}}\underset{\displaystyle \underset{\displaystyle O}{\underset{\|}{C}}{-}OCH_2CH_2N\begin{matrix}CH_3\\ CH_3\end{matrix}}{\underset{|}{}}\right]_m\left[CH_2{-}\underset{\displaystyle \underset{\displaystyle NH_2}{\underset{|}{C{=}O}}}{\underset{|}{CH}}\right]_n}$$

具体制备方法如下。

① 羧甲基淀粉的制备。先用少量的水溶解氢氧化钠和一氯乙酸，搅拌下喷雾到淀粉上，在一定的温度下反应一定的时间，所得产品仍能保持原淀粉的颗粒结构，流动性好，易溶于冷水，不结块。例：玉米淀粉 100 份，先通氮气，于室温喷入 24.6 份的 40%氢氧化钠碱液，搅拌 5min 后，再喷 16 份 75%的一氯乙酸液，在 34℃反应 4h 后，温度升到 48℃，在此期间保持通氮气，控制速度使反应物水分降低到约 18.5%。在 60～65℃下反应 1h，在 70～75℃反应 1h，在 80～85℃反应 2.5h，冷却到室温，得 CMS 含水分 7%，pH 值为 9.7。

② 接枝共聚。将羧甲基淀粉用适量的水溶解后，加入丙烯酰胺（AM）和二甲基二烯丙基氯化铵（DMDAAC）单体，并将反应体系的 pH 值控制在 6.5～8.0，通 N_2 驱 O_2 30min，在不断搅拌下升温至 30～60℃，加入适量的除氧剂和 EDTA-2Na，10min 后加入占单体质量 0.6%～1.0%的引发剂，搅拌均匀后，于 30～60℃下反应 1.5～2.5h，得凝胶状接枝共聚物产品。其中，丙烯酰胺和二甲基二烯丙基氯化铵的摩尔比为 4∶1；羧甲基淀粉的质量分数占淀粉和总单体质量的 20%～30%；引发剂为过硫酸钾/尿素，过硫酸钾用量为单体质量的 0.6%～0.8%，尿素用量为单体质量的 0.8%～1.0%。

9.3.2.3 阳离子淀粉接枝共聚物的制备

阳离子淀粉接枝共聚物的制备可通过以下途径来实现：先将淀粉阳离子化，然后将阳离子改性淀粉与丙烯酸类单体进行接枝共聚，进而制备出两性型淀粉改性絮凝剂。

制备方法[31]：将鲜木薯淀粉用水调成 5%的粉浆，用 2mol/L NaOH 溶液调 pH＝12～13，加热到 80℃，糊化 10～15min，加入阳离子醚化剂并维持 pH 值至 10～11，于 80～85℃搅拌醚化反应 2h，得到阳离子淀粉糊，加入丙烯酸钠/丙烯酰胺（AA-Na/AM）混合液，再用少量丙烯酸（AA）调 pH 值至 7 左右，在 60～65℃的氧化-还原引发体系中接枝共聚反应 4h，产物为两性淀粉接枝共聚物（浆糊状）。其中，醚化剂用量为淀粉量的 10%～30%，醚化反应时间 120min 左右；单体总用量与淀粉量的质量比为 1∶1，在 pH＝7 左右、60℃下反应 4h，单体转化率可达 95%以上。

9.3.3 接枝共聚物的改性

接枝共聚物的改性主要是利用共聚物分子上的活性基团，通过化学改性，赋予接枝共聚物新基团和两性功能。

9.3.3.1 淀粉/丙烯酰胺接枝共聚物的改性

在淀粉/丙烯酰胺接枝共聚物改性产品的制备过程中，首先要以淀粉为原料，通过接枝共聚的方法合成出淀粉丙烯酰胺接枝共聚物，然后以共聚物为原料，通过进一步的化学改性，如Mannich反应和水解反应或Mannich反应和磺甲基化反应来制备两性型淀粉改性絮凝剂。具体反应式如下所示：

接枝共聚：

$$ST^{\cdot} + nCH_2{=}CH{-}CONH_2 \xrightarrow{\text{引发}} ST{-}\left[CH_2{-}\underset{\displaystyle CONH_2}{\underset{|}{CH}}\right]_n{-}$$

Mannich反应：

$$ST{-}\left[CH_2{-}\underset{\displaystyle NH_2}{\underset{|}{\underset{C=O}{\underset{|}{CH}}}}\right]_n + HCHO + HN(CH_3)_2 \longrightarrow$$

$$ST{-}\left[CH_2{-}\underset{\displaystyle NH_2}{\underset{|}{\underset{C=O}{\underset{|}{CH}}}}\right]_x\left[CH_2{-}\underset{\displaystyle NHCH_2N(CH_3)_2}{\underset{|}{\underset{C=O}{\underset{|}{CH}}}}\right]_y{-}$$

水解反应：

$$ST{-}\left[CH_2{-}\underset{\displaystyle NH_2}{\underset{|}{\underset{C=O}{\underset{|}{CH}}}}\right]_x\left[CH_2{-}\underset{\displaystyle NHCH_2N(CH_3)_2}{\underset{|}{\underset{C=O}{\underset{|}{CH}}}}\right]_y + mNaOH + H_2O \longrightarrow$$

$$ST{-}\left[CH_2{-}\underset{\displaystyle NH_2}{\underset{|}{\underset{C=O}{\underset{|}{CH}}}}\right]_{x-m}\left[CH_2{-}\underset{\displaystyle NHCH_2N(CH_3)_2}{\underset{|}{\underset{C=O}{\underset{|}{CH}}}}\right]_y\left[CH_2{-}\underset{\displaystyle COONa}{\underset{|}{CH}}\right]_m + mNH_4OH$$

磺甲基化反应：

$$ST{-}\left[CH_2{-}\underset{\displaystyle NH_2}{\underset{|}{\underset{C=O}{\underset{|}{CH}}}}\right]_x\left[CH_2{-}\underset{\displaystyle NHCH_2N(CH_3)_2}{\underset{|}{\underset{C=O}{\underset{|}{CH}}}}\right]_y + mHCHO + mNaHSO_3 \xrightarrow[pH=10\sim13]{\text{催化剂}}$$

$$ST{-}\left[CH_2{-}\underset{\displaystyle NH_2}{\underset{|}{\underset{C=O}{\underset{|}{CH}}}}\right]_{x-m}\left[CH_2{-}\underset{\displaystyle NHCH_2N(CH_3)_2}{\underset{|}{\underset{C=O}{\underset{|}{CH}}}}\right]_y\left[CH_2{-}\underset{\displaystyle NHCH_2SO_3Na}{\underset{|}{\underset{C=O}{\underset{|}{CH}}}}\right]_m$$

(1) 淀粉/丙烯酰胺接枝共聚物的制备

方法详见第6章——非离子型天然有机高分子改性絮凝剂。

(2) 淀粉/丙烯酰胺接枝共聚物的改性

方法1：以淀粉/丙烯酰胺接枝共聚物为原料，通过Mannich反应和水解反应来制备两性型淀粉/丙烯酰胺接枝共聚物。具体实例[32]：称取定量的淀粉/丙烯酰胺接枝共聚物和去离子水，加入装有搅拌器、温度计和回流冷凝器的三口烧瓶中，在室温下搅拌、溶解后，一并加入甲醛和二甲胺，反应2～3h，调节温度，加入水解剂反应2～4h，即得浅黄色透明黏稠状产品，取样沉淀、洗涤、干燥和粉碎，检验产物性质。其中，Mannich反应条件：接枝物、甲醛、二甲胺的最佳摩尔比是1∶1.1∶1.5，反应体系的pH值为11，淀粉/丙烯酰胺接枝共聚物的质量分数为2.5%，反应温度50℃，反应时间2.5h。水解反应条件：水解剂选择质量比为1.4∶1的碳酸钠与氢氧化钠混合物，水解反应温度为65℃，反应时间为3h。

方法2：以淀粉/丙烯酰胺接枝共聚物为原料，通过Mannich反应和磺甲基化反应来制备两性型淀粉/丙烯酰胺接枝共聚物。具体实例：将定量淀粉接枝聚丙烯酰胺和水加入反应器中，用NaOH溶液将体系pH值调至9～11，滴加甲醛，在35～45℃下反应1～2h，然后滴加二甲胺溶液，在70～85℃下反应1～2h后，滴加甲醛和$NaHSO_3$混合反应液，继续反应3～4h后降温出料。其中，淀粉/丙烯酰胺接枝共聚物与甲醛、二甲胺的摩尔比为1∶1.2∶1.5，接枝共聚物、甲醛和$NaHSO_3$的摩尔比为1∶0.5∶0.7；接枝共聚物的质量分数为3%～5.5%。

方法3：以淀粉/丙烯酰胺接枝共聚物为原料，通过Mannich反应和磺甲基化反应来制备两性型淀粉/丙烯酰胺接枝共聚物，然后进行交联反应，制备出阳离子两性絮凝剂。具体实例为[33]：在装有搅拌器、温度计和滴液漏斗的250mL三口烧瓶中，加入定量淀粉接枝聚丙烯酰胺，分别滴加计算量的甲醛和二甲胺溶液，同时滴加0.1mol/L的甲酸溶液以保持反应体系pH值为10～11，55℃恒温反应3h后，升温至65～70℃，滴加2mol/L的$NaHSO_3$溶液，继续反应3h后降温至50～55℃，分批滴入环氧氯丙烷，3.5h后停止反应。其中，接枝共聚物∶甲醛∶二甲胺∶亚硫酸氢钠∶环氧氯丙烷的摩尔比为1.0∶1.2∶0.7∶0.4∶0.4；磺化最佳工艺条件为反应温度65℃、体系pH值12、反应时间3.0h；季铵化最佳工艺条件：反应温度50℃、体系pH=11、反应时间3.5h。淀粉基强阳离子两性絮凝剂的胺化度为5.55×10^{-3}mol/g，阴离子化度为2.44×10^{-3}mol/g，季铵化度为2.55×10^{-3}mol/g。

9.3.3.2 淀粉/丙烯酰胺/丙烯酸钠接枝共聚物的改性

淀粉/丙烯酰胺/丙烯酸钠接枝共聚物的改性主要是利用接枝共聚物上的活性酰胺基团，通过Mannich反应制备出两性淀粉改性絮凝剂，具体反应式为：

接枝共聚：

$$ST^{\cdot}+nCH_2{=}CHCONH_2+mCH_2{=}CHCOONa\xrightarrow{\text{引发}}ST{-}\!\left[CH_2{-}\underset{\displaystyle CONH_2}{\underset{|}{CH}}\right]_n\!\!\left[CH_2{-}\underset{\displaystyle \underset{\displaystyle ONa}{\underset{|}{C{=}O}}}{\underset{|}{CH}}\right]_m$$

Mannich 反应：

$$\text{ST}\!-\!\left[\text{CH}_2-\underset{\text{CONH}_2}{\text{CH}}\right]_n\!\left[\text{CH}_2-\underset{\underset{\text{ONa}}{\text{C=O}}}{\text{CH}}\right]_m + \text{HCHO} + \text{HN(CH}_3)_2 \longrightarrow$$

$$\text{ST}\!-\!\left[\text{CH}_2-\underset{\underset{\text{NH}_2}{\text{C=O}}}{\text{CH}}\right]_{n-y}\!\left[\text{CH}_2-\underset{\underset{\text{NHCH}_2\text{N(CH}_3)_2}{\text{C=O}}}{\text{CH}}\right]_y\!\left[\text{CH}_2-\underset{\text{COONa}}{\text{CH}}\right]_m$$

制备方法如下。

(1) 接枝共聚物的制备

反应在装有搅拌器的四口烧瓶中进行，淀粉在水中打浆后加入，乳化剂溶解在液体石蜡（油相）后加入，通 N_2 搅拌，升温至所需温度，加入引发剂，将聚合单体配成一定浓度的溶液滴入。基本反应条件为：水相质量分数为 40%，其中淀粉和单体的总质量比为 1∶1；丙烯酰胺和丙烯酸钠的质量比为 4∶1；引发剂过硫酸铵，浓度为 2.4×10^{-4} mol/L；油水相体积比 1.2∶1。

(2) 两性接枝共聚物的制备

将一定量的淀粉/丙烯酰胺/丙烯酸钠接枝共聚物乳液加入装有搅拌器、温度计的三口烧瓶中，将体系 pH 值调至 10～11，再向三口烧瓶中加入定量的甲醛和二甲胺，在 45～55℃下反应约 3h。反应结束后，自然冷却，再加入定量的硫酸二甲酯季铵化，反应半小时后出料，得两性接枝共聚物。

9.3.3.3 淀粉/丙烯腈接枝共聚物的改性

笔者曾利用淀粉为原料，以丙烯腈为单体，以硝酸铈铵为引发剂，通过接枝共聚反应制备出淀粉/丙烯腈接枝共聚物，然后通过进一步的化学改性，制备出含两亲基团（亲油基团—CN 和亲水基团—COONa、—$CONH_2$ 以及—NH_2 等）的两性淀粉改性絮凝剂。具体工艺为[34]：将淀粉和水按一定的配比加入反应釜中，通 N_2 保护，在 85～90℃下加热糊化 45min 后，冷却至室温，加入计算量的 Ce^{4+} 盐，反应 20min 后加入适量的丙烯腈(AN)，反应 2.0h 后，过滤、水洗、丙酮和乙醚洗，干燥后即得氰乙基淀粉。

将氰乙基淀粉与双氰胺（DCD）在二甲基甲酰胺（DMFA）溶液中充分混合，并逐渐滴加碱液，45min 内加完，同时升温到 105℃，剧烈搅拌，反应 5h 后用盐酸中和，水洗、过滤、干燥后即得两亲型高分子絮凝剂 ASF。

9.3.3.4 羧甲基淀粉/丙烯酰胺接枝共聚物的改性

制备方法[35]：采用来源极其广泛、价格便宜的玉米淀粉为原料，先以氯乙酸为醚化剂通过羧甲基化反应在淀粉分子上接上羧甲基，再通过接枝共聚反应，以硝酸铈铵为引发剂接枝丙烯酰胺单体，最后以甲醛、二甲胺为醚化剂，通过 Mannich 反应对接枝在淀粉分子上的丙烯酰胺进行胺甲基化改性，引入季铵基团，首次合成出改性玉米淀粉两性絮凝剂 CGAAC。羧甲基化反应中，淀粉∶氯乙酸∶氢氧化钠(摩尔比)＝1∶1∶2，反应温度

50℃，反应时间 4h；接枝共聚反应中，淀粉∶丙烯酰胺(质量比)＝1∶2，引发剂浓度为 0.01～0.1mol/L，反应温度 60℃，反应时间 2h；阳离子化反应中，酰氨基∶甲醛∶二甲胺(摩尔比)＝1∶1∶1.5，反应温度 50℃，反应时间 2h。

9.4 改性木质素类絮凝剂的制备

改性木质素类絮凝剂的制备方法有 3 种：a. 木质素磺酸盐的 Mannich 反应；b. 木质素磺酸盐的接枝共聚；c. 接枝共聚物的改性。

9.4.1 木质素磺酸盐的 Mannich 反应

木质素磺酸盐的 Mannich 反应主要是利用木质素磺酸盐上的部分活性基团（如羟基等），通过 Mannich 反应，制备出两性的改性木质素絮凝剂。制备方法：将木质素磺酸盐(其中包括木质素磺酸钠、木质素磺酸钙、木质素磺酸镁等）溶于水中，将反应体系的 pH 值调至 10.5～12.0，加入木质素磺酸盐质量 35%～70%的甲醛溶液，在 70～80℃下反应 2～5h，加入二甲胺，反应 2～3h 后，将温度降至 45℃左右，加入硫酸二甲酯，反应 1h 后出料，即得两性改性木质素絮凝剂。

9.4.2 木质素磺酸盐的接枝共聚

木质素磺酸盐的接枝共聚主要是利用引发剂引发木质素磺酸盐产生自由基，再与阳离子单体发生接枝共聚，制备出两性接枝共聚物。由于引发剂对木质素，尤其对木质素磺酸盐的引发效率不高，因此接枝效果不是非常理想。制备方法：将木质素磺酸盐溶于蒸馏水中，在 25～45℃下通 N_2，搅拌条件下加入定量的二甲基二烯丙基氯化铵（DMDAAC）和丙烯酰胺混合水溶液，在 30min 内逐滴加入定量的引发剂硫酸亚铁/过硫酸钾/脲溶液，3～5h 后停止搅拌，恒温密封静置 2～3h，即得木质素磺酸盐/丙烯酰胺/二甲基二烯丙基氯化铵接枝共聚物。

9.4.3 接枝共聚物的改性

木质素接枝共聚物以及木质素磺酸盐接枝共聚物的改性是制备两性改性木质素絮凝剂的主要方法之一。根据接枝共聚物原材料的不同，可分为木质素接枝共聚物的改性和木质素磺酸盐接枝共聚物的改性。

9.4.3.1 木质素接枝共聚物的改性

和淀粉/丙烯酰胺接枝共聚物的改性方法类似，木质素接枝共聚物的改性方式有两种：一种是以木质素/丙烯酰胺接枝共聚物为原料，通过 Mannich 反应和水解反应来制备两性型木质素/丙烯酰胺接枝共聚物；另一种是以木质素/丙烯酰胺接枝共聚物为原料，通过 Mannich 反应和磺甲基化反应来制备两性型木质素/丙烯酰胺接枝共聚物。

(1) 改性方法 1

① 木质素/丙烯酰胺接枝共聚物的制备。将木质素和适量蒸馏水加入四口烧瓶中，搅

拌均匀后，在 N_2 氛围内加入硫酸亚铁溶液，反应 10min 后，加入丙烯酰胺单体，10～20min 后，加入过硫酸钾溶液，通氮气，搅拌反应 2～3h，得木质素/丙烯酰胺接枝共聚物。

② 两性木质素/丙烯酰胺接枝共聚物的制备。在上述接枝物中加入计算量的甲醛和二甲胺，接枝共聚物、甲醛和二甲胺的摩尔比为 1∶1∶1.5，反应温度为 50℃，搅拌反应 2～3h 后，加入碳酸钠和氢氧化钠混合水溶液，在 70～80℃下反应 2～3h，即得两性型木质素/丙烯酰胺接枝共聚物。

(2) 改性方法 2

① 木质素/丙烯酰胺接枝共聚物的制备。将木质素和适量蒸馏水加入四口烧瓶中，搅拌均匀后，在 N_2 氛围内加入硫酸亚铁溶液，反应 10min 后，加入丙烯酰胺单体，10～20min 后，加入过硫酸钾溶液，通氮气，搅拌反应 2～3h，得木质素/丙烯酰胺接枝共聚物。

② 两性木质素/丙烯酰胺接枝共聚物的制备。在上述接枝物中加入计算量的甲醛和二甲胺，接枝共聚物、甲醛和二甲胺的摩尔比为 1∶1∶1.5，反应温度为 50℃，搅拌反应 2h 后，加入甲醛和亚硫酸氢钠的反应混合液，在 70～85℃下反应 3～4h，即得两性木质素/丙烯酰胺接枝共聚物。

9.4.3.2 木质素磺酸盐接枝共聚物的改性

木质素磺酸盐接枝共聚物的改性工艺为：首先以木质素磺酸盐和丙烯酰胺为原料制备出木质素磺酸盐/丙烯酰胺接枝共聚物，然后通过 Mannich 反应进行阳离子化，制备出两性木质素磺酸盐/丙烯酰胺接枝共聚物。

木质素磺酸盐接枝共聚物改性实例[36]：

① 木质素磺酸钙与丙烯酰胺的接枝共聚。在三口烧瓶中加入一定量的木质素磺酸钙和水，搅拌溶解，升温至 50℃，通氮气 5min，加入配比量的过硫酸钾及丙烯酰胺，保温反应。其中，过硫酸钾浓度为 5×10^{-3} mol/L，丙烯酰胺用量 1.4mol/L，反应温度 50℃，反应时间 2.5h。

木质素磺酸镁/丙烯酰胺接枝共聚物的制备见参考文献 [37,39]。

② 接枝共聚物的 Mannich 反应。将接枝共聚物溶液用 10% NaOH 溶液调节至一定的 pH 值，加入甲醛在相应温度下羟甲基化反应一定时间，再加入二甲胺在一定温度下胺甲基化反应一定时间，得到反应产物。其中，醛、胺摩尔比 1∶1，羟甲基化反应温度 50℃，羟甲基化反应时间 1h，胺甲基化反应温度 50℃，胺甲基化反应时间 2h，反应体系的 pH 值为 10。

③ 以木质素磺酸钠（LS）为原料、马来酸酐（MA）为单体、过硫酸铵（APS）为引发剂，在水溶液中进行接枝反应，讨论了温度、马来酸酐用量和马来酸酐氨化程度对接枝产率的影响。采用红外光谱和热重分析对产物进行表征，并通过红外光谱确证了木质素磺酸钠与马来酸酐的接枝。热重分析表明，接枝改性的木质素磺酸钠具有更好的热稳定性。试验表明，接枝反应的最佳条件为：45℃，MA/LS＝1/1，氨水/MA＝1/1。接枝反应可提高木质素磺酸钠的活性，为木质素磺酸钠的开发利用提供新途径[38]。

9.5 改性壳聚糖类絮凝剂的制备

壳聚糖上的氨基可以与醛酮发生 Schiff 碱反应，生成相应的醛亚胺和酮亚胺多糖[40,41]。可用此反应来保护游离键 NH_2，在羟基上引入其他基团；或用硼氢化钠还原得到 N 取代的多糖。同时根据羧甲基的取代位置不同，可以获得 *O*-羧甲基壳聚糖（*O*-CMC）、*N*-羧甲基壳聚糖（*N*-CMC）、*N*,*O*-羧甲基壳聚糖（*N*,*O*-CMC）三种衍生物。两性壳聚糖絮凝剂的制备方法主要有醚化、黄原酸化和磷酸化等。两性壳聚糖根据其所带的阴离子基团的不同，又可分为羧甲基壳聚糖、黄原酸化壳聚糖钠盐和壳聚糖磷酸酯等。

9.5.1 羧甲基壳聚糖的制备

羧甲基壳聚糖对水解反应不敏感，有两性聚电解质的性质。羧甲基化得到的产品羧甲基壳聚糖（CM-CTS）因引进了$-CO_2H$，因此它的水溶性比壳聚糖有明显提高。羧甲基壳聚糖的制备主要是利用一氯乙酸在碱催化条件下，通过醚化反应制备而成，具体反应式为：

$$[\text{壳聚糖单元}(CH_2OH, OH, NH_2)-O]_n + ClCH_2COOH + NaOH \longrightarrow [\text{单元}(CH_2OCH_2COONa, OH, NH_2)-O]_n$$

此外，利用氨基与醛基反应生成 Schiff 碱的性质，选择分子结构中含有羧基、羟基等亲水性基团的醛，也可实现羧甲基化反应，反应如下式所示[42]：

$$[\text{壳聚糖单元}(CH_2OH, OH, NH_2)-O]_n \xrightarrow[NaBH_3CN]{CHO-C_6H_4-COOH} [\text{单元}(CH_2OH, OH, NH-CH_2-C_6H_4-COOH)-O]_n$$

实例 1[43]：取 15g 壳聚糖加入 35mL 50% NaOH 溶液、150mL 异丙醇，在三口烧瓶中碱化 8h 之后加入 18g 氯乙酸，反应 2h，升温至 65℃，再反应 2h，停止加热，用冰醋酸调节 pH 至中性，过滤后用 70% 甲醇洗涤滤饼多次，再用无水乙醇反复洗涤，60℃烘干得羧甲基壳聚糖。

实例 2[44]：将 10g 壳聚糖粉末于 15mL 异丙醇中浸泡 1～2h，加入 30% NaOH 溶液 25mL，水浴加热，将 6g 氯乙酸溶解于 20mL 异丙醇中，搅拌下滴入反应器，反应一定时间。反应完毕后，冷却，分出水层黏状物，加入 50mL 蒸馏水，充分搅拌，用 10% HCl 调节 pH＝7，过滤出不溶物，滤液用甲醇充分沉淀，过滤，用无水乙醇洗涤沉淀，烘干得产品。

实例 3[45]：称取壳聚糖置于三口烧瓶中，加入一定量的异丙醇，搅拌 30min 使其溶胀，然后缓慢加入质量分数为 45％的 NaOH 溶液，让壳聚糖在碱性条件下膨胀 3h，形成碱化中心。缓慢滴加含有一定氯乙酸的异丙醇溶液，升温搅拌反应一定时间，得到羧甲基壳聚糖粗品，向溶液中加入少量蒸馏水，然后用乙酸调 pH 值至中性，抽滤，并且依次用 75％甲醇、95％乙醇、无水乙醇洗涤多次，透析，冷冻干燥，即得成品。

实例 4[46]：以甲壳素为原料合成羧甲基壳聚糖，具体制备方法如下。甲壳素浸泡于 40％～60％的 NaOH 溶液中，一定温度下浸泡数小时后，在搅拌过程中缓慢加入氯乙酸，于 70℃反应 0.5～5.0h，酸碱质量比控制在（1.2～1.6）：1；反应混合物再在 0～80℃时保温 5～36h，然后用盐酸或醋酸中和，将分离出来的产物用 75％乙醇水溶液洗涤后于 60℃干燥。

实例 5[47]：微波作用下合成羧甲基壳聚糖。将 20g 预处理过的壳聚糖在 200mL 异丙醇中制成悬浮液，在搅拌下往其中加入 NaOH，在 20min 内分 6 份加入，然后再将 24g 固体氯乙酸每间隔 5min 一次，分 5 等份加到上述悬浮液中。将制好的样品放到微波炉中，微波辐射若干分钟，接着将 17mL 冷蒸馏水加入此混合物，并用冰醋酸将它的 pH 值调到 7.0，然后将反应后的混合物过滤，固体产物先用 70％的甲醇水溶液洗涤，再用无水甲醇洗涤，所得的羧甲基壳聚糖在真空干燥箱中 60℃真空干燥即得产品。

实例 6[48]：将 10.0g 壳聚糖加到 500mL 四口烧瓶中，再加入 25.0g 质量分数为 40.0％的 NaOH 碱液和 180mL 异丙醇，搅拌下水浴加热至 45.0℃，并在此温度下碱化 2h；由滴液漏斗滴加 25.0g 质量分数为 50.0％的氯乙酸水溶液，控制滴加速度使瓶中物料温度不高于 50℃；滴加完毕后升温至 50℃，并在此温度下反应 7.0h 出料。反应物料用质量分数为 10％的盐酸水溶液调节 pH 值为 7 后过滤，滤渣用 70mL 质量分数为 80％的甲醇溶液浸泡洗涤并抽滤（反复 3 次），再将所得固体物料用 70mL 无水乙醇洗涤浸泡并抽滤（反复两次），将固体物料置于红外线快速干燥器中干燥，控制温度不高于 90℃，至质量恒定后即得 CM-CTS。

9.5.2 黄原酸化壳聚糖钠盐的制备

壳聚糖与 CS_2 和 NaOH 的水溶液在 60℃下反应 6h 后再与丙酮反应，可得到 *N*-黄原酸化壳聚糖钠盐，壳聚糖发生黄原酸化反应的过程如下式所示[40,49]：

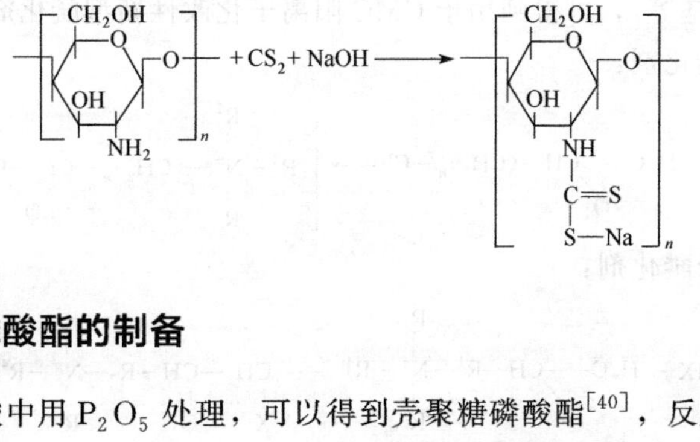

$$[\text{chitosan unit: } CH_2OH,\ OH,\ NH_2]_n + CS_2 + NaOH \longrightarrow [\text{unit: } CH_2OH,\ OH,\ NH{-}C({=}S){-}S{-}Na]_n$$

9.5.3 壳聚糖磷酸酯的制备

壳聚糖在甲磺酸中用 P_2O_5 处理，可以得到壳聚糖磷酸酯[40]，反应式为：

$$\left[\begin{array}{c}\text{CH}_2\text{OH}\\ \text{O}\\ \text{OH} \quad \text{NH}_2\end{array}\text{—O—}\right]_n + P_2O_5 + CH_3SO_3 \longrightarrow \left[\begin{array}{c}\text{HO—P(=O)—OH}\\ \text{CH}_2\text{O}\\ \text{O}\\ \text{OH} \quad \text{NH}_2\end{array}\text{—O—}\right]_n$$

实例：将 0.5～4mol 的 P_2O_5 加到含 2g 甲壳素或壳聚糖（脱乙酰度为 45%和 97%）的 14mL 甲磺酸混合液中，在 0～5℃用玻璃棒手工搅拌 2～3h。在反应时，要防止反应物吸收空气中的湿气。反应完后，加入乙醚使产物沉淀，进行离心分离，用乙醚洗涤 5 次，用丙酮洗涤 3 次，用甲醇洗涤 3 次，最后再用乙醚洗涤 1 次，然后干燥。

9.6 改性纤维素类絮凝剂的制备

改性纤维素类絮凝剂的制备方式有 3 种，即醚化法、接枝共聚、接枝共聚物的改性。

9.6.1 醚化反应

纤维素通过醚化反应制备出两性纤维素的方式有两种：利用羧甲基纤维素进行阳离子化，以及直接利用纤维素进行羧甲基化和阳离子化。由于羧甲基纤维素的制备已在第 7 章详细介绍过了，因此，本节主要介绍羧甲基纤维素的阳离子化。羧甲基纤维素（CMC）是一种重要的水溶性纤维素醚类衍生物。其具有无毒、可生物降解、便宜易得、易水溶且在水溶液中具有良好的增黏及抗剪切能力等特点。羧甲基纤维素阳离子化改性是制备性能优良的天然两性高分子的重要方法之一[50]。

由于 CMC 的结构与纤维素类似，在大分子骨架上均含有一定数量的未被羧甲基化的羟基，这些羟基与含有某些官能团（氯代基、环氧基、氯代酰基等）的试剂在一定条件下容易发生以下经典的有机化学反应，反应式如下所示[51]：

Williamson 反应：$\text{Cell—OH} + \text{NaOH} + \text{RX} \longrightarrow \text{Cell—OR} + \text{NaX} + H_2O$

碱催化烷氧基化反应：$\text{Cell—OH} + \underset{\diagdown O \diagup}{H_2C\text{—}CH}\text{—R} \xrightarrow{\text{NaOH}} \text{Cell—O—CH}_2\text{—}\underset{|}{\overset{}{\text{CH}}}\text{—R}$（CH 上连 OH）

在借鉴上述反应的基础上，在叔胺制备季铵盐的过程中，有意识地引入相应的官能团（如氯取代基、环氧基等），可得到用于 CMC 阳离子化改性新型醚化剂，反应式为：

环氧型阳离子醚化剂：

$$R^2\text{—}\overset{R^1}{\underset{R^3}{N}} + \underset{\diagdown O \diagup}{H_2C\text{——}CH}\text{—}(CH_2)_n\text{—Cl} \longrightarrow \left[R^2\text{—}\overset{R^1}{\underset{R^3}{N^+}}\text{—}(CH_2)_n\text{—}\underset{\diagdown O \diagup}{CH\text{——}CH_2}\right]Cl^-$$

卤取代型阳离子醚化剂：

$$HX + \underset{\diagdown O \diagup}{H_2C\text{——}CH}\text{—}R^1\text{—}\overset{R^3}{\underset{R^2}{N^+}}\text{—}R^4 \longrightarrow \underset{X}{CH_2}\text{—}\underset{OH}{CH}\text{—}R^1\text{—}\overset{R^3}{\underset{R^2}{N^+}}\text{—}R^4$$

以羧甲基纤维素为原料，利用醚化反应制备两性型纤维素主要是通过高分子侧基反应来进行的。高分子侧基反应是指 CMC 大分子链上的羟基与反应型阳离子单体的特殊官能团发生大分子侧基反应从而在羧甲基大分子链上引入带有阳离子电荷基团的支链，是反应型阳离子单体接枝的常用途径。与接枝共聚合相比，该方法优点是制备工艺简单，优选余地大，反应比较简单，产物提取分离比较容易。缺点是生成的侧链较短，CMC 阳离子化程度有限。当前用高分子侧基反应法对 CMC 进行阳离子化改性的研究并不多见，其原因可能是已工业化的适合高分子侧基反应的阳离子型单体品种少。

目前用此法制备阳离子化衍生物的主要途径（一步法和分步法）可以简单表示成下式所示：

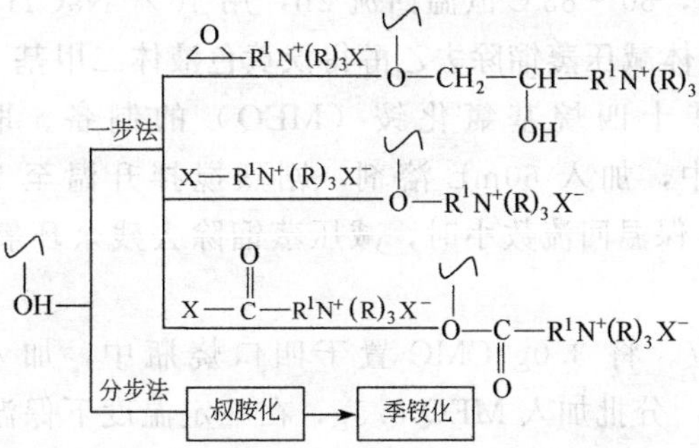

一步法：

$$\sim OH + \overset{O}{\triangle}\!-R^1N^+(R)_3X^- \longrightarrow \sim O-CH_2-\underset{OH}{CH}-R^1N^+(R)_3X^-$$

$$\sim OH + X-R^1N^+(R)_3X^- \longrightarrow \sim O-R^1N^+(R)_3X^-$$

$$\sim OH + X-\overset{O}{\overset{\|}{C}}-R^1N^+(R)_3X^- \longrightarrow \sim O-\underset{O}{\underset{\|}{C}}-R^1N^+(R)_3X^-$$

分步法：叔胺化 → 季铵化

(1) 一步法

一步法是在借鉴纤维素醚化反应的一些经典反应如 Williamson 醚化反应、碱催化烷氧基化反应、碱催化加成反应等的基础上发展起来的。CMC 大分子结构与纤维素类似，大分子葡萄糖环上一般都含有未羧甲基化的羟基，且 CMC 为水溶性，能够克服纤维素的非均相反应的缺点，可在水溶液中与阳离子单体实现均相大分子侧基反应，从而可能制得性能较好的 CMC 阳离子化衍生物。能与 CMC 发生侧基反应的特定官能团有很多，以下举几例[52]：

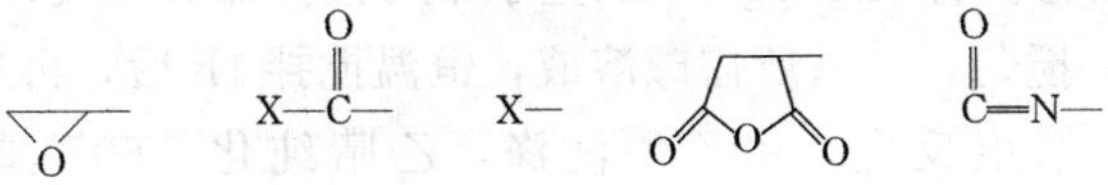

a（环氧基） b $X-\overset{O}{\overset{\|}{C}}-$ c $X-$ d（酸酐环） e $\overset{O}{\overset{\|}{C}}=N-$

但实际上常用的有环氧型侧基反应和 S_N2 取代反应两类。

① 环氧型侧基反应。环氧型阳离子单体如图 a 所示，以水（可含也可不含有机溶剂，如乙醇、丙醇等）为分散介质，在碱的催化作用下，与 CMC 中未羧甲基化的羟基进行均相反应，发生类似碱催化烷氧基化的反应，使阳离子单体成功接枝到 CMC 大分子链上，从而得到水溶性的阳离子化衍生物。

② S_N2 取代反应。季铵型阳离子单体以水（可含也可不含有机溶剂，如乙醇、异丙醇等）为分散介质，在碱的催化作用下，与 CMC 中未羧甲基化的羟基进行均相反应，发生类似 Williamson 醚化的反应。

(2) 分步法

西南石油学院冯琳[53]曾经通过分步法制备 CMC 阳离子化衍生物：利用羧甲基纤维

素的羧酸根基团先与甲醇发生酯化反应，然后再与 *N*-羧甲基胺发生 Mannich 反应，最后烷基化得到阳离子化的羧甲基纤维素。此方法步骤繁多，需合成较多中间体，成本高，所以有关的研究报道并不多见。

1）实例 1：羧甲基纤维素季铵盐的制备

蒋刚彪[54]等以十四胺、环氧氯丙烷为原料，合成长碳链季铵盐环氧丙基二甲基十四烷基氯化铵（MEQ），与羧甲基纤维素（CMC）接枝，合成两性高分子表面活性剂（MEQCMC）。其具体合成步骤如下。

① 二甲基十四胺的制备。置 25mL 乙醇于四口烧瓶中，加入十四胺 15g，加热搅拌使其溶解，移入恒温水浴，55℃左右滴入 18～20mL 甲酸，恒温搅拌数分钟，升温至 63℃，缓慢滴加 15～20mL 甲醛，80～83℃恒温回流 2h，用 40% NaOH 中和至 pH 值为 10～12，静置分层，取上层液体减压蒸馏除去乙醇得淡黄色液体二甲基十四胺 15.6g。

② 环氧丙基二甲基十四烷基氯化铵（MEQ）的制备。取二甲基十四胺 12g（0.05mol）置四口烧瓶中，加入 60mL 溶剂，剧烈搅拌升温至 55℃，缓慢滴加 5.5g（0.06mol）环氧氯丙烷，保温回流数小时，减压蒸馏除去残余环氧氯丙烷及溶剂，得浅黄色膏状物 MEQ。

③ CMC 季铵化反应。将 3.0g CMC 置于四口烧瓶中，加入 50mL 溶剂、0.75g KOH，60℃下搅拌 0.5h，分批加入 MEQ 5.5g，在一定温度下保温数小时，冷却。以丙酮沉淀，乙酸中和至中性，90% 乙醇洗涤，60℃真空干燥得羧甲基纤维素季铵盐（MEQCMC）。

2）实例 2：两性高分子 TOPCMC 的制备[55]

① EPTO 的制备。在装有搅拌器和温度计的四口烧瓶中加入 9.6g（0.03mol）三辛胺，10mL 介质，搅匀，移入水浴加热。当达到一定温度时，搅拌下缓慢滴加 2.8g（0.03mol）环氧氯丙烷，恒温搅拌数小时，冷却后减压蒸馏除去残留的环氧氯丙烷，即得季铵化剂 EPTO。

② TOPCMC 的制备。称取 6.0g CMC 置于带有搅拌器和温度计的四口烧瓶中，加入一定体积的反应介质，搅匀，加入所需碱溶液，恒温搅拌 1h 后，再加入一定量的 EPTO，65℃下恒温搅拌 5h。结束反应，用乙醇洗涤，乙腈纯化，60℃真空干燥，即得产物 TOPCMC。

以三辛胺、环氧氯丙烷制备季铵盐，再接枝到羧甲基纤维素上，可获得有很高黏度稳定性和表面活性的新型两性高分子。

3）实例 3：阴离子羧甲基纤维素的季铵化

张黎明[56]等通过在碱性条件下用阴离子型羧甲基纤维素（CMC）与 3-氯-2-羟丙基三甲基氯化铵（CHPTMAC）结合进行季铵阳离子化，从而合成两性纤维素。其合成步骤为：

① CHPTMAC 季铵化剂。在装有搅拌和温度计的四口烧瓶中加入 44.9% 的盐酸三甲胺水溶液，当水浴加热到 35℃时，搅拌下缓慢滴加与盐酸三甲胺等物质的量的环氧氯丙烷，滴完在该温度搅拌 1h，将所得混合物进行减压蒸馏（除去残留环氧氯丙烷），即得 CHPTMAC 季铵化剂。

② CMC季铵化。将称量的CMC分散于100mL反应介质中，搅拌均匀后加入所需的碱溶液通 N_2 搅拌 30min，然后加入一定量的 CHPTMAC 溶液，于 60℃再通氮搅拌 120min。用丙酮沉淀、洗涤，乙腈纯化、40℃真空干燥、粉碎，即得 CMC 季铵化产物。还研究了CMC原料的取代度、碱的种类和用量、CHPTMAC的用量对季铵取代度和季铵化反应效率的影响。研究发现：季铵取代度和季铵反应效率随着 CMC 取代度增大而减小；产物的季铵取代度随着 CHPTMAC 用量的增加而增大，而季铵化效率却随着 CHPTMAC 用量的增加而减小；在其他反应条件相同时，用 KOH 代替 NaOH 对二者都无明显影响，但产物的季铵取代度和季铵反应效率随着 KOH 用量的增加呈先增大后减小的变化趋势。

9.6.2 接枝共聚

自由基接枝共聚（free-radical graft-copolymerization）是乙烯基类阳离子单体用于羧甲基纤维素（CMC）接枝改性的主要途径，其聚合反应过程通常由引发（initiation）、增长（propagation）、终止（termination）和链转移（chain transfer）四个基元反应构成。目前通常的做法是：乙烯基类阳离子单体（多为阳离子型季铵盐），或与其他共聚单体（如 AM 等）在水介质中，选择适当的引发体系引发使之与 CMC 发生自由基共聚反应，反应通式为：

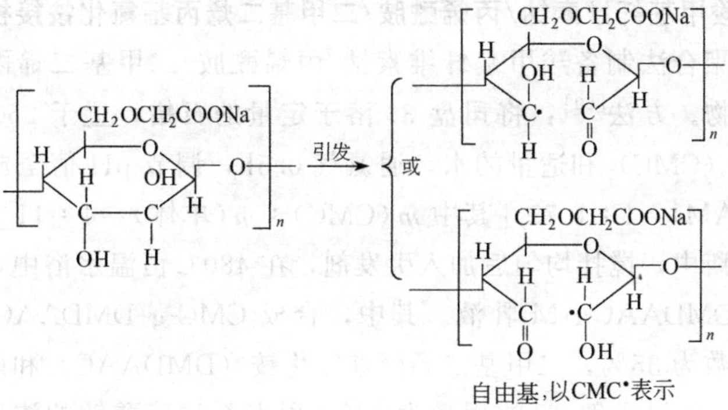

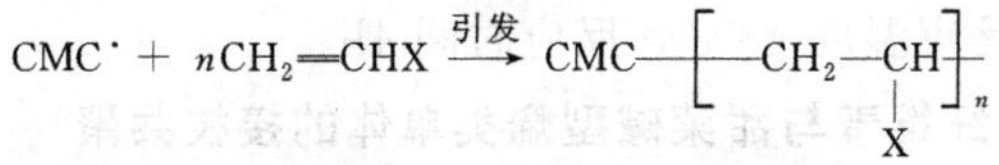

$$\left[\text{CMC 葡萄糖单元}\ (CH_2OCH_2COONa)\right]_n \xrightarrow{引发} \left[\cdots \dot{C}(H)-C(=O)H \cdots\right]_n \ 或\ \left[\cdots HC(=O)-\dot{C}(H)OH \cdots\right]_n$$

自由基,以CMC·表示

$$CMC^{\cdot} + nCH_2{=}CHX \xrightarrow{引发} CMC-\left[-CH_2-\underset{X}{\underset{|}{CH}}-\right]_n$$

式中，X 为阳离子基团。

目前自由基接枝共聚研究中比较典型且用到的引发体系有高锰酸钾/酸引发体系和过硫酸盐引发体系。$KMnO_4/H_2SO_4$ 体系是引发体系中最为廉价的一种，近年来高锰酸钾作为一种有效的引发剂广泛应用于纤维素的各种接枝反应，其特点是廉价易得，引发活化能低，可在室温下甚至更低温度下引发聚合，反应专一性强，可以将接枝反应中生成的均聚物控制在最低限度。但该引发体系也存在缺陷：①引发剂高锰酸钾易氧化乙烯类阳离子单体，单体利用率低且引发剂残余物不易去除，影响接枝物性能；②反应体系呈酸性，CMC 易发生酸性降解，导致接枝物黏度损失；③反应在酸性体系中进行，CMC 上的羧酸根基团以羧酸形式存在，易与大分子链上的羟基发生分子内酯化，使产品的水溶性变差。过硫酸盐引发体系也是 CMC 阳离子化研究中用得较多的另一种氧化还原体系，其特点是引发剂廉价易得，残余的引发剂无色，易于除去，反应活性较强，反应可在室温下进行。但此引发体系存在明显的缺点：反应的专一性不强，均聚物生成机会大，单体有效利用率低。

(1) 实例1：羧甲基纤维素/甲基丙烯酸二甲氨基乙酯接枝共聚物的制备

谭业邦等[57]采用过硫酸铵（APS）/四甲基乙二胺（TMEDA）氧化还原引发体系，将阴离子型羧甲基纤维素（CMC）与阳离子单体甲基丙烯酸二甲氨基乙酯（DMAEMA）进行接枝聚合，合成了一类新型两性聚合物（CGD）。

其合成步骤为：将一定量的CMC溶解在一定量的蒸馏水中，在 N_2 气氛下搅拌30min，将温度升至预定温度，然后加入TMEDA溶液和APS，反应10min后加入单体DMAEMA（用6mol/L的盐酸溶液中和至pH＝4）。反应完毕，用丙酮进行沉淀分离，干燥至恒重，得粗接枝物；再用甲醇萃取DMAEMA均聚物，得纯接枝物。

(2) 实例2：羧甲基纤维素钠/丙烯酰胺/甲基丙烯酸二甲氨基乙酯接枝共聚物的制备

谭业邦等[59]将羧甲基纤维素钠、丙烯酰胺、甲基丙烯酸二甲氨基乙酯、蒸馏水按一定比例混合，调节溶液的pH值至适当的数值，然后在惰性气体保护下加入引发剂进行反应。反应结束后产物用无水乙醇沉降分离，干燥得粗产品。粗产品用丙酮和水混合物进行萃取分离，除去均聚物即得两性纤维素接枝共聚物CGAD。

(3) 实例3：羧甲基纤维素钠/丙烯酰胺/二甲基二烯丙基氯化铵接枝共聚物的制备

采用反相乳液聚合法制备羧甲基纤维素钠/丙烯酰胺/二甲基二烯丙基氯化铵（DMDAAC）接枝共聚物。方法[60]：将司盘80溶于定量的石蜡，置于250mL三口烧瓶中，加入羧甲基纤维素（CMC）和适量的水，通氮气0.5h，调节pH值至弱碱性。然后按 m(DMDAAC)∶m(AM)＝1∶1.75［其中 m(CMC)∶m(单体)＝4∶11］的比例将两种单体分别加入三口烧瓶中，搅拌均匀后加入引发剂，在480℃恒温水浴中，氮气气氛下搅拌4h，即得CMC-g-DMDAAC-AM乳液。其中，合成CMC-g-DMDAAC-AM的最佳条件为：单体总质量分数为35%，二甲基二烯丙基氯化铵（DMDAAC）和丙烯酰胺单体的质量比为1∶1.75，乳化剂司盘80的用量为6%，引发剂过硫酸铵的浓度为0.055mol/L，油水体积比为1.2∶1，反应温度48℃，反应时间4h。

(4) 实例4：羟乙基纤维素与甜菜碱型烯类单体的接枝共聚

张黎明等[61]以甲基丙烯酸二甲氨基乙酯和氯乙酸钠为原料，合成了一种甜菜碱型烯类单体DMAC，同时研究了该单体与羟乙基纤维素的接枝聚合。

其合成步骤为：将甲基丙烯酸二甲氨基乙酯（DM）加入四口烧瓶中，依次加入一定量的阻聚剂、氯乙酸钠和蒸馏水，调节体系pH值在7～8之间，升温至80℃反应数小时。待反应结束，减压脱水，用丙酮和乙醚混合液提纯，得白色结晶物（DMAC）。然后，将定量羟乙基纤维素（HEC）预先溶于一定量蒸馏水中，充氮搅拌30min后，加热至预定温度，再分别加入一定量EDTA溶液和引发剂（硝酸铈铵，CAN）溶液反应10min，然后加入单体DMAC进行接枝聚合反应，反应至预定时间结束。用丙酮进行沉淀分离，并用甲醇萃取粗接枝物，得到接枝聚合物。其中，当反应温度在30～40℃范围内、时间为6h、引发剂和EDTA浓度各为 5.0×10^{-3} mol/L时，该接枝反应较为理想。

(5) 实例 5：ST-*g*-AM-AMPS-DMDAAC 两性共聚物的制备

丁艳等[62]以过硫酸钾为引发剂，淀粉（ST）、丙烯酰胺（AM）、2-丙烯酰氨基-2-甲基丙磺酸（AMPS）、二甲基二烯丙基氯化铵（DMDAAC）为单体，采用水溶液聚合法合成 ST-*g*-AM-AMPS-DMDAAC 两性聚合物，对其合成工艺进行讨论，并对其絮凝性能进行研究。

其合成步骤为：准确称取 3g 淀粉，加适量水在 85℃恒温水浴中糊化 45min，冷却至室温，通氮气 30min，加入适量 AM、AMPS 和 DMDAAC 单体，调节 pH 值为中性，升温到反应所需温度，加入过硫酸钾引发剂，继续通氮气 30min，反应一定时间后停止。产物用丙酮沉淀，然后用丙酮反复洗涤、抽滤，80℃下干燥至恒重得到粗品。称取一定量的粗品，将其放入索氏抽提器中，用乙二醇与冰醋酸混合液（乙二醇与冰醋酸的体积比为 6：4）回流抽提至恒量，将均聚物和未反应的淀粉除去，用无水乙醇洗涤、抽滤，80℃下干燥至恒重，得到的样品为纯的接枝共聚物。

(6) 实例 6：改性羧甲基纤维素絮凝剂的制备

郭红玲等[58]以羧甲基纤维素（CMC）为主要原料，在引发剂和催化剂的共同作用下，与异丙基丙烯酰胺（NIPAM）进行接枝共聚反应合成改性 CMC 絮凝剂。考察了各反应因素对絮凝剂接枝率的影响，得到最佳反应条件：反应温度为 75℃，单体 NIPAM 浓度为 20%，NIPAM 与 CMC 的质量比为 3.0，反应时间为 3.5h。利用改性 CMC 絮凝剂处理废水，在投药量为 25mg/L、pH 值为 9 时，处理效果最好，处理工艺简单、实用性强，能满足城市生活废水处理要求。

9.6.3 接枝共聚物的改性

通过接枝共聚物的改性方法来制备两性纤维素的途径有两条：一是以纤维素和丙烯酰胺等单体为原料，首先制备出纤维素接枝共聚物，然后利用接枝共聚物分子上的活性基团，进一步化学改性制备出两性纤维素絮凝剂；二是以羧甲基纤维素和丙烯酰胺等单体为原料，首先制备出羧甲基纤维素接枝共聚物，然后通过阳离子化反应，制备出两性纤维素絮凝剂。

9.6.3.1 纤维素/丙烯酰胺接枝共聚物的改性

以微晶纤维素为骨架，以高锰酸钾为引发剂，与丙烯酰胺接枝共聚制备微晶纤维素/丙烯酰胺接枝共聚物，然后把接枝共聚物与氢氧化钠反应一段时间，引进一定量的丙烯酸基团，成为阴离子型接枝聚丙烯酰胺，再加入预先用甲醛与二甲胺或甲醛与二乙胺或甲醛与二甲胺、二乙胺混合反应生成的烷基氨基甲醇，制成最终产品——阳离子/两性型接枝聚丙烯酰胺絮凝剂，即微晶纤维素/(丙烯酰胺-丙烯酸钠-二烷基氨甲基丙烯酰胺)$_n$，具体化学反应式如下[63]：

(1) 接枝共聚反应

$$\text{微晶纤维素—OH} + n\text{CH}_2\text{=CHCONH}_2 \xrightarrow[\text{接枝共聚}]{\text{KMnO}_4} \text{微晶纤维素—O}\!\left(\text{CH}_2\text{—}\underset{\displaystyle \text{CONH}_2}{\underset{|}{\text{CH}}}\right)_n$$

(2) 水解反应

部分酰胺基团转化为丙烯酰胺，成为阴离子型聚丙烯酰胺。

$$\text{微晶纤维素}\!-\!O\!\left(CH_2\!-\!\underset{\underset{CONH_2}{|}}{CH}\right)_n + b\,NaOH \longrightarrow \text{微晶纤维素}\!-\!O\!\left(CH_2\underset{\underset{CONH_2}{|}}{CH}\right)_a\!\left(CH_2\underset{\underset{COO^- Na^+}{|}}{CH}\right)_b + NH_3$$

(3) 生成烷基氨基甲醇的反应

$$HCHO + R_2NH \longrightarrow R_2NCH_2OH \text{（R 表示}-CH_3\text{ 或}-C_2H_5\text{）}$$

(4) 接枝共聚物继续与烷基氨基甲醇反应

$$\text{微晶纤维素}\!-\!O\!\left(CH_2\underset{\underset{CONH_2}{|}}{CH}\right)_a\!\left(CH_2\underset{\underset{COONa}{|}}{CH}\right)_b + q\,R_2NCH_2OH \longrightarrow$$

$$\text{微晶纤维素}\!-\!O\!\left(CH_2\underset{\underset{CONH_2}{|}}{CH}\right)_o\!\left(CH_2\underset{\underset{COO^- Na^+}{|}}{CH}\right)_p\!\left(CH_2\underset{\underset{CONHCH_2NR_2}{|}}{CH}\right)_q \quad \text{（R 表示}-CH_3\text{ 或}-C_2H_5\text{）}$$

其中，$a+b=o+p+q$。

实例[63]：微晶纤维素 2g，加水 40mL，60℃下加入 0.1mol/L $KMnO_4$ 溶液 4mL，通氮半小时，加入丙烯酰胺 5g，反应 2h，加水 100mL，搅拌均匀，升温至 70℃，加入 30% NaOH 0.8mL，反应 1h。加入 1.4g 硫酸钠和 1.4g 壬烷基酚 EO 加成物，再加入 3.7mL 40%二甲胺与 5.3mL 甲醛的混合反应物，反应半小时即得产品。

9.6.3.2 羧甲基纤维素/丙烯酰胺接枝共聚物的改性

羧甲基纤维素/丙烯酰胺接枝共聚物的改性反应式为：

接枝共聚：

$$CMC^{\cdot} + nCH_2{=}CH{-}CONH_2 \xrightarrow{\text{引发}} CMC\!-\!\left[CH_2\!-\!\underset{\underset{\underset{\underset{NH_2}{|}}{C=O}}{|}}{CH}\right]$$

Mannich 反应：

$$CMC\!-\!\left[CH_2\!-\!\underset{\underset{\underset{\underset{NH_2}{|}}{C=O}}{|}}{CH}\right]_n + HCHO + HN(CH_3)_2 \longrightarrow$$

$$CMC\!-\!\left[CH_2\!-\!\underset{\underset{\underset{\underset{NH_2}{|}}{C=O}}{|}}{CH}\right]_x\!\left[CH_2\!-\!\underset{\underset{\underset{\underset{NHCH_2N(CH_3)_2}{|}}{C=O}}{|}}{CH}\right]_y$$

制备方法：

(1) 羧甲基纤维素/丙烯酰胺接枝共聚物的制备

将一定量的羧甲基纤维素溶于水中，在 N_2 保护下搅拌至完全溶解，当温度（20～40℃）一定时，加入引发剂，搅拌 10min 后加入单体丙烯酰胺，再继续搅拌 2～4h 结束（反应过程中温度始终恒定）。用乙醇溶剂对聚合物进行沉淀分离，干燥得粗接枝物，粗接枝物用丙酮在索氏抽提器中提取 10h 以除去均聚物，真空干燥即得纯接枝物。

(2) 接枝共聚物的改性

将接枝共聚物溶液用 NaOH 溶液调节 pH 值至 10～11，加入甲醛在相应温度下羟甲基化反应一定时间，再加入二甲胺在一定温度下胺甲基化反应一定时间，得到反应产物。

其中，醛胺摩尔比为1∶1.5，羟甲基化反应温度40～50℃，羟甲基化反应时间1～2h，胺甲基化反应温度60～70℃，胺甲基化反应时间2～3h。

9.7 F691改性絮凝剂的制备

华南理工大学化工所在两性型F691改性絮凝剂的研究、开发和应用方面做了大量工作，已研发出的两性型产品有CGAC和CGAAC等。

9.7.1 CGAC的制备

F691改性制得两性型水处理剂CGAC的阴阳离子化反应顺序是[64]：在碱性条件下，先与阴离子醚化剂反应，再与阳离子醚化剂反应。阳离子醚化反应的加料方式为：CG（A）以胶状形式加入，碱化剂与醚化剂混合后加入。

F691与氯乙酸的醚化反应可简单表示如下：

$$RCell(OH)_3+ClCH_2COOH+2NaOH \longrightarrow RCell(OH)_2OCH_2COONa+NaCl$$

制备方法[64]：用95%乙醇将F691粉润湿分散，边搅拌边慢慢滴入NaOH，碱化30min。将一氯乙酸配制成50%的水溶液，在适宜的时间范围内边搅拌边滴入上述混合物中，混合均匀后，置于恒温水浴中，40～70℃反应2～7h，即得羧甲基F691产品（CG-A）。

羧甲基F691产品与季铵化试剂3-氯-2-羟丙基三甲基氯化铵发生季铵化反应制备出两性F691改性絮凝剂CGAC，反应式为：

$$R'Cell(OH)_3+ClCH_2CH(OH)CH_2N^+(CH_3)_3Cl^-+NaOH+RCell(OH)_3 \longrightarrow$$

$$R'Cell(OH)_2—O—CH_2\underset{\displaystyle |\atop \displaystyle O—RCell(OH)_2}{CH}CH_2N^+(CH_3)_3Cl^- +NaCl+H_2O$$

式中，R′为羧甲基F691产品。

制备方法[64]：称取羧甲基F691产品（CG-A）100g，将40% NaOH滴入CG-A中，碱化20～40min，滴入45%～48%3-氯-2-羟丙基三甲基氯化铵（CHPTMAC），边加边搅拌均匀，置于不同温度的水浴中，恒温反应约2h，即得两性F691改性絮凝剂CGAC。

9.7.2 两性高分子絮凝剂CGAAC的制备

两性高分子絮凝剂CGAAC的制备方法为[65]：

（1）羧甲基化反应

称取定量的F691粉，加入一定体积的溶剂将其分散均匀，然后加入定量碱液碱化30min，再加入定量的氯乙酸，50℃下醚化，得到羧甲基化产物。

（2）接枝共聚反应

在四口烧瓶中加入羧甲基化产物和去离子水，通氮并加热到预定温度，搅拌下加入引发剂和丙烯酰胺单体，反应一定时间后冷却，得产物CGAA。

（3）Mannich反应

将一定浓度的接枝共聚物溶解在去离子水中，然后加入计算量的甲醛和二甲胺，在

30～70℃下反应，冷却后将产物中和至 pH＝6～7，得到两性型高分子絮凝剂 CGAAC。

9.8 两性型天然有机高分子改性絮凝剂的应用

9.8.1 天然源水处理中的应用

取南方某河流天然源水，其中含腐殖酸 1.75mg/L，高岭土 0.2%。取上部悬浊液，测得原水浊度为 230NTU，pH＝6.9。以聚合氯化铝（PAC）及 PAC 配合两性型 F691 改性絮凝剂（CGAC）做混凝实验并与羧甲基 F691 产品（CG-A）进行对比实验，结果列于表 9-2[64]。

由表 9-2 中实验数据可看出，由于源水中含有少量腐殖酸，少量 CGAC 配合适量 PAC 可以使浊度去除率达到 99.6%，除浊效果比不含腐殖酸的纯浊度水还好，与阴离子型絮凝剂对比实验表明，两性型更有利于天然源水的除浊效果提高。

表 9-2 CGAC 和 CG-A 配合 PAC 去除天然源水浊度实验结果[64]

使用药剂	PAC	PAC＋CG-A	PAC＋CGAC
有效剂量/(mg/L)	2	2＋0.5	2＋0.5
上清液吸光度	0.018	0.012	0.004
上清液剩余浊度/NTU	6.0	4.5	1.0
浊度去除率/%	97.4	98.0	99.6
现象	絮体较小，沉降较慢，余浊少	絮体大，沉降较快，上清液较为透明	絮体大，沉降较快，上清液很清，几乎无肉眼可见余浊

9.8.2 印染废水处理中的应用

印染废水是指各种天然纤维及化学纤维在染色过程中或染色前后各工序产生的废水。印染废水的特点是：废水量大、水质复杂、色度高、COD 高。因此，印染废水成为国内外难处理的工业废水之一。

应用实例 1：以复配聚合氯化铝絮凝剂、木质素基改性絮凝剂、壳聚糖季铵盐絮凝剂和阳离子聚丙烯酰胺絮凝剂作为污水絮凝剂，分别处理混配染料废水。不同絮凝剂对混配染料废水 COD 去除率的影响结果见表 9-3 和表 9-4。结果表明：两性淀粉絮凝剂对该混配染料废水 COD 的去除性能远优于复配聚合氯化铝和聚丙烯酰胺；两性淀粉对该混配染料废水 COD 的去除性能比壳聚糖季铵盐絮凝剂或木质素基改性絮凝剂略好，都在 48%左右。

表 9-3 不同絮凝剂对混配染料废水 COD 去除率的影响[67]

絮凝剂类型	处理前 COD/(mg/L)	处理后 COD/(mg/L)	COD 去除率/%
复配聚合氯化铝絮凝剂	834	602	28
木质素基改性絮凝剂	834	454	46
壳聚糖季铵盐絮凝剂	834	435	48
阳离子聚丙烯酰胺絮凝剂	834	541	35
两性淀粉絮凝剂	834	422	49

注：混配染料废水 pH 值为 6.0。

表 9-4　两性淀粉接枝共聚物对印染废水的处理效果[66]

絮凝剂		助凝剂		污水体积/mL	各波长处脱色率/%				浊度去除率/%
名称	用量/mL	名称	用量/mL		450μm	530μm	590μm	680μm	
SGe	0.10	BAC	0.1	200	82.3	82.3	85.9	60.7	71.2
SFe	0.10	BAC	0.1	200	94.3	94.3	94.2	90.8	72.2
SMn	0.10	BAC	0.1	200	89.7	90.4	93.1	99.3	72.0
SN	0.10	BAC	0.1	200	92.1	91.0	92.5	93.0	77.8
未加	0	BAC	0.1	200	69.5	71.3	75.4	70.9	66.7

注：1. 水样外观为暗灰色，絮凝前 pH 值为 9.2，絮凝时间 10min，絮凝后 pH 值为 7.7。
2. SGe、SFe、SMn、SN 分别为用铈盐、铁盐、偶氮二异丁腈和过硫酸铵引发剂合成的改性淀粉絮凝剂。

应用实例 2：刘千钧[68]以木质素磺酸盐为原料，以丙烯酰胺为单体，通过接枝共聚制备出木质素磺酸钙丙烯酰胺共聚物，将接枝共聚物进一步阳离子化，制备出两性絮凝剂 LSDC，并将其用来处理模拟染料废水，如活性艳蓝 X-BR、活性黄 X-R、活性紫 K-3R、活性黑 K-BR 以及直接橙 S 等。试验结果见表 9-5。结果发现：絮凝剂投加量为 30～250mg/L，废水 pH 值为 4～8 时，LSDC 对模拟印染废水的絮凝脱色效果最佳。而且通过对脱色反应的机理探讨，认为 LSDC 对染料废水的絮凝脱色机理是电荷的中和作用、疏水作用机理和表面吸附机理共同作用的结果。

表 9-5　LSDC 脱色前后染料溶液 COD_{Cr} 的变化[68]

指标 \ 名称	活性艳蓝 X-BR	活性黄 X-R	活性紫 K-3R	活性黑 K-BR	直接橙 S
LSDC 投加量/(mg/L)	150	75	150	250	30
脱色率/%	83.78	99.39	98.25	82.13	99.5
COD 的变化/(mg/L)	+135	−3	+42	+266	−30

应用实例 3：用羧甲基壳聚糖絮凝剂来处理五种水溶性染料废水，分别是：活性艳蓝 X-BR、直接耐晒翠蓝 GL、酸性大红 3R、阳离子桃红 FG、碱性嫩黄 O。当絮凝剂投加量为 35～45mg/L、pH 值范围控制在 2.5～6.5 之间时，处理效果见表 9-6。试验结果表明，羧甲基壳聚糖对五种水溶性染料废水的 COD 去除率很高，说明在絮凝脱色处理过程中，使废水中染色物质的含量明显降低了。观察到絮凝沉淀物的颜色与各染料原有颜色基本相同，说明絮凝过程并未破坏染料物质的组成与结构，主要是通过电荷中和及吸附架桥等絮凝作用除去废水中的染料，从而达到脱色的目的。

表 9-6　羧甲基壳聚糖对染料废水的处理效果[69]

废水类型	处理前 COD/(mg/L)	絮凝剂量/(mg/L)	pH 值	处理后 COD/(mg/L)	COD 去除率/%
活性艳蓝 X-BR	1567	35	2.5	58	96.3
直接耐晒翠蓝 GL	1480	35	6.0	48	98.7
酸性大红 3R	1364	35	3.5	67	95.1
阳离子桃红 FG	1293	42	4.2	86	93.2
碱性嫩黄 O	1183	42	4.0	93	92.4

应用实例 4：采用两性型 F691 改性絮凝剂（CGAC）配合聚合氯化铝（PAC）处理质量浓度为 198.4mg/L 的活性红染料废水，pH＝7.6，结果如图 9-1 所示[64]。

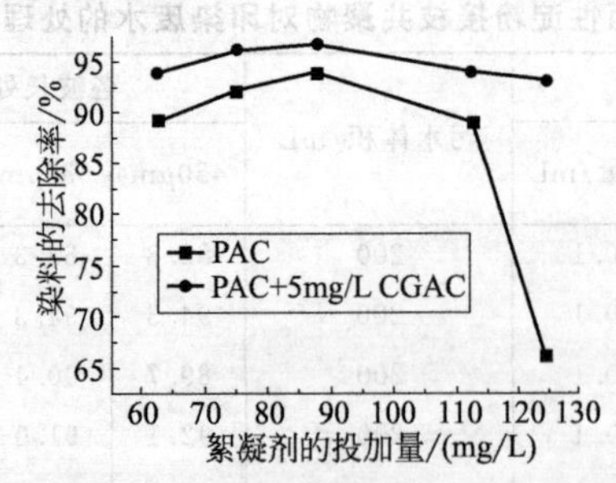

图 9-1　PAC 及 PAC 配合 5mg/L CGAC 处理活性红染料废水对比图

由图 9-1 可以看出，中性条件下，在 PAC 加量偏少或者较为适合时，少量 CGAC 的加入可以使染料去除率提高 3%～5%，但当 PAC 加量稍微过量时，少量 CGAC 可使染料去除率提高 27%。

9.8.3　油田废水处理中的应用

应用实例：马希晨等[70]以淀粉为基材，进行接枝共聚反应，再经羟甲基化、叔胺化、季铵化制得 SCAM 系列产品，并用 SCAM 处理含油废水，结果见表 9-7。从表中数据可知，SCAM 对石油污水的澄清效果优于常用的分子量为 600 万的聚丙烯酰胺絮凝剂。

表 9-7　含油污水澄清试验结果[70]

结　果	用量					
	3×10^{-6}g/L		5×10^{-6}g/L		7×10^{-6}g/L	
	PAM(M_w=600 万)	SCAM	PAM(M_w=600 万)	SCAM	PAM(M_w=600 万)	SCAM
絮体形成速率	较快	快	较快	快	较快	快
絮体密实程度	松散	密实	松散	密实	松散	密实
絮体颗粒大小	小	大	小	大	小	大
剩余浊度/NTU	174	76	132	104	276	174
浊度去除率/%	84.9	93.4	88.5	90.9	76.0	84.9

注：原石油废水的 COD 为 2070mg/L，加入 5×10^{-6}g/L SCAM 为主的混凝剂沉降后，其上清液 COD 值下降到 302mg/L，COD 去除率可达 86%。

Song 等[27]通过反相乳液聚合、水解以及反应三步法制备了一种新型的两性型淀粉接枝聚丙烯酰胺絮凝剂，并用于处理炼油厂废水，处理结果见表 9-8。结果表明，两性淀粉接枝聚丙烯酰胺处理后废水的悬浮物浓度（SS）、化学需氧量（COD）和脱色率均优于阳离子聚丙烯酰胺、水解聚丙烯酰胺和两性聚丙烯酰胺。主要原因在于淀粉以刚性骨架为主链，改性聚丙烯酰胺以阴离子基团和阳离子基团为软支链，因此得到的两性产物既有淀粉又有聚丙烯酰胺的优点，同时具有较高的分子量和良好的絮凝效果。

表 9-8　处理结果

絮凝剂类型	SS 去除率/%	脱色率/%	COD 去除率/%
水解聚丙烯酰胺	70.9	78.1	84.9
两性聚丙烯酰胺	87.9	89.1	88.7
阳离子聚丙烯酰胺	81.7	83.8	86.2
两性淀粉聚丙烯酰胺	90.3	91.2	89

9.8.4 制药废水处理中的应用

笔者等比较了有机-无机复合型高分子絮凝剂 CF-1、阳离子聚丙烯酰胺（CPAM）和聚合氯化铝（PAC）、硫酸铝（AS）及硫酸亚铁（FS）对制药废水的处理效果，实验结果见图 9-2。从图中可看出：在各自最佳絮凝条件的情况下，CF-1 絮凝剂的用量最少，絮凝效果最好，CPAM、PAC 次之，硫酸铝（AS）和硫酸亚铁（FS）效果最差。

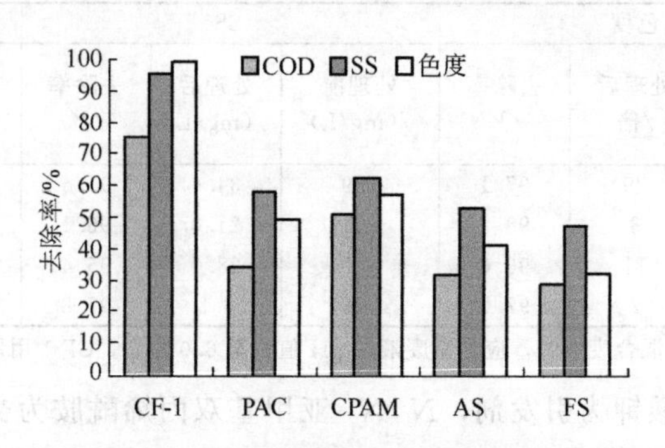

图 9-2 不同絮凝剂的处理效果[28]

实验采用的制药废液由四川某制药厂提供，COD_{Cr} 为 1920mg/L，色度为 2886 倍，pH 值为 2.1，SS 为 1023mg/L。CF-1 用量为 80mg/L，废水 pH 值为 2.1；PAC 用量为 120mg/L，废水 pH 值调至 7.5；CPAM 用量为 90mg/L，废水 pH 值调至 6.5；AS 用量为 150mg/L，废水 pH 值调至 7.2；FS 用量为 150mg/L，废水 pH 值调至 7.5；废水温度为 25℃。

采用烘干法测定上述 5 种絮凝剂处理制药废液后产生的污泥含水率，结果表明：废水用 CF-1 处理后产生的化学污泥质量仅为用 AS 处理后产生的化学污泥量的 1/4，而且污泥含水率最低，这表明 CF-1 絮凝剂具有一定的脱水性能（表 9-9）。

表 9-9 污泥性能比较[34]

絮凝剂	污泥状况	污泥量/g	污泥含水率/%
CF-1	絮体结实	26.9	96.2
CPAM	絮体大，较结实	30.2	97.9
PAC	絮体大而疏松	74.0	99.2
AS	絮体大，疏松	108.4	99.5
FS	絮体小，较结实	99.5	98.7

注：实验采用的制药废液由四川某制药厂提供，COD_{Cr} 为 1920mg/L，色度为 2886 倍，pH 值为 2.1，SS 为 1023mg/L。

9.8.5 其他工业废水处理中的应用

笔者还比较了 CF-1 絮凝剂、阳离子聚丙烯酰胺（CPAM）和聚合氯化铝（PAC）对各种废水的处理效果，废液指标见表 9-10，处理效果见表 9-11。表中数据表明：CF-1 絮凝剂不仅可用来处理制药废水，还能有效降低印染废液、造纸废液以及制革废液中的色度、SS 和 COD_{Cr}。

表 9-10　废液水质指标[34]

废液	COD_{Cr}/(mg/L)	色度/倍	pH 值	SS/(mg/L)
印染废液	2190	1000	10.5	769
造纸废液	679	180	6.8	541
染色加油废液	2175	325	3.7	610
制革混合废液	2016	90	8.3	378

表 9-11　CF-1 絮凝剂对各种工业废水的处理效果[34]

废水水样	色度			SS			COD_{Cr}		
	处理前/倍	处理后/倍	去除率/%	处理前/(mg/L)	处理后/(mg/L)	去除率/%	处理前/(mg/L)	处理后/(mg/L)	去除率/%
印染废液	1000	29	97.1	769	34.6	95.5	2190	472	78.5
造纸废液	180	3	98.3	541	21.0	96.1	679	176	74.1
染色加油废液	325	11	96.6	610	28.0	95.4	2175	437	79.9
制革混合废液	90	2	97.8	378	8.3	97.8	2016	460	77.2

注：处理印染废液和制革混合废液时，应先将废液的 pH 值调至 6.0 左右，CF-1 用量均为 80mg/L。

徐浩龙[71]以过硫酸钾为引发剂，N,N'-亚甲基双丙烯酰胺为交联剂，采用自由基聚合法使 CMC 与丙烯酸进行接枝共聚，掺杂聚苯胺，并将该改性复合材料应用于废水中 Pb(Ⅱ) 的吸附研究。结果表明：CMC、丙烯酸和聚苯胺的质量比为 2∶3∶1，pH＝6 时，复合材料表现出最佳吸附性能，吸附时间为 45min 时，吸附率大于 97%。此外，徐浩龙以过硫酸铵为引发剂，N,N-亚甲基双丙烯酰胺为交联剂，采用自由基聚合法使羧甲基纤维素与丙烯酸进行接枝共聚，并以硅溶胶改性，将改性物应用于 Pb(Ⅱ) 的吸附研究。结果表明：硅酸钠质量分数为 6%、pH 值为 6 时，复合材料表现出最佳吸附性能；吸附时间为 120min 时，最大吸附率为 99.11%，吸附容量为 9.92mg/L 时，吸附效果较好。

两性淀粉接枝共聚物因其既带有阴离子基团又带有阳离子基团，在处理污水时可以利用淀粉的半刚性链和柔性支链将污水中悬浮的颗粒通过架桥作用絮凝沉降下来，因絮凝效果较好而备受关注。高明等通过接枝共聚反应合成了两性型淀粉/丙烯酰胺接枝共聚物，并重点研究了其在煤泥水中的应用效果。结果表明：合成的两性型淀粉接枝丙烯酰胺絮凝剂的絮凝效果好于洗煤厂常用的聚丙烯酰胺絮凝剂，当絮凝剂用量为 12mg/L 时效果最好，煤泥水透光率达到 83.3%时，絮凝效果明显优于目前洗煤厂常用的聚丙烯酰胺。

J. P. Wang 等[72]利用壳聚糖-g-PDMC 改性壳聚糖处理造纸废水，结果发现，在最佳条件下，其对浊度、木质素和 COD 的去除率分别达到 99.4%、81.3%和 90.7%，表明这种改性聚糖絮凝效率比聚丙烯酰胺更好。

9.8.6　污泥的絮凝脱水性能研究

应用实例 1：刘千钧[68]用自制的两性型木质素磺酸盐改性絮凝剂 LSDC 处理污水，并对污泥的絮凝脱水性能进行了研究。

(1) 对生物活性污泥的絮凝脱水作用

其生物活性污泥取自广州猎德污水处理厂二沉池，污泥含水率为 99.2%，pH 值为

6.5～7.0。图 9-3～图 9-5 分别列出了添加 LSDC 对生物活性污泥的沉降速度、减压过滤滤液体积的影响。

污泥沉降速度是衡量絮体结构和泥水分离性能的一个指标。由图 9-3 可知，在沉降实验开始的前 35min 内污泥的沉降速度较快。空白污泥的平均沉降速度为 1.86mL/min，投加 CPAM 的平均沉降速度为 1.94mL/min，投加 LSDC 的平均沉降速度为 2.33mL/min。显然，对提高污泥的沉降速度，LSDC 比阳离子聚丙烯酰胺（CPAM）的性能更好。

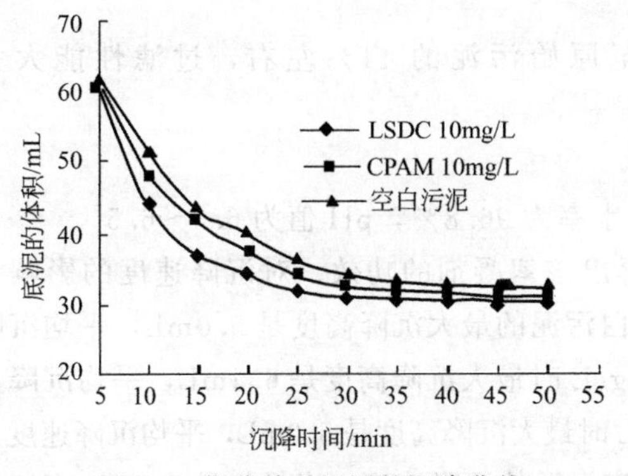

图 9-3　投药前后污泥的沉降曲线

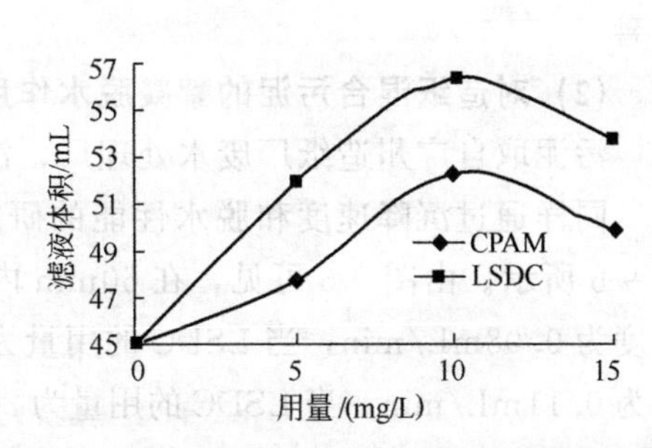

图 9-4　絮凝剂用量与自然过滤滤液体积的关系

污泥脱水实验是在同等操作条件下进行的。因此在一定时间内过滤滤液的体积是比较污泥脱水效果的直观指标。滤液越多，则污泥泥饼的含水率越低，絮凝剂的脱水效果越好。当为自然过滤时，图 9-4 是 LSDC 和 CPAM 用量与污泥自然过滤 5min 所得滤液体积的关系曲线。显然，LSDC 对生物活性污泥脱水的最佳投加量为 10mg/L，超过这个量，滤液体积将会降低。在同样的投加量下，LSDC 的滤液体积较 CPAM 大，即脱水性能好。

当为减压过滤时，图 9-5 是空白污泥、LSDC 与 CPAM 投加量均为 10mg/L 时，所得滤液体积与过滤时间的关系曲线，加入 LSDC 后的滤液体积始终多于加入 CPAM 的体积。

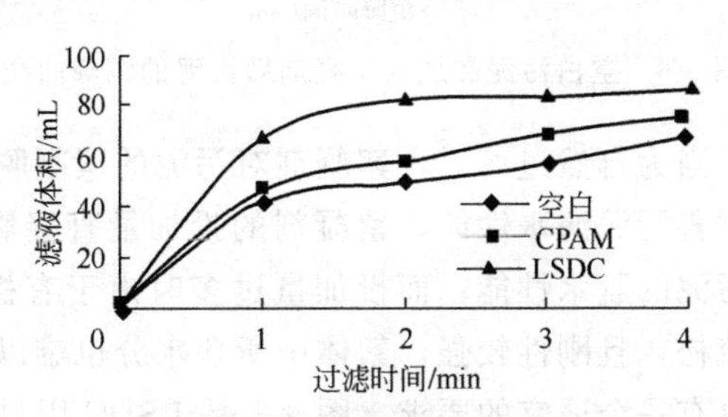

图 9-5　滤液体积随过滤时间的变化

对污泥比阻的影响。在过滤压力、过滤面积、过滤介质和滤液黏度相同的条件下，污泥的过滤比阻 r 与减压过滤滤液体积 V 有下列关系：

$$\frac{r_2}{r_1}=\frac{V_1^2}{V_2^2}$$

式中，r_1、V_1 为未投加 LSDC 的污泥过滤比阻和滤液体积；r_2、V_2 为投加 LSDC 的污泥过滤比阻和滤液体积。由图 9-5 知，当过滤时间 t 为 1min 时滤液体积 V_1、V_2 分别为 45mL 和 70mL，当过滤时间 t 为 2min 时，滤液体积 V_1、V_2 分别为 56mL 和 87.5mL。因此：

当 $t=1$min 时，
$$\frac{r_2}{r_1}=\frac{V_1^2}{V_2^2}=0.413$$

当 $t=2$min 时，
$$\frac{r_2}{r_1}=\frac{V_1^2}{V_2^2}=0.410$$

可见投加 LSDC 后，污泥比阻可降低至原始污泥的 41%左右，过滤性能大大改善。

(2) 对造纸混合污泥的絮凝脱水作用

污泥取自广州造纸厂废水处理厂，污泥含水率为 96.8%，pH 值为 6.0～6.5。

同样通过沉降速度和脱水性能的研究，得出该絮凝剂的功效。对沉降速度的影响如图 9-6 所示。由图 9-6 可见，在 60min 内，空白污泥的最大沉降高度是 5.0mL，平均沉降速度为 0.08mL/min，当 LSDC 的用量为 10mg/L 时最大沉降高度是 6.4mL，平均沉降速度为 0.11mL/min。当 LSDC 的用量为 20mg/L 时最大沉降高度是 8.0mL，平均沉降速度为 0.13mL/min；显然，LSDC 的加入可以明显提高污泥的沉降速度，当投加量为 20mg/L 时，污泥的沉降速度是空白污泥沉降速度的 1.6 倍。

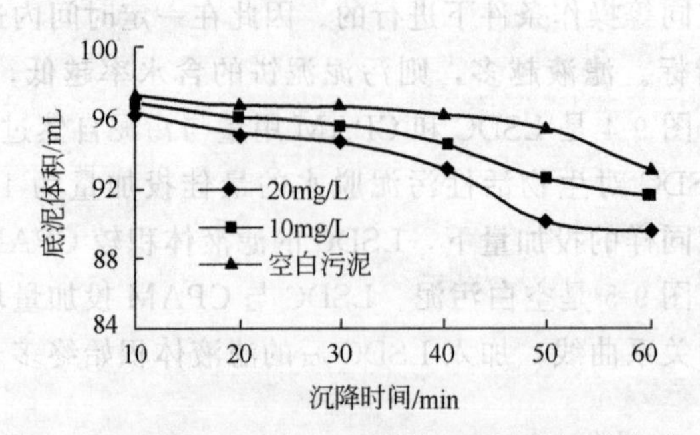

图 9-6　空白污泥和加入絮凝剂后污泥的沉降曲线

对脱水性能的影响，当为自然过滤时，絮凝剂对污泥的絮凝脱水在于改变污泥颗粒结构，破坏胶体稳定性，改善污泥滤水性能，絮凝剂的投加量直接影响着污泥的脱水性能，投加量少，不足以改善污泥的脱水性能；而投加量过多时由于有机絮凝剂的大分子结构，使污泥形成的絮体结构疏松，且刚性较强，絮体中所含水分也难以脱除。同时污泥本身的性质对絮凝剂的投加量也有一个适宜的要求。图 9-7 是 LSDC 用量与污泥自然过滤 10min 所得滤液体积的关系曲线。显然，LSDC 对造纸混合污泥脱水的最佳投加量为 20mg/L，超过这个量，滤液体积将会降低。

当为减压过滤时，污泥脱水实验是在同等操作条件下进行的。因此在一定时间内过滤滤液的体积是比较污泥脱水效果的直观指标。滤液越多，则污泥泥饼的含水率越低，絮凝剂的脱水效果越好。图 9-8 是 LSDC 投加量为 20mg/L 的污泥和空白污泥减压过滤时滤液体积随过滤时间的变化曲线。

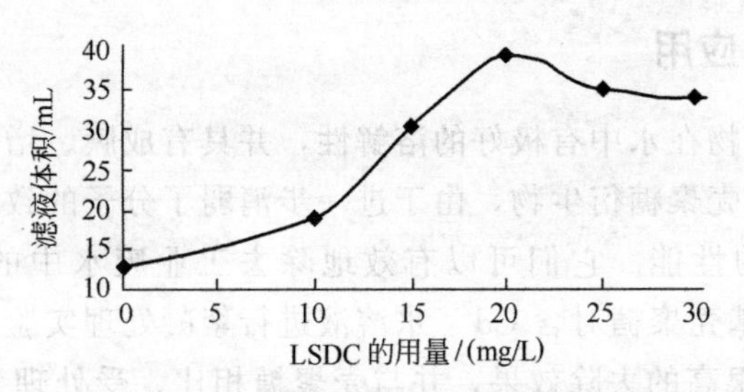

图 9-7　絮凝剂用量与自然过滤滤液体积的关系

通过研究发现：LSDC絮凝剂可使污泥的平均沉降速度由原始污泥沉降速度1.86mL/min提高至2.33mL/min，是原始污泥沉降速度的1.25倍。过滤比阻则降低至原始污泥的41%左右。其与一般用的CPAM相比，无论在提高污泥沉降速度方面，还是降低污泥含水率和污泥比阻方面性能都好。而且他们还通过研究发现，此种絮凝剂单独使用时效果欠佳，与其他絮凝剂复配后效果更佳，如与硫酸铝复配后变成复合型絮凝剂，其脱色性能明显增强，而且用量减少。此外其还可作为黏土絮凝剂和蛋白质回收剂等。

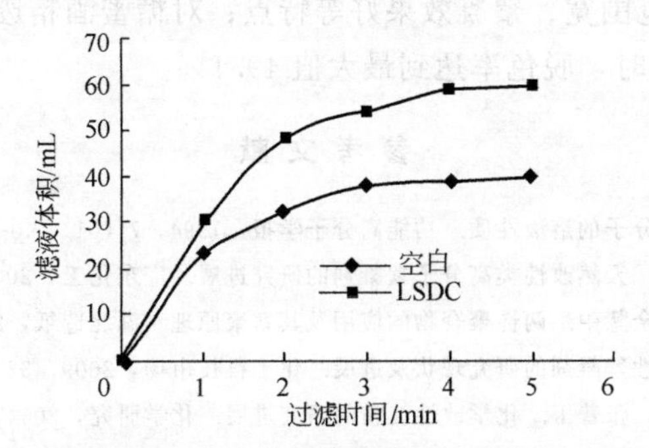

图 9-8　滤液体积随过滤时间的变化

应用实例2：王杰等[73]利用两性F691粉改性产品CGAAC处理活性污泥，并与阳离子聚丙烯酰胺（PAM-C）进行絮凝性能比较，结果如图9-9所示。从图9-9可以看出，CGAAC使污泥表面附着水转化为游离水的能力明显大于PAM-C，因而污泥的沉降速度较快，尤其在沉降30min后，效果更明显。

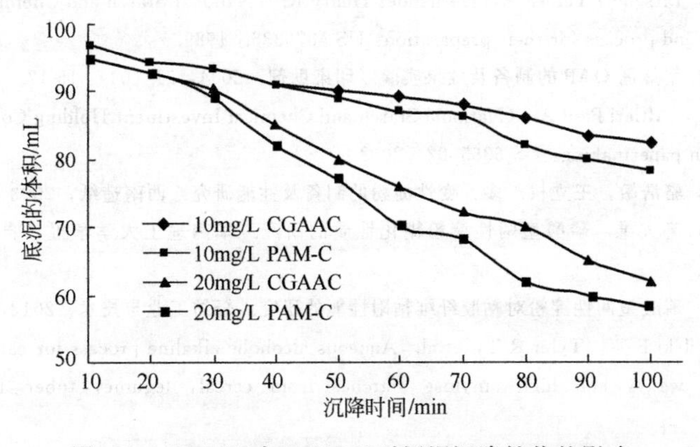

图 9-9　CGAAC与PAM-C对污泥沉降性能的影响

9.8.7 其他方面的应用

羧甲基壳聚糖衍生物在水中有极好的溶解性，并具有成膜、增稠、保湿、絮凝和螯合性能。改性后的水溶性壳聚糖衍生物，由于进一步消弱了分子的致密性，因而对重金属离子的富集显示出优异的性能。它们可以有效地除去工业废水中的重金属离子。杨智宽等[74]利用自制的羧甲基壳聚糖对含 Cd^{2+} 水溶液进行絮凝处理实验。结果表明，羧甲基壳聚糖对水中 Cd^{2+} 具有很高的去除效果，并与壳聚糖相比，受处理条件影响较小，絮体沉降速度快，含水量低。李爱阳等[75]采用木质素磺酸盐与丙烯酰胺接枝共聚合成了一种木质素接枝共聚物，用这种改性木质素磺酸盐处理电镀废水，当其用量为 90mg/L 时，pH 值控制在 4～7，絮凝时间为 2h，在室温条件下，可使电镀废水中的 Cu^{2+}、Zn^{2+}、Pb^{2+} 和 Ni^{2+} 去除率分别达到 93%、90%、96%和 90%以上。结果表明，木质素接枝共聚物对电镀废水中的重金属离子具有很好的去除效果。邱琳等[76]以天然木薯为原料，用三乙胺与环氧氯丙烷共聚产物为阳离子单体进行改性，制得一种新型天然有机高分子改性絮凝剂。将制得的絮凝剂应用于生活废水、糖蜜酒精废液等进行处理效果研究。结果表明：该絮凝剂具有 pH 值适用范围宽、絮凝效果好等特点；对糖蜜酒精废液进行脱色处理，当絮凝剂投加量达 600mg/L 时，脱色率达到最大值 49.1%。

参考文献

[1] 臧庆达，李卓美．两性高分子的溶液性质．功能高分子学报，1994，7（01）：90-102.

[2] 陈艳辉，李超柱，李家明．天然改性类高分子絮凝剂的研究进展．广东化工，2009，36（07）：74-76.

[3] 万朝雨，付建生，周扬，余慧中．两性聚合物的应用及其絮聚原理．湖北造纸，2013（04）：19-23.

[4] 张宏，潘旭东，水处理两性絮凝剂的研究现状及进展．化工科技市场，2009，32（02）：12-14，34.

[5] 李永红，蔡永红，曹凤芝，张普玉．化学改性淀粉的研究进展．化学研究，2004，15（04）：71-74.

[6] 廖乾邑，朱明，冯西宁．两性高分子絮凝剂的研究现状．应用化工，2008，37（01）：90-92.

[7] 吴迪，刘亚伟，余利新．两性淀粉合成技术研究进展．粮食与饲料工业，2012（11）：29-35.

[8] 刘洁，甘振登，蔡卓福．两性淀粉浆料的制备及性能研究．棉纺织技术，2015，43（04）：13-16.

[9] 徐世美，张淑芬，杨锦宗．两性淀粉的合成研究进展．日用化学工业，2002，32（06）：49-56.

[10] Solarek Daniel B，Dirscherl Teresa A，Hernandez Henry R，Jarowenko Wadym.（National Starch and Chemical Investment Holding Corporation）. Amphoteric starches and process for their preparation：US 4964593. 1990.

[11] Solarek Daniel B，Dirscherl Teresa A，Hernandez Henry R.（National Starch and Chemical Corporation）. Amphoteric starches and process for their preparation：US 4876336. 1989.

[12] 吕彤，韩薇．两性絮凝剂 QAP 的制备及效果实验．印染助剂，2004，21（04）：15-17.

[13] Bindzus Wolfgang，Altieri Paul A.（National Starch and Chemical Investment Holding Corporation）. Amphoteric starches used in papermaking：US 6365002. 2002.

[14] 倪生良，金广平，骆浩敏，王立权．多元变性淀粉的制备及性能研究．西南造纸，2003，3：22-24.

[15] 张友全，张本山，高大维．磷酸型两性淀粉糊化性质的研究．华南理工大学学报（自然科学版），2002，30（03）：83-86，90.

[16] 刘宏军，刘志军．磷酸型两性淀粉对粘胶纤维粘附性能的研究．轻纺工业与技术，2012，41（06）：45-47，16.

[17] Bhirud P R，Sosulski F W，Tyler R T，et al. Aqueous alcoholic alkaline process for cationization and anionization of normal，waxy，and high amylose starches from cereal，legume，tuber and root sources：US 5827372. 1998.

[18] Tessler M M.（National Starch and Chemical Corporation）. Novel starch ether derivatives，a method for the

preparation thereof and their use in paper：US 4243479．1981．
[19] 张友全，童张法，张本山．磷酸型两性淀粉一步合成反应机理研究．高校化学工程学报，2005，19（01）：42-47．
[20] Kweno M R，Sosulski F W，Bhirud P R．Preparation of amphoteric starches during aqueous alcoholc cationization．Starch，1997，49（10）：419-424，61-66．
[21] 朱维群，杨锦宗．阳离子淀粉的合成及糊液粘度的研究．山东化工，1998，（01）：24-25．
[22] Solarek D B．Method of papermaking using crosslinked cationic/amphoteric starches：US 5368690．1994．
[23] Suc S，Defaye J，Gadelle A．Process for the oxidation of cationic starches and amphoteric starches，containing carboxyl and cationic groups，thus obtained：US 5383964．1995．
[24] 邹新禧．两性淀粉螯合剂吸附性能的研究．功能高分子学报，1996，9（03）：468-474．
[25] 李泰华，赵慧民，李刚，等．一种改性淀粉及其制造方法：CN 1237585．1999．
[26] 王中华．AM/AMPS/DEDAAC/淀粉接枝共聚物钻井液降滤失剂的合成．化工时刊，1998，12（06）：13，21-23．
[27] Song H，Wu D，Zhang R Q，et al．Synthesis and application of amphoteric starch graft polymer．Carbohydrate Polymers，2009，78（02）．
[28] 王中华．AM/AA/MPTMA/淀粉接枝共聚物钻井液降滤失剂的合成．精细石油化工，1998（06）：19-23．
[29] 马希晨，曹亚峰，郜玉蕾．以淀粉为基材的两性天然高分子絮凝剂的合成．大连轻工业学院学报，2002，21（03）：157-160．
[30] 刘兆丽，曹亚峰，马希晨．淀粉接枝两性离子絮凝剂的制备．大连轻工业学院学报，2003，22（1）：50-52．
[31] 宋荣钊，潘松汉，陈玉放，等．两性淀粉接枝共聚物的就地制备和性质．广州化学，2002，27（02）：27-30．
[32] 马希晨，吴星娥，曹亚峰．淀粉基两性天然高分子改性絮凝剂的合成．吉林大学学报（理学版），2004，42（02）：273-277．
[33] 马希晨，秦鹏，聂新卫．淀粉基强阳离子两性絮凝剂的合成．应用化学，2004，21（12）：1253-1256．
[34] 刘明华，张宏．一种复合絮凝剂的絮凝性能及应用研究．化学应用与研究，2003，15（04）：475-478．
[35] 谢家理．改性淀粉两性絮凝剂的制备及性能研究［D］．四川：四川大学，2003．
[36] 詹怀宇，刘千钧，刘明华，等．两性木素絮凝剂的制备及其在污泥脱水的应用．2005，24（02）：14-16．
[37] 刘千钧，詹怀宇，刘明华．木素的接枝改性．中国造纸学报，2004，19（01）：156-158．
[38] 邹阳雪，杨序平，王飞，等．木质素磺酸钠与马来酸酐接枝共聚物的制备及表征．西南科技大学学报，2016，31（02）：15-18．
[39] 刘千钧，詹怀宇，刘明华．木质素磺酸镁接枝丙烯酰胺的影响因素．化学研究与应用，2003，15（5）：737-739．
[40] 蒋挺大．壳聚糖．北京：化学工业出版社，2001．
[41] 俞继华，冯才旺，唐有根．甲壳素和壳聚糖的化学改性及其应用．广西化工，1997，26（03）：28-32．
[42] Muzzarelli R A A，Tanfani F，Zmanuelli M，et al．*N*-(carboxymethylidene) chitsoans and *N*-(carboxymethyl) chitosana：Novel checating polyampholytes obtained form chitosanglyoxylate．Carbohydr Res，1982，107：199．
[43] 佟锡江，李淑华，柏薇薇．虾壳制备甲壳素壳聚糖羧甲基壳聚糖．齐齐哈尔大学学报，2001，17（01）：38-42．
[44] 田澍，顾学芳．羧甲基壳聚糖的制备及应用研究．化工时刊，2004，18（04）：30-32．
[45] 易喻，江威，王鸿，等．羧甲基壳聚糖的制备及性能研究．浙江工业大学学报，2011，39（01）：16-20．
[46] 张远方，彭湘红，梁燕羽．羧甲基壳聚糖的制备及应用研究．湖北化工，2002（06）：34-36．
[47] 徐云龙，冯屏，钱秀珍等．微波合成羧甲基壳聚糖．华东理工大学学报，2003，29（04）：17-18．
[48] 蔡照胜，宋湛谦，杨春生，等．两性壳聚糖的制备及产物结构表征．林产化学与工业，2007（02）：123-126．
[49] 郭开宇，赵谋明．甲壳素/壳聚糖的研究进展及其在食品工业中的应用．食品与发酵工业，1995，26（01）：33-35．
[50] 万顺，邵自强，谭惠民．羧甲基纤维素阳离子化衍生物的研究现状．纤维素科学与技术，2002，10（04）：

53-59.
[51] 高洁，汤烈贵. 纤维素科学. 北京：科学出版社，1996：99-101.
[52] 张黎明，黄少杰，李卓美. 疏水化水溶性纤维素衍生物. 纤维素科学与技术，1998，6（01）：1-6.
[53] 冯琳. 阳离子化羧甲基纤维素研制及评价. 钻采工艺，1999，22（02）：57-59.
[54] 蒋刚彪，周枝凤. 羧甲基纤维素接枝长链季铵盐合成两性高分子表面活性剂. 精细石油化工，2000（01）：21-23.
[55] 唐有根，蒋刚彪，黄振谦. 两性高分子的合成研究——羧甲基纤维素接枝长链季铵盐. 中南工业大学学报，2000，31（02）：137-140.
[56] 张黎明，李卓美. 水溶性两性纤维素衍生物——羧甲基纤维素的季铵化. 应用化学，1998，15（04）：5-8.
[57] 谭业邦，张黎明，李卓美. 两性纤维素接枝共聚物的研究Ⅰ. 两性共聚物的合成. 功能高分子学报，1999，12（02）：149-152.
[58] 郭红玲，李新宝. 改性羧甲基纤维素絮凝剂的制备与应用. 人民黄河，2010，32（09）：46-47.
[59] 谭业邦，张黎明，李卓美. 两性纤维素接枝共聚物 CGAD 热降解行为的研究. 纤维素科学与技术，1997，5（04）：18-24.
[60] 曹亚峰，邱争艳，杨丹红，等. 羧甲基纤维素接枝二甲基二烯丙基氯化铵-丙烯酰胺共聚物的合成. 大连轻工业学院学报，2003，22（40）：247-249.
[61] 张黎明，谭业邦，李卓美. 甜菜碱型烯类单体与羟乙基纤维素的接枝聚合. 高分子材料科学与工程，2000（06）：44-46.
[62] 丁艳，胡佳月，刘婷. 新型两性淀粉基高分子絮凝剂的合成及絮凝性能研究. 材料导报，2015，29（S2）：388-392.
[63] 蔡紫芸，严惠华，陶鹰翔. 阳离子/两性接枝型聚丙烯酰胺絮凝剂的制备方法：CN97108880.2.1998.
[64] 董玉莲. 天然高分子改性制两性高分子水处理剂及其性能研究［D］. 广州：华南理工大学，1999.
[65] 王杰，肖锦，詹怀宇. 两性高分子絮凝剂的制备及其应用研究. 环境化学，2001，20（02）：185-190.
[66] 李旭详，周心艳，王世驹，等. 改性淀粉絮凝剂处理印染废水. 化工环保，1994，14（05）：313-314.
[67] 孙磊. 两性淀粉絮凝剂对染料废水的絮凝性能研究. 武汉纺织大学学报，2011，24（06）：48-50.
[68] 刘千钧. 木质素磺酸盐的接枝共聚反应及两性木质素基絮凝剂 LSDC 的制备与性能研究［D］. 广州：华南理工大学，2005.
[69] 杨智宽，袁扬，曹丽芬. 羧甲基壳聚糖对水溶性染料废水的脱色研究. 环境科学与技术，1999（02）：8-10，15.
[70] 马希晨，曹亚峰，崔励，等. SCAM 絮凝剂的合成及其在石油废水处理中的应用. 大连轻工业学院学报，1998，17（02）：6-9.
[71] 徐浩龙. 羧甲基纤维素接枝丙烯酸掺杂聚苯胺对 Pb(Ⅱ) 的吸附研究. 科学技术与工程，2012，12（02）：3913-3916.
[72] Wang J P，Chen Y Z，Yuan S J，et al. Synthesis and characterization of a novel cationic chitosan-based occulant with a high water-solubility for pulp mill wastewater treatment. Water Research，2009（43）：5267-5275.
[73] 王杰，肖锦，詹怀宇. 两性高分子絮凝剂在污泥脱水上的应用研究. 工业水处理，2000，20（08）：28.
[74] 杨智宽，单崇新，苏帕拉. 羧甲基壳聚糖对水中 Cd^{2+} 的絮凝处理研究. 环境科学与技术，2001（01）：10-12.
[75] 李爱阳，唐有根. 接枝共聚木质素絮凝处理电镀废水中的重金属离子. 环境工程学报，2008（05）：611-614.
[76] 邱琳. 天然有机高分子改性絮凝剂的应用研究. 湖南农业科学，2011（01）：101-102.

第10章 有机-无机复合絮凝剂

10.1 概述

传统的无机高分子絮凝剂生成的絮体较小，易受环境影响且单独使用时投加量大，由此将引发二次污染，制约其发展。有机高分子絮凝剂虽具有用量小、絮凝能力强、絮凝速度快、效率高，受共存盐类、pH值及温度影响小，生成污泥量少且易于处理等优点，但具有难降解、影响水质、价格相对较高，有些还具有一定毒副作用等缺点。鉴于上述无机、有机絮凝剂两者在性能及成本上的互补性，有机-无机复合絮凝剂的研究成为热点，它克服了单一絮凝剂的不足，合成了一批新型、高效的复合絮凝剂，在降低处理成本的同时提高絮凝性能。根据有机-无机复合絮凝剂性质与来源的不同，可将其分为合成高分子-无机复合絮凝剂与天然高分子-无机复合絮凝剂两大类[1]。

10.2 合成高分子-无机复合絮凝剂

合成高分子-无机复合絮凝剂是将人工合成和无机单组分絮凝剂通过某些化学反应，形成大分子量的共聚复合物，这样既克服了单一絮凝剂的不足，也充分发挥了多种絮凝剂的协同作用，产生显著的增效互补作用。对无机-有机复合絮凝剂中的无机组分研究较多的是铁盐和铝盐，铁盐以聚合硫酸铁（PFS）和聚合氯化铁（PFC）为主，铝盐以聚合氯化铝（PAC）为主；有机组分则主要包括人工合成、天然有机高分子聚合物两大类。研究应用较广泛的人工合成有机高分子聚合物包括聚丙烯酰胺（PAM）、二甲基二烯丙基氯化铵（DMDAAC）均聚物（PDMDAAC）等。其中，有机高分子组分多具有—COO^-、—NH—、—SO_3、—OH等亲电子基团，呈环状、链状等多种结构，这有利于污染物进入絮体，具有用量少、絮凝效果好、产生污泥量少、不易受酸碱度和盐类等影响的优点[2]。

10.2.1 合成高分子-铝系复合絮凝剂

10.2.1.1 聚合氯化铝/聚二甲基二烯丙基氯化铵（PAC/PDMDAAC）

聚合氯化铝（PAC）和聚二甲基二烯丙基氯化铵（PDMDAAC）广泛应用于水处理和污泥脱水处理中。相比传统的铝盐絮凝剂，PAC具有水质适用范围广、价格低廉、对低温低浊水处理效果好、絮体密度大、易于沉降和污泥脱水等优点，但是其形态、聚合度及相应的凝聚絮凝效果仍不及有机高分子絮凝剂，且其分子量以及对胶体物质的吸附架桥能力比有机高分子絮凝剂差很多，而且还存在投药量高、产生的污泥量大等缺点。PDMDAAC絮凝剂是近年来有机高分子絮凝剂的研究热点，具有正电荷密度高、水溶性好、对胶体物质的吸附架桥能力强、适用范围广、高效无毒等优点，但是价格昂贵、最佳投药范围窄、水处理成本高。通过将二者复合，制成PAC/PDMDAAC复合絮凝剂，既能协调增效，又加大经济成本的可协调性。PAC/PDMDAAC复合絮凝剂最佳pH值范围广，在脱浊、除藻、去除污染物、减少铝盐投加量、降低残留铝浓度等方面表现优异，是当前研究的热点[3,4]。

制备方法[2]：将一定浓度的PAC与PDMDAAC混合溶液置于三口烧瓶中，其中加入质量分数为0.004%的Na_4EDTA溶液，充氮气30min，然后在氮气保护下缓慢滴加过硫酸铵溶液，将密封的三口烧瓶置于恒温振荡器中在一定温度下反应一定时间。反应结束后，产物用乙醇沉淀，丙酮洗涤，直至用溴化法无单体检出，最后置于恒温干燥箱内烘至恒定质量。

10.2.1.2 聚合氯化铝/非离子型聚丙烯酰胺（PAC/PAM）

铝盐与PAM的复合絮凝剂是目前最常用的无机-有机复合型絮凝剂之一。聚丙烯酰胺有两个特点：长链（线）状的分子结构和聚丙烯酰胺分子中含有大量活性基团。聚丙烯酰胺是直链状聚合物，因每个分子由十万个以上的单体聚合构成，分子链相当长。这个长分子链向外侧伸出许多化学活性基团：酰氨基（$—CONH_2$）及羧基（$—COO^-$）。酰氨基是非离子性基团，但亦善于形成氢键而与其他物质的活性基团吸附并连接起来。这些特点使PAM成为一种优良的絮凝剂被运用到污水处理当中。PAC-PAM复合使用处理制药废水的效果明显优于单一絮凝剂，温度、pH值、投加量、反应时间是影响絮凝的主要因素，在最佳条件下，其COD_{Cr}去除率达71.6%，脱色率高达88.7%[5]。

制备方法[6]：取适量的聚丙烯酰胺配制成浓度为1%的溶液，然后放在搅拌器上搅拌，取一定浓度的聚合氯化铝溶液，按PAC：PAM＝10：1的比例加入聚丙烯酰胺溶液中，搅拌一段时间后即得聚合氯化铝/聚丙烯酰胺（PAC/PAM）。

10.2.2 合成高分子-铁系复合絮凝剂

10.2.2.1 聚硅酸硫酸铁/阴离子聚丙烯酰胺（PFSiS/APAM）

高度聚合的硅酸与铁离子一起可产生良好的混凝效果。将铁离子引到聚硅酸中，得到的混凝剂其平均分子量高达2×10^5，有可能在水处理中部分取代有机合成高分子絮凝剂。

制备方法[7]：以聚硫酸铁、硅酸钠和聚丙烯酰胺（PAM）为原料，用一定浓度的NaOH溶液调节PFS的碱化度（$r=OH^-/Fe=0.25$或0.5，摩尔比）；用硅酸钠和浓硫酸制备出聚硅酸（PS），使制备出的PS中SiO_2质量分数为3%左右；按照Fe/Si＝0.5（摩尔比）的比例将制备出的PS加入PFS中聚合一定时间，然后将聚硅酸硫酸铁（PFSiS）在室温下静置熟化24h。在PFSiS溶液中加入不同量的PAM（PAM/PFSiS＝0.05g/L、0.1g/L、0.2g/L、0.3g/L、0.5g/L），并在50℃下搅拌聚合2h，制备成PAM/PFSiS絮凝剂，再将样品经过旋蒸、干燥和研磨制成粉末状。综合性能最好的是PAM/PFSiS＝0.2g/L的絮凝剂，其最佳质量浓度为45mg/L。

10.2.2.2 聚合氯化铁/聚二甲基二烯丙基氯化铵（PFC/PDMDAAC）

聚合氯化铁（PFC）是一种新型高效的无机高分子混凝剂，选用铝矾土、盐酸或含铝酸盐、铝酸钙粉制成，具有良好的絮凝效果，价格低，其净水效果优于传统的硫酸铝和铁盐等普通无机盐类混凝剂，固体产品为淡黄色、黄色或褐色粉末。水解速度快，水合作用弱，形成的矾花密实，沉降速度快。受水温变化影响小，可以满足在流动过程中产生剪切力的要求。Gao 等[8]通过研究 PFC/PDMDAAC 复合絮凝剂的作用机理发现，PFC 与 PDMDAAC 复合后，Zeta 电位增大，pH 值对 Zeta 电位的影响作用有所减弱；在对染料废水的混凝处理中，采用 PFC/PDMDAAC、PFC、PDMDAAC 分步投加的方式进行对比实验，结果表明，PFC/PDMDAAC 对染料的去除率最大。

制备方法[8]：采用 PFC 和 PDMDAAC 制备 PFC/PDMDAAC。按 $w_{Fe}=7.9\%$制作 PFC 溶液，加入 PDMDAAC 到 PFC 溶液中，使得 PDMDAAC 在絮凝剂中的质量分数为 7%，用强搅拌法制备 PFC/PDMDAAC 原液。

10.2.2.3 聚合硫酸铁/聚二甲基二烯丙基氯化铵（PFS/PDM）

聚二甲基二烯丙基氯化铵（PDMDAAC，以下简称 PDM）具有分子量高、阳离子电荷密度高、静电中和能力和吸附架桥能力强、投加量小和产泥量少等优点。故若将 PDM 与聚合硫酸铁（PFS）复合，制备成复合型混凝剂，并用于微污染水源水的净化处理，可望达到优势互补或协同，实现强化混凝，提高污染物去除率的目的。用聚合硫酸铁（PFS）和聚二甲基二烯丙基氯化铵（PDM）制备了复合混凝剂——聚合硫酸铁/聚二甲基二烯丙基氯化铵（PFS/PDM）。

制备方法[9]：取 200g PFS 于 500mL 反应器中，加热搅拌至 50～60℃；然后再取特性黏数为 1.40dL/g 的 PDM 10g，加入上述盛有 PFS 的反应器中，保温搅拌分散至形成均相溶液，即得到有机-无机复合型混凝剂：PFS/PDM 1.40（1.40 为 PDM 的特性浓度），备用。

10.2.3 合成高分子-无机复合絮凝剂的应用

无机和合成有机高分子絮凝剂的复配使用，主要是铝系、铁系、铁铝系、聚硅酸盐等无机絮凝剂和有机高分子絮凝剂聚丙烯酸、聚乙烯醇、聚丙烯酰胺（PAM）、聚丙烯酸钠（PAA）、二甲基二烯丙基氯化铵（PDMDAAC）、非离子型聚丙烯酰胺和聚氧化乙烯（PEO）等之间的不同组合使用，下面就对各种合成高分子-无机复合絮凝剂的应用现状分别加以叙述。

10.2.3.1 城市污水处理中的应用

Nacheva 等[10]研究了 $FeCl_3$ 絮凝剂与不同离子形态的丙烯酰胺共聚物复合絮凝剂对墨西哥城市污水的处理情况，使用单独的 80～100mg/L 的 $FeCl_3$ 絮凝剂，其 TSS 和 COD 去除率为 60%～68%；絮凝效果最好的是 $FeCl_3$ 与阳离子丙烯酰胺共聚物复合絮凝剂，20～30mg/L 的 $FeCl_3$ 和 0.2mg/L 丙烯酰胺共聚物复合絮凝剂，其 TSS 去除率增加到 63%～80%，而 COD、浊度和色度的去除率仅提高 2%～7%；同时 20～30mg/L 的 $FeCl_3$ 和一系列浓度为 0.2～1.5mg/L 的阴离子丙烯酰胺共聚物对废水的 TSS 去除率为

74%～84%，COD去除率为48%～55%，浊度和色度去除率达到77%。

张海彦[11]合成了一种无机-有机高分子除磷絮凝剂PAFC/PDMDAAC用于市政废水除磷处理。并通过絮凝搅拌实验研究了PAFC/PDMDAAC的絮凝性能。PDMDAAC本身的除磷效果不明显，复配后除浊效果优于PAFC，且PAFC/PDMDAAC处理后废水的pH值变化平稳，保持在7左右。PAFC/PDMDAAC的絮凝除磷性能结果表明：PAFC/PDMDAAC的有效pH值范围为6.5～10，符合需处理含磷生活污水的pH值；PAFC/PDMDAAC对温度的适应性强，在5℃、25℃和35℃时除磷效果曲线集中；其除磷效果能达到国家《污水综合排放标准》中磷排放的一级标准（0.5mg/L）；同时具有污泥量少、污水pH值变化稳定的优势。在实验中PAFC/PDMDAAC的絮凝除磷性能更优于PAFC，实验表明，PAFC和PDMDAAC复配后提高了除磷综合性能。

夏雄等[12]以硫酸铝、硫酸铁、硅酸钠和阳离子聚丙烯酰胺（CPAM）为主要原料，采用共聚法制备了PSAF/CPAM无机-有机复合高分子絮凝剂。结果表明，PSAF/CPAM的最佳制备比例为无机絮凝剂与有机絮凝剂的质量比为70∶1，PSAF/CPAM对印染废水总磷的去除率随絮凝剂投加量的增加而逐渐增大，在絮凝剂投加量金属离子浓度达到1mol/L后增长趋势变缓，总磷去除率均在98%以上。

秦墨涵[13]采用3-三乙氧基硅基丙基三甲基氯化铵和氯化铝合成了一种新型的共价键型复合高分子絮凝剂。该复合高分子絮凝剂对常规污染物质的絮凝性能优异，可以高效去除水中的浊度及色度，在废水深度处理或饮用水处理中具有很大的应用潜力。

10.2.3.2 工业废水处理中的应用

(1) 炼油废水处理

钟华文等[14]以无机絮凝剂TIDI与HIHON有机高分子聚合物形成的复合絮凝剂处理炼油污水，对石油醚、COD、Ar—OH等主要污染物的去除率均有较大幅度的提高，且可以降低成本，正常污水降低4.8%，严重乳化污水可降低35%。

赵景霞等[15]以丙烯酰胺与含胺基团单体共聚得到的阳离子型有机高分子絮凝剂ZD-MC（10mg/L）和PAFC（20mg/L）组成的复合絮凝剂处理炼油厂污水，用量是原药剂的65%，浮选池出水石油类和COD类的去除率各提高5%左右，浮渣生产量可减少26.2%，投药成本和废渣处理费用都有所下降。

陈花果等[16]介绍了一种高效高分子复合絮凝剂，由碱式氯化铝、碱式硫酸铝、硫酸钙和带有强吸附能力的活性炭粒子的有机高分子聚丙烯酰胺构成，特别适用于处理含乳化油、悬浮固体的工业废水。

(2) 印染废水处理

汤心虎等[17]以无机高分子絮凝剂AF-I与阳离子PAM形成的复合絮凝剂对碱性玫瑰精B模拟废水进行处理，具有很好的脱色效果，当投加量为650mg/L时，脱色率达98%以上。不仅脱色率高，且絮体颗粒密实，沉淀污泥量少。对广州某印染厂的污水处理表明，投加量为430mg/L时脱色率达到92%以上，澄清后污水基本无色。

余金凤等[18]用竹炭、PAC、NPAM复配处理印染废水取得了良好的效果。此法可提高COD_{Cr}的去除率，加快了沉降速度，处理操作简单、灵活多样，药剂材料用量少。

汪多仁等[19]主要是利用壳聚糖和氯乙酸反应制备的有机絮凝剂羧甲基壳聚糖，和生产钛白粉的副产品七水硫酸亚铁制得的无机高分子絮凝剂聚合磷硫酸铁复配制得无机-有机复合絮凝剂，可以有效降低印染废水中的COD等，其COD比单纯的无机絮凝剂COD要低，同时节约水处理成本。

韩丽娟等[20]利用自主合成的有机高分子絮凝剂与无机高分子絮凝剂聚氯化铝复配，得到一种新型高效复合絮凝剂。应用该复合絮凝剂对印染模拟污水及实际污水进行处理。结果表明，在一定条件下该复合絮凝剂对印染污水有良好的脱色能力，具有成本低、脱色率高、沉降速度快等优点。

(3) 造纸废水处理

杨鹫远等[21]研究了$Al_2(SO_4)_3$+PAM复合絮凝剂处理造纸脱墨废水，当脱墨废水pH值为10、加入无机盐质量分数为15%的复合絮凝剂50mg/L时，可使脱墨废水的悬浮物含量、COD和浊度分别降低80%、75%、95%以上。此外还有人将复合絮凝剂$AlCl_3$/PAM用于造纸废水生物处理后的后续处理。结果表明，对于进一步地去除残余的色度、COD、BOD_5的处理效率分别达63.4%、58.9%、75%[22]。

张如意等[23]用PAC/PAM复合絮凝剂处理造纸混合废水，其最佳条件是：PAC用量为0.6 g/L，PAC∶PAM＝10∶1，pH值为7～8，处理效果良好，COD去除率达93.8%。

(4) 电镀废水处理

杨百勤等[24]研究了Fe^{2+}-PAM复合絮凝剂处理电镀废水中的Cr^{6+}，工艺简单，费用低，废水中Cr^{6+}去除率达到99.8%以上，出水优于国家规定的排放标准。

Li等[25]以二乙基二硫氨基甲酸钠（DDTC）作捕获剂，以PFS+PAM作絮凝剂处理电镀铜废水，当DDTC与Cu的摩尔比为0.8～1.2时，Cu的去除率超过99.6%。

10.2.3.3 其他方面的应用

(1) 去除重金属方面的应用

李永丹[26]将采用硝酸铈铵引发交联淀粉-聚丙烯酰胺接枝共聚物与二硫化碳共聚合成的有机絮凝剂——淀粉接枝丙烯酰胺共聚黄原酸酯（CSAX）与制备好的聚硅酸铁镁（PSiFM）进行复合，以重金属Cu^{2+}去除率及除浊率双重指标来评价絮凝效果。结果表明，投加量为15mg/500mL时除浊率最好，能达到99%左右；投加量为10mg/500mL时除铜效果要好，达到90%左右。除浊方面，该复合絮凝剂的适用范围广，尤其是中性偏碱性环境下去除率非常好，能达到99%左右；除Cu^{2+}方面，该复合絮凝剂主要适用于偏酸性环境下，尤其是pH＝4～5时，除铜效果能达到90%左右。

(2) 污泥脱水中的应用

郭亚萍等[27]将三氯化铁与聚乙烯醇以投加比例为4∶1配合组成复合絮凝剂，该复合絮凝剂对生活污泥的脱水效果优于单独使用三氯化铁、聚乙烯醇、PAM的效果。当复合絮凝剂用量为干泥量的1%时，污泥含水率由94%下降到71%，且滤液澄清度高，透光率达98%。

10.3 天然高分子-无机复合絮凝剂

当前无机絮凝剂和有机絮凝剂在污水处理工艺上发挥着非常重要的作用[28]。无机絮凝剂的制备工艺相对简单，原材料廉价易得，大多无毒或低毒，而有机絮凝剂大多有毒且价格高，因此，限制了其在水处理中的大规模应用[29]。面对复杂的污染水系，单一的絮凝剂已经不能满足现在的需求，因此，研发性能较好的复合絮凝剂是目前的研究方向。复合絮凝剂是由 2 种或 2 种以上物质经改性或发生其他反应生成的新型絮凝剂，按各组分化合物类型可分为无机-无机复合型、无机-有机复合型及有机-有机复合型[2]。鉴于无机、有机絮凝剂各自的优缺点，以及两者在性能和成本上的互补性，近年来，复合絮凝剂的研究方向大多以无机-有机复合型为主[30]。天然高分子-无机复合絮凝剂便是其中的一种。研究高效率、低价位、高生态安全、低健康风险为特点的天然有机高分子-无机复合絮凝剂正成为水处理领域研究和开发的热点[31]。

10.3.1 天然高分子-无机复合絮凝剂的制备

这类复合絮凝剂报道较多的是无机-淀粉高分子复合絮凝剂和无机-壳聚糖高分子复合絮凝剂[31]。

10.3.1.1 无机-壳聚糖高分子复合絮凝剂的制备

壳聚糖（chitosan，CTS）的化学名称为聚葡萄糖胺［(1,4)-α-氨基-β-D-葡萄糖］，其为一种自然资源十分丰富的线型聚合物——甲壳质脱 *N*-乙酰基的衍生物，是一种天然有机高分子絮凝剂[33]。

(1) 实例 1：PAC/CTS 复合絮凝剂的制备[32]

① 聚合氯化铝（PAC）的制备：取 100mL 0.5mol/L $AlCl_3$ 溶液，在 60r/min 的磁力搅拌条件下滴加 0.5mol/L NaOH，使氯化铝的碱化度（*B*）分别为 1.0、1.5、2.0，熟化 1d 后定容，得到最终总铝浓度为 0.1mol/L 的 PAC 溶液。

② 壳聚糖的乙酸溶液的配制：取 3g 壳聚糖溶于 200mL 1g/L 乙酸溶液中，使溶液的终浓度为 1.5g/L。

③ PAC/CTS 的制备：取 100mL *B* 值分别为 1.0、1.5 和 2.0 的 PAC 溶液，在 60r/min 磁力搅拌的条件下，滴加不同量的壳聚糖乙酸溶液，强烈搅拌均匀，得不同碱化度（*B*）和不同壳聚糖含量（*C*）的透明复合絮凝剂产品：PAC/CTS（*B*=1.0，*C*=0.1g/g）；PAC/CTS（*B*=1.5，*C*=0.1g/g）；PAC/CTS（*B*=2.0，*C*=0.1g/g）；PAC/CTS（*B*=1.5，*C*=0.05g/g）；PAC/CTS（*B*=1.5，*C*=0.2g/g）。

(2) 实例 2：PSAFC/CTS 复合絮凝剂的制备[33,34]

① 聚硅酸氯化铝铁（PSAFC）的制备：称取一定量的 $NaSiO_3 \cdot 9H_2O$，溶解于蒸馏水中，搅拌 3～4h，放置 12h 左右，即得活化聚合硅酸。向活化聚合硅酸中加入适量浓盐酸，使其酸化至 pH=1.5 左右，并静置一段时间。再根据胡勇有等[35]的方法，往其中加入铝铁摩尔比为 9∶1 的 $AlCl_3 \cdot 6H_2O$ 和 $FeCl_3 \cdot 6H_2O$，用 NaOH 调节，使其碱化度为

2。搅拌一定时间放置后即得 PSAFC。

② 壳聚糖的乙酸溶液的配制：取 3g 壳聚糖溶于 1L 体积分数为 1%的乙酸溶液中，得质量浓度为 3g/L 的壳聚糖贮备溶液。

③ PSAFC/CTS 的制备：取一定量的壳聚糖溶液于锥形瓶中，在磁力搅拌器搅拌下加入聚硅酸氯化铝铁溶液，滴加稀盐酸调节 pH 值，剧烈搅拌使之混合均匀。静置反应 2h 后，缓慢加热到 70℃后反应 60min，将该体系在室温下静置熟化 24h，让其充分反应，则生成稳定均一的复合共聚胶体。

(3) 实例 3：氢氧化镁-壳聚糖复合絮凝剂的制备[36]

取一定量的镁盐（$MgSO_4 \cdot 7H_2O$），采用 CaO 作为镁盐水解用的碱化剂，制取氢氧化镁絮凝剂。在一定量的镁盐中加入适量的复配剂壳聚糖，用 CaO 作碱化剂，搅拌，反应熟化一定时间，得到氢氧化镁-壳聚糖复合絮凝剂。

10.3.1.2 无机-淀粉高分子复合絮凝剂的制备

淀粉是一种天然有机高分子物质，价格低廉、选择性好、安全无毒，但可生物降解性限制了淀粉的使用寿命。因此，通过改性，引入活性基团，可提高絮凝性能[37]。

(1) 实例 1：阳离子淀粉-聚合硫酸铁复合絮凝剂的制备[38]

① 阳离子改性淀粉（CS）的制备：移取 4mL 醚化剂 3-氯-2-羟丙基氯化铵于烧杯中，逐滴滴入 3mL 10mol/L NaOH，加入 15mL 蒸馏水，混合后，低于 10℃下活化反应 10min。将处理好的醚化剂加入 15g 淀粉中，搅拌均匀，40～50℃干燥 1h，粉碎后于 85℃下反应 0.5h，得白色固体。

② 聚合硫酸铁（PFS）的制备：在烧杯中加入 10g 绿矾（$FeSO_4 \cdot 7H_2O$）、10mL 蒸馏水和 2mL 浓硫酸，边搅拌边滴加 H_2O_2 3mL，反应 30min 后，停止搅拌，静置，即得红褐色黏稠状 PFS 溶液。

③ 聚合硫酸铁-阳离子改性淀粉复合絮凝剂（PFS+CS）的制备：称取一定量的聚合硫酸铁（PFS）和阳离子淀粉（CS）于烧杯中，加入蒸馏水，边搅拌边用稀硫酸调节 pH 值，一定温度充分反应后，减压过滤，烘干，即可制得无机-有机复合絮凝剂 PFS+CS。

(2) 实例 2：PST 复合絮凝剂的制备[39]

取一定量玉米淀粉用去离子水配成 10%的淀粉溶液，在 55℃水浴中缓慢匀速加入定量 25% NaOH 缓慢搅拌，改性反应 1h；然后在搅拌条件下向硫酸铝与三氯化铁溶液中加入含 1g 淀粉的改性淀粉溶液（约 10mL）混合，用稀硫酸调节 pH 值为 1，在 60℃恒温磁力搅拌器中复合反应 4h，得到絮凝剂。

(3) 实例 3：锌基淀粉改性复合絮凝剂（Zn-CSM）的制备[40]

① CSM 的制备：称取一定量的淀粉倒入三口烧瓶中，加入蒸馏水配成悬浊液，将适量的 NaOH 固体用少许蒸馏水溶解后倒入烧瓶中，在一定温度下搅拌一定时间，即得黏稠状的预胶化淀粉。在预胶化淀粉中加入少许硫酸高铈（Ce^{4+}）引发剂，搅拌并活化一定时间后，加入聚环氧氯丙烷-二甲胺，氮气保护下恒温反应一段时间即得阳离子改性淀粉 CSM。

② Zn-CSM 的制备：Zn-CSM 采用硫酸锌与阳离子淀粉复合制备而成。由于硫酸锌的

pH 值与阳离子淀粉有差异，混合过程中会产生凝胶现象，因此复合时先将阳离子淀粉 pH 值调至与硫酸锌相接近，然后加入硫酸锌及蒸馏水搅匀，于恒温下反应一定时间即得复合絮凝剂 Zn-CSM。

10.3.2 天然高分子-无机复合絮凝剂的应用

天然有机高分子聚合物是人类最早发现并使用的絮凝剂，但由于具有分子量较低、电荷密度较小、易被生物降解失去活性等天然物质的属性，很少应用。对天然有机高分子絮凝剂进行改性，使其结构多样化，可增强絮凝性能。此外，改性后的天然高分子无毒或低毒，易于生物降解，不产生二次污染，且价格低廉，具有良好的应用前景[42]。

10.3.2.1 天然高分子-无机复合絮凝剂处理印染废水

用于织物印染的染料类别高达数万种，其中大部分为有机物，而且含有发色基团，使得印染废水颜色加深，水质发生较大程度的变化。另外，某些印染废水还含有酚类、芳烃等有机物，具有明显的生物毒性。目前，印染废水在我国工业废水总量中所占比例较高，并且由于其较高的有机废物含量以及较为复杂的成分，使得印染废水的处理难度加大[41,42]。

处理印染废水的方法主要有物理法和化学法两种，其中物理法主要包括吸附法和过滤法[43,44]，化学法主要包括化学氧化法、光催化氧化法、电解法和絮凝沉淀法[45-48]。在这些处理方法中，絮凝沉淀法的投资成本低，对印染废水的脱色率高，而且处理规模较大，是最为经济有效的印染废水处理方法，可以有效去除硫化染料、还原染料和分散染料等。

复合型壳聚糖基絮凝剂的生产成本低廉，但对印染废水处理条件的依赖性高；而改性壳聚糖絮凝剂对印染废水处理效果好，但成本相对于传统无机絮凝剂较高，因此将二者配制成复合型絮凝剂，既可以在一定程度上降低生产成本，又可以保证絮凝剂对印染废水的处理效果。另外，将无机絮凝剂与壳聚糖复配，还能够起到助凝和混凝效果，有助于改善壳聚糖的絮凝效果。较为常见的复合型壳聚糖絮凝剂是将壳聚糖与无机高分子絮凝剂复配使用。岳思羽等[49]制备了一种聚硅酸氯化铝铁/壳聚糖复合型絮凝剂，并利用所制备的絮凝剂对印染废水进行了处理。通过对温度、pH 值、搅拌时间以及聚硅酸氯化铝铁和壳聚糖配比的优化发现，当处理温度为 60℃、pH 值为 5、搅拌时间为 15min、聚硅酸氯化铝铁/壳聚糖质量比为 7/3 时，印染废水的 COD 去除率高达 80.9%，废水吸光度由原来的 2.4208 降低至 0.2530。王圆广等[50]利用聚合氯化铝铁和壳聚糖制备的复合型絮凝剂处理印染废水，并对处理工艺进行了优化。实验结果表明，当聚合氯化铝铁和壳聚糖质量比为 1/1、处理温度为 55℃、pH 值为 7、处理时间为 15min 时，印染废水的 COD 去除率可达 70.6%，吸光度可降低至 0.3017。

10.3.2.2 天然高分子-无机复合絮凝剂处理造纸废水

造纸废水是一种稳定的胶体分散体系，胶体表面带负电。以玉米淀粉和丙烯酰胺为原料，高锰酸钾为引发剂，制备淀粉接枝丙烯酰胺聚合物（S-*g*-PAM）高分子絮凝剂，并用红外光谱对产物进行表征。用制备的 S-*g*-PAM 处理造纸废水，探究了絮凝剂投加量、pH 值及搅拌时间对造纸废水处理效果的影响，在单因素实验的基础上，正交优化了造纸废水处理工艺条件。结果表明，室温下 S-*g*-PAM 投加量为 4mg/L、pH=7、搅拌 12min 时，造纸废水的 COD 和 SS 去除率分别达 88.1%和 96.7%。S-*g*-PAM 通过中和、吸附架桥等作用达到很好的絮凝效果，与其他絮凝剂相比，具有投加量少、费用低、出水透光比高等优点[51]。

10.3.2.3 天然高分子-无机复合絮凝剂处理含油废水

随着石油化工的发展，含油废水的排放量与日俱增。大量的含油废水对环境造成的破坏已经到了触目惊心的程度。据统计，我国仅各大炼油厂每年产生的废水就高达 5.5 亿吨，目前治理达标的不足 50%[52]，采出原油含水率一般高达 70%～95%[53]，由此也产生大量含油废水。因此，选用合适的絮凝剂对油田循环注水进行处理，对于保护环境和降低采油成本具有重要意义。用于油田含油废水处理的絮凝剂逐渐由无机向有机转化，单一型向复合型转化，并形成了系列化产品。兼具絮凝、缓蚀、阻垢、杀菌等多功能的水处理剂也正迅速发展。随着絮凝剂研究和开发工作的不断完善、人们的环保意识不断加强，将有种类越来越多、性能越来越好、使用更安全的絮凝剂应用于含油废水的处理。如改性的壳聚糖具有无毒、絮凝性能好的特点，已广泛用于含油废水的处理。王智、张展等[54]利用天然淀粉接枝丙烯酰胺共聚反应为自由基聚合反应，研制出 PSAS/FSM 絮凝剂，并将其用于含油废水处理，能够有效去除水中的油颗粒。

10.3.2.4 天然高分子-无机复合絮凝剂处理水中金属

王莉等[55]制备了无机-有机天然高分子复合絮凝剂 PAC/CTS，探讨了其组成、投加量以及废水 pH 值对城市废水和金属合成水样絮凝效果的影响。结果表明，当处理的城市废水 pH 值为 8、复合絮凝剂组成中 CTS 含量为 200g/kg、投加量为 80mg/L 时，废水的色度、浊度和 COD_{Cr} 的去除率分别达到 94%、99%和 68%。在金属合成水样的应用中，当水样 pH 值为 8、CTS 含量为 300g/kg 时，复合絮凝剂絮凝效果最好，投加量分别为 4mg/L 和 5mg/L 时，Cu^{2+} 和 Pb^{2+} 的去除效果分别为 85%和 73%，说明复合絮凝剂 PAC/CTS 兼有无机和有机絮凝剂的优点，是一种使用范围较广的新型絮凝剂。

参考文献

[1] 邹静. 新型无机-有机复合高分子絮凝剂的制备及性能研究［D］. 北京：北京化工大学，2012.

[2] 冯欣蕊. PAC-PDMDAAC 杂化絮凝剂的制备、表征及絮凝性能研究［D］. 重庆：重庆大学，2014.

[3] 李潇潇，张跃军，赵晓蕾，等. PAC/PDMDAAC 复合混凝剂用于冬季太湖水强化混凝工艺中试放大研究. 应用基础与工程科学学报，2016，24（1）：157-166.

[4] Yang Z L，Gao B Y，Wang Y，et al. The effect of additional poly-diallyl dimethyl ammonium-chloride on the speciation distribution of residual aluminum（Al）in a low DOC and high alkalinity reservoir water treatment. Chemical Engineering Journal，2012，197：56-66.

[5] 任晓燕，刘红，秦霞，等. 复合絮凝剂（PAC-PAM）对制药废水的絮凝效果研究. 菏泽学院学报，2017，39（2）：77-81.

[6] 黄菁，邵俊，余薇. 聚合氯化铝-聚丙烯酰胺复合絮凝剂的特性及絮凝作用. 化学工程师，2011（6）：68-71.

[7] 余宗学，吕亮，何毅，等. PAM-PFSiS 复合絮凝剂的制备及其应用. 现代化工，2014，12（34）：108-112.

[8] Gao B Y，Wang Y，Yue Q Y，et al. Color removal from simulated dye water and actual textile wastewater using a composite coagulant prepared by ployferric chloride and polydimethyldiallylammonium chloride. Separation and

Purification Technology，2007，54（2）：157-163.

[9] 黄曼君，李明玉，任刚，等. PFS-PDM复合混凝剂对微污染河水的强化混凝处理. 中国环境科学，2011，31（03）：384-389.

[10] Nacheva P M，Bustillos L T，Camperos E R，et al. Characterization and coagulation-flocculation treatability of mexico city wastewater applying ferric chloride and polymers. Water Science & Technology，1996，34（3-4）：235-247.

[11] 张海彦. 用于市政废水除磷处理的高效絮凝剂研究［D］. 重庆：重庆大学，2004.

[12] 夏雄，刘威，许霞，等. PSAF-CPAM高分子无机-有机复合絮凝剂表征及其对印染废水除磷效果分析. 工业安全与环保，2018，44（03）：82-85.

[13] 秦墨涵. 共价键型复合高分子絮凝剂的制备和混凝性能研究［D］. 北京：北京大学，2013.

[14] 钟华文，沈豪祥，吴馥萍. 新研制复合絮凝剂气浮絮凝处理炼油污水. 广东石油化工高等专科学校学报，1997，1（7）：1-6.

[15] 赵景霞，刘念曾，黎平，等. 絮凝技术在油田废水处理过程中的应用. 石油炼制与化工，2001，10（32）：45-48.

[16] 陈花果，程继夏，郑卫省，等. 一种复合高分子混凝剂及配制方法：CN 1051157A. 1991.

[17] 汤心虎，尹华，谭淑英，等. 无机/有机复合絮凝剂对碱性玫瑰精 B 的脱色研究. 环境科学与技术，2003（03）：41-43，65.

[18] 余金凤，丁富传，张丽敏，等. 竹炭与絮凝剂复配处理印染废水的研究. 福建师范大学学报，2010，26（02）：64-71.

[19] 汪多仁. 甲壳素、壳聚糖的生产和应用. 印染助剂，2000，17（4）：1-4.

[20] 韩丽娟，黄玉华，蒲宗耀，等. 高效复合絮凝剂的制备与应用. 纺织科技进展，2010（02）：17-19，24.

[21] 杨鸷远，钱锦文，方明晖，等. $Al_2(SO_4)_3$-CPAM 复合絮凝剂在造纸脱墨废水中的应用. 水处理技术，2003（02）：99-101.

[22] Wu S B，Liang W Z. Purification of AS-CMP effluent by combined photosynthetic bacteria and coagulation treatment. Journal of Environmental Sciences，2000，12（1）：81-85.

[23] 张如意，高彩玲，田丽. 无机-有机复合絮凝剂处理造纸混合废水研究. 焦作工学院学报（自然科学版），2000（05）：390-392.

[24] 杨百勤，曹莉敬，杜宝中，等. Fe^{2+}-PAM 复合絮凝剂处理电镀废水中 Cr^{6+} 的应用研究. 西北轻工业学院学报，2002（04）：93-96.

[25] Li Y，Zeng X，Liu Y，et al. Study on the treatment of copper-electroplating wastewater by chemical trapping and flocculation. Separation & Purification Technology，2003，31（1）：91-95.

[26] 李永丹. 新型有机无机复合絮凝剂的制备及性能研究［D］. 天津：天津工业大学，2015.

[27] 郭亚萍，胡云楚，吴晓芙. 复合絮凝剂对生活污泥脱水的研究. 工业用水与废水，2003（03）：73-74，76.

[28] 唐晓东，邓杰义，李晶晶，等. 复合高分子絮凝剂的制备及研究进展. 工业水处理，2015，35（02）：1-5.

[29] 姚彬，张文存，张玉荣，等. 无机-有机高分子复合絮凝剂的研究进展. 石化技术与应用，2018，36（05）：347-352.

[30] 牛丽娜，周文斌. 无机有机复合絮凝剂. 水资源与水工程学报，2004（01）：59-63.

[31] 周春琼，邓先和，刘海敏. 无机-有机高分子复合絮凝剂研究与应用. 化工进展，2004（12）：1277-1284.

[32] 田鹏，王莉，邓红霞，等. 复合絮凝剂 PAC-CTS 对制药废水的絮凝效果研究. 西北农业学报，2007（03）：211-214.

[33] 岳思羽，王圆广，赵丹，等. 复合型絮凝剂 PSAFC-CTS 的制备及其对印染废水处理效果的影响. 湖北农业科学，2014，53（22）：5391-5394.

[34] 张文艺，邱小兰，范培成，等. PSAFC-CTS 絮凝剂的制备与絮凝特性研究. 现代化工，2012，32（04）：59-63.

[35] 胡勇有，宁寻安，高健，等. 羟基聚合铝铁混凝剂制备参数的确定. 水处理技术，2001（02）：87-89.

[36] 壮亚峰，曹桂萍，张潇潇. 氢氧化镁-壳聚糖复合絮凝剂对印染废水的脱色研究. 环境科学与管理，2008 (01)：70-73.

[37] 佟瑞利，赵娜娜，刘成蹊，等. 无机、有机高分子絮凝剂絮凝机理及进展. 河北化工，2007 (03)：3-6.

[38] 王彦娜，夏爱清，梁慧锋. 阳离子淀粉-聚合硫酸铁复合絮凝剂制备的研究. 生物化工，2017，3 (04)：34-36.

[39] 张淑娟，杨宇，林亲铁. 无机-有机复合絮凝剂PST的制备及其脱色性能. 环境科学与技术，2013，36 (05)：105-107.

[40] 曾玉彬. 锌基复合絮凝剂的制备与应用基础研究 [D]. 武汉：华中科技大学，2007.

[41] 张宇峰，滕洁，张雪英，等. 印染废水处理技术的研究进展. 工业水处理，2003，23 (4)：23-27.

[42] 李凤霄，王彦博，杜夕铭，等. 絮凝法处理印染废水的研究进展. 中国科技纵横，2015 (20)：2.

[43] 陈玉峰. 物理法处理染料废水的研究进展. 煤炭与化工，2013 (3)：72-74.

[44] 刘路. 纺织印染废水处理技术研究现状及进展. 上海工程技术大学学报，2017，31 (2)：174-177.

[45] Zhu X，Ni J，Lai P. Advanced treatment of biologically pretreated coking wastewater by electrochemical oxidation using boron-doped diamond electrodes. Water Research，2009，43 (17)：4347-4355.

[46] Martínez-Huitle C A，Brillas E. Decontamination of wastewaters containing synthetic organic dyes by electrochemical methods：a general review. Applied Catalysis B Environmental，2009，87 (3-4)：105-145.

[47] Forgacs E，Cserháti T，Oros G. Removal of synthetic dyes from wastewaters：a review. Environment International，2004，30 (7)：953-971.

[48] Verma A K，Dash R R，Bhunia P. A review on chemical coagulation/flocculation technologies for removal of colour from textile wastewaters. Journal of Environmental Management，2012，93 (1)：154-168.

[49] 岳思羽，王圆广，赵丹，等. 复合型絮凝剂PSAFC-CTS的制备及其对印染废水处理效果的影响. 湖北农业科学，2014，53 (22)：5391-5394.

[50] 王圆广，陈晓. 聚合氯化铝铁与壳聚糖复合絮凝剂的制备及其对印染废水的处理. 安徽化工，2014 (6)：46-47.

[51] 刘军海，李志洲，王俊宏，等. 改性淀粉絮凝剂处理造纸废水效果研究. 水处理技术，2016，42 (10)：80-83，88.

[52] 张安，程汉东. 环保注水-油田污水治理的新途径. 安全与环境工程，2003，10 (4)：28-30.

[53] 陆柱. 油田水处理技术. 北京：石油工业出版社，1990，3：2-5.

[54] 王智，张展，王璞，等. 淀粉接枝改性絮凝剂的制备及对含油废水的应用. 环境保护科学，2012，38 (03)：34-36，43.

[55] 王莉，冯贵颖，田鹏. 新型复合絮凝剂在水处理中的应用. 西北农林科技大学学报（自然科学版），2005 (03)：149-152.

附录 部分专业术语中英文对照

1. 引发剂

2,2′-偶氮双-(2-甲基-乙基腈) 2,2′-azobis-(2-methyl-propionitrile)

2,4-二甲基正戊腈 2,4-dimethylpentanenitrile

二甲氨基乙醇 dimethyl aminoethanol(DMAE)

过硫酸铵 ammonium persulfate

过硫酸钾 potassium persulfate

过氧化二碳酸(2-乙基己酯) bis(2-ethyl-hexyl)peroxycarbonate(EHP)

过氧化氢 hydrogen peroxide

过氧化物 peroxide

过氧酰基叔戊酸丁酯 butylperoxypivalate

抗坏血酸 ascorbic acid

硫代硫酸钠 sodium thiosulfate

硫酸亚铁 ferrous sulfate

硫酸亚铁铵 ferrous ammonium sulfate

偶氮二异丁腈 azodiisobutyronitrile(AIBN)

偶氮双(二甲基戊腈) azobis(dimethyl valeronitrile)

氢氟酸 hydrofluoric acid

三氯化铁 ferric chloride

硝酸 nitric acid

硝酸铈铵 ammonium ceric nitrate

亚硫酸氢钠 sodium bisulfite

氧化钡 barium oxide

2. 其他化学试剂

1,3-丙二酰胺 1,3-propane diamine

氮丙环 ethylene imine

苯 benzene

丙烯腈 acrylonitrile

丙酮 acetone

丙烯酸甲酯 methyl acrylate

二甲亚砜　dimethyl sulfoxide

二乙三胺五乙酸钠　diethylenetriamine pentacetic sodium salt

甲苯　toluene

甲醇　methanol

甲基丙烯酸缩水甘油酯　glycidyl methacrylate

磷酸盐酯　phosphate ester

硫酸二甲酯　dimethyl sulfate

氯苯　chlorobenzene

氯仿　chloroform

煤油　kerosene

三聚氰胺　melamine

失水山梨糖醇单油酸酯　sorbitan monooleate

五氧化二磷　phosphorus pentoxide

液蜡　paraffin

乙二胺四乙酸　ethylene diaminetetraacetic acid

乙二胺四乙酸二钠　disodium ethylene diamine tetraacetate(EDTA)

乙醚　ether

乙酸　acetic acid

乙醇　alcohol

乙醇胺　ethanolamine

乙酰氧基苯乙烯　acetoxystyrene

异链烷烃　isoparaffin

硬脂酰甘油酸酯　stearyl monoglyceride

油烯基甘油酸酯　oleyl monoglyceride

3. 单体

2-丙烯酰氨基-2-甲基丙磺酸　2-acrylamido-2-methylpropane sulfonic acid

2-丙烯酰氨基-2-甲基丙磺酸钠　2-acrylamido-2-methylpropane sulfonate

2,2'-偶氮双-2-脒基丙烷二盐酸盐　2,2'-azobis-2-amidinopropane dihydrochloride

2,2'-偶氮双-(*N*,*N*-2-脒基丙烷)二盐酸盐　2,2'-azobis(*N*,*N'*-2-amidinopropane) dihydrochloride

(2-甲基丙烯酰氧乙基)三甲基氯化铵　(2-methacryloyloxyethyl)trimethylammonium chloride

2-乙烯基-2-咪唑啉　2-vinyl-2-imidazoline

4-乙烯基吡啶　4-vinyl pyridine

N,*N*-二甲基-*N*-丁基-*N*-甲基丙烯酸乙酯溴化铵(DBMA)

N-dimethyl-*N*-butyl-*N*-ethyl-methacrylateammonium bromine(DBMA)

N-乙烯基甲酰胺　*N*-vinylformamide

丙烯腈　acrylonitrile

丙烯酸　acetic acid

丙烯酸钠　sodium acrylate
丙烯酸乙酯基三甲基氯化铵　acryloxyethyl trimethylammonium chloride
丙烯酰胺　acrylamide
丁二酸二(2-乙基)己基磺酸钠　sodium-di-2-ethylhexylsulfosuccinate
二甲基二烯丙基氯化铵　dimethyldiallyammonium chloride
二烷基氨基烷基丙烯酸酯　dialkylaminoalkyl(alk)acrylate
甲基丙烯酸　methacrylic acid
甲基丙烯酸二甲氨乙酯　dimethylaminoethyl methacrylate
甲基丙烯酸甲酯　methyl methacrylate
偶氮二异丁基脒盐酸盐　isobutylamidinehydrochloride
三甲基-(3-丙烯酰氨基-3,3-二甲基丙基)氯化铵
trimethyl-(3-acrylamido-3,3-dimethylpropyl)ammonium chloride
辛烷基-苯氧基乙氧基-2-乙醇硫酸钠　sodium octyl phenoxyethoxy-2-ethanol sulfate
乙烯基三甲氧基硅烷　vinyl trimethoxysilane(VTMS)

4. 絮凝剂

4.1　无机絮凝剂

碱式硫酸铝　basic aluminium sulfate
碱式硫酸铁　basic ferric sulfate
碱式氯化铝　basic aluminum chlorid
碱式氯化铁　basic ferric chloride
结晶氯化铝　aluminum chloride crystalline
聚合硫酸铁　ferrous polysulfate
聚合氯化铝　poly(aluminum chloride)
硫酸铝钾　aluminum potassium sulfate
硫酸铝　aluminum sulfate
硫酸铁　ferric sulfate
硫酸亚铁　ferrous sulfate
铝酸钠　sodium aluminate
明矾　alum
三氯化铁　ferric chloride

4.2　有机絮凝剂

氨-二甲胺-环氧氯丙烷聚合物　ammonia-dimethylamine-epichlorohydrin polymer
氨-环氧氯丙烷缩聚物　ammonia-epichlorohydrin condensation polymer
丙烯腈-双氰胺聚合物　acrylonitril- dicyandiamide polymer
丙烯酰胺-*N*,*N*-二甲氨基甲酰胺酯共聚物　acrylamide-*N*,*N*-dimethylaminoformamide copolymer
丙烯酰胺-二甲基二烯丙基氯化铵共聚物
acrylamide-dimethyldiallylammonium chloride copolymer(AM-DMDAAC copolymer)

丙烯酰胺-丙烯酸-2-氨基乙酯共聚物　acrylamide-aminoethylacrylate copolymer
丙烯酰胺-丙烯酸共聚物　aerylic acid-acrylamide copolymer;poly(acrylic acid-*co*-acrylamide)
丙烯酰胺-丙烯酸盐(酯)共聚物　poly(acrylamide-*co*-acrylates)
丙烯酰胺-丙烯酸乙酯基三甲基铵硫酸甲酯共聚物
acrylamide-2-acryloxyethyltrimethylammonium methylsulfate copolymer
丙烯酰胺-环氧氯丙烷-甲胺接枝共聚物　acrylamide-epichlorohydrin-methylamine graft copolymer
丙烯酰胺-甲基丙烯酸-2-羟基丙酯基三甲基氯化铵共聚物
acrylamide-2-methacryloxy-2-hydroxypropyltrimethylammoniumchloride copolymer
丙烯酰胺-甲基丙烯酸二甲氨基乙酯共聚物　acrylamide-dimethylaminoethyl methylacrylate copolymer
丙烯酰胺-甲基丙烯酸乙酯基三甲基铵硫酸甲酸共聚物
acrylamide-2-methacryloxyethyltrimethylammonium methylsulfate copolymer
丙烯酰胺-氯化二甲基二烯丙基铵共聚物　acrylamide-dimethyldiallylammonium chloride copolymer
除臭絮凝剂　deodorization flocculant
除油絮凝剂　oil-removal flocculant
单宁　tannin
淀粉-丙烯酰胺接枝共聚物　starch-acrylamide graft copolymer
高效脱色絮凝剂　high-performance discoloring flocculant
瓜尔胶　guar gum
瓜尔胶-丙烯酰胺接枝共聚物　guar-gum-polyacrylamide
海藻类絮凝剂　alga(seaweed)flocculant
海藻酸钠　algin;sodium alginate
环糊精　cyclodextrin
环氧氯丙烷-*N*,*N*-二甲基-1,3-丙二胺共聚物　epichlorohydrin-*N*,*N*-dimethyl-1,3-propanediamine copolymer
黄原胶　xanthan gum
季铵化淀粉　quaternizated starch
季铵化木质素　quaternizated lignin
甲壳素　chitin
壳聚糖　chitosan
聚 2-丙烯酰氨基-2-甲基丙磺酸　poly(2-acrylamido-2-methyl-1-propanesulfonic acid)
聚 2-乙烯咪唑啉　polyvinylimidazoline
聚-*N*-二甲氨基丙基甲基丙烯酰胺　poly [*N*-(dimethylaminopropyl)methacrylamide]
聚-*N*-二甲氨基甲基丙烯酰胺溶液　poly[*N*-(dimethylaminomethyl)acrylamide]
聚苯乙烯磺酸钠　poly(sodium styrenesulfonate)

聚苯乙烯基四甲基氯化铵　poly(styryltetramethyl ammonium chloride)
聚丙烯酰胺　polyacrylamide(PAM)
聚丙烯酰胺乳液　polyacrylamide latex
聚二甲基二烯丙基氯化铵　poly(dimethyldiallylammonium chloride)
聚甲基丙烯酸二甲氨基乙酯　poly(*N*,*N*-dimethylaminoethyl methacrylate)
聚两性电解质　polyampholyte
聚氧化乙烯　polyoxyethylene
聚乙烯胺　polyvinylamine
聚乙烯醇　polyvinyl alcohol
聚乙烯咪唑啉　polyvinylimidazoline
聚乙烯亚胺　polyethyleneimine
两性型聚丙烯酰胺乳液　amphoteric polyacrylamide latex
两性型脱水絮凝剂　amphotreic dewatering flocculant
两性絮凝剂　amphoteric flocculant
氯化聚-2-羟丙基-1-*N*-甲基铵　poly-(2-hy-droxypropyl-1-*N*-methylammonium chloride)
氯化聚-2-羟丙基-1,1-*N*-二甲基铵　poly-(2-hydroxypropyl-1,1-*N*-dimethylammonium chloride)
氯化聚缩水甘油三甲基胺　poly(glycidyltrimethylammonium chloride)
木质素　lignin
木质素-丙烯酰胺接枝共聚物　lignin-acrylamide graft copolymer
木质素磺酸盐　lignosulphonates
普通脱色絮凝剂　discoloring flocculant
羟丙基瓜尔胶　hydroxypropyl Guar gum
三聚氰胺-甲醛聚合物　melamine-formaldehyde condensation polymer(MF)
杀菌絮凝剂　disinfection flocculant
生物质絮凝剂　biomass flocculant
双氰胺-甲醛聚合物　dicyandiamide-formaldehyde polymer
水包水型聚丙烯酰胺　H_2O/H_2O polyacrylamide
水解聚丙烯酰胺絮凝剂　hydrolysis polyacrylamide
羧甲基淀粉钠　sodium carboxymethylstarch
羧甲基纤维素钠　sodium carboxymethyl cellulose
微生物絮凝剂　microorganism flocculant
无机复合型絮凝剂　inorganic compound flocculant
吸附型絮凝剂　adsorption flocculant
纤维素/AMPS接枝共聚物的合成　poly(AMPS)-cellulose graft copolymer
阳离子聚丙烯酰胺乳液　cationic polyacrylamide latex
阳离子型脱水絮凝剂　cationic dewatering flocculant
有机复合型絮凝剂　organic compound flocculant

有机无机复合型絮凝剂　organic and inorganic compound flocculant

5. 其他相关术语

Hofmann 降级反应　Hofmann degradation
Z 电位　Zeta potential
表面　surface
大分子离子　macroion
电荷密度　charge density
电位　potential
反号离子　counterion
反相乳液聚合　inverse emulsion polymerization
反相微乳液聚合　inverse microemulsion polymerization
反相悬浮聚合　inverse suspension polymerization
非离子聚电解质　nonionic polyelectrolyte
分散聚合　disperse polymerization
分子量　molecular weight
负的/负值　negative
高分子/聚合物　polymer
化学耗氧量　chemical oxygen demand(COD)
活性污泥处理　activated sludge treatment
季铵化　quaternization
机理　mechanism
基体　matrix
胶体　colloid
菌体蛋白　cell protein
聚集　aggregate
颗粒　particle
凝聚剂　coagulant
凝聚作用　coagulation
气浮/上浮　flotation
桥连　bridging
去离子水　de-ionized water
溶液聚合　solution polymerization
溶解空气气浮法　dissolved air flotation
溶解物质　dissolved solids(DS)
乳液　latex
生化需要量　biological oxygen demand(BOD)
生物脱稳模型　biological destabilization model
水包油　oil in water

铁盐　iron salts
脱水　dewater
脱稳　destabilization
微波辐射　microwave irradiation
微乳液聚合　microemulsion polymerization
污泥　sludge
吸附作用　adsorption
相反电荷　opposite charge
悬浮固体物质　suspension solids(SS)
悬浮物　suspended solids
絮凝剂　flocculant
絮凝作用　flocculation
氧化还原引发剂　redox initiator
阳离子聚电解质　cationic polyelectrolytes
阴离子聚电解质　anionic polyelectrolytes
阴离子聚合物　anionic polymerization
油包水乳液聚合　water-in-oil emulsion polymerization
正的/正值　positive
蒸馏水　distilled water
中荷中和　charge neutralization
总固形物　total solids(TS)